国土空间规划丛书

战略性新兴领域“十四五”高等教育教材

教育部战略性新兴领域“十四五”高等教育教材体系建设团队编写

丛书主编 吴志强

国土空间规划相关知识

KNOWLEDGE OF SPATIAL PLANNING

陆海统筹

LAND AND SEA

刘大海 主编

同濟大學出版社
TONGJI UNIVERSITY PRESS
·上海·

图书在版编目（CIP）数据
国土空间规划相关知识．陆海统筹 / 刘大海主编．
上海：同济大学出版社，2025．9．--（国土空间规划丛书 / 吴志强主编）（战略性新兴领域“十四五”高等教育教材）．-- ISBN 978-7-5765-1338-7
Ⅰ．TU98
中国国家版本馆 CIP 数据核字第 20242AZ499 号

战略性新兴领域“十四五”高等教育教材
国土空间规划丛书

丛书主编　吴志强

国土空间规划相关知识：陆海统筹

刘大海　主编

策划编辑：吕　炜 | **责任编辑**：吕　炜 | **助理编辑**：严安妮　汪　鹤 | **责任校对**：徐逢乔 | **封面设计**：完　颖

出版发行：同济大学出版社 www.tongjipress.com.cn
（地址：上海市四平路 1239 号　邮编：200092　电话：021-65985622）
经　　销：全国各地新华书店、建筑书店、网络书店
印　　刷：上海安枫印务有限公司
开　　本：787mm×1092mm　1/16
印　　张：22.5
字　　数：416 000
版　　次：2025 年 9 月第 1 版
印　　次：2025 年 9 月第 1 次印刷
书　　号：ISBN 978-7-5765-1338-7
定　　价：98.00 元

《国土空间规划相关知识》编委会

主　编

刘大海

编　委（按姓氏笔画排序）

王金鹏　王健宇　王　晶　王永洵　韦飞黎　左　为　叶观琼　邢文秀

刘冰玲　刘大海　刘　涛　刘　超　刘镇杭　池　源　李庚泽　李彦平

李晓璇　李　萍　杨一群　吴蓝蓝　张智玮　周剑云　侯昱廷　袁　琳

钱　慧　高　璟　郭　璐　莫圣清　曾　鹏　鲍梓婷

总　序

“智人”（*Homo sapiens*）之所以在动物界中脱颖而出超越动物本能，是因为其具有谋划共同愿景、在共同目标下创造复杂工具技术、展开语言沟通交流及大规模集体协同行动的能力。其中包含三种关键能力：

（1）具有想象愿景的能力。可通过协商想象，制定出一个共同认同的、尚未现实存在的愿景目标（visioning）。

（2）具有为实现目标设置路径的能力。对大规模个体进行系统分工，分头分段推进计划（approaching）。

（3）具有语言沟通、协同调整的能力。在实施愿景的过程中，对于没有发生的场景进行过程沟通，不断优化目标、优化途径、优化分工，直到实现愿景，甚至实现超出原本愿景的目标（coordinating）。

这三种能力是人类区别于其他动物的本质能力，也是规划的三大核心要素：目标愿景、实施路径、沟通协调。因此，只要理解人类与动物能力的本质区别，就可以理解人类为什么一定会进行规划。

土地是人类生存的根本基础，也是动植物的生存基础。人类在现代文明之前，几乎所有的生存、生活和生产活动都在土地上发生。因此，人类在进入现代文明之前，各种族之间的竞争几乎都可以理解为对生存土地及土地之上的生产、生活资料的竞争。马克思主义诞生以前，西方对于财富的认识一般为：土地是财富之母，劳动是财富之父。马克思主义诞生以后，资本主义产生财富的依托要素被扩展至除土地、劳动之外的资本等其他要素。

空间比土地的含义更多，也更复杂。空间之所以比土地复杂，可以从以下三个方面来认识：

（1）从空间维度上，空间有地下、地面、地上、空中的深度和高度。

（2）从生产维度上，除了包含第一产业之外，更重要的是第二产业和第三产业，以及更高维度的生产组织和生产关系。

（3）从构成要素维度上，除了自然物质空间和人造物质空间外，还有社会空间，以及正在诞生的数字智能空间的多要素空间复合。

因此，我们现在一般称空间是复合的，空间进入了三度空间：物质空间、社会空间和数字空间。而三度空间在某个时段中又是一体化运行推进的，这也说明人类文明正进入更高的维度，空间的规划也变得更加多维、更加系统、更加复合，要求更高的文明来规划和治理。

空间规划是文明的产物，不同的文明阶段也对应了不同的空间规划。进入工业文明后，随着城市空间的立体化和城市财富要素的高速流动，大城市的规划成为一种职业，也是现代空间规划的起源。现代空间规划从大城市区域的空间规划，逐步发展到中小城市的规划，并延续到农业地区的规划，使得空间规划包含了城市和乡村地区人类居住空间的整体规划。

当前，我们这套“国土空间规划丛书”第 1 期共有 22 个分册，包括《国土空间规划原理》《数字国土空间》《国土空间规划概论》《国土空间规划理论与方法》《国土空间治理学（上册）》《国土空间治理学（下册）》《国土空间规划实施与治理》《国土空间使用与管理（上册）》《国土空间使用与管理（下册）》《国土空间总体规划编制》《国土空间详细规划编制》《乡镇域国土空间规划》《村域国土空间规划》《国土空间专项规划编制》《国土空间健康规划》《国土空间遗产保护与复兴规划》《国土空间产业规划》《国土空间生态规划》《国土空间规划与空间形态设计》《国土空间规划相关知识：自然卷》《国土空间规划相关知识：人文卷》《国土空间规划相关知识：陆海统筹》，基本涵盖了空间规划的维度和层级。

这套丛书汇聚了清华大学、北京大学、东南大学、天津大学、同济大学、华中科技大学、中国人民大学等众多高水平教学团队的智慧和经验，除完成系统整理和传播国土空间规划领域的知识、厘清学科脉络这一书籍的历史使命之外，我们还期望这套丛书在指导实际规划工作中的决策和操作、推介最新技术和方法、了解和适应国土空间规划行业变化、扩展跨学科和国际视野方面能提供实际的帮助。

“国土空间规划丛书”作为开放体系，随着科技进步和城市规划理论的发展而不断更新和完善，可能会增加更多探讨新兴技术和方法的分册、更新前沿的实际案例研究。我们也希望这套丛书能够成为国土空间规划领域的一个开放平台，吸引更多的学者和实践者参与进来，激发更多关于构建更加智能、可持续和公平的城市的讨论和探索，共同推动国土空间规划学科的发展。

吴志强

“国土空间规划丛书”总主编
中国工程院院士
教育部建筑类专业教学指导委员会副主任、城乡规划学分指导委员会主任

前　言

陆海统筹是新时期沿海地区国土空间规划编制的基本遵循，如何在国土空间规划中深入落实陆海统筹备受关注。陆海统筹由中国首次提出，但这并不意味着国外不重视这一理念。早在 20 世纪 90 年代，全球可持续发展的论述中已体现对陆海相互作用的关注以及在规划时考虑陆海相互作用的思路。欧洲国家随之开展陆海相互作用研究，并成立了海岸带陆地－海洋交互作用项目（Land–Ocean Interactions in the Coastal Zone，LOICZ）科学计划专门委员会，由其负责实施陆海相互作用研究计划。计划第一阶段（1993—2003 年）致力于在地球生物、化学和物理方面对海岸带系统进行基本调查；第二阶段（2004—2014 年），各国开始重视海岸带与人类活动的相互作用及陆地、海洋的一体化管理。2014 年，欧盟在《海洋空间规划指令》中正式提出将陆海相互作用纳入海洋空间规划编制中。2015 年，LOICZ 进入第三阶段，以新名称"未来地球海岸计划（Future Earth Coasts）"作为未来地球计划的核心项目。自此，LOICZ 的研究范围从海岸带的生物、化学和物理过程，扩展至社会、政治和经济科学，且随着欧盟委员会与联合国教科文组织在全球范围内联合推动海洋空间规划编制进程，陆海相互作用理念被各国广泛接受。由此可见，陆海问题不是中国特有的，而是全球海洋国家海岸带综合管理的重点。

在中国，陆海统筹的"火热"起始于 2019 年的国土空间规划改革。自《中共中央 国务院关于建立国土空间规划体系并监督实施的若干意见》印发实施以来，各领域开始探索陆海统筹的内涵与路径。目前已经从空间格局、资源利用、生态环境、人居环境等空间活动与空间治理视角开展了陆海统筹实践，且得到了各界的广泛认可。由此也可以看出，国土空间规划中的陆海统筹是一个综合多学科、多领域、多尺度的命题，需要规划、海洋、土地、管理等不同专业学者的协作。基于此，本书集合了国内国土空间规划和海洋管理各领域专家学者，结合国土空间规划编制的需求，尝试构建陆海统筹的知识框架，以期为新时期海岸带地区空间规划与综合管理提供借鉴。

同时，当前陆海统筹研究也存在一些问题，例如其在国土空间规划学科中的显示度和资源匹配度不足，且其知识体系呈现碎片化等。因此，构建层次分明、结构严密的陆海统筹知识体系框架是建立成熟的规划学科理论范式、话语体系、研究路径的基石，这不仅关系到陆海统筹在规划学科中的定位、目标和质量，更关系到规划专业课程全面化建设和专业人才培养发展。

构建陆海统筹知识体系框架，不仅是夯实规划师专业基础的要求，更是提升各界对海岸带地区复杂性、多样性和特殊性认识的要求，也是未来提高海岸带空间治理能力、实现治理水平现代化的要求。规划是一个多学科交叉的综合学科，因此也对相关从业人员提出了更高的要求。例如，在以往学科知识的基础上，从事沿海地区国土空间规划或海岸带专项规划编制的规划师更需要深化对海洋的认识，如陆海统筹相互作用、海洋环境、陆源污染的复杂性，并进一步了解海域、海岛、海岸线、海岸带相关的政策制度；同样，对于海洋专业人员来说，也要深刻了解土地利用、人居环境、交通系统、历史文化等诸多新的知识体系。然而，当前的学科体系中，没有一个专业能够涵盖如此多的知识体系，这就需要加强不同领域、不同团队的协作，取长补短、博采众长。

总之，构建陆海统筹的知识体系是落实国土空间规划"多规合一"改革要求的必然举措，也是推进陆海统筹系统全面融入国土空间规划学科体系和教学体系，培养满足陆海统筹要求的规划人才的必然选择。规划学科具有极强的社会实践导向，在陆海统筹和"多规合一"的时代背景下，整合规划学科的知识体系、课程体系和人才培养体系具有必要性和紧迫性。

本书是"十四五"国家重点研发计划资助项目"国土空间优化与系统调控理论与方法"（项目编号：2022YFC3800800）下的课题——"国土空间多要素协同机理与系统调控理论方法体系"（2022YFC3800801）的主要成果，共包括16章。

第1章为绪论，主要由刘大海、李彦平、刘镇杭撰写。本章以陆海统筹的必要性和关键问题为主要核心，详细介绍了陆海统筹产生的背景及其深刻内涵。随后，回顾了陆海统筹的演进历程，从海陆一体化战略，到21世纪初陆海统筹理念的提出，再到党的十九大报告将陆海统筹上升为国家战略。在此基础上，系统分析了新时期陆海统筹面临的六大关键问题，包括行政管理、资源利用、经济发展、生态保护、交通衔接和人居环境，指出了这些问题的具体表现和挑战。

第2章为陆海统筹理论建构，主要由刘大海、侯昱廷撰写。本章主要从海岸带复合系统及陆海二元结构理论两个方面介绍陆海统筹理论的构建。海岸带复合系统部分将从复合系统理论的提出及其与海岸带地区的主要特征引出海岸带空间的多种相互作用关系，包括与外界环境的相互作用、人地（海）关系、区域空间关系、陆海关系等。在此基础上，结合国土空间规划背景下海岸带复合系统协调的目标和原则，提出陆海统筹的实现机制。陆海二元结构理论部分则从陆海二元结构的产生、陆海资源配置理论、陆海新经济布局理论等多个角度介绍。

第3章为陆海统筹知识体系框架，主要由刘超、李萍撰写。本章主要介绍了陆海统筹知识体系框架构建思路，以及陆海统筹的关键区域与治理逻辑。具体来说，陆海统筹知识体系框架以“既分又合”的方式融入国土空间规划知识体系框架，将国土空间规划知识体系框架中包含国土空间构成、国土空间规划基础、国土空间规划理论与方法等在内的八个知识单元中的涉海知识点进行归类整合，按照专业理论构建规律，形成本书以十六个知识单元为主体的陆海统筹知识体系框架。同时，陆海统筹的关键区域是海岸带，对海岸带区域的治理应充分考虑其特殊性及空间功能定位，落实陆海统筹战略，推动海岸带复合系统整体协调。

第 4 章为陆海统筹国土空间规划，主要由高璟、钱慧撰写。本章详细介绍了在“五级三类”国土空间规划体系中，国土空间总体规划、专项规划、详细规划中与陆海统筹相关的主要规划类型，介绍了以上分级分类的陆海统筹空间规划的工作任务、编制内容、成果形式，有助于促进对陆海统筹理念在国土空间规划体系中的地位、作用的理解，促进陆海统筹理念在国土空间规划编制和实施中的应用和落实。

第 5 章为海岸带空间格局，主要由韦飞黎、王永洵、莫圣清、刘冰玲撰写。本章系统讨论了土地利用时空变化特征、景观格局的演变、“三生”空间视角下土地利用功能演变，以及不同情景下 2030 年国土空间土地利用变化。首先，结合实例系统阐述了土地利用时空变化特征。其次，从景观格局角度，揭示景观指数变化与人类活动之间的关系。此外，从“三生”空间视角，揭示了生产、生活、生态用地的时空分布特征及土地利用功能重心转移。最后，通过设置不同的可能情景，模拟现状延续、粮食安全、生态保护和城市扩张等不同情景下 2030 年国土空间土地利用变化，为海岸带地区国土空间格局优化提供理论依据。

第 6 章为海岸带空间管控，主要由侯昱廷、李彦平撰写。本章以我国海岸带空间管控的必要性和制度缺陷为基础，探讨海岸带空间管控的基本思路，具体包括陆海生态要素整体性保护、增强空间利用管控的系统性和全局性、坚持以人为本的管控理念、以空间内涵式开发促进生态空间保护、推进海岸带立法与规划编制等。之后，具体介绍了海岸建筑后退、海洋灾害防御、海砂资源开采、地下水资源开采等几个典型问题及其在管控制度上的具体实践和案例。

第 7 章为海洋生态预警监测，主要由叶观琼、杨一群撰写。本章详细介绍了海洋生态预警监测的相关概念、发展历程、理论基础及研究进展，包括海洋生态环境监测网络的构建、监测技术的应用，以及陆海统筹新时期下监测工作的创新和挑战等内容。在此基础上，构建了海洋生态预警监测的理论框架和方法体系，并列举了国内外海洋生态预警监测的具体实践与案例。

第 8 章为海岸带碳汇评估与核算，主要由池源、张智玮撰写。本章首先介绍了海岸带碳汇的研究背景与重要性，并阐释了相关概念；从植被碳库、沉积物/土壤碳库、碳汇价值核算方法、碳汇潜力预测等方面综述了海岸带碳汇国内外研究进展；进而，构建了以植被和沉积物/土壤为主体、以海岸线为轴线、以群落类型为支撑的海岸带三级碳库体系，并提出了基于该体系的海岸带碳汇空间模拟与评估方法、“碳储量-碳增量-价值量”核算清单等海岸带碳汇全链条技术方案；最后，以杭州湾南岸为例，说明了基于三级碳库体系的海岸带碳汇评估、制图与核算工作。

第9章为海洋与海岸带经济发展，主要由邢文秀、李晓璇撰写。包括海洋经济概述、海洋产业类型、我国海洋经济发展形势和海岸带产业布局优化四部分内容。海洋经济概述部分在明确海洋经济概念的基础上，阐述了海洋经济所具备的资源依赖型、技术资金密集型和国家主导型特征。在上述基础上，海洋产业类型部分阐述海洋经济活动的层次划分及具体产业划分类型。我国海洋经济发展形势部分从总体形势和主要海洋产业发展形势两方面介绍了我国海洋经济发展现状与趋势。最后，在国土空间规划体系重构背景下，总结了国土空间总体规划及海岸带专项规划等对海岸带产业布局的相关要求。

第10章为海洋法与海洋事务，主要由王金鹏撰写。包括海洋环境保护制度、海域使用管理制度、海岛保护与利用制度、海岸线与海岸带管理制度四部分内容。海洋环境保护制度首先分析我国海洋环境监督管理体制，继而立足于《中华人民共和国海洋环境保护法》等相关法律法规分别探讨海洋生态保护制度和海洋污染防治制度。海域使用管理制度主要讨论了《中华人民共和国海域使用管理法》确立的海洋功能区划制度、海域使用权属制度和海域有偿使用制度这三项基本制度。海岛保护与利用制度主要聚焦于分析作为《中华人民共和国海岛保护法》三大支柱的海岛规划制度、海岛生态保护制度和海岛开发利用制度。海岸线与海岸带管理制度立足于相关法律法规和管理政策对海岸线保护与利用和海岸带综合管理进行了探讨。

第11章为海岸带人口与城镇化，主要由刘涛、吴蓝蓝撰写。包括海岸带人口集聚发展、海岸带城镇化的空间组织、海岸带城镇化存在的问题与管控三部分内容。海岸带人口发展问题从人口近海分布规律、沿海人口结构特征和海岸带人口承载力三个角度展开；海岸带城镇化发展问题从近海优先的城镇化空间规律出发，聚焦讨论沿海城市形成发展的一般规律、优势的旅游功能、特色的港城关系和腹地支撑问题，以及海岸城市带与城市群、海岸带城乡融合发展两种主要地域类型的发展；最后，面向城镇化的陆海统筹困境，总结现有问题，提出空间管控的重点方向。

第 12 章为海岸带陆海交通统筹，主要由王晶、王健宇、李庚泽撰写。包括陆海统筹与交通、陆海交通衔接、沿海交通经济带、港城融合、沿海港口群、陆海交通韧性六部分内容。第一部分阐述了陆海交通统筹的背景、重要性和内涵；第二部分陆海交通衔接从陆海联运发展和多式联运两方面介绍了陆海交通统筹技术；第三部分沿海交通经济带探讨了沿海交通经济带的基本概念，分析了交通运输与区域经济系统之间的密切联系和相互作用，强调了两者之间的正反馈机制；第四部分港城融合从港城关系出发，讨论了港口对经济发展的支撑作用，探讨了港口与城市协调发展、港城一体化国土开发的路径，以及海洋中心城市的建设情况；第五部分沿海港口群论述了港口群与航运中心的关系、详细介绍了中国沿海典型港口群与航运中心的发展情况、现状问题和发展方向；第六部分陆海交通韧性关注了国际陆海运输贸易路线的重要性，以及中国在陆海运输过程中面临的地缘风险，提出了加强国际合作与交流、推进智能化和数字化发展、推动陆海交通高效融合等未来发展战略展望。

第 13 章为陆海统筹关键带人居系统，主要由左为撰写。包括人居系统和陆海统筹关键带、陆海交互作用下的人居特征、陆海统筹关键带人居系统功能结构三部分主要内容。本章第一部分从人类聚居的现象和条件方面阐述了人居系统的本质内涵，通过引介地球关键带的客观存在，从全球视角和人居史视角揭示陆海统筹关键带上人居系统的重要价值和典型特征。第二部分为陆海交互作用下的人居特征，聚焦陆海交互作用下的自然本底特征与人居系统发展的关系，重点讨论不同海岸底质和气候与人居表征的关系。第三部分讨论了陆海统筹关键带人居系统功能结构，从人—陆—海关系讨论人居系统的总体分布特征，从人居系统角度揭示了其内部功能组成与系统关系，最后总结了陆海统筹关键带人居系统的功能组成。

第 14 章为海岸带人居环境提升，主要由曾鹏、左为撰写。包括海岸带人居环境概述、海岸带人居环境评价、海岸带公共空间优化和海岸带人居环境风貌特色塑造四部分内容。本章首先概述了海岸带人居环境的主要内容及面临的挑战和提升目标。其次简要介绍了不同视角理念下的海岸带人居环境评价内容和方法。最后重点介绍了海岸带公共亲海空间优化和海岸带人居环境风貌特色塑造，从两个重点方面介绍和展示了在海岸带人居环境优化的工作重点和提升方法。

第 15 章为海岸带历史文化遗产保护，主要由郭璐、袁琳撰写。本章介绍了海岸带历史文化遗产的基本概念，阐释了海岸带历史文化遗产的历史发展与空间格局，分析了中国海岸带历史文化遗产面临的问题，包括自然威胁与人为破坏。在此基础上，介绍了海岸带历史文化遗产的分类和保护，并通过典型案例对主要类型进行了深入阐释。最后，介绍了中国和国外的海岸带历史文化遗产保护的政策与法规。

第 16 章为海岸带空间管理的景观方法，主要由周剑云、鲍梓婷撰写。本章详细介绍了海景综合保护管理的理念以及英格兰海景特征评估的方法与工具，并辨析了聚焦海域的海景特征评估与聚焦陆域的景观特征评估的衔接关系。系统梳理了“海景”的概念，海景特征评估的目标与原则、程序与步骤、成果构成、应用范围等，并结合多尺度的案例对 SCA 的多元应用场景进行了示例。

本书结合多年的研究与实践经验，集合了中国人民大学、自然资源部第一海洋研究所、上海同济城市规划设计研究院有限公司、清华大学、北京大学、浙江大学、华南理工大学、天津大学、中国海洋大学、广西师范大学、北京建筑大学、西安建筑科技大学等单位不同学科领域的专家学者，尝试构建了一个系统完善的陆海统筹知识框架体系，以期为沿海地区国土空间规划编制和高校师生教学提供参考。本书可以为空间规划相关的规划设计单位和政府部门相关从业人员，城乡规划、土地利用规划、海洋管理等相关专业学生，以及从事海洋与海岸带管理的政策研究人员提供学习导引。

目　录

第 1 章 绪 论

■ **教学要求**

陆地和海洋是地球生态系统不可分割的组成部分，两者之间存在复杂且密切的作用关系，深刻影响着海岸带区域的自然环境和人类活动。然而，长期以来陆地和海洋往往实行相对独立的治理模式，导致资源利用不均衡。日益频繁的陆海交通、贸易、旅游和资源开发等活动也给海岸带生态环境带来了沉重压力。在此情形下，坚持陆海统筹，不仅可以实现生态环境的可持续发展，还有助于实现社会经济的稳定循环发展。本章立足于陆海统筹的背景，回顾了陆海统筹的演进历程，并归纳出新时期陆海统筹的六大关键问题。

1.1 陆海统筹的背景

自工业革命的号角在欧洲响起，人类社会便踏上了一个前所未有的快速发展轨道。陆域关联性的显著增强，不仅改变了地理的距离概念，还为多样化的陆地文明交流提供了坚实基础。陆地文明的辉煌在这一时期得以跨越山海。然而，随着陆地资源日趋枯竭、生态环境日益恶化，以及社会结构与经济模式的深层次问题逐渐暴露，陆域经济发展的约束性开始显现。无节制的土地开发导致了生态平衡的失衡，对化石能源的过度依赖引发了全球气候变暖问题，人口的快速聚集使得各类资源紧缺，这些都给生态环境和社会经济的可持续性带来压力。陆地文明的发展面临着新转折点，需要在维持增长的同时，寻找可持续发展的新路径。

海洋，这个地球表面上最大的区域，正展现出其无限的潜力与可能性，被视为未来发展的蓝色空间。在地理大发现时代，人类首次主动将目光转向海洋，这不仅标志着对未知世界的探索和征服，还预示着人类对海洋的深层利用和认识的开始。随着时间的推移，滨海旅游业的崛起使海洋进入人们的视野中。同时，潜水运动日益普及，滨海休闲娱乐活动日臻丰富，对海洋更直观的感受吸引着人类进一步走向海洋。20 世纪 50 年代发明的海运集装箱极大地提高了海上物流效率，优化了全球货物运输体系。通过统一的尺寸和设计，集装箱使得各种货物能够快速、高效地在不同运输工具之间转移，无论是在海上的货轮、陆地的火车还是卡车上。这种模块化的运输方式简化了装卸作业，减少了货物损耗，缩短了运输时间，降低了海洋运输成本。在意识到海洋巨大的资源潜力后，人类加快了对海洋渔业、海洋油气以及海洋能等的开发利用。据联合国粮农组织（FAO）数据显示，2018 年全球捕捞渔业总产量约 9 640 万吨，达到历史最高点。海洋油气钻井平台一座座地在陆架和深水陆坡上建起，海洋潮汐能发电站和海上风力发电机组源源不断地为滨海内陆地区输送能源。在经历产业爆炸式增长时期后，杰拉尔德 · J. 曼贡于 20 世纪 70 年代正式提出海洋经济的概念。当下，海洋经济蓬勃发展。根据经济合作与发展组织（OECD）的预测，全球海洋经济的总规模将在 2030 年达到 3 万亿美元，比 2010 年时的 1.5 万亿美元增长一倍。海洋经济发展潜力巨大，但这并不意味着可以无限制开发。过度开发可能导致海洋生态系统的破坏，对全球气候产生不可逆转的影响。因此，海洋开发利用需要科学规划，确保这片新增长的空间能够给人类文明带来可持续的光明未来。

海岸带是蓝色国土的重要组成部分，随着资源破坏和环境污染问题日益严重，沿海国家越来越重视海岸带综合管理在协调陆海矛盾、推进沿海经济社会可持续发展中的作用，使其成为世界海洋研究的重点问题之一。海岸带综合管理概念最早由美国提出。1965 年，以旧金山湾自然保护与发展委员会的成立为标志，美国政府启动了早期的海岸带综合管理实践，并在 1972 年颁布实施了《海岸带管理法》。此后，其他海洋国家也加快本国海岸带综合管理的进程。20 世纪 70 年代，英国颁布了《北海石油与天然气：海岸规划指导方针》，确定了优先开发和重点保护的海岸带地区。1979 年，法国政府进一步制定了《关于海岸带保护和整治的方针》，系统地提出要有组织、有秩序地实施海岸带城市规划，不允许在离海岸线 2 000 米以内的陆地上进行大型工程开发。1992 年，联合国环境与发展大会上通过的《21 世纪议程》正式提出了海岸带综合管理的概念与框架，并对保持海岸带地区可持续发展的经济开发行为做出了基本规定。在此次会议之前，海岸带管理是各部门传统的单目标管理模式，而这次会议之后，各国开始探索多部门协调统一的多目标统筹管理。2017 年，联合国教科文组织在法国巴黎召开第二届海洋空间规划国际论坛，旨在推进沿海国家和地区的海洋空间规划，促进海岸带可持续发展，实现蓝色增长，这意味着空间规划已成为海岸带综合管理的重要内容之一。

陆海统筹思想，为陆地与海洋的协调与统一发展提供了新思路。陆海统筹一般被认为是在经济社会发展过程中，立足陆地、海洋资源环境特点，政府综合运用规划、计划和政策手段，对海洋和陆地资源开发、产业布局、生态环境保护及综合管理等领域进行宏观调控，协调发挥陆地、海洋的经济功能、生态功能和社会功能，并实现综合效益的最大化，以促进经济社会的持续发展和人与自然的健康和谐的发展战略。陆海统筹关系到国家发展和安全全局的战略性命题，涉及资源、经济、生态和交通等多方面，具体如下。

在资源利用方面，海洋被广泛地认为是自然资源的宝库，蕴含着巨大的生物多样性与无尽的经济潜力。但遗憾的是，长期以来，海洋资源在缺乏综合性科学规划与精确管理下，面临过度捕捞、污染和生态破坏等多重压力，导致了资源的不可持续风险。粗放型经济增长模式更是加剧了陆海之间的经济矛盾。此外，国家的行政区划划分往往以陆地为中心，未能充分考虑海洋空间的连续性和整体性，造成资源流通不畅和区域间协调不充分，资源配置效率相对较低。因此，陆海统筹战略有利于从宏观层面优化资源配置和调度策略，提高陆海资源利用的效率与公平性，确保海洋资源能够为当代及未来一代提供持久的福祉。

在经济发展方面，陆地和海洋之间的依存关系日益密切。一方面，海洋能够向陆地提供丰富的资源，缓解陆域经济能源和资源匮乏的困境；另一方面，陆地能够向海洋提供资本、技术、管理等要素支持，延伸海洋产业链条，突破当前海洋经济粗放式发展的瓶颈。目前来看，陆海经济融合发展已经取得了一定成就，但融合深度、互动效率仍有待进一步提升。海洋经济总体上仍处于传统模式，同质化、小规模、低效率、高能耗甚至高污染的发展方式普遍存在。例如，海洋生物资源丰富，但是针对海洋生物资源的开发利用大多处于产业链条的初始阶段，以捕捞、养殖、水产品粗加工为主，高端海洋生物医药业的发展显著落后，尚未形成一批具有核心竞争力的企业、产业集群。

在生态保护方面，陆地与海洋生态系统相互依存。作为陆地和海洋的交互地带，海岸带是一个独特而复杂的生态系统，不但孕育着诸如红树林、滨海盐沼、珊瑚礁等多种生态系统，而且是许多海洋与陆地生物的栖息和繁衍之地，具有难以估量的生态价值。但海岸带的生态平衡极易受到人类活动的影响，诸如污水排放、工业废物和农业化肥的流入，不仅对海洋生态环境造成了极大的威胁，还影响了海岸带健康和可持续性。面对这些挑战，制定并实施一系列的保护和治理策略，强化陆地和海洋的整体管理，协调人类活动与自然保护的关系成了一个迫切的需求，确保海岸带生态系统的健康和生物多样性最终得以维持和恢复。

在港口交通方面，全球化背景下港口交通不仅牵涉全球物资流通的高效率、低成本问题，还直接关乎海洋资源的可持续开发与利用。港口交通的高效调度能够减少运输时间和成本，提升沿海地区经济发展的活力，减轻对海洋生态系统的负担。同时，通过引入科学规划和精细管理，可以有效防止海洋污染、避免生态破坏和维持生物多样性。在这一过程中，港口交通的智能化与绿色化战略应运而生，其不仅能提升港口物流的资源配置效率，还能加强区域间的协调合作，促进资源的公平高效利用，对建设海洋命运共同体意义重大。因此，解决港口交通面临的诸多挑战，对推动区域资源优化配置、保护脆弱的海洋环境以及促进经济社会的可持续发展，具有极其重要的战略价值和深远影响。

1.2 陆海统筹的演进历程

1996 年，《中国海洋 21 世纪议程》提出“要根据海陆一体化的战略，统筹沿海陆地区域和海洋区域的国土开发规划，坚持区域经济协调发展的方针”，为陆海统筹理念的提出奠定了基础。2004 年，中国学者首次提出“海陆统筹，兴海强国”的观点，认为应该在中共十六届三中全会提出的“五个统筹”基础上[1]，再加上“海陆统筹”。这一观点在海洋经济领域迅速得到广泛认同，体现了全球化背景下中国对自身发展模式的深刻反思，特别是对海洋资源的科学利用和海洋经济的持续发展给予了高度重视。

进入 21 世纪以来，陆海关系逐渐变得复杂，全球资源紧缺、人口膨胀、环境恶化问题日益严重，陆域经济的发展受到限制，海洋经济越来越受到重视。但由于技术条件限制，海洋发展潜力有待进一步发掘，由此中共中央、国务院从战略高度重视陆海统筹，采取一系列措施推进落实陆海统筹，解决区域陆海发展问题。2010 年 10 月，党的十七届五中全会通过的《中共中央关于制定国民经济和社会发展第十二个五年规划的建议》提出“坚持陆海统筹，制定和实施海洋发展战略，提高海

1.“五个统筹”，即统筹城乡发展、统筹区域发展、统筹经济社会发展、统筹人与自然和谐发展、统筹国内发展和对外开放。

洋开发、控制、综合管理能力”，为建设海洋强国吹响了号角。同年，《全国主体功能区规划》设置“陆海统筹”专节，要求“要根据陆地国土空间与海洋国土空间的统一性，以及海洋系统的相对独立性进行开发，促进陆地国土空间与海洋国土空间协调开发”。2011 年，《中华人民共和国国民经济和社会发展第十二个五年规划纲要》提出“推进海洋经济发展”，转向“重陆兴海、兴海强国、陆海统筹”的发展思路，此时的“陆海统筹”更强调发展海洋产业，促进产业转型升级。这为推动陆海统筹发展指明了方向，对国家特别是沿海经济社会发展起到了重要作用。2013 年 11 月，《中共中央关于全面深化改革若干重大问题的决定》提到“建立陆海统筹的生态系统保护修复和污染防治区域联动机制”，进一步明确了“陆海统筹”的实质内涵，表明其在全面推进国家发展的同时，要突破传统的陆地中心思维，以更加开阔的视野统筹陆地与海洋的关系，强调陆地发展与海洋开发的协调性和统一性。这就意味着陆海统筹不仅关注海洋资源的开发利用，还要注重海洋生态环境的保护与修复，努力实现经济发展与生态保护的和谐共生。2015 年 8 月印发的《全国海洋主体功能区规划》将陆海统筹作为基本原则，提出要“统筹海洋空间格局与陆域发展布局，统筹沿海地区经济社会发展与海洋空间开发利用，统筹陆源污染防治与海洋生态环境保护和修复”；同年，《中共中央关于制定国民经济和社会发展第十三个五年规划的建议》提出“拓展蓝色经济空间”，要求“坚持陆海统筹，壮大海洋经济，科学开发海洋资源，保护海洋生态环境，维护我国海洋权益，建设海洋强国”。2016 年，《中华人民共和国国民经济和社会发展第十三个五年规划纲要》在“拓展蓝色经济空间”中指出“坚持陆海统筹，发展海洋经济，科学开发海洋资源，保护海洋生态环境，维护海洋权益，建设海洋强国”。这些文件的出台从政策层面为实现陆海统筹提供了强有力的支撑。

2017 年 10 月，党的十九大报告提出“坚持陆海统筹，加快建设海洋强国”，将陆海统筹上升到前所未有的战略高度，凸显了海洋在新时代中国特色社会主义事业发展全局中的地位和作用。2018 年 11 月，《中共中央 国务院关于建立更加有效的区域协调发展新机制的意见》提出“推动陆海统筹发展。加强海洋经济发展顶层设计，完善规划体系和管理机制，研究制定陆海统筹政策措施，推动建设一批海洋经济示范区。以规划为引领，促进陆海在空间布局、产业发展、基础设施建设、资源开发、环境保护等方面全方位协同发展。编制实施海岸带保护与利用综合规划，严格围填海管控，促进海岸地区陆海一体化生态保护和整治修复。创新海域海岛资源市场化配置方式，完善资源评估、流转和收储制度。推动海岸带管理立法，完善海洋经济标准体系和指标体系，健全海洋经济统计、核算制度，提升海洋经济监测评估能力，强化部门间数据共享，建立海洋经济调查体系。推进海上务实合作，维护国家海洋权益，积极参与维护和完善国际和地区海洋秩序”。我们可以从中看到，新时代陆海统筹战略提出了一种全面而深入的视角。然而，要实现这一宏伟目标，需要从立法、规划、管理、督察、执法和科教等多方面发力。

自 2018 年机构改革以来，中国政府在法律和政策层面上强调并推进陆海统筹。2019 年 10 月，《中共中央关于坚持和完善中国特色社会主义制度推进国家治理体系和治理能力现代化若干重大问题的决定》强调“完善污染防治区域联动机制和陆海统筹的生态环境治理体系”。2020 年颁布的《中华人民共和国长江保护法》第六十条规定：国务院水行政主管部门会同国务院有关部门和长江河口所在地人民政府按照陆海统筹、河海联动的要求，制定实施长江河口生态环境修复和其他保护措施方案，加强对水、沙、盐、潮滩、生物种群的综合监测，采取有效措施防止海水入侵和倒灌，维护长江河口良好生态功能。2021 年颁布的《中华人民共和国海警法》第八条规定：国家建立陆海统筹、分工合作、科学高效的海上维权执法协作配合机制；国务院有关部门、沿海地方人民政府、军队有关部门和海警机构应当相互加强协作配合，做好海上维权执法工作。2021 年 3 月发布的《中华人民共和国国民经济和社会发展第十四个五年规划和 2035 年远景目标纲要》强调“坚持陆海统筹、人海和谐、合作共赢，协同推进海洋生态保护、海洋经济发展和海洋权益维护，加快建设海洋强国”。为切实发挥海岸带专项规划对国土空间总体规划的辅助支撑作用，2021 年 7 月自然资源部发布《自然资源部办公厅关于开展省级海岸带综合保护与利用规划编制工作的通知》，同步发布《省级海岸带综合保护与利用规划编制指南（试行）》，该指南主要包括总体要求、基础分析、战略和目标、规划分区、资源分类管控、生态环境保护修复、高质量发展引导和规划实施保障等内容，将对促进陆地和海洋两大系统优势互补、陆海经济良性循环和区域协调发展发挥重要作用。

1.3 新时期陆海统筹关键问题

陆海统筹战略不仅关系到可持续发展目标的实现，还是构建协调一致的陆海国土空间开发体系的核心。陆海统筹能打破以往陆地与海洋资源分割管理的界限，促进资源高效利用和生态文明建设的双赢。此外，陆海统筹也有助于优化海洋在全球贸易、海洋能源、渔业等方面的作用，增强海洋经济与陆地经济的相互促进作用，提高整体经济效益。然而，在全面实现陆海统筹目标的过程中，我们仍面临诸多挑战。

1.3.1 行政管理

1. 陆海二元分割

海岸带是陆海相互作用的交错地带，包括海陆交界的水域和陆域。由于自然要素和生态过程的复杂性，海岸带成为一个既有别于一般陆地生态系统，又不同于典型海洋生态系统的独特生态系统。目前，由于全域全要素的国土空间开发保护与规划立法尚未完成，在我国管理实践中，海岸带陆地一侧区域仍适用陆地的法律制度和规划，如《中华人民共和国土地管理法》等；海洋一侧区域仍适用海洋的法律制度和规划，如《中华人民共和国海域使用管理法》《中华人民共和国海岛保护法》等。尽管 2018 年组建的自然资源部实现了陆海空间的统一管理，但陆海统筹协调的机制仍有待进一步完善。这种情况制约了陆海空间保护与利用的协同，特别是在海岸带陆海相互作用剧烈的潮间带地区，填海造地集中、开发布局不合理、生态环境受损、湿地面积锐减等问题尤为突出，使得海岸带地区经济社会发展与生态环境保护间的矛盾仍比较尖锐。

2. 行业部门职责冲突

海岸带既是生产活动最密集、开发程度最高的区域，又是各职能部门交叉管理、各类部门规划重叠覆盖的区域。在 2018 年国务院机构改革前，我国海岸带管理职责政出多门，包括国土、建设、环保、林业、海洋等多个部门，实际管理缺位和“九龙治水”现象并存，亦表现为海岸带地区各类空间规划重叠、监管和执法职责分散、全民所有自然资源资产所有者职责落实不到位等，导致海岸带综合管理工作一直难以真正有效推进。机构改革后，虽然空间规划事权统一到自然资源部，但是综合管理方面法律法规和政策规划的缺失依然会造成利益冲突，不利于形成空间布局、产业发展、资源开发、环境保护等全方位协同发展的新格局。

3. 陆海规划体系存在差别且规划管理边界交叉重叠

《中华人民共和国土地管理法》《中华人民共和国海域使用管理法》等法律

规定，陆域审批的规划依据是土地利用总体规划，海域审批的规划依据是海洋功能区划，两项规划单独编制，导致规划间存在“相互打架”现象。首先，陆域规划侧重事先布局，形成了从总体规划到控制性详细规划再到城市设计的完整规划管控体系，注重精细化管理；而海洋空间规划偏重行业规范管理，多重视流程，精细化相对不足。其次，对海岸线的位置界定，原国土部门以 0 米等深线作为海陆分界线，而海洋部门以海岸线作为海陆分界线，两者存在较大差异。尽管当前已经统一了陆海分界线，但过去管理带来的历史遗留问题仍未完全解决。

1.3.2 资源利用

资源开发与利用是现代社会发展的基石，但是如何在资源开发与生态保护之间寻找到合理的平衡点，一直是严峻的挑战。海洋拥有广袤的空间和丰富的资源，如海床矿物、海洋生物等。然而，由于开发技术和管理制度上的不足，海洋资源当前尚未能得到充分开发利用。而对部分可利用的海洋资源，开发利用方式仍显粗放。许多海洋资源的开发利用停留在初级阶段，如过度捕捞导致渔业资源减少，不合理开发导致海岸线侵蚀，等等。一些地方为了追求短期经济利益，无序开发海域资源，导致海岸带和滩涂被圈占，岸线空间被低效占用。这种粗放式开发不仅浪费了宝贵的海洋资源，还对生物多样性造成了影响，降低了资源开发利用率。此外，海洋资源开发中的一个突出问题是非功能性用海的泛滥。在沿海地区，除港口、码头等必须依赖海洋发展的产业外，其他如住宅、酒店等也大量占用了海岸线资源，限制了海洋的生态系统服务功能和海洋产业的发展空间。

1.3.3 经济发展

陆海产业的发展协调性是一个复杂且多维的议题。当今全球化大背景下，经济的健康持续发展已经不能依靠单一领域的推进，而是需要多元产业的相互促进和融合发展。陆海产业之间的协调与融合，是推动现代经济体系构建的关键环节，不仅有助于资源的高效利用，还能够促进区域经济的平衡发展，提升国家的综合经济实力。从资源视角看，海洋拥有丰富的生物资源、矿产资源以及新型能源。因此，将海洋资源转化为陆地资源，可缓解后者的压力，并推动经济结构的优化。从产业链条看，海洋经济与陆地经济在产业链条的衔接上存在着天然的互补性。海洋经济的上游为陆地经济提供原材料，而陆地经济则为海洋经济的中下游提供资本、技术和管理支持。这种生产链条的互补构成了一个闭环系统。然而，在实际发展过程中，陆海产业协调性差、融合不深的问题日益凸显，成为制约经济发展的瓶颈，不仅限制了海洋经济的整体质量和效益，还导致了产业链条的脆弱和断裂。这种状态下，陆海资源往往不能得到最有效的配置，新技术和新业态难以维持成长。此外，政策导向和激励机制的缺乏，亦使得许多有潜力的创新企业难以获得成长的土壤。

1.3.4 生态保护

海岸带生态系统是气候、地貌、水文、土壤、植被等要素在自然和人类长期共同作用下形成的，具有高度的时间和空间整体性。海岸带中各种生态类型相互交叉、相互重叠，而现实中却由多个部门以要素为依据分类管理，滨海湿地、水产种质资源、沙滩、沿海防护林等要素管理涉及海洋、农业、旅游、林业等多个部门，各部门基于自身职责，只考虑对某一类生态资源的保护，导致生态系统难以得到系统保护。海岸带生态系统极度脆弱，而开发建设活动若忽视生态系统保护，系统的整体性和连贯性会受到破坏，使自然要素残缺不全，如红树林、珊瑚礁、滨海湿地等海岸带典型生态系统大幅消失。此外，流域与海洋协同不足，流域中上游水土流失加剧、取水量增加、水利工程建设等均会引起入海河流流量和泥沙量剧烈变化，导致海水入侵、滩涂受冲刷消失、生物多样性受到严重威胁等生态问题。

海岸线和入海河流是陆海系统物质、能量、信息交换的媒介，也是污染物传输、扩散的通道，陆上开发建设行为极易跨过两系统边界而影响海洋生态环境。沿海地区和流域两侧工业生产、城镇生活、农业生产等产生的大量污染物分别通过排污口和河流进入海洋，因此海洋是陆源污染物的集聚地，并且污染物由陆至海的传输过程不可逆。现实中，海洋部门难以管控陆上开发建设行为，沿海地区无力管控内陆排污行为，最终结果是陆域经济得到发展，但海洋环境损害成本却未计入其经济活动的开发成本，此即为陆域开发活动负外部性的典型表现。从系统整体功能来看，以海洋污染换取陆域经济发展的模式并不能带来系统可持续发展，若长期未能扭转该趋势，海洋子系统的综合功能将进一步降低，成为制约沿海地区高质量发展的桎梏。

1.3.5　交通衔接

陆地交通网络的高效运作对于一个国家的经济发展至关重要。完善的陆海交通运输体系是经济资源跨区域流动的纽带，提升陆海交通运输效率对降低物流成本、促进生产要素在陆海之间流动具有重要意义。对于沿海港口来说，其发展并不是孤立的，效率和规模很大程度上取决于陆路交通的衔接和运输能力，以及周边腹地的经济发展水平。港口的扩建虽然可以增强其处理能力，但如果与陆地运输能力不匹配，就会导致港口泊位的闲置和资源的浪费。从“木桶效应”看，决定陆海交通运输效率的不是运输能力最大的一方，而是最小的一方。例如，沿海地区连接的铁路和公路网络达不到相应的运输标准，则整个陆海运输链条会出现瓶颈。此外，内河航运作为连接陆地与海洋的重要渠道，其潜在的运输优势并没有得到充分发挥。内河航道的深度、船型差异以及水利工程的建设等因素，都限制了江海联运的效率。因此，一个港口的建设和发展应该基于对陆地交通能力和腹地需求的充分考虑。这不仅要考虑海上运输能力的提升，还要注重铁路、公路、内河航运等陆地交通方式的协同发展。这种陆海交通的整合不但包括交通基础设施的建设，还包括技术标准统一、信息系统的互联互通、物流服务一体化等方面。

1.3.6　人居环境

随着人口增长和经济活动的集中，居民对高品质生活环境的需求愈发迫切。然而，现实中的规划不足和协调机制的缺失，往往导致资源配置不均，功能重叠或缺失，严重制约了居民生活质量的提升和区域的长远发展，尤其是在快速城市化过程中，亲海空间作为城市与海洋的交汇点，扮演着愈发重要的角色。其规划与建设不仅关乎当地居民的日常生活质量，更是展示城市风貌和文化底蕴的重要窗口。然而，当前的发展状况却不尽如人意。在许多滨海区域，城市建设和开发虽然迅速，但缺乏地域文化特色。这种缺乏特色的建设导致了城市风貌趋同，功能岸线混杂布局，给人以风貌杂乱无章的感觉。山海城关系在很多地方尚未得到清晰梳理，城市的天际线缺少应有的层次感。此外，在经济利益的驱动下，许多沿海城市在滨海区域的开发中，往往更加关注短期的经济收益，而忽视了长期的生态和社会效益。这种短视行为对沿海地区脆弱的生态平衡造成了严重破坏，引发了一系列的生态环境问题，也使得居民的生活环境质量难以得到根本改善。

关键术语

陆海统筹

思考题

1. 陆海统筹的演进历程是怎样的?
2. 新时期陆海统筹的关键问题有哪些方面? 具体表现是什么?

参考文献

[1] 韩增林，狄乾斌，周乐萍. 陆海统筹的内涵与目标解析 [J]. 海洋经济，2012，2 (1)：10-15.
[2] 杨荫凯. 陆海统筹发展的理论、实践与对策 [J]. 区域经济评论，2013 (5)：31-34.
[3] 曹忠祥，高国力. 我国陆海统筹发展的战略内涵、思路与对策 [J]. 中国软科学，2015 (2)：1-12.
[4] 曹可. 海陆统筹思想的演进及其内涵探讨 [J]. 国土与自然资源研究，2012 (5)：50-51.

第 2 章

陆海统筹理论建构

教学要求

本章将从海岸带复合系统及陆海二元结构理论两个方面介绍陆海统筹理论的构建。海岸带复合系统部分将从复合系统理论的提出及其与海岸带地区的主要特征引出海岸带空间的多种相互作用关系，在此基础上结合我国针对海岸带复合系统协调的总体要求，提出陆海统筹的实现机制。陆海二元结构理论部分则以陆海二元结构的产生为基础，从优化陆海资源配置、陆海统筹发展的新经济布局等多个角度展开介绍。学生应从上述两大方面了解陆海统筹理论，并了解本书所讨论的海岸带概念与范围。

2.1 海岸带复合系统

从空间构成上来讲，陆海统筹理论涉及的区域包括海岸带的陆域和海域，两者之间紧密相连、相互作用强烈。同时，该区域区位优势显著、资源丰富、交通便利、产业和人才密集，是国民经济和社会发展的“黄金地带”，是国土开发利用规模最大、类型最齐全、强度最高、生态环境最脆弱的地区，其空间开发与保护问题具有明显的系统性和复杂性（图 2-1）。随着沿海地区城市化和工业化的持续推进，海洋环境污染、滨海湿地退化、资源匮乏、海洋灾害频发等问题积弊已久，严重制约沿海地区经济社会高质量发展，也对海岸带国土空间治理体系和治理能力提出了新的考验。本节通过将复合系统理论引入陆海交界区域，即海岸带地区，分析海岸带复合系统的构成及相互作用关系，讨论陆海统筹的总体要求、实现机制及深化方向。

扫码看高清大图

图注：

①城镇空间通过排污管道向河流排放工业废水、生活污水
②农业空间过度使用农药化肥污染地下水
③城镇空间向大气中排放污染性气体
④大气污染物扩散
⑤生态空间中植物吸收大气污染物
⑥大气污染物扩散造成其他地区空气污染
⑦大气污染物沉降（降雨等）
⑧城镇空间过度开采地下水
⑨沿海城镇空间污水直接排放入海
⑩海水倒灌、海水入侵临岸陆域空间
⑪港口建设
⑫海水养殖
⑬海上交通运输
⑭海洋生态系统
⑮填海造陆
⑯海水浴场、滨海风景区
⑰蒸发等气流上升运动
⑱海上工程作业
⑲政策辐射

图 2-1　海岸带复合系统图示
资料来源：作者自绘

2.1.1　复合系统理论的提出

贝塔朗菲于 1937 年提出了一般系统论原理，其核心思想是系统总能量大于系统内部各个要素的能量之和，在各种因素的相互作用下，系统会朝着有序、平稳的方向发展。现实中，大部分系统构成比较复杂，一般由最简单的要素组成子系统，子系统再按照一定方式有机组成更高一级子系统，最终形成具有多层级结构的复合系统。对复合系统来说，子系统间存在协同或者制约关系，若协同效用大于制约作用，则复合系统的整体性功能就更强；反之，复合系统的整体性功能就更弱。因此，复合系统协调的实质是充分利用和促进子系统间的协同关系，抑制其制约关系。此外，系统论认为不同系统之间存在物质、能量与信息交换的边界。系统边界既是区分系统与外界环境、系统与系统的界线，又是系统与外界环境、系统与系统相互作用的重要媒介，直接关系到系统输入与输出的内容和形式。

海岸带是陆地和海洋两个地理单元的交汇地带，陆海空间通过气候过程、地貌过程、元素迁移过程、生物过程等进行频繁的物质、能量和信息交换，随着海洋开发利用规模的不断扩大，要素在陆海之间的流动效率也显著提高。在自然系统中，地表径流、降雨等自然过程将陆地上大量的淡水、泥沙、无机盐及污染物输移至海洋，深刻影响海洋的物质组成、资源结构、生态平衡与环境质量。同时，波浪、潮汐、潮流等海洋动力条件频繁作用于海岸线及临岸陆地空间，加速陆海空间的物质交换和能量流动，对海岸带地形地貌、生态系统和人类开发利用活动产生了极为重要的影响。在人文系统中，海岸带地区丰富的资源、便利的交通和对外开放的先天优势促进了海洋经济发展，并吸引陆地经济向海洋延伸，陆海经济之间的联系日益密切，陆海产业逐渐融合发展。沿海港口与陆地铁路、公路、内河航道、民航等交通设施共同构成了综合运输交通网络，促进了陆海空间各类资源要素的高效流动，使内陆地区也加入全球化的发展中。此外，海平面上升、台风、风暴潮等外界因素对滨海湿地、沿海防护林等生态系统和海水养殖、滨海城镇建设、港口航运及临港产业等开发利用活动产生严重威胁，是沿海地区国土空间治理不可忽视的重要因素。总之，陆地和海洋两个相对独立的地理系统，通过子系统及组成要素之间相互作用、相互影响、相互依赖、相互制衡的复杂关系，形成了一个具有复杂性、开放性、脆弱性的有机体，具有显著的复合系统特征。

2.1.2　海岸带复合系统构建

深刻认识海岸带空间的各种相互作用关系，是构建海岸带复合系统的基础。海岸带是国土空间的重要组成部分，是特征最显著的区域之一。因此，海岸带地区国土空间规划既要遵循国土空间规划的基本原则，协调人地关系矛盾与空间功能冲突，又要聚焦海岸带的特定问题，促进陆海空间协同发展。事实上，人地关系、区域空间关系与陆海关系并非对立。人地关系以满足人的发展需求和减少人对生态环境的损害为出发点，追求国土空间可持续利用。区域空间关系主要关注在人地关系作用下伴随空间资源竞争而产生的空间利用功能的对立与协同，以满足不同空间利用需求、促进功能协调为出发点，追求国土空间利用整体效率的提升。陆海关系关注陆地和海洋空间开发与保护中的综合协调，既包含了人地关系协调，又包含了区域空间利用功能协调。也就是说，人地关系、区域空间关系始终内含于陆海关系中，并在海岸带地区以特殊方式呈现。

海洋是海岸带区别于内陆的根本所在，陆海统筹视角下国土空间规划的根本要求就是重视海洋在区域经济社会发展和生态环境保护中的重要地位，重点考虑海洋空间开发保护活动及与之联系密切的陆地空间开发保护活动。在海岸带国土空间规划中重点落实生态保护、环境治理、经济发展、交通设施完善、资源利用、防灾减灾等重点任务已成为学界和管理部门的共识。因此，基于海岸带开发保护中各类相互作用关系和空间管理需求，包含两级子系统的海岸带复合系统的建构（图 2-2）为：一级子系统按照人地（海）耦合和空间利用功能耦合的思路，参考“自然－经济－社会”复合系统结构，对接海岸带空间规划应落实的重点任务，将海岸带复合系统划分为生态子系统、环境子系统、经济子系统、资源子系统、交通子系统 5 个一级子系统；二级子系统按照陆海空间耦合的思路，分别在 5 个一级子系统内部进一步划分陆地子系统和海洋子系统；根据海岸带地区陆海空间开发与保护活动的现实需求，进一步明确各二级子系统的组成要素，并对应具体的空间利用活动、生态环境保护或治理对象。

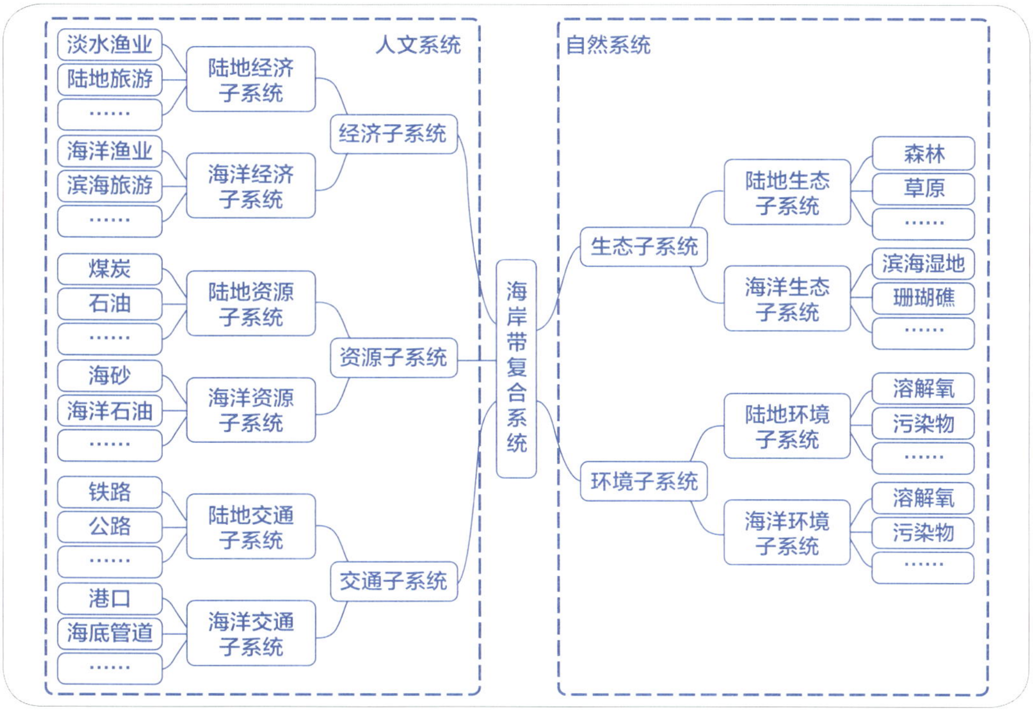

图 2-2　海岸带复合系统结构示意图
资料来源：作者自绘

在国土空间规划语境下，生态子系统主要考虑生态系统保护与修复，环境子系统主要考虑环境保护与治理，经济、资源、交通等子系统则分别考虑产业发展、资源开发利用、交通基础设施建设等空间开发利用活动。为便于分析海岸带空间利用中的人地（海）关系，生态子系统和环境了系统被划作自然系统，经济、资源、交通等子系统被划作人文系统。前者反映了国土空间的生态环境本底条件，主要关注人类活动对国土空间自然属性的改变程度；后者反映了人类需求导向下国土空间的开发利用价值，主要关注国土空间能够为人类生存发展提供的支撑。

明确海岸带复合系统边界或海岸带的空间范围，是开展陆海统筹研究及实践的基本前提，决定了国土空间规划的范围与对象。根据陆海之间的相互作用关系，可以明确海岸线、潮间带和临岸陆域是陆海统筹的核心区域。此外，考虑到流域在陆海联系中的纽带作用，当规划的尺度较大时（如国家级和流域级的国土空间规划），应将流域范围纳入复合系统中；当规划的尺度较小时（如市县级的国土空间规划），只需要考虑境内入海河流及两侧的空间范围。此外，由于海岸带地区受自然过程和人类活动的双重影响，其核心区域边界并不清晰，而且在生态、环境、经济、资源、交通等不同领域中陆海统筹的范围也不一致。因此，规划编制还需要结合区域自然条件、经济社会发展现状等多种因素来确定海岸带空间管理边界。

2.1.3　海岸带复合系统的相互作用关系

结合国土空间开发与保护实际，将系统间的协同和制约关系分别细化为支持、促进和损害、空间竞争等方式。由此，将陆海关系、区域空间关系、人地（海）关系转化成海岸带复合系统内部之间及海岸带复合系统与外界环境之间的相互作用（图 2-3）。

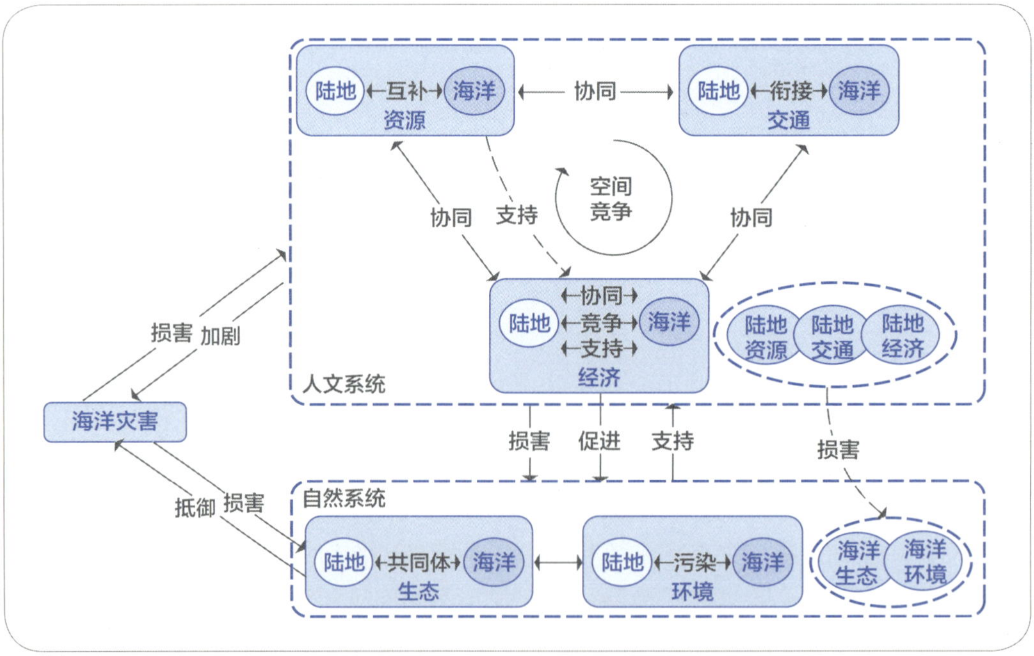

图 2-3　海岸带复合系统内部之间及海岸带复合系统与外界环境之间的相互作用示意图
资料来源：作者自绘

1. 海岸带复合系统与外界环境之间的相互作用

海岸带复合系统发展受外界影响深刻，其中最为突出的是海洋灾害的影响。海洋灾害对海岸带复合系统发展构成严重制约。台风、风暴潮、海浪、海水入侵、海岸侵蚀等海洋灾害导致海岸蚀退、河口和沿岸洼地被淹没、海岸生产生活设施被破坏、土壤盐渍化，长期影响沿海地区人民生活和工农业生产。

在海洋灾害威胁下，海岸带复合系统存在一定程度响应：一是滨海湿地、沿海防护林等生态子系统能够在一定程度上抵御海洋灾害的威胁，如降低台风、海浪、风暴潮的强度，固沙，保持水土，维护海岸结构稳定，等等；二是经济子系统中人类通过建设各类防灾减灾工程、加强灾害监测预警等减少灾害威胁；三是经济子系统、交通子系统、资源子系统中不合理的开发建设活动加剧海洋灾害威胁。

2. 海岸带复合系统内部之间的人地（海）关系

在国土空间规划中，人地（海）关系即国土空间开发利用活动与自然环境的相互作用关系，两者相互依存又相互制约，从系统论视角来看，体现为以下三个方面。

生态子系统和环境子系统是经济子系统、资源子系统和交通子系统发展的基础与支撑，持续向人类社会输入发展所需的物质和能量，并接受和转换以上三个子系统产生的废弃物。

经济子系统的目标是追求更大的经济利益，这需要其自身扩大产业规模，交通子系统的目标是加快交通设施建设，资源子系统的目标是加大资源开采力度，在此过程中不可避免地会对生态子系统和环境子系统造成损害，并反过来削弱其对经济子系统、资源子系统和交通子系统的支撑能力。当前有些地区的国土空间开发利用接近甚至超过区域资源环境承载力，自然资源耗竭、环境污染、生态系统退化等问题积弊已久，生态子系统和环境子系统对人类经济社会发展的支撑能力受到影响。

经济子系统通过资金和技术投入来支持生态子系统和环境子系统开展整治修复，有效遏制了生态退化的趋势，提升生态子系统和环境子系统对经济子系统的承载能力，从而实现协调发展和良性循环。

3. 海岸带复合系统内部之间的区域空间关系

区域空间关系，即国土空间利用功能的冲突与协同关系。承载经济子系统的国土空间具有海水养殖、滨海旅游、城镇建设等功能，承载交通子系统的国土空间具有港口航运、铁路运输、公路运输等功能，承载资源子系统的国土空间具有海砂开采、油气开采等功能，承载生态子系统和环境子系统的国土空间具有提供氧气和食物、净化污染物等功能。由于国土空间具有多宜性，而在空间安排中一般只能明确单一用途，产生了不同子系统间的空间竞争矛盾。同时，不同空间承载的人类活动并不是独立存在的，它们之间相互影响、彼此需求，通过各种物质、能量、信息、要素传输联系在一起，形成功能上的协同关系。前文已经对自然系统与人文系统的关系进行了阐释，因此在区域空间关系中，下文重点阐述人文系统中空间利用功能之间的相互作用关系。

第一，经济子系统、资源子系统、交通子系统之间及各子系统内部存在空间竞争关系。随着开发利用规模持续扩大，各子系统竞相争夺宝贵的空间资源，对经济社会高质量发展形成严重制约。目前，各类开发利用活动争夺最激烈的是海岸线、潮间带和临岸陆域等核心区域，由于这些区域在资源禀赋、交通条件、人文与自然景观等各方面优势突出，引起滩涂养殖、港口码头、滨海旅游，甚至石油化工、房地产等众多非赖水用海活动向岸布局，岸上和岸下空间功能不协调的问题普遍存在。

第二，经济子系统、资源子系统、交通子系统之间及各子系统内部存在空间协同关系。一是经济发展离不开交通运输和资源供给的支持，只有通过交通基础设施将生产活动各环节有效衔接起来，才能实现经济子系统有序运行；二是产业融合已成为现代产业发展的重要趋势，以海洋渔业经济发展为例，当前海洋牧场的发展模式将滨海旅游、海水养殖、海产品加工、海产品运输等融合在一起，这就需要在空间上合理布局，促进陆海产业有效衔接。

4. 海岸带复合系统内部之间的陆海关系

陆海关系是在人类活动与自然过程影响下，陆海两大空间地理单元的相互作用与相互联系，在纵向维度体现为生态、环境、经济、资源、交通等微观领域的一一对应关系，包括以下五个方面。

第一，陆地生态子系统和海洋生态子系统构成海岸带生态子系统，涵盖了滨海湿地、河口、海湾、海域、海岛、沿海山体、防护林、河流、农田等各类生态系统。陆地生态子系统和海洋生态子系统通过水循环和大气循环等自然过程不停地进行着物质循环和能量流动，在长期演进过程中形成了一种动态平衡体系。任何一个子系统受到损害，都会影响两个子系统之间的物质与能量交换过程，从而导致海岸带生态平衡失调。

第二，陆地环境子系统对海洋环境子系统存在单向制约作用。陆地环境子系统中的工业废水、生活污水、农业面源污染物、固体废弃物等大都通过径流过程或管道进入海洋，使海洋环境子系统长期承受巨大压力。

第三，陆地经济子系统和海洋经济子系统存在协同与竞争关系，陆地经济子系统对海洋经济子系统还具有支持作用。海洋产业发展的诸多环节对陆地具有较强的依赖性，需要陆海产业相互衔接和配合，此过程也带动了陆地经济发展。由于海洋经济起步较晚，而陆地经济发展已经比较成熟，现阶段陆地经济子系统中先进的技术、制度、资金和人才等要素向海洋经济子系统流动的趋势比较明显。此外，陆地经济子系统与海洋经济子系统还存在竞争关系，最为突出的是对岸线空间的竞争，很多非赖水的陆地产业在岸线布局，挤占了海洋产业的发展空间。

第四，陆地资源子系统和海洋资源子系统存在互补关系，两者共同支撑国民经济和社会发展。现阶段，由于陆地资源日渐枯竭，海洋的资源优势正逐渐凸显，成为新时期国民经济社会发展的重要支撑。

第五，陆地交通子系统和海洋交通子系统存在衔接关系。海洋交通子系统在国家对外开放中承担着重要角色，陆地交通子系统则在促进生产要素在内陆与沿海之间流动方面发挥着重要作用。两者只有在海岸带地区充分衔接，才能提升国家交通整体运输能力。而且，任一子系统的结构与功能的不完善都会降低交通子系统的整体运行效率。

5. 横纵结合的陆海空间综合关系

为进一步分析陆地和海洋在空间开发与保护中的综合关系，将人地（海）关系、区域空间关系与陆海关系融合，便形成了横纵结合的陆海空间综合关系。具体包括五个方面。

第一，陆地生态子系统和海洋生态子系统具有整体性特征，两者相互依存，不可分割，共同支撑经济子系统、资源子系统和交通子系统的发展。

第二，陆地经济子系统、陆地资源子系统和陆地交通子系统，对陆地生态子系统和陆地环境子系统具有损害作用，并进一步对海洋生态子系统和海洋环境子系统产生损害作用，同时，经济子系统能够向生态子系统和环境子系统输入资金、技术等要素，通过整治修复提升其系统结构与功能。

第三，陆地经济子系统和海洋经济子系统具有竞争与协同关系，陆地经济子系统对海洋经济子系统还具有支持作用。

第四，陆地资源子系统与海洋资源子系统具有互补作用，共同支撑经济子系统的发展，现阶段海洋资源子系统对经济子系统的支持受到关注。

第五，陆地交通子系统与海洋交通子系统具有衔接关系，共同支撑经济子系统的发展。

2.1.4 陆海统筹的总体要求与实现机制

1. 海岸带复合系统协调的目标与原则

2019 年 5 月《中共中央 国务院关于建立国土空间规划体系并监督实施的若干意见》明确指出国土空间规划是对一定区域国土空间开发保护在空间和时间上做出的安排。因此，国土空间规划主要关注宏观层面上开发与保护的时空安排，侧重于协调不同空间的诉求和矛盾。在国土空间规划中落实陆海统筹也就是协调海岸带空间各类开发与保护矛盾的过程，从系统论视角来看，也就是调控海岸带复合系统内部之间及海岸带复合系统与外界环境之间的各种相互作用关系，并最终使海岸带复合系统达到协调状态的过程。

根据系统协调理论，复合系统整体功能的实现有赖于各子系统功能的完善及相互协同，但复合系统与其子系统、子系统与子系统的目标很可能不一致。系统的整体性要求我们处理系统内部矛盾和冲突时，要着眼于全局，以复合系统的整体目标代替子系统的目标，并明确各子系统的调控原则，纠正子系统的运行偏差。因此，在应对海岸带地区当前挑战和长远风险时，必然要以生态文明和高质量发展理念作为引导与约束复合系统及子系统发展的根本遵循：生态子系统和环境子系统要加强生态保护和环境治理，资源、经济、交通等包含人类活动的子系统要发展生态友好型的空间利用方式，提高空间和资源利用效率，减少对生态空间的占用和干扰。

2. 陆海统筹的实现机制

海岸带复合系统与外界环境、子系统以及子系统之间，时刻发生着物质、能量、信息和要素的交换。在任何一个交换过程中，必然存在一个输出系统及对应的一个或多个输入系统，输出系统输出的物质、能量、信息或要素对输入系统产生协同或制约效应。例如，生态子系统向经济子系统输入氧气、食物等，支撑了经济子系统的发展，体现为生态子系统对经济子系统的支持作用；陆地经济子系统向陆地环境子系统输入污染物，污染物再从陆地环境子系统进入海洋环境子系统，体现为陆地经济子系统对海洋环境子系统的损害作用；陆地经济子系统与海洋经济子系统争夺生产要素，导致进入竞争弱势系统的生产要素减少，影响该系统的发展，体现为两个子系统的竞争关系，其中陆地经济子系统输出的资金、技术等生产要素进入海洋经济子系统，会促进海洋经济子系统发展壮大，体现为陆地经济子系统对海洋经济子系统的支持作用。

基于以上分析可以发现，影响系统协调发展的最关键因素是流动于系统之间的物质、能量、信息和要素。通过追溯系统物质、能量、信息和要素的产生与流动过程，基于海岸带复合系统的发展目标与原则，应从系统结构与功能、系统空间位置和系统输出内容三个方面进行综合调控。具体包括以下三点。

第一，完善系统结构与功能。系统结构与功能决定了其对外输出物质、能量、信息和要素的能力，并进一步影响其对其他子系统协同或制约作用的强弱。在国土空间规划中，可以通过空间资源的倾斜配置和相关保障措施的完善，支持某些子系统不断完善结构与功能，从而增强其对其他子系统的协同效应，提升复合系统整体功能。

第二，科学调整系统空间位置。任何空间均会通过资源环境溢出、经济溢出、知识信息溢出、公共设施溢出等形式的空间外溢效应与周边空间发生相互作用。空间位置的远近决定了某一子系统的空间外溢效应对其他子系统影响的强弱。因此，在国土空间规划中应进一步优化国土空间布局，使具有协同关系的子系统空间相邻，具有制约关系的子系统空间远离，从而增强子系统之间的正向促进作用、减少负向抑制作用。

第三，加强对系统输出内容的管控。系统输出的内容既可能促进其他子系统发展，又可能抑制其发展。在国土空间规划中，一方面可以通过完善用途管制手段，强化对子系统内部活动的科学管控，抑制其产生负外部性的行为；另一方面可以通过建立和完善激励机制，促进有益的物质、能量、信息或要素向特定子系统输入，从而发挥系统间的协同作用。

2.2 陆海二元结构理论

陆地和海洋的发展差异不仅体现在经济总量上，还包括产业结构、社会阶层、发展理念等诸多方面，进而导致以资本和劳动力为代表的各类要素资源向海岸带地区高度集聚。这种要素资源配置方式造成内陆地区与海岸带地区经济发展不协调越来越明显，陆海二元结构问题正是在这种历史背景下被提出的。

2.2.1　陆海二元结构的产生

海岸带地区凭借其优越的区位条件、丰富的海洋资源等独特优势，易于发展成为产业密集、人口集中、技术先进、交通便利的经济增长极，而这种要素和产业高度集中的趋势毫无疑问会在一定程度上促进沿海地区要素资源的市场竞争，提升要素资源质量，促进地区经济高速发展。近年来海岸带地区经济整体飞速发展就是很好的证明。

相较而言，内陆地区由于工业化和城市化推进过程缓慢，加之当前海岸带地区仍处于优质要素资源的快速集聚期，其辐射带动作用有限，对内陆经济的拉动不明显。而且，在未来较长时期内，我国资源要素还将进一步向海岸带地区集聚，这种现象势必进一步加剧陆海区域发展格局的不平衡。

陆海二元结构的形成及发展本质上是要素资源陆海间流动的外在表现。我国改革开放以来，劳动力、资本、企业家才能等要素大量趋海集聚，为海岸带地区提供了充足的生产资料，而技术、信息等新型要素的加入则大大提升了海岸带地区的生产力水平。与此同时，海岸带地区良好的发展活力也反过来作用于要素资源，吸引了大量要素的继续集聚，两者相互促进，使得海岸带地区要素资源的丰裕度和经济发展水平呈现螺旋式上升。然而在此过程中，内陆地区逐渐被边缘化，与沿海地区形成了巨大的经济发展差距。

海岸带地区的飞速发展带来了一系列社会问题，这在一定程度上反映出要素过度集中的非最优性。城市化的盲目扩张及高消耗、高污染的生产模式导致地区房价过高、资源环境超载、物价上涨、收入差距扩大等一系列问题。2008 年席卷全球的金融海啸给这种严重不均衡的要素配置及地区发展模式敲响了警钟。作为世界加工制造基地的东南沿海众多厂商接踵倒闭，海岸带城市较高的生产生活成本和陆海经济发展梯度差异性逐步增大，迫使大量企业选择进军内陆。这些在一定程度上使人反思要素的过度趋海集聚与边际要素生产率之间似乎并非简单的正相关。要素的过度趋海集聚和陆海发展差异的形成既有历史性因素，又是宏观政策导向的必然结果，而要素本身的趋利性流动特征更是对此结果的形成产生了巨大的助推作用。

从我国目前的产业发展阶段来看，绝大多数内陆地区尚处于以劳动力和土地为主要要素资源的工业化初期向中期的过渡阶段，而不少沿海省市已进入以资金、交通、人力资本为决定因素的工业化末期甚至是以追求区域创新、非物质性高级资源为代表的后工业化时代。不同经济发展阶段的要素需求差异使得部分传统资源集聚于内陆，而大量优质的、高经济效益的现代化资源向海岸带地区转移。看似各得其所的资源配置方式将内陆地区的发展限制在一个类似封闭圈层的经济环境中，而海岸带地区开放程度加剧、优质资源聚集，产业竞争力不断提升，“以发展促发展”的“马太效应”突出。良好的经济发展环境和社会文明程度又反过来作用于要素资源，使得同样的要素资源投入在海岸带地区高生产力水平的作用下可以产生更大的经济效益。经济学中的理性人假设使得市场会自发选择效益高、收入多的产业部门，而两者共同作用的结果是导致陆海差异逐步加大，二元化格局日益凸显。倘若将海岸带地区的改革开放政策比作促使要素趋海流动的引擎，则要素自身的趋利性恰如用之不竭的太阳能电池，促使要素持续向海流动，并最终导致要素配置非均等化的形成和陆海二元结构的产生，其形成机理如图 2-4 所示。

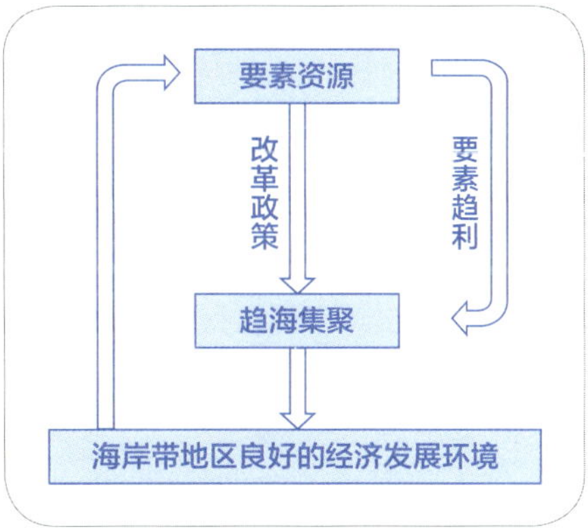

图 2-4　陆海二元结构形成机理
资料来源：作者自绘

2.2.2　陆海资源配置理论

要素资源是社会经济发展所需要的各种社会资源的统称。现代西方经济学认为，要素资源可分为劳动力、土地、资本、管理经验、科学技术和信息。陆海资源配置与陆海空间发生的经济活动密切相关，并直接影响着相关地区社会经济的发展。陆海资源配置上的差距，是导致陆海差异逐渐扩大及陆海二元结构问题的主要原因，而资源配置的不合理也在限制着我国陆海经济的协调发展。有必要寻求一个陆海发展公平与效率的最佳契合点，提高效率，达到公平，实现陆海的共同富裕。

1. 概念界定

关于资源配置的研究起源很早，由于研究的领域和角度不同，对资源配置的定义也多种多样。关于资源配置的定义主要有：经济运行中的人、财、物等各种资源在各种不同利用方向之间的分配；各种生产资源的类型、数量、结构及布局的安排和组合；如何对稀缺资源在多种利用方向之间进行合理分配和使用；以稀缺性为基础，使稀缺资源最大限度地保持合理的用途方向和数量比例；等等。从以上不同角度对资源配置定义与内涵的阐述中可以看出，资源配置涉及资源的空间布局、分配时序、数量分配等内容。其中，空间布局实质上就是要素资源的区域配置，分配时序指的是资源的开发次序，数量分配是指资源分配的比例。陆海资源配置是指在区域社会经济发展过程中，综合考虑陆海资源的特点，在陆海资源环境生态系统的承载力、社会经济系统的活力基础上，以陆海两方面协调为基础进行资源的协调配置，以便充分发挥陆海互动作用，从而促进区域社会经济和谐、健康发展。

2. 陆海资源配置的原则

陆海资源配置应该遵循陆海统筹协调原则、集约节约用海原则、资源有效需求原则、陆海资源可持续利用原则、陆海综合效益最大化原则，以及陆海经济发展与生态环境保护相协调原则，具体如下。

1）陆海统筹协调原则

陆海资源既涉及海洋，也涉及陆地。在考虑陆海资源配置时，应统筹协调陆海间的矛盾，实现陆海协调发展，从而更好地发挥陆海复合经济系统的整体功能。

2）集约节约用海原则

基于我国人多海少、后备资源贫瘠的客观条件，国家对资源集约节约利用尤为重视，将其作为土地、海洋管理的基本原则之一。以海域管理为例，国家通过各级海洋功能区划、海域分等定级、海域整治修复、围填海计划等手段对各类用海行为实行严格管控。尽管有一种观点认为可以通过不断提高审批门槛来解决海域日益稀缺问题，但事实是我国目前未开发海域存量已然不多。因此，如果没有采用科学的方法提高海域资源配置的集约节约水平，非但不能保证未来需求，甚至会引发复杂的社会问题。综上所述，集约节约用海原则是海域资源配置利用的重要原则。

3）资源有效需求原则

资源利用面临的不容忽视的现实是经过近年来的开发利用，资源利用条件较好的区域基本上已经被利用殆尽，剩余的大多难以利用或者禁止开发。同时在国家工业化和城市化的浪潮下，陆海开发活动显著表现为海域围填成土地的单向转用，海域成为城市建设用地和工业项目上马的后备土地仓库，持续的围填海必然导致传统养殖、赶海和百姓亲水海域的减少。在这种背景下，陆海资源配置必须按照阶段内城市化与工业化用海主体的有效需求引导海域有序有度地流转，为后续土地利用打下坚实的基础。

4）陆海资源可持续利用原则

资源配置既要考虑现在，也要考虑未来；既要考虑当前发展需求，也要考虑其可持续性。在制定陆海资源配置方案时，要坚持可持续发展原则，协调人海关系、陆海关系、开发与保护的关系、当代人与后代人的关系，最终实现陆海资源的永续利用。

5）陆海综合效益最大化原则

陆海资源优化配置并不是实现经济效益、社会效益和生态效益等分目标效益的均衡或同时最大化。首先，分目标间通常会存在重要性层级差，换言之，即在特定时期和地区条件下，必然会以一种或几种分目标为主导，以其他分目标为辅；其次，分目标间本身就存在不同程度的增益或减损，例如，生态效益的取得可能会以一定的经济损失为代价，也可能会进一步促进经济效益的取得。因此，在具有复杂结构和层次的陆海间进行资源优化配置，必须要在各个分目标间进行利弊权衡，以综合效益最大化为原则进行资源的优化配置，实现陆海一体化高效发展。

6）陆海经济发展与生态环境保护相协调原则

海岸带位于海洋与陆地交接地带，是地球四大圈层和人类的相互作用带，生态环境有其自身的脆弱性和复杂性。近年来，陆海资源过度开发，垃圾、废弃物随意处置，排放问题突出，使海岸带区域灾害更加频发，生态更趋脆弱，资源破坏严重。陆海资源配置一定要注意经济发展与环境保护并重，协调好两者的关系。

3. 陆海资源配置的基本方式

我国陆海资源配置的基本方式主要分为行政配置方式和市场配置方式两种。

行政配置方式，是以政府行政力为主导的资源配置利用机制，具体表现为政府通过海域利用的各级规划、海洋功能区划、海域分等定级以及海域使用论证审批备案等法律、行政手段对区域内的海域使用尤其是围填海进行严格控制，具有强制性、严肃性、权威性等特点，集中体现了中央政府以供给引导需求的海域供需政策。

市场配置方式，则是以市场机制为主导的资源配置利用机制。具体原理是，在市场资源配置利用活动中，无论是需求者还是供给者，其行为决策均会遵循经济效益最大化或者个人效用最大化的原则，从而实现整体效益的理论最优。

但是，资源配置不是仅仅依靠一种治理途径就可以得到优化提升，实现配置目标。换言之，无论是行政配置方式还是市场配置方式的单独使用，都不可能很好地完成陆海资源的有效配置利用，必须将两种配置方式结合起来，通过协调配合，才有可能实现资源配置综合效益的最大化。

4. 陆海资源配置理论方法体系

实现资源优化配置需要综合考虑人口、经济、环境、区位、资源禀赋等因素，因此对资源配置的研究既涉及经济学的相关理论，又与系统科学、结构主义学派等学科理论息息相关，并且离不开运筹学、计算数学的支持。这些学科理论作为资源配置强有力的支撑，为资源配置的实践提供了理论技术基础。从资源配置这一视角切入，研究陆海资源配置相关理论基础、模型方法等问题，能够初步构建起陆海资源配置的理论架构（图 2-5），以期实现陆海资源最优化配置。

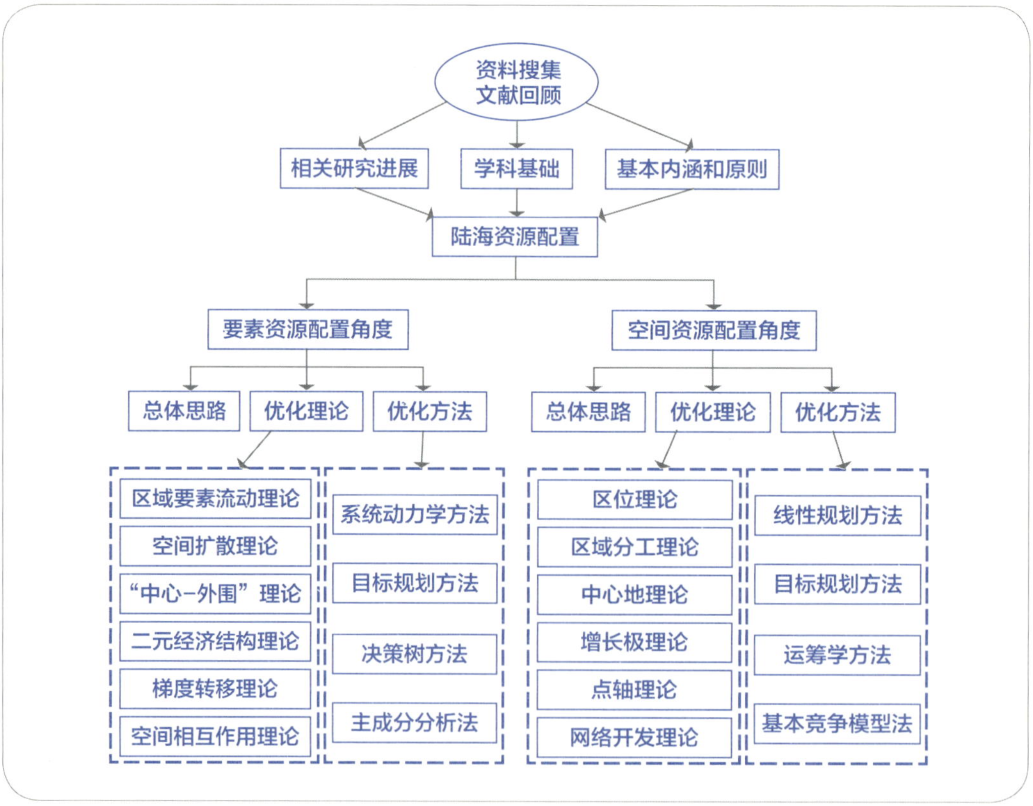

图 2-5　陆海资源配置的理论架构
资料来源：作者自绘

关于要素资源配置的优化理论有区域要素流动理论、空间扩散理论、“中心－外围”理论、二元经济结构理论、梯度转移理论、空间相互作用理论，而要素资源配置优化的常用方法主要有系统动力学方法、目标规划方法、决策树方法及主成分分析法。空间资源配置理论是从空间资源本身出发，研究如何根据不同地区自身的条件特点，对区域内的空间进行合理区划。空间资源配置优化理论主要有区位理论、区域分工理论、中心地理论、增长极理论、点轴理论、网络开发理论，空间资源配置优化方法有线性规划方法、目标规划方法、运筹学方法、基本竞争模型法。

5. 优化陆海资源配置的路径

陆海资源配置理论是对陆海发展问题及其解决方法的高度凝练，其发展不仅有利于提高海洋资源开发能力、推动海洋经济向质量效益型转变，还有利于促进陆海间人口、经济、资源环境的协调发展。因此，政府应在发挥市场机制作用的基础上，完善陆海资源配置的相关政策，充分发挥宏观政策导向作用，引导陆海资源要素高效配置，构建科学合理的陆海发展格局，从全局高度进行制度设计。具体路径包括以下五个。

1）加大政策力度，完善各项陆海政策

推进陆海经济结构战略性调整，促进陆海区域协调发展，引导陆海产业发展格局，保证陆海地区的公共服务均等化，充分发挥陆海政策在陆海经济发展中的引领和带动作用。

2）注重陆海协调，形成陆海政策合力

不同部门需从自身职能出发，积极发挥优势，准确把握政策边界，使得各部门配套政策相互支撑，相互衔接，形成政策合力，增强陆海政策的综合效应。

3）坚持因地制宜，制定差异化的政策

结合不同区域陆海资源禀赋与发展特点，明确不同的陆海政策方向和政策重点。注重沿海地区的产业升级和转移，加快内陆地区的新型工业化进程。

4）提高政策效率，发挥政策调控作用

正确处理好中央与地方的关系，行政手段与市场机制的关系，调动不同主体的积极性，充分发挥市场配置资源的基础性作用和政府制度设计的导向作用。

5）认知陆海关系，加强陆海资源配置

关注陆海资源配置问题，加大资金投入，认识陆海协调发展中的陆海二元分异、资源开发无序、资源分配失衡、调控手段滞后问题，通过陆海资源配置理论研究和制度设计，从根源上解决资源地区间的不均衡配置、流动性障碍、空间布局不合理等问题，形成陆海资源配置的战略举措和具体抓手，加快转变陆海经济发展方式，切实推进陆海协调发展。

2.2.3　陆海新经济布局理论

在新的时代背景下，海洋经济作为发展海洋的重要组成部分，一方面面临前所未有的机遇和挑战，科学合理的海洋经济布局成为发展要求，而明确海洋经济布局内涵，理顺布局要素间的相互关系，是优化海洋经济布局过程中重要而又基础的环节。另一方面，如前文提及的，随着沿海经济的高速发展，陆海间发展差异逐步扩大，陆海二元结构日益凸显。在陆海二元结构下，如何统筹陆海发展，缩小陆海经济差异，推动陆海联动共进是实现我国经济社会协调、可持续发展的关键，也是陆海一体化建设的必然要求。

1. 陆海关系演变

我国的国土空间陆海兼备，随着海洋经济的快速发展，海洋开发纵深程度和海洋经济规模逐步提升，陆海关系日渐紧密，海洋经济已成为我国经济快速发展的重要引擎，而陆海经济能否实现一体化发展，逐渐成为影响我国经济可持续发展的关键。

按照发展时序，我国的陆海经济一体化进程可划分为初级、高级两个阶段：初级阶段强调的是沿海经济与海洋经济的协调发展，旨在解决沿海地区如何将自身优势与海洋资源优势高效结合，通过培育海洋优势产业和优化陆海产业布局，实现生产要素和海洋产业的区域性集聚及产业结构的优化升级，打造具有强大辐射带动作用的海岸带经济；高级阶段强调陆海联动，具体表现为海洋经济和陆地经济的高度统筹，旨在解决如何通过市场、政策机制实现生产要素在沿海与内陆间的充分流动，渐进式地完成经济技术的区域梯度转移，实现陆海优势互补，加快陆海一体化进程。

2. 陆海二元经济结构

近年来，随着我国沿海地区海洋经济的迅猛发展，海洋与陆地空间割裂导致的海域与陆域经济系统固有的结构性差异逐渐缩小，可以说陆海一体化进程的初级阶段是比较成功的。然而，随着我国海洋开发的不断深化，沿海地区与内陆地区经济发展不协调导致的陆海二元经济结构问题日益显现，并引起学术界的关注，这在一定程度上表明我国正艰难地迈入陆海一体化的高级阶段。

在陆海一体化进程中逐渐凸显的陆海二元经济结构问题主要表现在三个方面：其一，资源配置不合理，且陆海间优势资源受地方行业壁垒、企业性质、市场发育程度等因素的影响，不能充分流通或流通成本过高，难以实现优势互补，限制了资源优势转化为经济优势；其二，陆海间就业机会的不均等化、较为严格的户籍制度，以及尚在发展完善中的社会保障体系影响了劳动力资源的市场化配置，造成沿海地区劳动力不足与内陆地区劳动力过剩现象并存；其三，陆海间技术转移过慢，技术差异较大，明显制约了内陆地区的经济发展。

3. 陆海统筹发展的新经济布局

从宏观调控角度来说，国家在制定和执行区域政策、产业政策与财税政策时应进一步强化陆海统筹观念，突破重陆轻海思想，以陆海整合视角协调陆海关系。陆海统筹是一个动态的平衡过程，是全方位平衡而非平均主义，因而在特定的经济发展时期，沿海经济政策或内陆经济政策完全可以交替性优先。这是因为陆海间经济发展差异的变化会导致生产要素在陆海间流动的时空性波动。类比财政、货币政策制定与通货膨胀紧缩的关系，在市场机制调节下，生产要素趋海或趋陆流动时，宏观政策应有针对性地同向倾斜，以取得事半功倍的效果。从这个角度而言，目前的区域政策制定过程还存在一定程度的时滞性，不能对陆海经济波动规律做到实时监控和有效调控。因此，除了将陆海统筹观念内化于政策制定中，还应建立完善的陆海经济波动监测体系，从而进一步加强陆海统筹政策手段的时效性、导向性和控制性。

从具体措施来说，陆海发展差距的形成是因为陆海间生产要素流动不足，而消除陆海二元经济结构问题的原始病灶在于要素流通渠道的稳定程度与要素流动的顺畅程度。陆海统筹也应对症下药，进行要素流动渠道的制度设计，以具有巨大发展潜力和带动作用的海洋产业为突破口，不断延伸和扩展优势产业链条，实现其与陆域产业的有效连接，从而带动陆域产业的跟随式发展，继而顺利完成陆海产业在更大范围内的优化布局、互促互利、互动互补，最终形成陆海要素配置最优、系统产出最大化的陆海发展格局。

陆海二元经济结构难题是陆海一体化进程中的阶段性问题，从发现到最终破解有很长一段路要走，能否尽快完成这一进程是沿海和内陆经济潜力能否释放性发展的关键，也是我国能否从海洋大国转变为海洋强国的关键，具有重要的战略意义。因此，在充分认识当前面临的陆海二元经济结构难题的基础上，各级政府在制定政策和发展战略时应兼顾陆海差异，以更加主动和超越的姿态积极推动陆海统筹进程，从而有效推进陆海二元经济结构的一体化进程，真正实现陆海经济的腾飞。

2.3 陆海统筹中海岸带的概念与范围

海岸带指陆海的交界地带，是以海岸线为基准、向海陆两侧扩展且具有一定宽度的地带。作为海陆相互作用的特殊区域，海岸带不仅具有海陆过渡、资源丰富、生态脆弱等自然地理属性，而且兼具独特的社会经济属性，是工业、商业、居住、旅游、军事、渔业和运输等人类活动高度密集的地区，是区域经济社会发展的“黄金地带”。

海岸带一般认为由潮上带、潮间带和潮下带组成。潮上带指位于平均高潮线与最大涨潮线之间的区域。正常潮汐作用不能到达，但在遇到大潮或风暴潮时，海水可以淹没，宽达数十到数百里。潮上带区位优势突出，战略地位重要。据统计，全球约有 180 个国家和地区分布在沿海，约占全球总数的 70%，在沿海 100 千米范围内居住生活的人口数量约占全球总人口数量的 40%。潮间带是介于平均大潮高、低潮位之间的海水活动地带。潮间带地域狭长且不连续，沿海岸线不均匀分布，其宽度随地形地貌的不同而不同，宽度从零至十几千米不等，呈现沿海岸线非连续的带状分布特点。潮间带生境类型多样，包括滩涂、红树林、珊瑚礁等，且蕴藏着丰富的生物资源，是近海生物重要栖息繁殖地和鸟类迁徙中转站，具有十分重要和独特的生态功能。实践往往根据研究领域、研究方向、研究目标的不同，确定潮下带的外边界。1980—1986 年，我国开展第一次全国海岸带和海涂资源综合调查时，为了满足调查工作的实际需要，划定的海岸带调查范围为：海岸线向陆 10 千米为测算陆域（潮上带）面积的内边界，海岸线向海 10～15 米等深线为海域（潮下带）外边界；在河口地区，向陆以潮区界为海岸带的“陆界”，向海至淡水舌锋缘为海岸带的“海界”。

尽管海岸带有通用的定义，但海岸带范围却没有统一的划分标准。理论上有地理标准、行政标准、环境生态标准和距离标准等划定方法，实践划分往往结合研究、规划和管理实际来掌握。

2.3.1 学术讨论中的海岸带范围

从全球变化的观点看，海岸带包括滨海平原、狭义的海岸带和大陆架三个部分，其中狭义的海岸带范围为向陆延伸 10 千米左右（或近代历史时期的大潮高潮线上），向海为 20 米等深线（大致相当于中等海浪的 1/2 波长），各国的海岸调查多是在此范围内。随着对海洋环境问题的研究不断深入，为解决因调查范围限制产生的问题，国际上在研究国际岩石圈生物圈计划（IGBP）的核心项目——海岸带陆海交互作用（LOICZ）时，将海岸带定义为“从滨海平原到大陆架外缘，大致对应于晚第四纪海平面波动期间交替被淹没和暴露的区域”。

我国学者陈述彭强调，“认为离海岸 20 千米、10 千米或 5 千米就算是海岸带”是“缺乏科学”依据的，任何定量化的东西如没有科学定义都是数字游戏。他将海岸带定义为“以海岸为基线向海陆两方面扩散而且辐射的地带”，并指出“海岸带并不是找不到确切的边界线，而是离开海岸越远越淡化”，在选择海岸带的基线点时，不能仅仅站在现代的角度孤立地讨论，也要考虑古三角洲的顶点。有学者认为，海岸带向陆可达 1 千米至 100 千米的内陆，向海可延伸到大陆架和斜坡（包括专属经济区和 200 海里以外适当的地方）与深海接壤。有学者则认为海岸带是向陆以高潮线向陆地延伸 2 千米，向海到领海边界的区域。此外，还有观点认为海岸带向海一侧为波浪和潮流对海底有明显影响的最远距离，以及人类的生产活动最频繁出入的区域以外；向陆一侧应包括特大潮汛（含风暴潮）涉及的区域，河口海岸则为海水入侵的上界。《全国海岸带和海涂资源综合调查简明规程》则明确提出，海岸带由海岸线向海、陆两侧扩展一定宽度形成，海岸带调查宽度为海岸线向海侧延至 -10 米至 -15 米等深线附近，向陆侧延伸 10 千米左右。除此之外，多部海洋专业工具书也对“海岸带（coastal zone）”的概念和范围进行了明确（表 2-1）。

表 2-1 部分海洋专业工具书对海岸带概念及范围的界定

依据	海岸带概念及范围界定
《海洋科技名词》(第二版)	海洋和陆地相互作用的地带。范围从激浪能够作用到的海滩或岩滩开始，向海延伸至最大波浪可以作用到的临界深度处（1/2 最大波长）
《现代地理科学词典》	海陆相互作用地带，分为潮上带、潮间带和潮下带。其上限起自海水能够作用到陆地的最远点，下限为波浪作用影响海底的最深点。广义海岸带可向陆延伸至毗连平原，向海延至大陆架边缘
《海洋开发技术辞典》	海洋对陆地作用的地带，分为海岸、潮间带和水下岸坡三个部分。海岸指现代海岸线以上的狭窄地带（包括上升的古海岸带）。潮间带是有潮水涨落的地带。水下岸坡是平均低潮线以下的浅海地带，包括下沉的古海岸带

资料来源：作者自绘

2.3.2　管理实践中的海岸带范围

在管理与立法层面，随着世界各国越来越重视海岸带在经济社会发展中的重要作用，许多国际组织、沿海国家均对海岸带的概念和范围进行了界定（表 2-2）。

表 2-2　部分国际组织及沿海国家对海岸带概念及范围的界定

国际组织 / 主要国家	依据	海岸带概念及范围界定
世界银行	1996 年《海岸带综合管理指南》	海岸带是陆地与海洋的界面，包括海岸环境以及临近沿海水域。其组成的地理类型包括三角洲、沿海平原、湿地、海滩和沙丘、珊瑚礁、红树林、潟湖以及其他海岸类型
联合国经济与社会理事会	1988 年《海岸带管理与开发》	海岸带的一般定义是陆地与海洋相互作用的地带，包括向陆部分、大陆架被淹没的土地及其上覆水域
美国	1972 年《海岸带管理法》	海岸带是指沿海州的海岸线和彼此间交互影响的临海水域（包括其中和其下的陆地）和邻近的滨海陆地（包括其中和其下的水域）
	2012 年美国国家海洋和大气管理局发布的海岸带管理的边界	陆地范围分为五种情况：一是整个州属于海岸带，如佛罗里达、夏威夷等 7 个州；二是沿海县属于海岸带，如华盛顿、印第安纳、密西西比等；三是按照自然标志，如印第安纳州按照美国地质调查局地图和主要道路，最宽处距离海岸线 17 千米，最窄处不到 2 千米；四是应用环境单元，马萨诸塞州的沿海地带包括所有岛屿、过渡潮间带地区、滨海湿地和海滩；五是延伸边界，亚拉巴马州的海岸带则往内陆连续扩展 10 英尺（约 3 米）的海拔高度 海洋范围：五大湖各州的向海边界是美国和加拿大的国际边界；其余各州向海一侧边界各州比较一致，基本为向海 3 海里（约 5.56 千米）的领海，其中佛罗里达、波多黎各、得克萨斯除外，为向海延伸 9 英里（约 14.5 千米）
韩国	2018 年《韩国水面及海岸带管理法纲要》	海岸带指以海岸线为基准的海部分和背后陆地的一部分为对象划的区域。但对于河口部、三角洲水产资源及生态系统保护区等，可考虑地形条件和环境影响，范围按不同等级差别来规定
南非	2009 年《海岸带综合管理法》	海岸带包括海岸公共财产，沿海保护区，海岸进入陆地和海岸保护区域，海岸，沿海水域和专属经济区，并包括这些区域中或其上、其下的环境的各方面
墨西哥	2006 年墨西哥的环境和自然资源部发布的墨西哥海洋和海岸可持续发展的国家环境政策	海岸带被视作以下三个区域的综合：陆地区域，这个区域被沿海自治市和靠近沿海自治市的内陆自治市覆盖；海洋区域，淹没在水下的区域往上到 200 米等深线处；所有墨西哥岛屿的组合

资料来源：赵锐，赵鹏．海岸带概念与范围的国际比较及界定研究［J］．海洋经济，2014，4（1）：58-64.

在我国，为加强海岸带保护、利用与管理，多个沿海省市结合本地实际情况，先后制定了海岸带规划、海岸带保护与利用管理相关法规，其中同样包括对海岸带范围的界定（表 2-3）。

表 2-3　我国沿海省市海岸带立法与规划中海岸带的概念与范围

沿海省市		规划 / 立法	海岸带概念	海岸带陆地范围	海岸带海洋范围
江苏省		1997 年《江苏省海岸带管理条例（修正）》	本省海陆相互作用的过渡地带及沿海岛屿和辐射沙洲	—	—
江苏省		2007 年《江苏省沿海开发总体规划》	陆地与海洋的交界地带	海岸线向陆侧延伸 10 千米	海岸线向海侧延至 6 米水深线
山东省	—	2007 年《山东省海岸带规划》	包括日照、青岛、威海、烟台等 7 个市在内的山东全省海岸带	以山脊线、滨海道路、河口、湿地和潟湖等为界划定，在无特殊地理特征或参照物的区域，原则上以不小于 2 千米划定	依照《山东省海洋功能区划》执行
山东省	青岛市	1999 年《青岛市海岸带规划管理规定（修正）》	胶州湾及青岛市其他近岸海域和毗连的相关陆域、岛屿	自海岸线量起，陆域未建成区一般至 1 千米等距线，胶州湾西岸和北岸以环胶州湾公路为界（包括盐场）；陆域建成区一般以临海第一条城市主要道路为界，海泊河以北以铁路为界	自海岸线量起，海域至 10 海里（约 18 千米）等距线；特殊区域以青岛市人民政府批准的海岸带规划控制范围为准
山东省	青岛市	2015 年《青岛市海域和海岸带保护利用规划》	海岸带是学术概念空间，没有相关法律法规界定具体的空间，近岸水域边界与涉海陆域边界之间的区域为海岸带	滨海公路或第一条城市道路向海一侧为海岸带陆域范围	海上第一条主航道控制边界为近岸水域边界

续表

沿海省市		规划 / 立法	海岸带概念	海岸带陆地范围	海岸带海洋范围
山东省	青岛市	2019 年《青岛市海岸带保护与利用管理条例》	海洋与陆地的交汇地带，包括海岸线两侧一定范围内的海域、海岛和陆域	自海岸线向陆地一侧至临海第一条公路或者主要城市道路，其中：① 第一条公路或者主要城市道路邻近海岸线的，应当适当增加控制腹地；未建成区内原则上不小于 1 千米；② 河口、滩涂、湿地、沿海防护林等区域超出上述范围的，应当按照保持独立生态环境单元完整性的原则整体划入	自海岸线向海洋一侧至第一条主要航道（航线）内边界；有居民海岛超出上述范围的，应当划入
	威海市	2018 年《威海市海岸带保护条例》	海洋与陆地的交汇地带，包括海岸线向海洋一侧延伸的近岸海域和向陆地一侧延伸的滨海陆地	根据保护区域的实际情况，由市人民政府划定并向社会公开，同时设立保护界标	自海岸线向海一侧延伸至 1 千米等距线
	日照市	2019 年《日照市海岸带保护与利用管理条例》	海洋与陆地交汇地带，包括海岸线向海洋一侧延伸的近岸海域和向陆地一侧延伸的滨海陆地	根据保护区域的实际情况，由市人民政府划定并向社会公开，同时设立保护界标	自海岸线向海一侧延伸至 5 千米等距线
	烟台市	2019 年《烟台市海岸带保护条例》	海洋与陆地的交汇地带，包括海岸线向陆地侧延伸的滨海陆地和向海洋侧延伸的近岸海域	具体范围由市人民政府划定并向社会公布	具体范围由市人民政府划定并向社会公布
	东营市	2019 年《东营市海岸带保护条例》	海洋与陆地的交汇地带，包括海岸线向海一侧延伸的近岸海域和向陆一侧延伸的滨海陆地	具体范围由海岸带保护规划确定	具体范围由海岸带保护规划确定，但是向海一侧的范围至少延伸至 0 米等深线
	潍坊市	2019 年《潍坊市海岸带保护条例》	海洋与陆地交汇地带，包括海岸线向海洋一侧延伸的近岸海域和向陆地一侧延伸的滨海陆地	具体界线范围由市人民政府划定并向社会公布	具体界线范围由市人民政府划定并向社会公布
	滨州市	2019 年《滨州市海岸带生态保护与利用条例》	海洋与陆地的交汇地带，包括海岸线向海洋一侧延伸的近岸海域和向陆地一侧延伸的滨海陆地	—	—

续表

沿海省市	规划 / 立法	海岸带概念	海岸带陆地范围	海岸带海洋范围
辽宁省	2013 年《辽宁海岸带保护和利用规划》	辽宁海岸带东起鸭绿江口、西至山海关老龙头，大陆岸线长 2 110 千米	海岸线向陆域延伸 10 千米	海岸线向海域延伸 12 海里（约 22 千米）
海南省	2014 年《海南经济特区海岸带范围》	—	原则上以海岸线向陆延伸 5 千米为界，结合地形地貌，综合考虑岸线自然保护区、生态敏感区、城镇建设区、港口工业区、旅游景区等规划区具体划定	原则上以海岸线向海洋延伸 3 千米为界，同时兼顾海岸带海域特有的自然环境条件和生态保护需求，对个别区域进行特殊处理
	2016 年《海南经济特区海岸带保护与开发管理实施细则》	海洋与陆地交汇地带，包括以海岸线为基线向陆地侧延伸的滨海陆地与向海洋侧延伸的近岸海域	根据《海南省人民政府关于印发海南经济特区海岸带范围和海南经济特区海岸带土地利用总体规划（2013—2020 年）的通知》确定	
	2020 年《海南经济特区海岸带保护与利用管理规定》	海洋与陆地交汇地带，包括海岸线向陆地侧延伸的滨海陆地与向海洋侧延伸的近岸海域	具体界线范围由省人民政府依据海岸带保护治理与开发利用的实际，结合地形地貌具体划定，并向社会公布	
福建省	2016 年《福建省海岸带保护与利用规划（2016—2020 年）》	—	原则上以福鼎至诏安沿海铁路通道所在乡镇为界，面积约 1.80 万平方千米	领海基线向陆一侧的近岸海域，面积约 2.23 万平方千米（不包括金门、马祖及周边海域）
	2017 年《福建省海岸带保护与利用管理条例》	海洋与陆地交汇地带，具体界线范围由省人民政府批准并公布	海岸线向陆域侧延伸至临海乡镇、街道行政区划范围内的滨海陆地	海岸线向海域侧延伸至领海基线的近岸海域
广东省 —	2017 年《广东省海岸带综合保护与利用总体规划》	—	广东沿海县级行政区的陆域行政管辖范围，并将佛山部分地区和东沙群岛纳入	领海外部界线以内的省管辖海域范围

续表

沿海省市		规划 / 立法	海岸带概念	海岸带陆地范围	海岸带海洋范围
广东省	惠州市	2017 年《惠州市海岸带保护与利用规划》	—	以沿海公路（深惠沿海高速、中兴路、石化大道、324 国道、环岛公路等）和沿海分水岭山脊线为界	按照海域纵深 1 千米进行控制
广东省	惠州市	2018 年《惠州市海岸带保护与利用管理规定》	海洋与陆地交汇地带，包括海岸线向陆地侧延伸的滨海陆地与向海洋侧延伸的近岸海域	具体范围以市政府批准公布的《惠州市海岸带保护与利用规划》为准	
广东省	深圳市	2018 年《深圳市海岸带综合保护与利用规划（2018—2035 年）》	—	结合沙滩、珊瑚等自然环境因素及海岸带用地用海等的社会经济因素，同时考虑海水入侵、人的景观视角影响范围等，划定出深圳海岸带区域总面积约 859 平方千米，其中陆域面积约 299 平方千米，海域面积约 560 平方千米	
广西壮族自治区	防城港市	2019 年《防城港市海岸带保护条例》	海洋与陆地的交汇地带，包括海岸线向海洋一侧延伸的近岸海域和向陆地一侧延伸的滨海陆地	海陆地范围根据本条例的原则划定	近岸海域范围为自海岸线向海一侧延伸至 1 千米等距线

资料来源：作者自绘

此外，2021 年 7 月，自然资源部办公厅印发实施的《省级海岸带综合保护与利用规划编制指南》提出，在省级海岸带规划中，海岸带的范围可根据陆海自然地理格局和保护开发实际确定，向陆一侧界限依据山脊线、湿地、潟湖、防护林等地理边界，或滨海第一条城市干路或滨海公路、沿海乡镇和街道行政区边界划定；向海一侧为省级人民政府管辖的海域和海岛。

总之，划定海岸带边界，是为了积极主动应对空间管理中陆海过渡带区域的复杂性，而导致这种复杂性的根本原因，在于陆地和海洋之间的相互作用。因此，立足于海岸带自然地理格局和保护开发实际，重点考虑海岸带生态系统整体性、自然地理过程的连续性和陆海空间活动的关联性，是明确海岸带范围的重要前提，也是陆海统筹的重要前提。

关键术语

海岸带复合系统、陆海二元结构、陆海资源配置、陆海新经济布局

思考题

1. 我国国土空间规划背景下，海岸带复合系统的相互作用关系主要包括哪些方面？

2. 简单介绍国土空间规划中陆海统筹的实现机制。

3. 简述陆海二元结构的产生原理及造成的主要问题。

4. 陆海资源配置的理论框架主要包括哪些方面的理论和方法？选取其中两个感兴趣的理论或方法简单论述其对陆海资源配置可以发挥的支持作用。

参考文献

[1] 侯西勇，徐新良. 21 世纪初中国海岸带土地利用空间格局特征 [J]. 地理研究，2011，30（8）：1370-1379.

[2] 刘大海，李晓璇，邢文秀，等. 我国陆海经济梯度差异测度及趋势研究 [J]. 海洋经济，2015（5）：20-25.

[3] 刘大海，安晨星，李森. “海上虚拟人口”假说及其应用探索 [J]. 海洋开发与管理，2018（12）：3-7.

[4] 李凡. 海岸带陆海相互作用（LOICZ）研究及我们的策略 [J]. 地球科学进展，1996（1）：19-23.

[5] KONDRATYEV K YA，POZDNYAKOV D V. Land-Ocean interactions in the coastal zone: the LOICZ project [J]. Il Nuovo Cimento C，1996，19（3）：339-354.

[6] 陈述彭. 海岸带及其持续发展 [J]. 遥感信息，1996（3）：6-12，38.

[7] GLAVOVIC B C，LIMBURG K，LIU K K，et al. Living on the margin in the anthropocene: engagement arenas for sustainability research and action at the ocean-land interface [J]. Current Opinion in Environmental Sustainability，2015（14）：232-238.

[8] ALVES F L，SOUSA L P，ALMODOVAR M，et al. Integrated Coastal Zone Management（ICZM）：a review of progress in portuguese implementation [J]. Regional Environmental Change，2013，13（5）：1031-1042.

[9] 赵羿，吴彦明，孙中伟. 海岸带的景观生态特征及其管理 [J]. 应用生态学报，1990（4）：373-377.

[10] 全国海岸带和海涂资源综合调查简明规程编写组. 全国海岸带和海涂资源综合调查简明规程 [M]. 北京：海洋出版社，1986.

第 3 章

陆海统筹知识体系框架

教学要求

本章按照“既分又合”的形式将陆海统筹知识体系框架融入国土空间规划知识体系框架。所谓“分”，是指陆海统筹知识体系框架所包含的知识点分属于国土空间规划知识体系框架的八个知识单元，即从国土空间构成、国土空间规划基础、国土空间规划理论与方法、国土空间规划编制、国土空间使用与管理、国土空间发展研究、国土空间规划实施监督、国土空间规划相关知识八个知识单元归类整合涉海知识点。所谓“合”，是指将整合后的涉海知识点按照专业理论构建规律，形成本书所包含的十六个知识单元的陆海统筹知识体系框架，与陆域规划共同构成国土空间规划“一张图”。通过本章教学，学生将明确陆海统筹知识体系框架构建思路和目标，明确陆海统筹的关键区域与治理逻辑。

3.1 陆海统筹知识体系框架构建思路

3.1.1 背景

2019 年 5 月，《中共中央 国务院关于建立国土空间规划体系并监督实施的若干意见》(以下简称《若干意见》)发布，提出坚持陆海统筹，编制“多规合一”的国土空间规划。2021 年 7 月，自然资源部办公厅印发《关于开展省级海岸带综合保护与利用规划编制工作的通知》，指出“海岸带规划是国土空间规划的专项规划，是陆海统筹的专门安排，是海岸带高质量发展的空间蓝图”。陆海统筹作为海域和陆域两大系统协调发展的空间治理手段，是新时期国土空间规划海岸带专项规划编制的基本原则，也是推动沿海城市高质量协同发展的重要政策指引。

2019 年，我国沿海各省基于陆海统筹理念，纷纷开展国土空间规划的编制工作。在海陆二元向陆海统筹转变的关键期，具备陆海统筹知识体系的人才对沿海地区国土空间规划编制工作将起到关键作用。2022 年《教育部高等教育司关于印发 2022 年工作要点的通知》明确提出将国土空间规划列为人才培养紧缺领域。解决新时期陆海统筹规划人才缺口的关键在于高素质规划人才的培养，而高素质的人才培养离不开合理、高效的学科建设。然而，当前陆海统筹在国土空间规划学科中的显示度和资源匹配度不足，且其知识体系呈现碎片化。因此，构建层次分明、结构严密的陆海统筹知识体系框架是建立成熟的规划学科理论范式、话语体系、研究路径的基石，不仅关系到陆海统筹在规划学科中的定位、目标和质量，而且是规划专业课程建设和人才培养发展的重要依据与科学指引。

本章基于“多规合一”改革前涉海规划类型和内容回顾，提出构建陆海统筹知识体系框架的时代需求和学科之困，进而对陆海统筹知识体系框架的构建及发展进行探讨，以期为国土空间规划学科体系和人才培养体系发展提供思路。

3.1.2 “多规合一”改革要求前涉海规划回顾

“多规合一”改革要求前，我国规划类型众多，且编制主体广泛。

陆域规划按照规划内容可以分为由城乡规划主管部门颁布的各类城乡规划，由国土主管部门颁布的土地利用规划、矿产资源规划等国土资源类规划，由环境保护主管部门颁布的环境保护规划、自然保护区规划等生态环境保护类规划，以及由国家发展改革委、旅游主管部门、交通主管部门、农业主管部门等颁布的各类行业规划。

涉海规划则包括由海洋主管部门颁布的各类海洋空间规划，由环境保护主管部门颁布的海洋生态环境保护类规划，以及交通主管部门、农业主管部门、行政主管部门颁布的各类行业规划（图 3-1）。这些不同类型的海陆规划为陆域和海域空间资源的保护与利用提供了专业支撑，但也暴露出诸多问题，例如陆域和海域规划自成体系，缺乏统筹和协调，各类规划内容重叠冲突、业务部门职责交叉等。

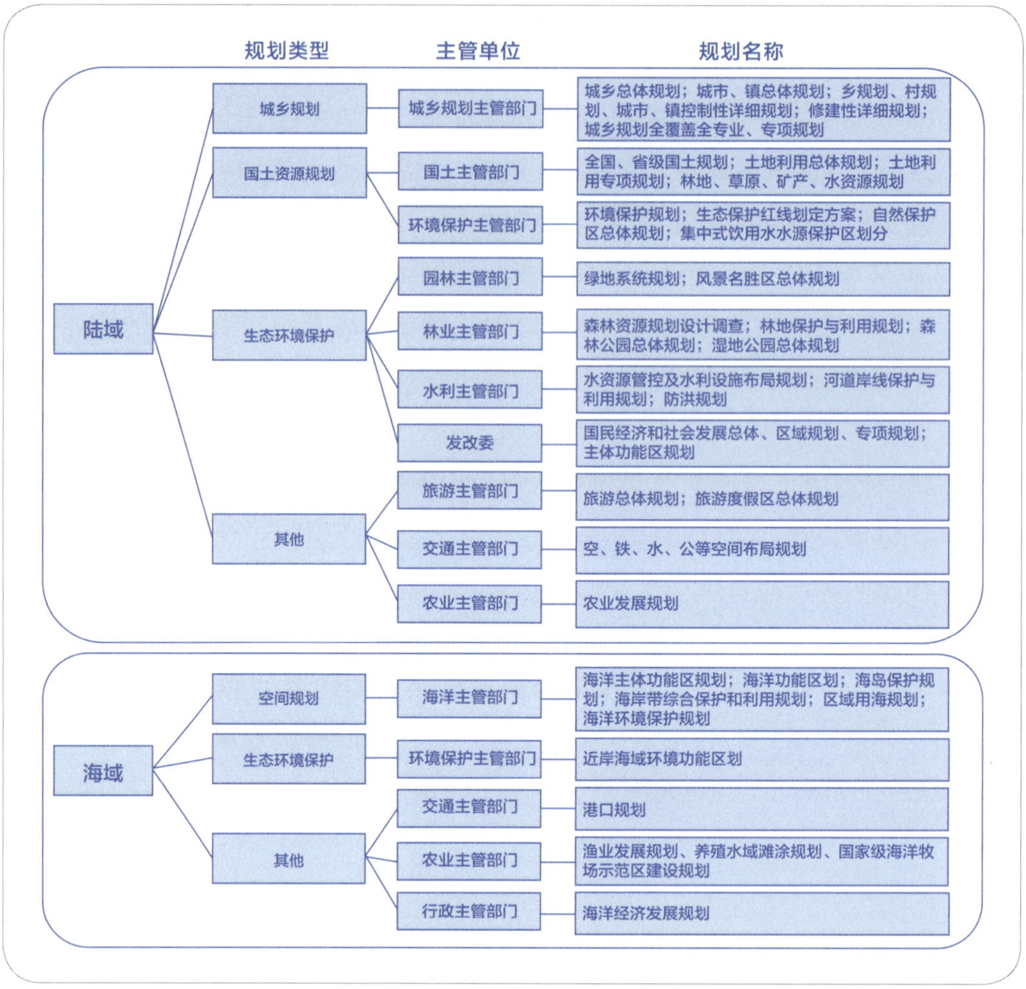

图 3-1 “多规合一”改革要求前的陆海规划
资料来源：作者自绘

在“多规合一”改革要求前，海域规划可以分为海洋空间规划类、海洋生态环境保护类以及其他类规划（图 3-2）。其中，海洋空间规划类规划以海洋主体功能区规划、海洋功能区划、海岛保护规划、海岸带综合保护和利用规划以及区域用海规划为代表。该类规划作为海洋国土空间开发的基础框架，以《中华人民共和国海域使用管理法》《中华人民共和国海岛保护法》为依据，重点统筹海域海岛及岸线空间资源配置。海洋生态环境保护类规划以海洋环境保护规划以及近岸海域环境功能区划为代表。该类规划基于《中华人民共和国海洋环境保护法》构建的生态安全屏障体系，突出环境质量底线思维，从海洋环境容量、海洋生态系统服务、保护近岸海域环境等角度进行规划和保护。其他类规划包括以港口规划、渔业发展规划、养殖水域滩涂规划、国家级海洋牧场示范区建设规划以及海洋经济发展规划为代表的专项规划，是聚焦特定行业发展需求，由行业主管部门编制的专业领域规划，具有显著的功能导向性。

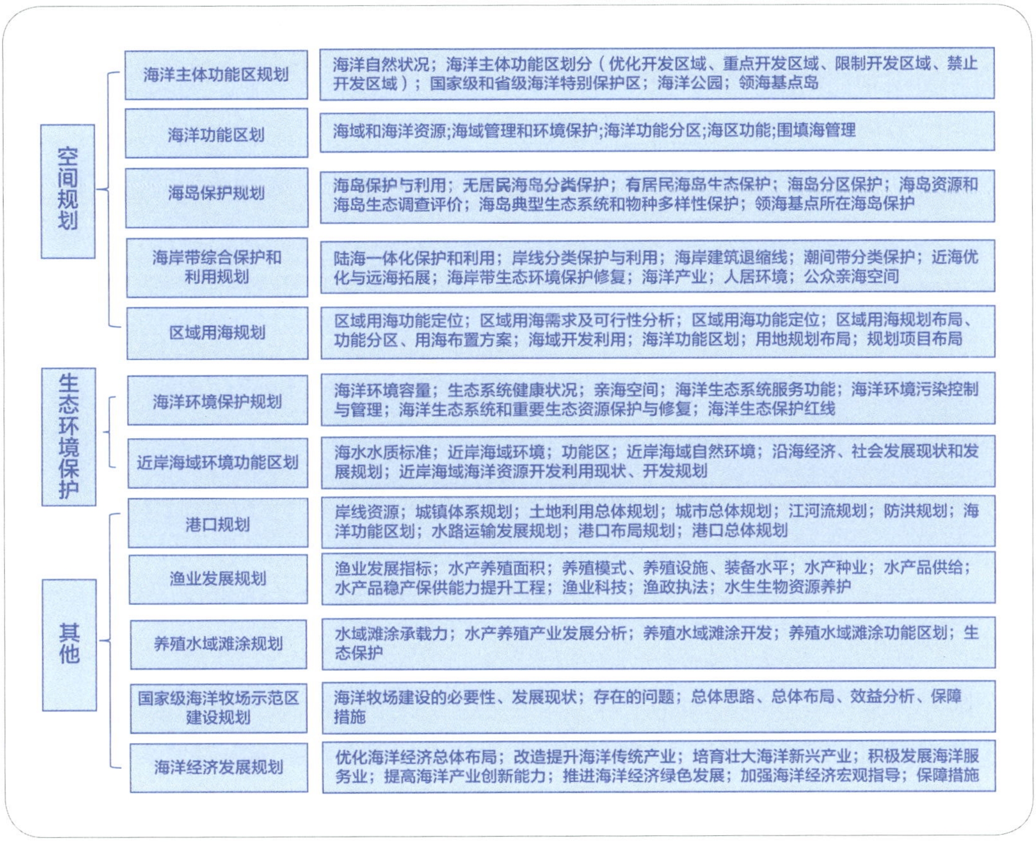

图 3-2 “多规合一”改革要求前海域规划的相关内容
资料来源：作者自绘

上述不同类型规划为陆域和海域空间资源的保护与利用提供了专业支撑，但也暴露出诸多问题。首先，陆域和海域规划自成体系，缺乏统筹和协调。虽然陆海统筹、陆海一体已成为有关规划的编制原则，重视程度显著提升，但由于陆海规划体系尚未融合与技术积淀不足等原因，这一编制原则多流于字面表达，难以有实质性的管控技术和方法。同时，规划之间的内容存在交叉重叠。例如，海洋空间规划往往已经对海洋生态环境保护和某一类型用海进行了规划和明确，而海洋环境保护规划、近岸海域环境功能区划，以及港口规划、渔业发展规划等又对这些内容重新规划，往往造成治理主体的责任划分不清，管理缺位与管理重叠并存，影响了海洋空间的开发利用效率和环境生态保护成效。

3.1.3　构建陆海统筹知识体系框架的时代需求与学科之困

1. 构建陆海统筹知识体系框架的时代需求

2019 年“多规合一”提出后，全国及各省（区、市）开展了陆海一体的国土空间规划编制工作。《若干意见》更是明确海岸带规划是国土空间规划中的唯一涉海专项规划，是陆海统筹战略实施的切入点。然而，从“陆海二元”分头编制规划到“多规合一”编制国土空间规划，不仅仅是规划对象和专题的拓展，更重要的是规划理念的转变和知识体系框架的重构。构建陆海统筹知识体系框架，不仅是规划自身的要求，更是时代发展的需求。对规划自身而言，首先，陆海统筹是海岸带规划的战略引领。陆海统筹的本质是将陆地和海洋视为一个整体，其中，海岸带是陆海统筹的核心载体，构建陆海统筹的知识体系框架更能体现当前的时代要求。其次，陆海统筹的知识体系覆盖了海岸带规划的知识内容。在国土空间规划的大框架下，不仅海岸带规划要秉持陆海统筹战略，与海衔接的陆地区域制定规划时也要遵循陆海统筹战略。为了系统地考虑陆海相互作用，科学地制定覆盖全域全要素的国土空间规划，需要构建陆海统筹的知识体系框架。再者，陆海统筹的理论研究能够推动陆海统筹在规划体系中的学理化、学术化和学科化。

陆海统筹的时代需求主要体现在三个层面。首先，在行政管理层面上，2018 年中共中央印发的《深化党和国家机构改革方案》明确要求不再保留国家海洋局，新组建自然资源部，“统一行使所有国土空间用途管制和生态保护修复职责”，不仅明确了海岸带区域“多规协调”的主体，而且为“多规合一”奠定了组织基础，推动了陆海统筹的顶层设计和实践步伐的加快。其次，在空间开发利用层面上，长期以来，陆海统筹的难点在于无法管控陆上开发建设行为对海洋生态环境的负面影响，通过制定陆海统筹的海岸带规划，“以海定陆”控制海岸带陆域空间开发利用，能够有效应对滨海土地和岸线无序开发、局部海域污染、城市建设不断向海推进、滨海景观损害等问题，实现海岸带资源合理利用和有效控制。最后，在经济发展层面上，陆海统筹能够推进陆海产业融合互动发展，优化各类用海布局，有力保障国家重大项目和国计民生项目的用海需求，促进海洋产业转型升级。

2. 构建陆海统筹知识体系框架的学科之困

陆海统筹的时代需求在前沿热点和学科发展方向上逐步凸显。例如，2020

年10月由国家自然科学基金委员会审批并实施的《国家自然科学基金申请代码》明确规定，地球科学部新设二级代码D0614海陆统筹与可持续发展。然而，陆海统筹的时代需求在知识体系、理论体系和教材体系、学科保障层面尚未得到切实的回应。根据国务院学位委员会、教育部印发的《研究生教育学科专业目录（2022年）》，我国现有14个学科门类下共117个一级学科中，“地理学”“城乡规划学”“公共管理”“建筑学”属于规划方向的一级学科，“海洋科学”为专属于海洋方向的一级学科，而这几个学科大类下并未设置海洋方向的规划专业。陆海统筹在现有学科体系下缺乏学科支撑，也没有专属的教材体系承载，且知识体系和理论体系建设碎片化，导致了以下两方面的问题。

一方面，在学科层面上，陆海统筹存在显示度不足和资源匹配度不足的问题，这导致人才培养与现实需求之间存在差距。高校的学科设置对于其建设至关重要，直接影响了教学资源和学术研究资源的合理分配，而教材体系是学科体系里知识生产最重要的载体和表现形式。目前，陆海统筹的学科建设基础相对薄弱。在过去，“地理学”“城乡规划学”“公共管理”“建筑学”等一级学科多以陆域规划为主，海洋特色不明显，“海洋科学”一级学科下也没有体现陆海统筹的二级方向。而当前招收和培养涉海方向国土空间规划学生的高校数量有限，规划类专业培养方案中涉海规划课程开设非常有限，缺少概论性的教材，没有形成系统性、科学性的教材体系。这导致与实践领域相匹配的知识内容在课程供给和人才培养基础方面存在不足，使得人才培养的规模和覆盖范围与实际需求之间存在显著差距。

另一方面，陆海统筹的学理逻辑性不足，知识点碎片化状态与实践需求不符。相对准确的专业定位可以推动学科知识体系构建的逻辑性、体系性，助力知识体系和理论体系的完善。国内许多学科的发展进路，走的都是知识体系完善推动学科定位成熟，学科定位又助力知识体系的延展和完善之路。与此相比，陆海统筹缺乏清晰的学科定位，碎片化的知识体系导致其缺乏应有的理论体系和宏观统筹。此外，陆海统筹涉及和依托的知识体系也远远超越单一学科，在规划实践中不仅需要应用规划的基础知识，掌握海洋资源要素的属性与特征，而且需要了解掌握社会学、地理学、公共管理学等相关学科内容，深入剖析人类行为特征及其与海洋资源要素的相互作用机制。这种对跨学科知识应用的需求，亟待构建与之相适应的知识体系和理论体系。

3.1.4　陆海统筹知识体系框架构建思路

陆海统筹知识体系框架具有多元复杂性，因而其构建不宜另起炉灶，应紧扣海岸带综合管理的实际需要，遵循国土空间规划知识体系框架的构建原理和作用机制，采取“既分又合”的形式融入其中。这主要基于政治逻辑、科学逻辑、技术逻辑、管理逻辑四方面来考虑。

对政治逻辑而言，2018 年机构改革中，新组建的自然资源部着力解决原空间规划重叠等问题，这既是“多规合一”改革的背景，也反映出统一自然资源管理、统一国土空间规划编制的要求。涉海规划是国土空间规划的重要组成部分，因此，陆海统筹知识体系框架也应该遵循国土空间规划知识体系框架的构建原则。对科学逻辑而言，海陆之间空间互联、资源互补、生态互通，陆域人类活动导致海岸带自然生境破坏严重，存在例如陆源污染加剧、河流入海物质通量锐减、岸线侵蚀等问题。因此需要以“陆海一盘棋”的基本理念，指导陆海统筹知识体系框架构建，推进海岸带综合管理的部门协同和区域协同。对技术逻辑而言，陆海空间规划的技术基础存在陆海勘定划界不清晰、海岸线划定标准不统一和陆海“双评价”不衔接等方面的问题，与此同时，陆域和海洋生态红线在编制依据和管控内涵上都存在较大差异，成为阻碍陆海统筹的技术障碍。对管理逻辑而言，为推进陆海统一的国土空间用途管制，实现海域陆域规划有机融合，需要以统一的国土空间规划为管理依据，实现陆海统筹知识体系框架与国土空间规划知识体系框架的融合共通。

除此之外，构建陆海统筹知识体系框架也要兼顾陆海统筹的前沿和热点。陆海统筹研究热点关键词图谱（图 3-3）体现出，陆海统筹研究热点呈现以下三个特征：首先是聚焦海洋与海岸带，例如海洋管理、海洋空间、海岸带、围填海、海洋产业、海洋经济等高频词汇；其次，部分陆域规划也会关注陆海统筹，例如以土地规划、城市韧性、城市规划、用地分类等为主题的文章都多次提到陆海统筹；最后，陆海统筹的着力点聚焦于规划领域，例如国土空间、多规合一、规划体系等问题往往是陆海统筹研究的热点领域。因此，我们在构建陆海统筹知识体系框架时，应包含海洋与海岸带相关的知识点，并且要关注陆海相互作用及海域与陆域规划之间的统筹和衔接，最终为实现“多规合一”而服务。

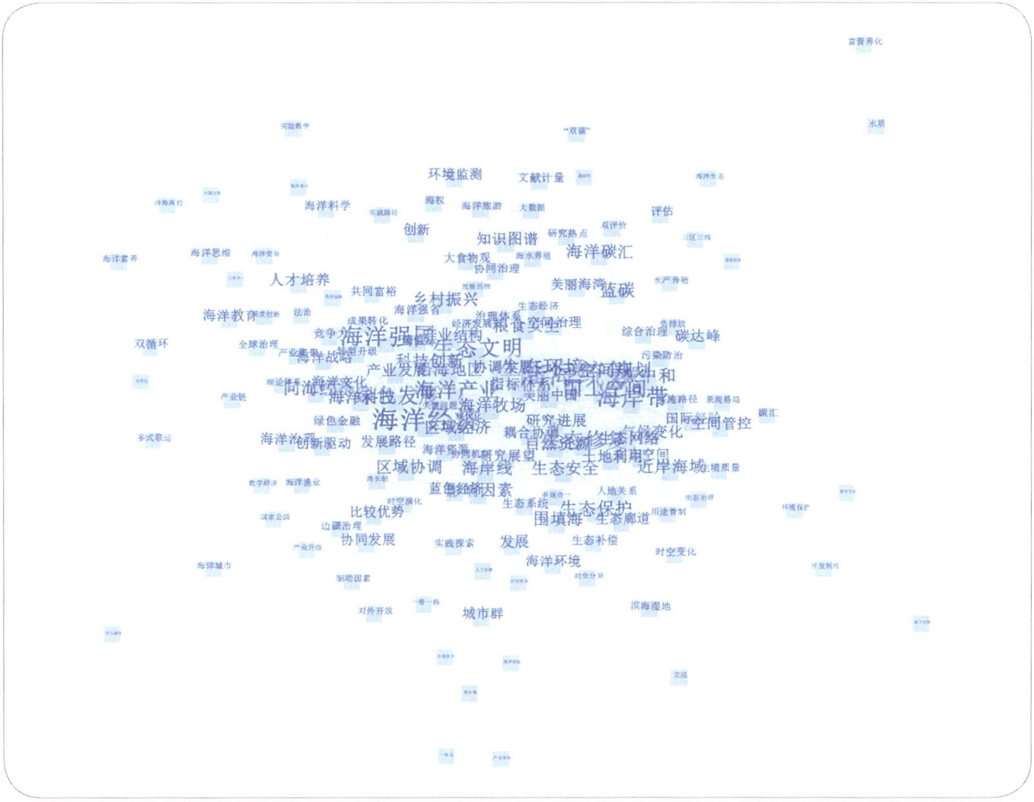

图 3-3　陆海统筹研究热点关键词图谱
资料来源：作者自绘（截至 2023 年 12 月 10 日）

3.1.5　陆海统筹知识体系框架构建的目标

构建陆海统筹的知识体系框架是落实国土空间规划“多规合一”改革要求的必然举措，也是推进陆海统筹系统全面融入国土空间规划学科体系和教学体系，培养满足陆海统筹要求的规划人才的必然选择。规划学科具有极强的社会实践导向，在陆海统筹和“多规合一”的时代背景下，整合规划学科的知识体系、课程体系和人才培养体系具有必要性和紧迫性。

一直以来，受陆海二元分割管理体制的影响，海域与陆域规划相对割裂，给环境保护、资源开发和管理工作带来了一系列困难，并引发了诸多问题。在陆海统筹的改革背景下，急需统筹海域、陆域规划工作，从学科体系和人才培养体系上寻求解决办法。然而，陆海统筹在规划学科中的显示度和资源匹配度不足，且知识点处于碎片化状态，难以满足当前的实践需要。因此，需要以“既分又合”的思路为指导，按照规划理论框架和方法论体系，构建陆海统筹知识体系框架，将其充分融入国土空间规划知识体系中。

根据构建陆海统筹知识体系框架的目标，陆海统筹知识体系框架所包含的知识点分属于国土空间规划知识体系框架的八个知识单元，即从国土空间构成、国土空间规划基础、国土空间规划理论与方法、国土空间规划编制、国土空间使用与管理、国土空间发展研究、国土空间规划实施监督、国土空间规划相关知识八个知识单元归类整合涉海知识点。将整合后的涉海知识点按照专业理论构建规律，形成包含海洋空间规划背景、陆海统筹理论建构、陆海统筹知识体系框架、陆海统筹空间规划、海岸带空间格局、海岸带空间管控、海洋生态预警监测、海岸带碳汇评估与核算、海洋与海岸带经济发展、海洋法与海洋事务、海岸带人口与城镇化、海岸带陆海交通统筹、陆海统筹关键带人居系统、海岸带人居环境提升、海岸带历史文化遗产保护、海岸带空间管理的景观方法在内的知识体系框架，与陆域规划共同构成国土空间规划“一张图”（图 3-4）。

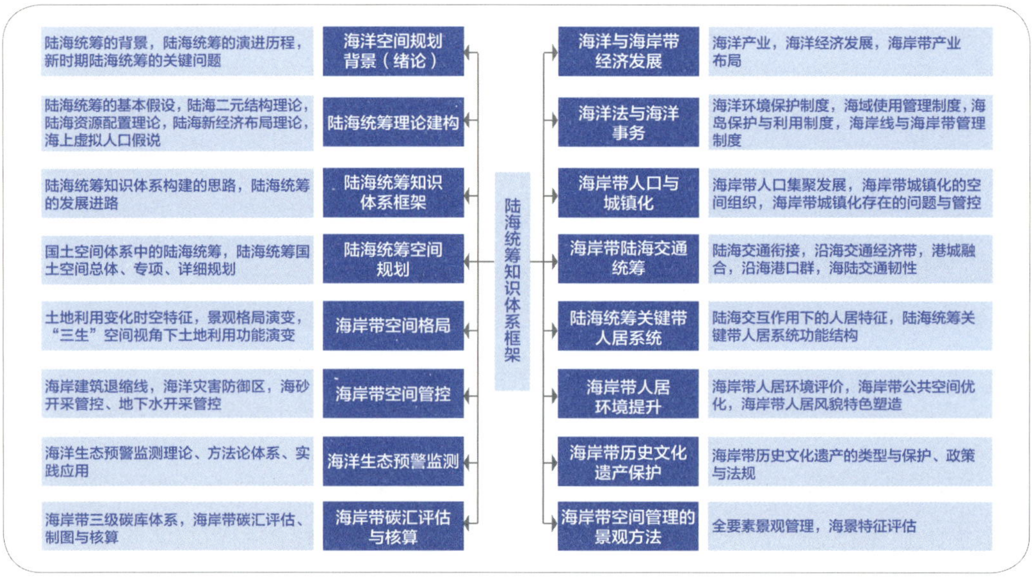

图 3-4 “多规合一”改革前的陆域及涉海规划类型

资料来源：作者自绘

3.2 陆海统筹的关键区域与治理逻辑

3.2.1 陆海统筹的关键区域

海岸带是陆海统筹的关键区域，科学认知海岸带区域的特殊性和海岸带空间的功能定位，总结归纳海岸带的自然和经济社会发展规律，是实现陆海统筹可持续发展的前提。

1. 海岸带区域的特殊性

海岸带作为陆地和海洋的交界面，是两个巨系统间频繁物质交换和能量流动的载体。海洋对陆地的自然影响，主要由风、浪、潮汐等引起，其影响形式多样。例如，潮汐运动造就了与陆地环境存在显著差异的潮间带地貌单元，海平面升降会大面积改变滨海陆地面貌。反之，陆地对海洋的自然影响也有多种表现。例如，陆地的各种营养盐通过河流和地表水注入海洋并为海洋生物提供了营养，陆地污染源流入海洋可造成大面积海洋污染。在海陆相互作用下，海岸带形成了独特的环境体系，这也使得人类对海岸带的管理充满了挑战。海岸带区域的特殊性主要体现在以下三个方面。

第一，海岸带生态系统承受巨大压力。海岸带拥有众多典型的生态系统，对维护生态系统平衡和提供生态系统服务具有重要作用。长期以来，我国不同空间要素由多个部门分头管理，导致陆海生态系统难以得到有效保护，滨海湿地萎缩、自然岸线减少、景观碎片化、近岸海域环境污染、渔业资源枯竭等问题突出。

第二，海岸带空间资源易配置失衡。进入 21 世纪，海岸带区域快速发展成为人口和经济活动高度集聚地带，港口、渔业、临港工业、城镇建设、滨海旅游等空间利用需求持续增长。而陆海二元分割管控及延续陆地空间政策的海岸带滨水陆域管理，导致海岸带用地用海矛盾日益凸显，无法协调好各用途间的竞争关系，制约了沿海地区经济高质量发展。

第三，海岸带灾害风险隐患程度较高。我国是世界上受海洋灾害影响最为严重的国家之一，滨海城市开发建设不断向海扩张，沿海风暴潮、滨海城市洪涝、咸潮、海岸侵蚀及海水入侵等灾害频发，对沿海地区社会经济发展和人民生产生活造成了较大风险隐患。

2. 海岸带空间的功能定位

海岸带是统筹陆海发展、建设海洋强国的重要空间载体。资源紧缺、空间矛盾突出、生态退化、环境污染等问题对海岸带空间治理体系和治理能力现代化提出了更高要求。因此，未来海岸带既是空间发展的前沿阵地，又是落实生态文明、践行“双碳”目标的重要区域。在国土空间规划中，海岸带空间的功能定位应重点考虑以下四方面。

第一，海岸带是支撑海洋经济高质量发展的空间载体。海岸带开发利用与保护既需注重空间维度上陆海经济布局的优化整合，又需注重时间维度上海洋资源的代际公平分配，以高水平治理推动高质量空间供给，从而推动海岸带地区的高质量发展。

第二，海岸带是生态文明建设的重要组成部分。海洋生态文明建设应纳入海岸带开发保护总体布局，遵循海洋发展规律，坚持尊重、顺应、保护自然，妥善处理发展与安全、开发与保护的关系，严守海洋自然生态安全边界和底线，持续推进海岸带生态保护、综合整治和灾害防护，形成资源开发与生态保护的良性循环。

第三，海岸带碳汇是实现“双碳”目标的有效路径。红树林、海草床和滨海盐沼生态系统的覆盖面积不到海床的 0.5%，但其碳储量却在海洋碳储量的 50% 以上。因此，以国土空间规划为引领，明确海岸带增汇目标，统筹和综合协调海岸带空间需求，推动实现更高质量、更有效率、更科学的海岸带开发保护，是助力实现“双碳”目标的必然要求。

第四，海岸带是空间规划与用途管制实施的特殊重点区域。海岸带规划是国土空间规划体系下的专项规划，是对国土空间规划在海岸带区域针对特定问题的细化、深化和补充。因此，海岸带规划需要重点考虑陆海统筹视角下的空间格局、资源集约高效利用、生态环境保护、人居环境提升、海洋灾害防御等特殊问题，并为海岸带地区实施用途管制提供依据。

3.2.2　陆海统筹的治理逻辑

从海岸带区域的特殊性及其空间的功能定位出发，通过实施空间规划和用途管制，推动海岸带地区生态文明建设与经济高质量发展协同共进是未来发展的重要原则。基于此，在国土空间规划中落实陆海统筹，应以海岸带复合系统整体协调为目标，推动不同子系统之间的协同，处理好系统内部的矛盾；要立足陆海空间的连通性、资源的互补性、生态的互通性和产业的互动性，以海岸带为重点构建陆海一体化空间发展格局，统筹协调各类海岸带活动，塑造以人为本的高品质海岸带国土空间。

1. 陆海协同，协调发展

应以规划为引领，准确把握海岸带生态系统整体性与开发利用活动的关联性，推动陆海在空间布局、资源利用、环境保护、产业布局、人居环境等方面全方位协同发展。此外，还应以陆带海、以海促陆，明确湾区发展定位，推动形成分工合理、功能互补、错位发展的陆海协同发展新格局。

2. 生态优先，绿色发展

应严守生态保护红线，加强围填海管控，严格限制占用自然岸线，减少人类活动对海洋生态系统的干扰。同时，还应协调好海岸带开发与保护的关系，鼓励生态化用海方式，支持蓝碳产业发展。

3. 节约集约，高效利用

应立足海岸带资源环境承载能力，优化用海布局，协调近岸海洋开发利用冲突，引导产业集聚发展；加强对国家重大项目的用地用海要素保障；鼓励海洋空间立体兼容使用，加快围填海历史遗留问题处理，形成节约集约内涵式用海模式。

4. 以人为本，提升品质

应以满足新时期人民群众对美好生活的向往为目标，加强海岸带开发建设管控，提升海洋灾害防御能力，因地制宜打造亲海空间和城市风貌，挖掘海岸带文化特色，优化完善基础设施和公共服务设施配套，提高滨海开放空间的可达性，提升沿海地区的城市形象。

思考题

1. 简述陆海统筹的知识体系框架构建思路和内容。
2. 简述构建陆海统筹知识体系框架的时代需求。

参考文献

[1] 侯勃，岳文泽，马仁锋，等. 国土空间规划视角下海陆统筹的挑战与路径[J]. 自然资源学报，2022，37（4）：880-894.
[2] 邢文秀，刘大海，刘伟峰，等. 重构空间规划体系：基本理念、总体构想与保障措施[J]. 海洋开发与管理，2018，35（11）：3-9.
[3] 黄杰，王权明，黄小露，等. 国土空间规划体系改革背景下海洋空间规划的发展[J]. 海洋开发与管理，2019，36（5）：14-18.
[4] 黄义忠，赵俊三，彭秋志. 国土空间规划学科建设与课程体系重构探析[EB/OL].（2020-10-29）[2024-05-21].

https：//www.guoturen.com/guihua-333.html.
［5］ 李彦平，刘大海，罗添．国土空间规划中陆海统筹的内在逻辑和深化方向：基于复合系统论视角［J］．地理研究，2021，40（7）：1902-1916.
［6］ 魏正波，罗彦，肖锐琴，等．国土空间陆海统筹规划策略与管控探索：以广东省为例［J］．热带地理，2022，42（4）：544-553.
［7］ 王东宇．新时期我国海岸带规划管制与规划引导探析：以山东省海岸带规划为例［J］．规划师，2014，30（3）：55-62.
［8］ 李彦平，刘大海，罗添．陆海统筹在国土空间规划中的实现路径探究：基于系统论视角［J］．环境保护，2020，48（9）：50-54.
［9］ 韩增林，周高波，李博，等．我国海洋经济高质量发展的问题及调控路径探析［J］．海洋经济，2021，11（3）：13-19.
［10］ 岳奇，徐伟，李亚宁，等．国土空间视角下的海洋功能区划融入“多规合一”［J］．海洋开发与管理，2019，36（6）：3-6.
［11］ 曹兴国，初北平．论新文科背景下海洋法治学的构建［J］．山东大学学报（哲学社会科学版），2023（1）：182-192.
［12］ 刘伟，陈彦斌．建设中国经济学的科学生态体系：以教材体系为突破 以知识体系为基础 构建中国经济学学科、学术和话语体系［J］．管理世界，2022，38（6）：57-71.
［13］ 丁建定，袁希．社会保障专业知识体系的现实问题与完善思考：基于若干本社会保障概论类教材的分析［J］．社会保障研究，2021（6）：85-91.
［14］ 孙施文．国土空间规划的知识基础及其结构［J］．城市规划学刊，2020（6）：11-18.
［15］ 林静柔，陈蕾，李锋，等．国土空间规划海洋分区分类体系研究［J］．规划师，2021，37（8）：38-43.
［16］ 侯西勇，刘静，宋洋，等．中国大陆海岸线开发利用的生态环境影响与政策建议［J］．中国科学院院刊，2016，31（10）：1143-1150.
［17］ 尚嫣然，冯雨，崔音．新时期陆海统筹理论框架与实践探索［J］．规划师，2021（2）：5-12.
［18］ 李彦平，刘大海．国土空间用途管制制度构建的思考［J］．中国土地，2019（3）：27-29.
［19］ 李彦平，刘大海，姜伟，等．国土空间规划视角下海洋空间用途管制的关键问题思考［J］．自然资源学报，2022，37（4）：895-909.
［20］ 李修颉，林坚，楚建群，等．国土空间规划的陆海统筹方法探析［J］．中国土地科学，2020，34（5）：60-68.

第 4 章

陆海统筹国土空间规划

教学要求

在“五级三类”国土空间规划体系中，陆海统筹空间规划主要包含了国土空间总体规划、专项规划、详细规划中与陆海统筹相关的主要类型。本章主要介绍了以上分级分类的陆海统筹空间规划的工作任务、编制内容、成果形式，学生应理解陆海统筹理念在国土空间规划体系中的地位和作用，并了解陆海统筹理念如何在国土空间规划编制和实施中应用和落实。

4.1 国土空间规划体系中的陆海统筹

在国土空间规划中落实陆海统筹理念，是构建海洋生态文明体制、建设海洋强国的必要举措。在海洋生态文明的引领下，陆海统筹应该体现陆域经济的支撑作用和海洋经济的引领作用，突出海洋国土空间开发的优先地位，加快发展海洋经济，切实提高我国经略海洋的能力，维护海上主权、权益和安全，更加充分地发挥海洋在国家发展和安全中的作用。在国土空间规划的语境下，陆海统筹是陆地和海洋两大空间地理单元上各类开发、保护活动的整体部署，是对陆地和海洋两大地理单元的空间利用活动进行统一谋划和安排，将陆地和海洋作为一个整体的空间系统协调发展。但是，国土空间是一个多层次的复杂系统，具有显著的尺度依存特征，需要从差异化的国土空间尺度来考察海洋空间开发与保护中的各种相互作用关系，并和“五级三类”国土空间规划体系进行有效衔接。

4.1.1　不同国土空间尺度下的陆海统筹

陆海统筹国土空间规划的核心任务是协调优化不同国土空间尺度上的陆海关系，并可被区分为三个尺度的研究视野，分别是宏观尺度、中观尺度和微观尺度。

在宏观尺度上，陆海统筹涵盖了陆地和海洋两大地理板块。陆地和海洋内部各自包含了若干区域，彼此之间存在各种相互作用关系，而陆地和海洋作为尺度更大的整体“区域”，两者之间同样发生各种相互作用，同时又影响着内部各种微观或中观尺度的相互作用。

在中观尺度上，“区域”代表了一定范围国土空间内各种人文和地理要素形成的综合性地域单元。在人类活动和自然过程的共同作用下，区域发展按照地理扩散规律对其他区域产生积极的或消极的作用，使“人与自然和谐发展”[即“人地（海）关系”] 和“区域与区域协调发展”交织在一起，包含了陆海资源、经济、生态和文化等方面协同发展的内容。

在微观尺度上，生态环境保护、资源高效利用、经济协调发展、交通设施完善、防灾减灾能力提升是陆海统筹空间规划需要重点关注和协调的核心内容，除此之外，还包括各类开发、保护、利用行为在实施过程中可能涉及的陆海协调问题。

所以，陆海统筹不仅仅要关注陆地和海洋空间相互作用关系的协调，更要关注空间利用与生态环境及不同区域之间的相互作用关系。透过错综复杂的相互作用关系，对关键环节进行调控，是陆海统筹需要考虑的重要问题，也是在国土空间规划体系中融入陆海统筹理念、推进陆海统筹从理念走向落地实施的必然（图 4–1）。

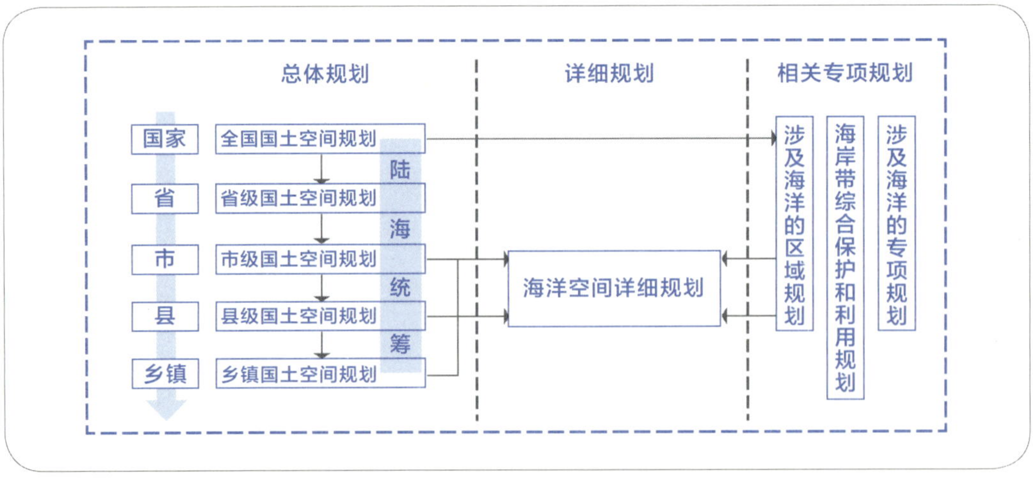

图 4–1 “五级三类”国土空间规划体系中的陆海统筹
资料来源：作者自绘

4.1.2 “五级三类”国土空间规划体系中的陆海统筹

1. 陆海统筹国土空间规划的类型

陆海统筹是构建“五级三类”国土空间规划体系的重要规划理念。在国土空间总体规划序列中，从全国、省级、市级到县级国土空间规划编制，都融入了陆海统筹的工作任务和工作内容。在国土空间详细规划中，海洋空间详细规划作为一种新的规划类型正在被逐步探索。在国土空间专项规划中，除海岸带综合保护和利用规划之外，还包含了涉及海洋的区域规划、专项规划。海岸带综合保护和利用规划是传统的海洋类专项规划，重点考虑海岸线两侧陆海空间的保护和利用，协调解决海岸带区域的陆海统筹问题。涉及海洋的区域规划主要针对包含多个涉海县市的区域规划，是区域规划中涉及陆海统筹相关内容的系统安排（如长三角国土空间规划）。

总之，陆海统筹国土空间规划需要准确把握陆域和海域空间治理的整体性和独特性，在资源利用、环境治理、产业布局等方面强化陆海统筹，科学合理谋划海洋开发保护新格局，提升海洋空间治理能力。

2. 陆海统筹国土空间规划的传导

“五级三类”国土空间规划体系注重在不同层级规划中形成稳定而有效的传导逻辑，保障各层级规划中空间管控意图的一致性，这一要求同样也保障了陆海统筹的理念和目标逐级贯彻落实，有效保障执行。

首先，国土空间规划的纵向传导是保障陆海统筹战略要求有效贯彻执行的核心机制。上位国土空间总体规划、相关涉海空间性专项规划，需要将陆海统筹的任务和内容传导至下位国土空间总体规划，确保规划的一致性和协调性。下位国土空间总体规划需要承接和落实上位规划的要求和指标，将上位的政策意图转化为具体的空间安排和管控要求，引导和规范市场主体的行为，例如省级海洋功能分区可以为市县级海洋功能分区提供依据。

其次，各级各类总体规划需要对同级相关涉海空间性专项规划进行横向传导，确保同一层级的涉海空间性专项规划不与总体规划发生冲突和矛盾，确保陆海统筹国土空间与相邻地区有效协调，实现资源的优化配置和共享。例如沿海地区的土地使用安排等应与海洋功能分区相协调，避免陆海之间的冲突和矛盾。

最后，涉海的上位国土空间总体规划和相关专项规划最终对陆海统筹国土空间详细规划提出实施落地的传导要求，并在陆海统筹国土空间详细规划中进一步细化和落实，为具体的涉海建设项目提供规划依据，确保项目实施落地。

总之，陆海统筹国土空间规划的传导关系和作用是陆海统筹国土空间规划的科学性、合理性和可操作性的重要保障，有助于实现陆海国土空间的有效治理和可持续发展。同时，规划的传导能明确各级政府和部门在陆海空间规划实施中的责任，加强对规划执行的监督和考核，确保规划的严肃性和权威性（图 4–2）。

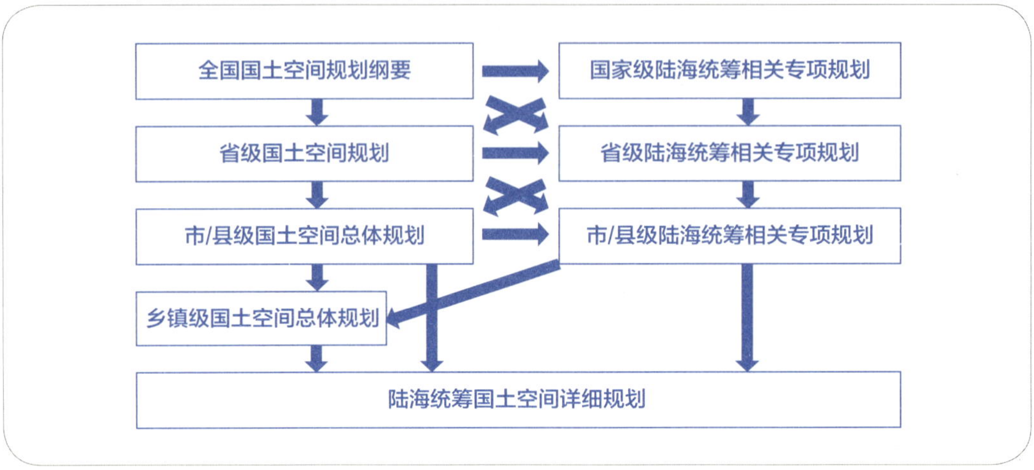

图 4–2　陆海统筹国土空间规划之间的传导关系
资料来源：作者自绘

4.2　陆海统筹国土空间总体规划

4.2.1　国家级国土空间规划

1. 陆海统筹工作任务

国家层级的陆海统筹就是从“全国一盘棋”的角度对陆地和海洋国土空间进行统一筹划，将总体国家安全观和国土空间开发保护工作要求在全国国土开发格局中具体落实。国家层级的陆海统筹要求从陆海兼备的基本国情出发，在优化提升陆域国土空间开发的基础上，提升海洋在国家发展全局中的战略地位，充分发挥海洋在资源环境保障、经济发展和国家安全维护中的作用，通过陆海资源开发、产业布局、交通建设、环境保护等领域的统筹协调，促进陆海两大系统的优势互补、良性互动和协调发展，增强国家对海洋的管控与利用能力，构建大陆文明与海洋文明相融并济的可持续发展格局，建设海洋强国。

2. 陆海统筹主要内容

国家层级陆海统筹的主要内容是以加强陆海空间协同、服务海洋强国建设为目标，以北部海域、东部海域、台湾海峡及台湾岛海域、南海海域和北部湾海域等五大重点海域为着力点，强化以海陆空间联结和海岸带空间综合管理为重点的陆海统筹总体格局，提出完善海岛功能体系、合理利用专属经济区和大陆架及其他管辖海域的空间安排。

国家层级陆海统筹的核心内容是建设支撑“21 世纪海上丝绸之路”的海洋开发支点，畅通双向开放、陆海统筹的陆海功能网络，以海洋中心城市、海洋经济发展示范区、重点海岛为支点，优化港口群和临港产业布局，整合海岸带产业园区，促进海洋新兴产业发展，推动海水淡化规模化应用，率先实现海洋绿色低碳发展；加强战略资源储备，合理控制近海油气资源开发规模，建设深远海海洋战略资源接续区，推动构建“储近用远”的海洋油气资源开发格局，培育海洋经济增长极。

国家层级陆海统筹的空间安排是重点加强陆海空间协同，统筹海岸线、海域、海岛开发保护活动，节约集约利用浅海近岸，完善海岛功能体系，提升重点海岛战略支撑功能，加强沿海地区与内陆城市群、都市圈和中心城市的双向流通和联动发展，合理有序利用专属经济区与大陆架海洋资源，逐步构建内陆、海岸带和深远海为一体的海洋空间发展新格局。

4.2.2 省级国土空间规划

1. 陆海统筹工作任务

省级国土空间规划中的陆海统筹不仅需要具有战略性视野，更要体现协调性和操作性，对市县级国土空间规划的陆海统筹能够发挥权威性，起到切实的约束和传导作用。省级国土空间规划中陆海统筹的工作任务主要包括：明确省域陆海统筹的空间格局和规划管控要求，主要涉及海岸带、海岛和近海空间；提出陆海生态系统保护的总体安排，建立陆海一体化的生态空间治理体系；协调陆海资源保护和开发利用，重点对海岸带开发建设等人类活动提出约束性要求；谋划陆海产业一体化发展，体现陆海产业空间的科学布局和产业效益的总体最优；加强陆海交通运输统筹安排，充分落实陆海空综合立体运输网络在陆海空间的具体安排，推动港产城深度融合发展；提出陆海重大市政设施和防灾减灾的要求，有效应对海岸带密集人类活动和气候变化带来的挑战。

2. 陆海统筹主要内容

省级国土空间规划中的陆海统筹侧重于对以上工作任务的空间落实，核心内容是确定主体功能区与三条控制线，进一步明确原陆海主体功能定位和国土空间主体功能区的衔接与协调原则，综合划定陆海一体的重点生态功能区、农产品主产区和城市化发展区，并对资源保护利用、防灾减灾、生态修复等做出总体规定。省级国土空间规划中陆海统筹的具体工作内容包括以下六个方面。

第一，衔接国家海岸带专项规划，落实“两空间内部一红线”分区要求，明确海洋生态空间和海洋开发利用空间布局，对优化调整重点用海活动分布、推动海域立体利用等做出统筹安排。

第二，落实大陆自然岸线保有率要求，实施岸线分类管控，严格管控围填海，推行海岸建筑退缩线制度，基于海洋灾害风险评估，明确海洋重点灾害防治区域，明确重点区域堤坝防护标准。

第三，分析省域港口功能定位、港口岸线利用效率等，优化港口布局，对低效、粗放、闲置港口岸线，分类提出解决措施；依托重点港口和沿海城市，统筹陆海空间资源配置，建立公铁水互联的集疏运体系，提升枢纽功能，支撑陆海通道建设，强化节约集约用地用海等安排。

第四，落实无居民海岛严格管控要求，基于无居民海岛开发利用现状调查和相关评估等，逐岛（岛群）明确无居民海岛主导用途分类，并对海岛用途调整等重要内容在规划中做出说明。

第五，对接国家和区域发展战略，结合近岸海岛、边远海岛的空间特征和资源环境承载能力，对提升重点岛屿综合功能、加强陆岛基础设施网络和枢纽建设等做出安排。

第六，对市县级国土空间总体规划、详细规划提出陆海统筹传导要求，主要侧重于细化落实海洋功能分区，明确无居民海岛功能定位、用途管制要求和保护措施等。

4.2.3 市县级国土空间总体规划

1. 陆海统筹工作任务

市县级国土空间总体规划是在国土空间可持续发展中实现陆海统筹的主要规划政策工具，是具体解决陆海空间冲突、协调陆海保护和发展矛盾、建立统一的陆海“一张图”的空间安排。在当前的市县级国土空间规划体系中，依托国土空间总体规划中的陆海统筹规划研究和相关涉海空间性专项规划，系统分析、研判、解决陆海空间发展不协调、不均衡、不持续的问题，是市县级陆海统筹空间规划的主要任务。

在市县级国土空间总体规划中落实陆海统筹战略，实质上就是建立陆海空间复合系统的可持续发展机制，统筹考虑海洋和陆地两大子系统，利用海陆系统的互补性、相互影响与制约，实现经济、社会、生态三系统均衡综合发展。同时，三个子系统内部要建立合理的经济结构，如经济子系统中的生产、流通和消费间合适的比例，生态子系统中资源的开发与环境的生态自净能力之间的平衡关系，社会子系统中人力资源开发利用和社会系统的匹配。市县级国土空间总体规划中的陆海统筹更强调人口、资源、环境与发展关系的协调和社会、经济、生态目标的均衡；更强调发展过程的整体性、长期性、复杂性和艰巨性，这也正是在市县级国土空间规划中落实陆海统筹的关键所在。

总体上，市县级陆海统筹空间规划应以“保护优先、统筹发展”为原则，统筹陆海空间分区分类，统筹陆海空间用途管制和调整规则，建立统一的陆海空间功能分区和用途管制制度，实现陆海统筹“一张蓝图、统一管理”的目标愿景。

2. 陆海统筹主要内容

市县级国土空间总体规划中的陆海统筹需要确定海洋资源保护开发利用的目标、策略和重点，提出海岸带两侧陆海功能衔接要求和规划协调对策，协调处理陆海空间重叠区域的管理要求，明确海洋国土空间规划分区分类，预留重大项目用海用岛空间，提出各类分区用途管制要求；落实上级规划确定的大陆自然岸线保有率目标，按照严格保护、限制开发和优化利用等类型实施海岸线分类管控；合理开发利用海岛资源，逐岛（岛群）明确无居民海岛功能，对特殊用途海岛保护提出细化措施。

在市县级国土空间总体规划中，陆海统筹作为编制的重要原则，在规划分区、规划指标、资源保护利用等方面都有所体现。福建省提出“坚持陆海统筹、湾港联动”，并通过“以海带陆、以陆促海，统筹陆地、海岸、近海、远海国土空间布局优化”，同时在规划分区中充分考虑陆海相邻区域功能的协调，结合渔港、陆岛交通码头、养殖等实际用海安排细化，实施更为精细化的陆海统筹管控。例如，广东省对各级国土空间总体规划中陆海统筹的内容深度进行了区分，规定了陆海统筹相关的必选指标（如大陆自然海岸线保有率）和自选指标（如近岸海域水质优良面积比例）。

市县级国土空间总体规划应当统筹划定陆域和海域国土空间的分区和分类。在市县级国土空间规划中，陆域和海域的国土空间分区可协调划定一级或二级规划分区，其中涉海的国土空间分区包含了生态保护区、生态控制区和海洋发展区，前两者同时包含了陆域和海域空间，而海洋发展区可细分至 6 个二级分区（表 4-1）。在市县级国土空间规划中，陆域和海域国土空间分类可具体落实至一级类或二级类，其中涉海国土空间分类包含了 6 个一级类和 24 个二级类（表 4-2）。

表 4-1　涉海国土空间规划分区及含义

目标	一级规划分区	含义	二级规划分区	含义
保护与保留	生态保护区	具有特殊重要生态功能或生态敏感脆弱、必须强制性严格保护的陆地和海洋自然区域，包括陆域生态保护红线、海洋生态保护红线集中划定的区域	—	—
	生态控制区	生态保护红线外，需要予以保留原貌、强化生态保育和生态建设、限制开发建设的陆地和海洋自然区域	—	—
开发与利用	海洋发展区	允许集中开展开发利用活动的海域，以及允许适度开展开发利用活动的无居民海岛	渔业用海区	以渔业基础设施建设、养殖和捕捞生产等渔业利用为主要功能导向的海域和无居民海岛
			交通运输用海区	以港口建设、路桥建设、航运等为主要功能导向的海域和无居民海岛
			工矿通信用海区	以临海工业利用、矿产能源开发和海底工程建设为主要功能导向的海域和无居民海岛
			游憩用海区	以开发利用旅游资源为主要功能导向的海域和无居民海岛
			特殊用海区	以污水达标排放、倾倒、军事等特殊利用为主要功能导向的海域和无居民海岛
			海洋预留区	规划期内为重大项目用海用岛预留的控制性后备发展区域

资料来源：作者根据《市级国土空间总体规划编制指南（试行）》绘制。

表 4-2　涉海国土空间分类及含义

一级类			二级类		
代码	名称	含义	代码	名称	含义
18	渔业用海	指为开发利用渔业资源、开展海洋渔业生产所使用的海域及无居民海岛（含农、林、牧业用岛）	1801	渔业基础设施用海	指用于渔船停靠、进行装卸作业和避风，以及用以繁殖重要苗种的海域，包括渔业码头、引桥、堤坝、养殖厂房、看护房、渔港港池（含开敞式码头前沿船舶靠泊和回旋水域）、渔港航道、取排水口及其附属设施使用的海域及无居民海岛
			1802	增养殖用海	指用于养殖生产或通过构筑人工鱼塘、半潜式平台、养殖工船等进行增养殖生产的海域及无居民海岛
			1803	捕捞用海	指用于开展适度捕捞的海域
			1804	农林牧业用岛	指用于农、林、牧业生产活动的无居民海岛
19	工矿通信用海	指开展临海工业生产、海底电缆管道建设和矿产能源开发所使用的海域及无居民海岛	1901	工业用海	指开展海水综合利用、船舶制造修理、海产品加工、滨海核电、火电、石化等临海工业所使用的海域及无居民海岛
			1902	盐田用海	指用于盐业生产的海域，包括盐业码头、引桥及港池（船舶靠泊和回旋水域）、盐田取排水口、蓄水池，以及取排水管道、蒸发池、结晶池、坨台、生产道路等附属设施等所使用的海域及无居民海岛
			1903	固体矿产用海	指开采海砂及其他固体矿产资源所使用的海域及无居民海岛
			1904	油气用海	指开采油气资源所使用的海域及无居民海岛
			1905	可再生能源用海	指开展海上风电、太阳能、潮流能、波浪能等可再生能源所使用的海域及无居民海岛
			1906	海底电缆管道用海	指用于埋（架）设海底通信光（电）缆、电力电缆、输水管道及输送其他物质的管状设施的海域
20	交通运输用海	指用于港口、航运、路桥、机场等交通建设的海域及无居民海岛	2001	港口用海	指供船舶停靠、进行装卸作业、避风和调动的海域，包括港口码头、引桥、平台、港池、堤坝及堆场（仓储场）、铁路和公路转运场站及其附属设施等的海域及无居民海岛
			2002	航运用海	指供船只航行、候潮、待泊、联检、避风及进行水上过驳作业的海域

续表

一级类			二级类		
代码	名称	含义	代码	名称	含义
20	交通运输用海	指用于港口、航运、路桥、机场等交通建设的海域及无居民海岛	2003	路桥隧道用海	指用于建设连陆、连岛等路桥工程及海底隧道海域，包括跨海桥梁、跨海和顺岸道路、海底隧道等及其附属设施的海域及无居民海岛
			2004	机场用海	指用于建设海上机场及其附属设施的海域及无居民海岛
			2005	其他交通运输用海	指用于港口、航运、路桥、海上机场以外的交通运输用海，不包括油气开采用连陆、连岛道路和栈桥等的海域
21	游憩用海	指用于开发利用滨海和海上旅游资源，开展海洋娱乐活动的海域及无居民海岛	2101	风景旅游用海	指开发利用滨海和海上旅游资源的海域及无居民海岛
			2102	文体休闲娱乐用海	指旅游景区开发和海上文体娱乐活动场建设的海域，包括海上浴场、游乐场及游乐设施所使用的海域及无居民海岛
22	特殊用海	指用于军事、科研教学、海洋保护修复及海岸防护工程、排污倾倒、海洋水下文化遗产等用途的海域及无居民海岛	2201	军事用海	指建设军事设施和开展军事活动所使用的海域及无居民海岛
			2202	科研教育用海	指专门用于科学研究、试验及教学活动的海域及无居民用海
			2203	海洋保护修复及海岸防护工程用海	指各类涉海自然保护地所使用的海域，各类海洋生态保护修复工程实施需使用的海域，以及为防范海浪、沿岸流的侵蚀及台风、气旋和寒潮大风等自然灾害的侵袭，保障沿海河口海域水利、通航安全、建造海堤（塘）、防潮闸（含通航孔）、船闸、护岸设施、人工防护林等海岸防护工程及其他附属和管理设施等所使用的海域及无居民海岛
			2204	排污倾倒用海	指用来排放污水和倾倒废弃物的海域
			2205	水下文物保护用海	指用于发掘、保护各种水下文物和文化遗产所使用的海域
			2206	其他特殊用海	指除军事用海、科研教学、海洋保护修复及海岸防护、排污倾倒、海洋水下文化遗产保护等以外的特殊用海用岛
24	其他海域	指需要限制开发，以及从长远发展角度应当予以保留的海域及无居民海岛	—	—	指需要限制开发，以及从长远发展角度应当予以保留的海域及无居民海岛

资料来源：作者根据《国土空间调查、规划、用途管制用地用海分类指南》绘制。

在确定海域规划分区时，应当落实上位国土空间规划的传导要求，充分考虑海洋生态环境、产业布局等因素，以海洋国土空间的保护与保留、开发与利用两大功能属性作为规划分区的基本取向。海域规划分区划定应坚持科学、简明、可操作的原则，一般情况下应遵循全域全覆盖、不交叉、不重叠的要求，以主体功能定位为基础，体现海洋国土空间的规划意图和管制规则。当出现多重使用功能时，应突出主导功能，选择更有利于实现规划意图的规划分区类型。

在划定海域规划分区的同时，市县级国土空间总体规划应当重点明确各类海域规划分区的用途管制要求。例如，工矿通信用海区应以促进海洋产业转型和绿色发展为重点，交通运输用海区着重引导打造陆海空联动的综合交通运输网络，渔业用海区着力构建陆海循环共生的海洋渔业生产系统，游憩用海区应在保护海洋自然和文化遗产的前提下科学有序地开发海洋旅游资源，涉海生态保护区和生态控制区主要对各海洋自然保护地及其外缘缓冲区实行分级严格保护。

市县国土空间规划中的陆海统筹应在陆海空间区划一体化的基础上，重点针对陆地和海洋空间规划中存在的重叠区域用途冲突、相邻区域用途冲突、规划与生态底线冲突三类冲突现象，进行规划用途调整，统筹形成统一的陆海空间规划分区和管制规则。针对局部陆海交界带的重叠区域规划用途不一致的情况，应以生态保护优先，明确重叠区域规划用途优先级；针对规划相邻区域之间规划用途冲突的情况，明确相邻区域规划用途相容性原则，对相邻区冲突用途进行识别和调整；针对现有规划与生态底线的冲突，在现有规划与生态保护红线划定方案进行叠加时，凡是被划定为陆地生态保护红线或海洋禁止开发区的区域，皆为生态保护区，以保障陆海生态底线的严格落实和有效管控。通过以上调整，陆地和海洋空间规划能够统筹形成海岸带和海洋空间统一的陆海统筹功能区划。

4.3 陆海统筹国土空间专项规划

4.3.1 陆海统筹国土空间区域规划

1. 工作任务

区域规划通常属于国土空间规划体系中的专项规划，是对跨行政区划的特定区域国土空间开发利用活动所作的战略部署和空间安排，和市县级国土空间总体规划相比更具战略性和协调性，有利于促进区域国土空间开发保护变得更高质量、更有效率、更加公平、更可持续。

以沿海省、市、县为规划对象的区域规划一般包含省、市、县所管辖的陆域和海域空间。从陆海统筹的角度出发，这类区域规划不仅需要协调同一行政区划范围内的陆域和海域关系，更要协调跨区域的海洋空间之间的整体开发、保护和利用活动。陆海统筹国土空间区域规划的重点，就是从国家赋予的战略使命和区域发展的总体价值出发，将跨行政区划的陆地国土和海洋国土作为整体来考虑，系统安排海陆资源的配置与调度，理顺陆海资源利用和产业发展关系，强化陆海交通基础设施的互联互通，实施陆海生态环境的统一治理，协调相邻行政区域在重叠海域、相邻海域方面的矛盾冲突，促进区域国土空间的陆海一体化发展。

以长三角国土空间规划为例，规划范围包含了江苏、浙江、上海、安徽的陆域和海域国土空间。规划在建设海洋强国的目标下，从陆海统筹视角出发，整体研究江苏、上海、浙江的海岸带、近海空间、深远海空间的系统发展，在生态空间保护、海洋产业发展、港口和航线布局、海洋环境保护等方面进行整体谋划和空间协调，协调解决相邻省份海域空间在重叠和相邻海域的功能冲突，助推长三角海域空间在建设海洋强国方面发挥示范和引领作用。

2. 工作内容

陆海统筹国土空间区域规划主要在两个或多个相邻省份或相邻城市之间开展，主要针对区域层面陆海之间、相邻省市海域之间在陆海统筹方面的重点问题，开展从陆海系统各类空间要素出发的整体布局和协同安排。

1）协同优化陆海统筹空间格局

从建设海洋强国和海洋生态文明的视角出发，基于海洋空间的整体性和流动性，陆海统筹国土空间区域规划更加注重强化海洋国土空间在陆海国土空间开发综合布局中的重要地位，确立跨区域陆海一体化发展的整体空间格局。

国家层级陆海统筹空间格局的总体安排针对渤海、黄海、东海、南海四大海域提出了陆海统筹的总体要求。区域层面陆海统筹空间规划是落实四大海域主导功能、培育重要陆海区域发展增长极和具有强大竞争力的沿海经济带的重要途径。其中，北部、东部和南部三大海洋经济圈与京津冀、长三角和粤港澳大湾区三大国家级城市群地理空间上具有重合性，需要以区域发展的总体战略和重大战略为指引，通过对海洋中心城市等重要增长极的建设，统筹解决陆地系统和海洋系统发展不协调、不均衡和不可持续的客观问题。同时，沿海地区是陆海关系最为密集和相互作用最为频繁的地区，是我国产业转型升级、开放型经济建设和绿色协调发展的窗口，陆海统筹应重点促进海岸带陆海产业的良性互动发展，建设更加开放、可持续、更高质量发展的沿海经济带，稳定国家经济发展态势和带动中西部地区协调发展，带动国民经济高质量发展。

此外，陆海统筹还要加强对跨区域陆海统筹空间格局的整体优化，系统谋划跨区域陆海生态保护格局，加强重点海域的区域协同生态修复和综合治理，谋划重大跨区域海洋产业发展平台，落实重大跨区域产业、交通等相关项目，系统解决需要跨区域共同应对的产业、生态、环境、交通等重大问题。

2）协同优化海洋产业空间布局

发达的海洋经济是建设海洋强国的前提，海洋产业空间布局的协调优化是提高海洋开发能力、拓展海洋开发领域的重要支撑。海洋空间的产业布局存在广域分布、立体复合、区域整体性强的特点，因此有必要通过陆海统筹国土空间区域规划，加强海洋产业空间布局的规划和指导，协调安排海洋战略性新兴产业，探索海洋产业空间立体复合利用，推动海洋产业成为国民经济的支柱产业。

国家层级陆海统筹的产业空间布局主要区分为北部、东部和南部三大海洋经济圈。三大海洋经济圈的持续发展需要不断推动海洋产业结构的转型和升级，统筹优化海洋产业空间布局，发挥海洋产业对陆域产业发展的引领作用，带动陆域特别是沿海地区产业结构升级和产业布局优化。首先，应保障海洋渔业、海洋运输、滨海旅游、船舶制造等传统海洋产业的发展空间，节约集约提高用地用海的产业绩效。其次，应系统安排海洋油气、海洋生物医药、海洋化工、海水综合利用、海洋工程装备制造、海洋新能源、海洋监测服务等海洋战略性新兴产业布局，将海洋战略性新兴产业作为推动海洋产业结构升级的主导方向进行培育。最后，应协调陆域产业园区和海洋产业空间之间的关系，避免陆海产业要素的空间性错配和结构性扭曲，促进陆海产业一体化发展。

3）协同开展海洋污染治理和海洋生态保护

海洋环境和海洋生态系统的恶化是建设海洋强国的重要制约性因素，而陆域人为活动是影响海洋环境和海洋生态系统的主要原因。由于陆域人为活动的相互叠加和相互影响，海洋环境和海洋生态系统具有明显的系统性、区域性和复合性，因此陆海统筹国土空间区域规划的一项重要任务就是促进跨区域协同开展海洋污染治理和海洋生态保护。

在海洋污染治理方面，陆域污染物是海洋污染的主要来源，河流流域、农业面源和大气输氮污染贡献凸显。当前，近海环境污染呈交叉复合态势，危害加重，防控难度加大，有必要且必然需要在区域层面进行统一筹划和协同治理，以此来优化海岸带城镇和产业空间布局，开展流域污染综合治理及沿海地区农业空间、城镇和产业园区污染治理，从源头上有效控制陆源污染物入海排放，着力推动海洋开发方式向循环利用型转变。

在海洋生态保护方面，近年来海洋生态系统健康受损和功能退化，海洋生物多样性降低，赤潮、绿潮等灾害性生态问题突出。因此，国土空间区域规划有必要从陆海统筹的视角出发，有效保护海洋生物索饵场、产卵场、越冬场和洄游通道等功能生境的跨区域营造，有效保护海岸带自然岸线和近海湿地，开展潮间带生物多样性保护，科学合理开发利用海洋生态资源，推进海洋自然保护地建设，实施海洋生态修复工程，建立海洋生态补偿和生态损害赔偿制度，全力遏制海洋生态环境不断恶化趋势，把海洋生态文明建设纳入海洋开发总布局之中。

4）统筹安排海洋资源能源要素

海洋资源能源的开发是陆海统筹国土空间区域规划的重要内容，是必须在区域层面进行系统勘查、整体谋划、科学布局、缓急协调的工作。根据海洋资源能源的分布特征，对各主要海域海洋资源能源开发进行总体安排，才能有效指导地方资源能源的实际开发，加快海洋资源能源开发利用进程，并重点加快海洋油气资源特别是南海海域油气资源的勘探与开发，逐步推进海洋油气资源开发由近岸浅海向远海深水转移。这主要有以下两类做法。

第一，统筹安排海上新能源开发的空间布局，科学开发海上风能、潮汐能等可再生能源，开展天然气水合物调查评价和关键技术研究；加快深海特别是专属经济区和大陆架的矿产资源勘探开发步伐，积极参与国际海域矿产资源调查评价；科学合理保障海洋渔业发展空间，挖掘海洋生物资源潜力，坚持生态优先、养捕结合和控制近海、拓展外海、发展远洋的方针，严格控制近海捕捞强度，加快海洋牧场发展进程，建设“海上粮仓”，保障国家粮食安全；优先推动对争议海域如黄海、东海、南海争议区渔业资源开发，把走出去抢占国际水产资源作为现代渔业发展的主攻方向，扩大远洋渔业作业海域，建设远洋渔业服务基地，发展海外养殖基地。

第二，统筹围填海和海岛开发活动，严格控制近岸围填海，加快围填海技术和模式的创新，积极推进离岸和岛（礁）基围填海；推动有居民海岛和边远海岛，特别是事关国家主权和战略利益的无居民海岛的基础设施建设，加快海岛开发进程；优化供水结构，把海水淡化和海水综合利用纳入国家水资源配置。

4.3.2 海岸带综合保护和利用规划

1. 工作任务

海岸带综合保护和利用规划（简称“海岸带规划”）一般区分为国家级、省级、市级三个层级，是面向海岸带国土空间开发保护活动的国土空间专项规划，是陆海统筹推动海岸带高质量发展的空间蓝图。国家级海岸带规划是在全国国土空间规划确定的陆海统筹总体格局基础上，统筹协调全国海岸带资源节约集约利用、生态保护修复、产业布局优化、人居环境品质提升等开发保护活动。省级海岸带规划是国家级海岸带规划和省级国土空间规划的落实和细化，统筹协调省域海岸带资源节约集约利用、生态保护修复、产业布局优化、人居环境品质提升等开发保护活动，有效传导到下位总体规划和详细规划。市级海岸带规划是对省级海岸带规划和市级国土空间总体规划的具体落实和深化细化，担负着将海岸带空间分区及管制措施有效传导至县级总体规划和相关详细规划的工作任务。

2. 工作内容

省级和市级海岸带规划一般以省级或市级人民政府管辖海域和海岛为规划范围，以沿海县级行政区管理陆域国土空间为研究范围。规划范围可在以上标准上因地制宜根据陆海自然地理格局和保护开发实际确定，向陆一侧界线依据山脊线、湿地、潟湖、防护林等地理边界，或滨海第一条城市干路或滨海公路、沿海乡镇和街道行政区边界划定。陆海分界线以最新修测的海岸线为准。规划范围应满足：①保证生态系统、重要资源的完整性，涵盖陆海连续分布的生态系统、重要海岸自然和人文景观资源；②涵盖因受海岸侵蚀等海洋灾害直接影响区域，考虑海岸建筑退缩线管控等因素；③涵盖渔业、港口、旅游、临海工业等陆海活动高度关联区域。

海岸带规划应系统开展基础分析和专题研究。基础分析包含对海岸带资源环境条件、典型生境、灾害风险、开发现状、战略需求的分析和评估，专题研究以落实陆海统筹、支撑保障沿海高质量发展为目标，重点关注规划分区与用途管控、陆海一体化生态保护修复、海岸建筑退缩线划定、产业布局优化调整、公众亲海空间拓展等内容；同时，可根据实际情况开展侧重性的基础分析和针对性的专题研究，支撑规划编制。

海岸带规划的工作内容主要包含：明确海岸带保护利用的规划目标、明确海岸带和海洋空间规划分区和用途管制要求、实施资源分类管控、开展陆海生态环境保护修复、引导陆海空间系统高质量发展、实施基于生态系统的海岸带综合管理、落实规划实施保障、开展规划协调与传导八个方面。

海岸带保护利用的规划目标应以主体功能区战略为导向，在规划目标、规划分区和管理要求等方面实施差异化引导，从空间供给与结构调整、生态保护与修复、产业布局优化、人居环境提升等方面提出规划目标，确定海岸带保护与利用总体格局，明确保护重点和发展方向，推动海岸带地区合理分工、功能互补、区域协调。

在海岸带和海洋空间规划分区和用途管制方面，应落实本级国土空间总体规划和上位海岸带规划的传导要求，实现岸线向海一侧分区全覆盖，识别并提出陆海相互关联的特殊空间管控要求，明确该区内的生态环境保护、整治修复和开发利用活动的发展指引和协调管控要求；对海岸带陆域空间布局提出“以海定陆”的规划要求，对资源环境严重超载海域所关联的陆域空间和海洋灾害风险评估重点关注的产业和城镇空间，提出重点规划措施和管制要求；明确海洋规划分区在空间用途准入、开发利用方式、保护修复、资源利用和防灾减灾等方面的差异化要求，提出区域开发利用准入要求和可准入、可兼容的用海类型；按照禁止改变海域自然属性、严格限制改变海域自然属性、允许适度改变海域自然属性的三类要求确定海洋规划分区利用方式。

在海岸带资源分类管控方面，应重点对岸线、潮间带、滨海土地、近海空间的保护和利用提出分类规划管控要求，对有居民海岛和无居民海岛提出分类严管严控的各项规划要求，提出远海空间拓展利用方向、深水远岸产业布局和海域立体开发利用模式引导；因地制宜提出海岸建筑退缩线的划定要求，制定避让区域内建设活动准入清单。

在陆海生态环境保护修复方面，应明确陆海生态保护格局、保护方式和保护要求，加强对重点生态廊道的针对性保护措施；提出生态系统恢复修复、海岸带污染防控、海洋垃圾治理的规划对策，明确生态修复工程目标、规模和具体任务，明确污染防治的主要任务、差异化措施和空间安排，明确海洋垃圾（微塑料）治理措施、塑料污染清理机制和监测机制。

在引导陆海空间系统高质量发展方面，应综合运用产业发展指引、布局优化调整等措施，明确海岸带不同类型区域的空间资源管控、生态保护修复与污染治理、生产空间布局优化、人居环境品质提升和防灾减灾等规划指引，引导海岸带产业集约化布局，提升资源利用效率和效益，形成科学合理、集聚高效的高质量发展格局。科学合理制定建设项目用海标准和资源利用准入门槛，提出对围填海历史遗留问题的解决方案，明确海洋渔业、港口航运、钢铁石化、核电、海洋可再生能源、滨海旅游等产业布局要求；针对海洋人居环境提升，提出整治美丽渔村、“和美海岛”建设、公众亲海空间拓展、自然文化遗产保护、滨海特色风貌塑造等措施，满足人民对高品质生活空间的需求；针对海洋灾害防御，分区分类制定防灾减灾措施，明确海岸带防护林保护措施和管控要求，加强灾害高风险区域综合监测体系和预警报警能力建设。

在实施基于生态系统的海岸带综合管理方面，应重点明确多部门共同参与的海岸带协调管理机制，建立多元化生态产品价值实现机制。

海岸带规划的实施保障应在配套政策、系统建设、监测评估等方面重点提出要求，并开展规划协调与传导，重点提出上下位海岸带规划之间的传导衔接要求，探索将陆海一体化利用空间纳入详细规划编制单元，强化海岸带规划约束性内容对海洋空间详细规划的传导落地，提出对相邻省市海岸带规划的协调要求和邻避要求，做好区域协同。

4.4 陆海统筹国土空间详细规划

4.4.1 工作任务

陆海统筹国土空间详细规划主要指海岸带和海洋空间的国土空间详细规划，对深化国土空间规划中涉海内容的精细化管控具有重要的现实意义，对拓展海域空间使用兼容性安排、深化细化海洋空间管制措施、合理引导和控制海洋空间发展具有显著的必要性，对解决地方海洋管理问题、保障经济发展的用海需求有较强的针对性。

传统上，海洋空间管理长期采用“约束指标 + 分区准入”的管制方式，缺乏必要的规划管控手段，海岸带陆海空间的规划协调方式和海洋空间详细规划的编制技术，仍处于研究探索阶段。总体上，陆海统筹国土空间详细规划的工作任务是在海洋空间规划的实施层面明确海洋空间相关分区或单元的范围、强度、性质、陆海统筹、用途兼容等管控要求，以“带位置”“带指标”的方式确定密集用海区域各类用海空间范围及规模强度等，对各级国土空间规划和相关专项规划确定的重点工程项目做出用海空间布局和用海强度的实施性安排，保障国土空间用海的节约集约和协调有序。

4.4.2　工作内容

陆海统筹国土空间详细规划应在坚守规划公共政策属性的基础上，更加科学合理地考虑海洋空间的开放性和流动性，充分考虑海洋空间的生态容量、复合利用等特点，合理考虑海洋空间开发利用方式的多元化和不确定性，提高海洋空间详细规划的合理弹性，建立实施层面海洋空间开发利用的管理规则，保障海洋空间保护、开发、利用、修复的均衡性和可持续性。同时，当前大部分近海空间已进入存量挖潜和内核提升的阶段，海洋空间详细规划应当以增存并举的方式，对近海存量海域空间的节约集约、高效复合利用做出详细安排，对处于增量阶段的小部分近海空间和广阔的远海空间，强化区域协同和陆海统筹，协调安排远近海开发，实现存量与增量海域空间的统筹联动。

与陆域国土空间详细规划编制单元类似，海洋空间详细规划单元划分是开展海洋空间详细规划的前提。海洋空间详细规划单元应优先考虑在三类重点地区划定。第一类是陆海一体化区域，包括滨海旅游、港口等陆海一体化区域，以及滨海城市新区或城市更新片区等连片区域。第二类是包含特殊海洋要素的区域，如海岛、优化及限制利用的岸线等。第三类是海洋发展区中的密集用海区域，包括混合用海、立体用海区域。其中，为加强海岛生态保护和海岸线分类分段管理，应对可开发利用海岛、优化及限制利用岸线及其两侧区域逐步实现详细规划全覆盖（图 4-3）。

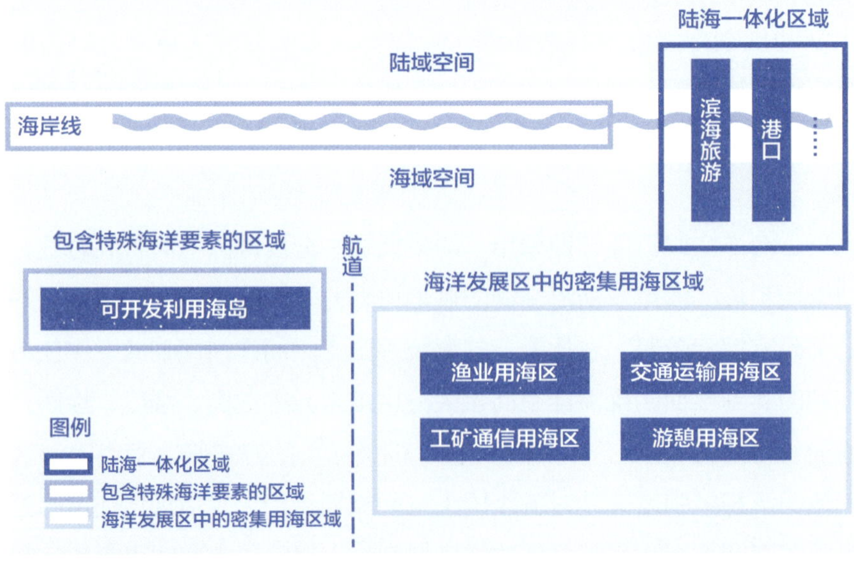

图 4-3　开展海洋空间详细规划的重点区域
资料来源：作者自绘

海洋空间详细规划的内容主要涉及六个方面，包括空间利用方案、空间要素管控、产业用海要求、海洋保护修复安排、海岸线及两侧空间管理、公共（公益）空间安排。从实现陆海规划和用途管制深度协调一致的角度，应明确详细规划尺度下海洋空间的管控需求，从而对不同海洋空间提出差异化的规划内容与规划深度要求，明确用海活动空间控制、配套基础设施建设要求等。其中，在制定海洋空间利用方案方面，应对海洋空间具体用海单元的性质、位置（包括立体位置）、面积、边界、用海兼容类型等予以明确规定；在空间要素管控方面，应对用海方式（强度）控制、海洋生态环境质量控制等提出管控要求；在产业用海要求方面，应针对具体产业（养殖、能源、矿产资源、交通运输等）提出具体的控制指标或空间布局细化要求；在海洋保护修复安排方面，应提出用海单元内的生态保护红线及周边海域管控要求、典型生态系统和生态廊道的识别和保护要求、“双重”等修复工程实施要求；在海岸线及两侧空间管理方面，应明确海岸线分类管控及起止边界、海岸建筑退缩线边界及准入要求、潮间带保护范围及管理要求；在公共（公益）空间安排方面，应提出亲海空间拓展与维护、海岸风貌指引、配套基础设施建设的相关规划安排。

关键术语

陆海统筹空间规划、陆海统筹国土空间总体规划、陆海统筹国土空间专项规划、陆海统筹国土空间详细规划

思考题

1. 在国土空间规划体系中，陆海统筹国土空间规划主要包括哪些规划类型？

2. 在国土空间总体规划中，陆海统筹的主要任务是什么？

3. 涉及陆海统筹相关内容的区域规划主要在哪些方面进行陆海统筹的协同安排？

4. 海岸带保护和利用规划的主要工作内容是什么？

参考文献

[1] 王天青，陈天一. 国土空间规划陆海统筹的核心任务与应对策略 [J]. 规划师，2023 (12)：8-14.
[2] 李修颉，林坚，楚建群，等. 国土空间规划的陆海统筹方法探析 [J]. 中国土地科学，2020 (5)：60-68.
[3] 刘大海，李萍，武廷海，等. 陆海统筹知识体系框架构建的逻辑内涵与发展进路 [J]. 规划师，2023 (12)：31-37.
[4] 邢文秀，林玉婷，刘大海，等. 国土空间规划视角下海洋详细规划基本认知、编制思路与实施路径思考 [J]. 城市规划学刊，2023 (4)：95-103.
[5] 林晴，张琪，白晶，等. 海域空间陆海统筹管控难点及方法探索：以深圳西部海域为例 [J]. 规划师，2023 (12)：22-30.
[6] 李彦平，刘大海，罗添. 陆海统筹在国土空间规划中的实现路径探究：基于系统论视角 [J]. 环境保护，2020 (9)：50-54.
[7] 李彦平，刘大海，罗添. 国土空间规划中陆海统筹的内在逻辑和深化方向：基于复合系统论视角 [J]. 地理研究，2020 (7)：1902-1916.

第 5 章

海岸带空间格局

■ **教学要求**

海岸带具有丰富的自然资源和人文资源，是人类活动和经济发展的重要区域，研究其空间格局有助于科学规划和合理利用海岸带资源，实现资源的可持续利用和管理，促进区域经济的可持续发展。基于这一思考，本章系统讨论了土地利用时空变化特征、景观格局的演变、“三生”空间视角下土地利用功能演变以及不同情景下 2030 年国土空间土地利用变化的模拟。第一，系统阐述了土地利用变化的基本专业术语、核算方法和步骤等，并结合实例阐释了北部湾城市群土地利用时空变化的特征。第二，从景观格局角度，介绍了景观定义、特点等，揭示景观指数变化与人类活动之间的关系。第三，从“三生”空间视角，揭示了生产、生活、生态用地的时空分布特征及土地利用功能重心转移。第四，通过设置不同的可能情景，以广西北部湾城市群为例，模拟不同情景下 2030 年国土空间土地利用变化，为国土空间格局优化提供理论依据。

本章节的教学目标：理解土地利用变化的基本专业术语、核算方法和步骤等，并能结合实例阐释土地利用时空变化的特征；了解景观的定义、特点及其与人类活动的关系；掌握“三生”空间的分布特征及不同土地利用情景对国土空间格局优化的启示作用。

5.1 土地利用时空变化特征

5.1.1 土地利用与土地覆被

1. 土地利用

土地利用是指人类对地表土地资源的开发和利用方式，涵盖了一系列活动，包括建设、农业耕作、林业经营等。土地利用具有如下性质。

目的性： 土地利用是人类为了达到一定的生产、生活或其他目的而进行的活动，这可能包括住宅建设、工业发展、农业种植、森林管理等多种形态。

多功能性： 土地具有多种用途，可以同时或交替地用于不同的活动，如城市用地、农田、林地、休闲区等。

动态性： 随着时间的推移和社会经济的发展，土地利用的方式可能会发生变化。例如，一块土地可能从荒地转变为住宅区，或者从农田变为商业设施。

规划性： 合理的土地利用需要前瞻性的规划，以协调不同土地利用之间的关系，确保资源的可持续使用，并考虑到环境保护、经济效益和社会效益的平衡。

法律性： 在许多国家和地区，土地利用受到法律法规的严格管控，这些法规定义了土地的使用权限、限制和责任。

生态影响性： 土地利用方式会直接影响到自然生态系统，比如森林砍伐可能会导致生物多样性的减少，而城市化可能会改变原有的水文条件。

社会影响性： 土地利用不仅关系到经济发展，还涉及社会稳定和公平问题。例如，土地征用可能会影响到原住民的生活方式和文化传承。

持续性： 随着可持续发展的概念日益深入人心，土地利用也强调长远考虑，旨在满足当前需求的同时不损害后代的利益。

全球性： 在全球化的背景下，土地利用的问题往往跨越国界，如气候变化和跨国资源管理等问题都需要国际合作与协调。

科技性： 现代技术，如遥感技术（RS）和地理信息系统（GIS），使得我们能够更准确地监测和管理土地利用情况。

综上所述，土地利用是一个复杂且多维的概念，它关联着人类社会的经济、环境、文化和技术等多个方面。理解和管理好土地利用是实现可持续发展的关键之一。

2. 土地覆被

土地覆被（Land Cover，LC）是指地表的自然或人工覆盖物，包括植被、建筑物等，使用遥感技术可以对其进行观测和研究。其与土地利用（Land Use，LU）关系紧密，但两者研究的侧重点不同。土地覆被包括了地表的所有物质，如土壤、岩石、水、植被以及人造结构如建筑物和道路，这些覆被物可以被直接观察或者被遥感技术监测。从研究角度看，土地覆被的研究侧重于地表的物理特性和形态，而土地利用的研究则更关注人类如何利用这些土地，例如农业耕作、居住或工业活动。土地覆被变化(Land Cover Change，LCC) 研究关注的是覆被物的退化、转换等过程，这些变化可能由自然因素或人类活动引起。该研究可以帮助我们理解生态系统的变化和环境影响。

总之，土地覆被是地理学和环境科学中的一个重要概念，它涉及地表的自然状态和人类活动对地表的影响。通过对其变化的监测和分析，我们可以更好地理解和管理自然环境和资源。

5.1.2 土地利用类型转移矩阵

1. 土地利用类型转移矩阵概念

土地利用类型转移矩阵是一种分析工具，用于分析不同土地利用类型之间的转换情况和转移速率。土地利用类型转移矩阵来源于系统分析中对系统状态与状态转移的定量描述。它是马尔科夫模型在土地利用变化方面的应用，可以定量地表明不同土地利用类型之间的转化情况，以及揭示不同土地利用类型间的转移速率。该矩阵不仅能够反映固定区域固定时间的各个地类面积数据，还能够反映初期各个地类面积的转出以及末期各个地类面积的转入情况。

土地利用转移矩阵模型表征为：

$$\boldsymbol{S}_{ij}=\begin{bmatrix} S_{11} & S_{12} & \cdots & S_{1n} \\ S_{21} & S_{22} & \cdots & S_{2n} \\ \vdots & \vdots & \vdots & \vdots \\ S_{n1} & S_{n2} & \cdots & S_{nn} \end{bmatrix} \tag{5-1}$$

式中 $\boldsymbol{S}_{ij}$——研究初期到末期的变化面积，单位为平方千米（km^2）；

n——土地利用类型数；

i——研究初期的土地利用类型；

j——研究末期的土地利用类型。

2. 土地利用类型转移矩阵制作方法

土地利用类型转移矩阵制作方法如以下步骤所示。

数据准备：首先需要准备两个不同时间点的土地利用类型数据，这些数据通常是栅格或矢量格式的地理信息数据。

数据处理：将栅格数据转换为矢量数据，并为不同类型的土地利用赋值，以便后续分析。

叠加分析：使用 GIS 软件中的叠加分析工具，如“相交工具”，来分析两个时间点的土地利用数据的变化情况。

矩阵构建：根据叠加分析的结果，构建一个二维矩阵，这个矩阵即为土地利用类型转移矩阵。它展示了不同土地利用类型之间的转化关系和面积变化。

在分析应用方面，通过土地利用转移矩阵，研究者可以分析土地利用类型的总量变化趋势和结构变化，从而了解土地利用类型变化的总体情况，为城市土地管理提供科学依据。

总之，土地利用类型转移矩阵是一个强大的分析工具，能够帮助我们理解土地利用的动态变化，对城市规划、环境保护和资源管理等领域具有重要意义。

5.1.3　土地利用动态度

土地利用动态度是一个衡量土地利用变化剧烈程度和速率的指标，它反映了不同区域在特定时期内土地利用类型变化的活跃程度。通常这个指标可以通过比较不同时间点的地理信息数据来计算得出。

土地利用动态度计算方法有单一土地利用动态度和综合土地利用动态度两种。单一土地利用动态度，关注的是某一特定土地利用类型（如耕地、林地等）在一定时间内的变化情况。综合土地利用动态度，则是指一个区域内所有土地利用类型变化的总体情况，它可以更全面地反映该区域土地利用的整体变化趋势。土地利用动态度需要借助如 ArcGIS 等分析工具来进行土地利用动态度的计算和可视化。这些软件可以对土地利用数据进行预处理、模型计算，并将结果以图表的形式展现出来。

单一土地利用动态度计算公式如下：

$$K=\frac{U_b-U_a}{U_a}\cdot\frac{1}{T}\times 100\% \tag{5-2}$$

式中　U_a——研究初期和末期某种土地利用类型的面积，单位为平方千米（km^2）；

U_b——研究末期某种土地利用类型的面积，单位为平方千米（km^2）；

T——研究时间段；

K——研究期间某种土地利用类型的动态度，且当 T 以年作单位时 K 为某种土地利用类型的年际变化率。

综合土地利用动态度计算公式如下：

$$K = 100 \times \sum_{i=1}^{n} (A_i \cdot C_i) \tag{5-3}$$

式中 L——研究区内土地利用程度综合指数；

A_i——研究区内第 i 级土地利用程度分级指数；

C_i——研究区内第 i 级土地利用程度的面积百分比。

土地利用动态度的分析有助于政府和决策者了解土地资源的使用趋势，制定相应的土地管理政策和规划。对于环境保护而言，监测土地利用的变化有助于及时发现可能导致生态退化的区域，并采取相应措施。对于经济发展而言，了解土地利用的变化趋势有助于合理规划产业布局和基础设施建设。

5.1.4 不同土地利用类型时空变化特征

1. 不同土地利用类型面积变化

以广西北部湾城市群为例，揭示不同土地利用类型的时空变化特征。广西北部湾城市群占地面积约为 7.2 万平方千米，海岸线约为 1 595 千米，包括 6 个地级市 38 个县（区），6 个地级市分别是南宁市、玉林市、北海市、钦州市、防城港市、崇左市，截至 2020 年年末常住人口达到 2 282.86 万人。

2000—2020 年，广西北部湾城市群的主要用地类型为林地、耕地，其次是草地、水域和建设用地，除林地和耕地外，草地、水域、建设用地和未利用地的面积占比均不足整个区域面积的 5%。20 年间，广西北部湾城市群各类型用地面积均随着时间转变表现出不同程度的变化（表 5-1）。耕地和水域面积呈现出先增加后减少的变化趋势，林地的面积呈现逐年下降的变化趋势，草地的面积呈现先减少后又小幅度增加的变化趋势，建设用地的面积呈现迅猛扩张的变化趋势，未利用地的面积呈现先减少后增加的变化趋势。

表 5-1 2000—2020 年广西北部湾城市群各土地利用类型的面积（单位：公顷）

年份	耕地	林地	草地	水域	建设用地	未利用地
2000 年	2 736 177.12	4 051 058.76	201 052.53	125 188.92	126 216.90	17.10
2010 年	2 846 054.34	3 957 141.87	156 252.60	148 117.95	132 144.48	0.09
2020 年	2 732 719.86	3 925 805.58	157 091.13	140 889.87	282 863.16	341.73

资料来源：http://www.globallandcover.com/

从空间分布来看，林地主要分布在东部、西部、北部及西南的山地地区。草地则散布在西部的山地和丘陵地带。耕地集中在中西部、北部和南部，地势较为平坦。建设用地主要分布在中部、东部和南部，特别是各地级市的市区，其他地区则较为分散。水域包括左江、邕江等河流体系，以及南部沿海的湿地和浅海区域。2000—2010 年，西南部地区的耕地有所减少，但随着开垦活动的推进，广西北部湾城市群的耕地面积仍快速增加，且趋向集中。同时，建设用地也出现了集中化趋势。2010—2020 年，建设用地面积显著扩张，尤其是南宁、玉林等地级市，城市区域不断向周边扩展，原本零散的城镇逐渐聚集成更大规模的区域。这一扩展导致周边的耕地、林地等农业和生态用地不断被挤占，面积逐渐缩小。

2. 不同类型土地利用类型转换特征

2000—2010 年，广西北部湾城市群约有 11.27% 的土地发生了转移（表 5-2）。转出的土地类型依次为：耕地、林地、草地、水域、建设用地和未利用地。耕地主要转为林地，林地则转为耕地，草地和水域大部分转为耕地和林地，建设用地则主要转为耕地，未利用地几乎全部转为耕地和林地。

表 5-2　2000—2010 广西北部湾城市群各土地利用转移矩阵（单位：公顷）

用地类型	耕地	林地	草地	水域	建设用地	未利用地	转出
耕地	2 434 746.87	203 769.00	42 667.56	34 318.89	20 674.80	0.00	301 430.25
林地	288 476.46	3 708 507.24	30 371.49	19 644.39	4 059.18	0.00	342 551.52
草地	91 794.51	25 749.09	82 464.03	331.11	713.79	0.00	118 588.50
水域	17 323.38	13 436.91	630.99	92 537.10	1 260.54	0.00	32 651.82
建设用地	13 697.73	5 677.92	118.53	1 286.46	105 436.17	0.09	20 780.73
未利用地	15.39	1.71	0.00	0.00	0.00	0.00	17.10
转入	411 307.47	248 634.63	73 788.57	55 580.85	26 708.31	0.09	816 019.92

资料来源：http://www.globallandcover.com/

在土地转入方面，耕地主要从林地和草地转入，林地主要从耕地转入，草地大部分来自耕地和林地，水域和建设用地主要来自耕地和林地，未利用地则主要来自建设用地。

总体来看，2000—2010 年，各用地类型之间发生了相互转换，其中耕地、水域和建设用地面积有所增加，而林地、草地和未利用地面积有所减少。这表明，随着城市化进程的推进，耕地和建设用地的扩展对其他类型土地的压缩产生了明显影响。

2010—2020 年，广西北部湾城市群约有 7.67% 的土地发生转移（表 5-3）。转出的土地类型依次为：耕地、林地、草地、水域、建设用地和未利用地。耕地主要转为建设用地和林地，林地主要转为耕地、草地和建设用地，草地大部分转为林地和耕地，水域主要转为耕地，建设用地主要转为耕地，未利用地几乎全部转为建设用地，可能原因是该时期广西北部湾城市群加大了未利用地的开发，扩展了建设用地空间。

表 5-3　2010—2020 年广西北部湾城市群各土地利用转移矩阵（单位：公顷）

用地类型	耕地	林地	草地	水域	建设用地	未利用地	转出
耕地	2 591 945.19	112 913.91	8 910.18	17 493.21	114 730.65	61.20	254 109.15
林地	101 836.08	3 759 195.60	44 794.53	13 532.67	37 707.57	75.42	197 946.27
草地	7 179.57	44 691.93	103 043.88	616.86	720.36	0.00	53 208.72
水域	23 352.48	7 514.64	135.09	108 847.89	8 063.28	204.57	39 270.06
建设用地	8 406.54	1 489.50	207.45	399.24	121 641.21	0.54	10 503.27
未利用地	0.00	0.00	0.00	0.00	0.09	0.00	0.09
转入	140 774.67	166 609.98	54 047.25	3 2041.98	161 221.95	341.73	555 037.56

资料来源：http://www.globallandcover.com/

在土地转入方面，林地主要从耕地和草地转入，建设用地主要来自耕地和林地，耕地主要从林地和水域转入，草地主要来自林地，水域主要来自耕地和林地，未利用地的增加主要来自水域、林地和耕地。

总体来看，2010—2020 年，耕地、林地和水域面积持续减少，而建设用地、草地和未利用地面积有所增加，尤其是建设用地的扩张最为显著，面积大幅增加。这表明，在此期间城市化进程加速，建设用地的需求显著上升，造成了耕地和生态用地的压缩。

3. 土地利用动态度变化特征

为了更精确、细致地描述各类型在空间上的变化程度及速率，研究者引入土地利用动态变化的空间分析测算模型。这一模型的应用有助于我们更深入地理解各类土地利用类型的空间演变规律。

2000—2020 年广西北部湾城市群不同时期单一土地利用动态度变化如图 5-1 所示。由图可知，不同时段建设用地动态度波动变化最大，其次为未利用地和水域，林地和耕地动态度变化较小。

2000—2010 年、2010—2020 年和 2011—2020 年综合土地利用动态度分别为 0.040%、0.133% 和 0.073%。其中近十年来的土地利用动态变化较快（图 5-2），各土地利用类型动态度为建设用地（3.308%）> 未利用地（1.930%）> 草地（-0.039%）> 林地

(-0.041%) > 耕地 (-0.281%) > 水域 (-1.421%)。2000—2020 年，广西北部湾城市群综合土地利用动态度总体呈正向增加趋势，表明土地利用变化速率不断增加。

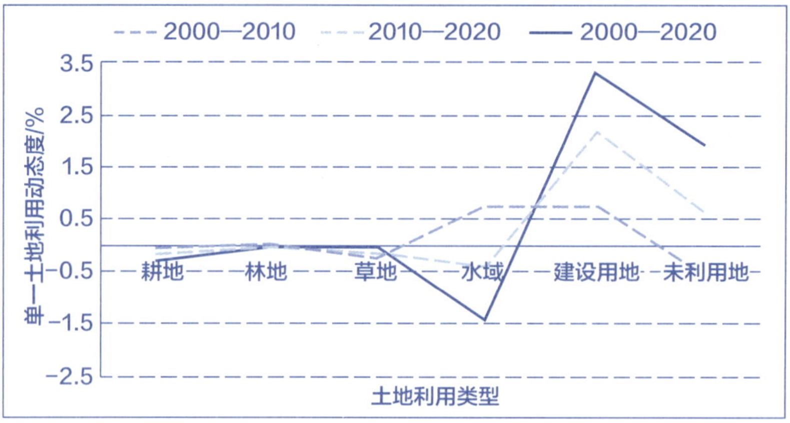

图 5-1 广西北部湾城市群不同时期单一土地利用动态度变化
资料来源：http://www.globallandcover.com/

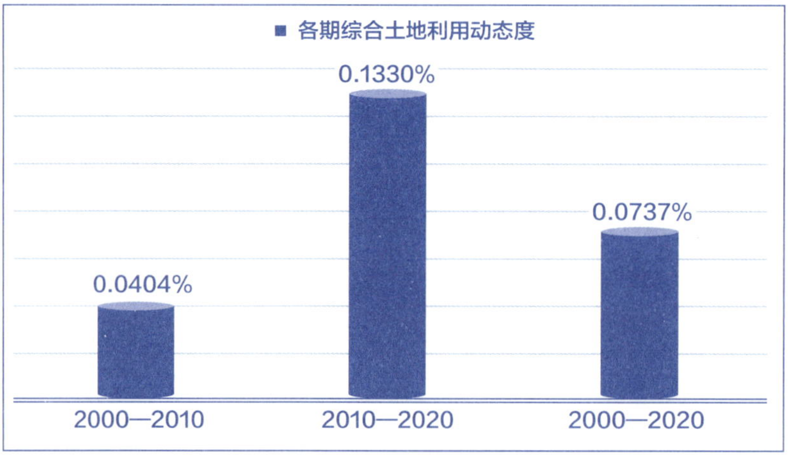

图 5-2 广西北部湾城市群不同时期综合土地利用动态度变化
资料来源：http://www.globallandcover.com/

5.2 景观格局的演变

5.2.1 景观的内涵

1. 定义

景观是一个多维度的概念，它在不同的学科领域中有着不同的定义和内涵。以下是景观概念的几个关键方面。

视觉效果：在日常生活中，景观通常指的是某一区域内的视觉印象或自然风光。这种视觉效果是土地及其上的空间和物质构成的综合体，反映了自然过程和人类活动对地球表面的影响。

地理学角度：从地理学的角度来看，景观被视为由地形、水、植被、土壤、物种等要素组成的体系，这些要素共同构成了一个地域复合体。

生态学角度：在生态学中，景观被定义为由不同类型的生态系统组成的异质性地理空间单元。这个定义有狭义和广义之分，狭义的景观通常指几平方千米至几百平方千米范围内的地理空间单元，而广义的景观则没有地域空间范围的原则性限定，可以从微观到宏观不同空间尺度来考虑。

人文社会角度：景观也被认为是人类的栖居地，是人造的工艺品，是社会伦理和历史的反映，同时也是美学的体现。它还被视为有待解决的问题、可以带来财富的资源，以及景观设计的挑战和机遇。

跨学科研究：景观生态学作为一门研究景观结构和功能、动态变化及相互作用机理的学科，以生态学和地理学为基础，需要运用生态系统原理和系统方法来进行研究。

综上所述，景观是一个涵盖自然、生态、地理、社会等多个领域的综合性概念。它不仅仅是一种自然现象，也是人类文化和社会活动的载体，同时还是科学研究和环境管理的重要对象。

2. 景观的特点

从生态系统的角度来解释景观的概念时，我们将其视为一个包含多个不同生态系统的地理区域，其具有如下特点。

空间异质性：景观由不同类型的生态系统组成，这些生态系统在空间中相互作用并形成复杂的格局。这种空间异质性是景观的一个基本特征，它反映了生态过程和生物多样性的分布。

生态过程：景观中的生态系统之间存在着物质、能量和生物的交换。这些生态过程跨越了不同的空间尺度，从局部的生态位到整个景观的范围。

功能连接性：虽然景观在地理上可能是不连续的，但生态系统之间的功能联系却形成了一个互相依赖的网络。这种功能连接性对于维持生物多样性和生态平衡至关重要。

人类活动的影响：人类活动对景观的结构和功能有着深远的影响。农业、城市化、林业和其他土地利用方式都可能改变景观的组成和生态过程。

动态变化：景观不是静态的，而是处于不断变化之中。自然干扰（如火灾、洪水）和人为干扰都可能导致景观结构的变化，进而影响其功能和生态服务。

管理与规划：从生态系统角度出发，景观管理和规划旨在维护或恢复其生态完整性和功能。这包括识别关键生态区域、建立生态走廊和保护区，以及实施可持续的土地利用实践。

跨学科研究：景观生态学是一个涉及地理学、生物学、土壤学、水文学等多个学科的研究领域。它强调了不同学科之间的整合，以此来更好地理解和管理复杂的景观系统。

综上所述，从生态系统的角度来看，景观是一个由多种生态系统组成的复杂网络，它不仅关乎自然生态过程，还涉及人类社会的活动和福祉。理解景观的结构和功能对于实现生态保护和可持续发展具有重要意义。

3. 景观和景观格局的异同

从生态系统角度看，景观和景观格局是两个密切相关但又有所区别的概念。以下是对这两个概念的详细解释。

从两个概念的区别上讲，景观是一个由多种生态系统组成的地理区域，这些生态系统在空间上相互作用并形成复杂的格局。景观不仅包括自然生态系统，还包括受人类活动影响的非自然或半自然生态系统，具有空间异质性，即不同生态系统的空间分布和组合方式。景观不仅是一个物理实体，还是一个功能实体，涉及生态过程、物质循环、能量流动等。景观格局指的是景观中各个生态系统的空间分布和组合方式，以及它们之间的相互关系。景观格局是景观的一个核心特征，它决定了景观的功能和动态。景观格局可以从不同的空间尺度来观察和分析，例如斑块、廊道、基质等。景观格局的分析有助于理解生物多样性、生态过程和人类活动之间的相互作用。

从两个概念之间的关系来看，景观是由多种生态系统组成的复杂网络，而景观格局则是这个网络的空间表现形式。了解景观格局对于揭示景观的功能机制、生态过程和人类活动的影响至关重要。景观格局的改变可以影响景观的功能，例如增加斑块之间的连接性可以提高生物多样性和生态稳定性。景观的管理和规划需要考虑景观格局的设计，以实现生态保护和可持续发展的目标。

综上所述，从生态系统角度来看，景观和景观格局是描述自然界和人类活动相互作用的重要概念。理解它们的结构和功能对于生态保护、资源管理和区域规划具有重要意义。

5.2.2 确定适合的景观格局指标

为了识别和分析广西北部湾城市群海岸带景观格局的时空演变，首先需要确定合适的景观格局指标。景观格局指标通常用于描述景观的结构、功能和变化，包括斑块数量和大小、边缘长度、形状复杂度、内聚性、多样性、均匀性等。在海岸带这种复杂的地理环境中，以下十二个指标对于理解和描绘其景观结构尤为重要。

斑块数量（Patch Number，PN）：表示特定土地覆盖类型的斑块总数。斑块数量能够反映景观破碎化程度，斑块数量越多，破碎化程度越高。

斑块面积（Patch Area，PA）：是评价斑块大小的重要指标，小的斑块面积可能意味着高度的破碎化。

斑块密度（Patch Density，PD）：斑块总数占景观面积的比例。

边缘长度（Edge Length，EL）：某一土地利用类型斑块的总边缘长度。边缘越长，斑块之间的相互作用越强，其也可能影响物种多样性。

边界密度（Edge Density，ED）：边界密度越大，表示某类景观被分割程度越高。

形状指数（Shape Index，SI）：用于描述斑块形状的规则性和复杂性，形状越复杂，该指标值越大。

分离度（Isolation Index，II）：衡量同类型斑块之间的空间隔离程度，分离度高意味着同类型斑块分布不连续，对生态过程和物种分布有影响。

聚集度指数（Aggregation Index，AI）：表示景观斑块聚集与连续程度。

香农多样性（Shannon's Diversity Index，SHDI）：反映不同土地利用类型在区域内分布的丰富程度和均匀性。

连通性指数（Connectivity Index，CI）：表示景观中各斑块的连通性水平，连通性高意味着生态流动性和物种迁移能力较强。

景观破碎度（Landscape Fragmentation，LF）：描述景观整体的破碎化程度，高破碎度可能导致生态功能降低。

结合度指数（COHESION）：描述景观类型的物理连通性。

5.2.3 景观指数的变化特征

以下内容以广西北部湾城市群为例，计算斑块类型水平指数和景观水平指数，计算结果见表 5-4 和表 5-5。从表 5-4 可以看出，2000—2020 年绿地斑块类型的面积（CA/TA）逐年下降，而不透水地表斑块类型的面积（CA）逐年增加，两者趋势相反。这表明绿地面积减少的同时，建成区等不透水地表的斑块集中度不断提高，城市发展趋向集聚，规模不断扩大。2000—2020 年，绿地的斑块密度（PD）和边界密度（ED）在 2005 年出现下降后，呈逐年上升趋势；绿地的破碎化指数（SPLIT）也持续上升，说明北部湾城市群的绿地斑块逐渐裂化和减少。绿地的聚集度指数（AI）基本维持在 99% 左右，变化不大，表明绿地景观斑块的离散程度变化不明显，绿地斑块的空间优势较强。对于不透水地表，斑块密度（PD）和边界密度（ED）逐年增加，而破碎化指数（SPLIT）则逐年下降，且下降幅度较大，表明不透水地表斑块不断增加和聚合，城市化进程对景观格局影响显著。小的边缘斑块逐渐被较大的城市用地等不透水地表斑块所取代。总体而言，2000—2020 年，随着城市化进程的推进，广西北部湾城市群的景观格局变得更加破碎。

表 5-4　斑块类型水平指数

年份	类型	CA/TA（hm^{-2}）	PD（个 /hm^{-2}）	ED（m/hm^{-2}）	SPLIT	AI
2000	绿地	6 821 670.24	0.008 2	6.46	1.68%	99.47%
	水域	193 281.57	0.042 1	2.98	24 980.33%	91.37%
	不透水地表	237 636.9	0.178 4	3.74	351 680.69%	91.44%
	未利用土地	2 615.85	0.001 4	0.04	309 098 098.6%	91.69%
2005	绿地	6 816 745.8	0.007 7	6.39	1.68%	99.47%
	水域	192 484.44	0.049 4	2.91	30 930.74%	91.53%
	不透水地表	243 820.08	0.177 9	3.75	227 282.81%	91.64%
	未利用土地	2 514.78	0.001 4	0.04	327 807 084.3%	91.85%
2010	绿地	6 804 731.61	0.008 6	6.63	1.69%	99.45%
	水域	207 546.48	0.039 6	3.08	22 979.37%	91.62%
	不透水地表	255 751.65	0.178 6	3.85	163 987.93%	91.82%
	未利用土地	2 471.49	0.001 3	0.04	337 238 991.2%	91.54%
2015	绿地	6 764 811.66	0.009 8	6.83	1.71%	99.43%
	水域	202 332.78	0.043 1	3.04	27 883.77%	91.58%
	不透水地表	293 187.24	0.182 1	4.1	91 772.91%	92.38%
	未利用土地	3 150.72	0.001 5	0.04	187 977 559.3%	92.1%
2020	绿地	6 726 513.06	0.010 3	6.99	2.19%	99.42%
	水域	194 873.85	0.038 9	3.07	22 680.92%	91.18%
	不透水地表	340 361.73	0.183	4.28	54 571.68%	93.13%
	未利用土地	2 949.39	0.001 4	0.04	195 474 487.7%	91.97%

资料来源：http://www.globallandcover.com/

表 5-5　景观水平指数

年份	COHESION	SHDI
2000	99.981 1%	0.269 3
2005	99.981 1%	0.271 7
2010	99.980 9%	0.283 9
2015	99.980 6%	0.298 9
2020	99.978 1%	0.314 9

资料来源：http://www.globallandcover.com/

从景观水平指数进行分析，表 5-5 的计算结果显示，2000—2020 年结合度指数（COHESION）始终维持在 99% 左右，且逐年下降，说明各景观斑块之间的连接度较高，但连通性有所下降。香农多样性指数（SHDI）从 2000 年的 0.269 3 增加到 2020 年的 0.314 9，呈上升趋势，接近 1，意味着优势景观类型的显著性减弱，斑块破碎化加剧，形成了更多更小或形态更复杂的斑块，空间异质性增强，用地发展趋向多样化。结合斑块类型水平指数的结果可以看出，这一变化主要源于绿地转化为建成区等不透水地表的过程。

5.3 “三生”空间视角下土地利用功能演变

5.3.1 “三生”空间

“三生”空间是指城市和乡村中，以人为中心的生产、生活和生态环境的空间组合。在城市规划和土地利用中，我们通常将空间划分为生产空间、生活空间和生态空间三大类。

生产空间：主要包括工业用地、商业用地、办公用地等，用于各种生产和经济活动的场所。生产空间的合理布局关系城市的经济发展和产业结构的优化。

生活空间：主要包括居住用地、商业服务设施用地等，是人们居住和日常生活活动的场所。生活空间的布局关系人们的生活质量和城市的宜居性。

生态空间：主要包括具有生态功能的自然生态系统、绿地、水体等，是维护生态平衡、保护生态环境的重要组成部分。生态空间的合理保护和利用关系城市的生态环境质量和可持续发展能力。

“三生”空间的合理规划和协调发展，可以促进城市和乡村的可持续发展，提高人民群众的生活质量，保护和改善生态环境。

5.3.2 “三生”土地利用空间分布格局

2010—2020 年，广西北部湾城市群的“三生”土地利用格局发生了显著变化。林地和农业生产用地在空间上广泛分布，且较为均衡。林地和农业用地一直是该区域的主要用地类型。城镇生活用地主要集中在南宁市、玉林市城区及南部沿海地区，而农村生活用地则分布在农业生产用地附近，两者有较强的空间趋同性。草地生态用地分布较为分散，整体均匀。尽管城镇生活用地面积相对较小，但农村生活用地面积远大于城镇生活用地。沿海地区的工业生产用地在 2010 年至 2020 年间持续扩张，且在防城港、钦州和北海的沿海区域分布较为集中。

在这一时期，该区域的土地利用功能分类发生了变化（表 5-6 和表 5-7）。工业生产用地、城镇生活用地、农村生活用地和其他生态用地的面积整体上有所增加，而农业生产用地、草地生态用地、水域生态用地和林地生态用地的面积则有所减少。特别是工业生产、城镇生活和农村生活用地面积持续扩张，增加幅度较大，而农业生产用地持续减少。生态用地整体呈下降趋势，尤其是草地、水域和林地生态用地，这显示出随着城市化进程的推进，人类生产生活用地逐渐占据了更多生态空间。

表 5-6　2010—2020 年广西北部湾城市群各类土地面积（单位：平方千米）

年份	农业生产用地	工业生产用地	城镇生活用地	农村生活用地	草地生态用地	林地生态用地	水域生态用地	其他生态用地
2010	21 203.59	239.31	501.45	1 779.54	3 809.62	42 923.48	1 603.48	22.21
2015	21 021.38	549.80	533.59	1 784.08	3 811.94	42 708.81	1 622.61	26.01
2020	20 613.90	742.14	736.58	1 809.97	3 793.61	42 760.06	1 566.96	24.02

资料来源：http://www.globallandcover.com/

表 5-7　2010—2020 年“三生”广西北部湾城市群土地利用转移矩阵（单位：平方千米）

时期	土地利用类型	农业生产用地	工业生产用地	城镇生活用地	农村生活用地	草地生态用地	林地生态用地	水域生态用地	其他生态用地
2010—2015	农业生产用地	20 851.44	96.48	20.24	29.72	16.26	130.50	38.75	0.23
	工业生产用地	0.92	229.39	6.59	1.00	0.23	0.73	0.12	—
	城镇生活用地	0.98	0.27	499.04	0.03	0.12	0.31	0.59	—
	农村生活用地	25.59	0.68	1.04	1 744.18	1.05	6.04	0.68	—
	草地生态用地	14.59	14.06	4.56	1.07	3 743.71	27.40	2.78	1.15
	林地生态用地	117.10	203.77	1.87	7.03	47.48	42 528.28	12.51	2.08
	水域生态用地	10.26	4.54	0.22	0.61	2.85	13.74	1 566.43	1.86
	其他生态用地	0.07	0.53	—	0.40	0.04	0.15	0.32	20.66
2015—2020	农业生产用地	20 237.64	184.40	119.55	71.25	29.47	356.81	20.51	0.15
	工业生产用地	7.01	365.66	27.95	6.68	4.61	136.16	1.37	0.01
	城镇生活用地	2.26	0.66	529.28	0.09	0.11	0.66	0.44	0.00
	农村生活用地	43.10	2.53	17.88	1 706.25	1.72	11.03	1.42	0.04
	草地生态用地	27.56	30.91	11.64	4.01	3 660.37	72.06	4.55	0.09
	林地生态用地	248.65	137.01	26.80	19.65	90.01	42 152.80	26.80	0.35
	水域生态用地	45.83	18.36	3.26	1.78	5.40	24.24	1 509.93	0.04
	其他生态用地	0.15	0.81	—	0.01	0.88	0.74	0.13	23.22
2010—2020	农业生产用地	20 399.87	263.64	146.65	64.35	20.43	272.31	15.45	0.25
	工业生产用地	1.03	208.73	22.01	4.51	0.74	0.79	1.09	—
	城镇生活用地	1.15	0.50	498.65	0.01	0.05	0.39	0.62	—
	农村生活用地	30.08	2.84	18.82	17 18.27	1.17	7.12	0.93	0.02

续表

时期	土地利用类型	农业生产用地	工业生产用地	城镇生活用地	农村生活用地	草地生态用地	林地生态用地	水域生态用地	其他生态用地
2010—2020	草地生态用地	17.05	43.90	15.94	3.24	3 690.34	35.49	3.07	0.05
	林地生态用地	150.75	198.29	31.24	17.79	76.05	42 424.66	16.68	1.27
	水域生态用地	12.65	22.56	3.17	1.24	3.98	15.18	1 527.55	1.76
	其他生态用地	0.08	0.58	0.00	0.39	0.06	0.17	0.33	20.57

资料来源：http://www.globallandcover.com/

5.3.3 "三生"空间土地利用功能重心转移

1. 土地利用功能重心转移模型

不同土地利用类型的空间变化情况可以用土地利用功能重心的迁移模型来表征，基本方法是：把研究区划分为若干个评价小区，然后计算每个评价小区的几何中心坐标（通常用经纬度来表示），再乘以该评价小区该种类型功能用地的面积，将乘积的结果累加后除以研究区内该类型功能用地的总面积。假设研究区划分为 n 个评价小区，第 j 个评价小区几何中心的经纬度坐标为（X_j，Y_j），S_{ij} 为第 j 个小区某土地利用类型的用地面积，第 t 年某土地利用类型分布重心的经纬度坐标为（X_t，Y_t）则计算公式为：

$$X_t = \frac{\sum_{i=1}^{n} X_j S_{ij}}{\sum_{i=1}^{n} S_{ij}};$$

$$Y_t = \frac{\sum_{i=1}^{n} Y_j S_{ij}}{\sum_{i=1}^{n} S_{ij}};\qquad (5\text{-}4)$$

土地利用功能重心转移距离是指两个年份土地利用重心之间的直线距离，假设第 t 年的土地利用功能重心为（X_t，Y_t），第 $t+1$ 年的土地利用功能重心为（X_{t+1}，Y_{t+1}），则重心移动距离为：

$$L = \sqrt{(X_{t+1}-X_t)^2 + (Y_{t+1}-Y_t)^2} \tag{5-5}$$

2. 土地利用功能重心转移

广西北部湾城市群的几何重心位于南宁市邕宁区（108.57°E，22.53°N）。从土地利用重心的变化来看（图 5-3），2010—2020 年，农业生产用地、农村生活用地和生态用地的重心均位于邕宁区，且这些重心在研究期间的迁移距离较小。城镇生活用地的重心则分别位于南宁市良庆区（2010 年）和邕宁区（2020 年），总体呈向研究区几何重心方向迁移的趋势。工业生产用地的重心大多位于钦州市，除了 2015 年出现的偏移，迁移方向也趋向研究区几何重心。具体来看，各类土地利用重心的迁移情况为：农业生产用地的重心先向东北迁移，再转向东南，整体向研究区几何重心的西北偏东方向移动。农村生活用地重心的迁移较小，整体向研究区几何重心的东北方向移动。生态用地的重心最接近研究区几何重心，向西北方向迁移了较小的距离。相比之下，工业生产用地和城镇生活用地的重心迁移较大，表明这两类用地在此期间变化较为明显。工业生产用地重心从 2015 年开始显著向东北方向迁移，2020 年再次发生迁移，整体呈向北偏东方向移动。城镇生活用地重心则在 10 年间向东北方向迁移，呈现出较大的空间扩展。总的来说，这些土地利用重心的迁移趋势反映了该地区在农业、农村生活、生态和城市建设等方面土地利用的显著变化。

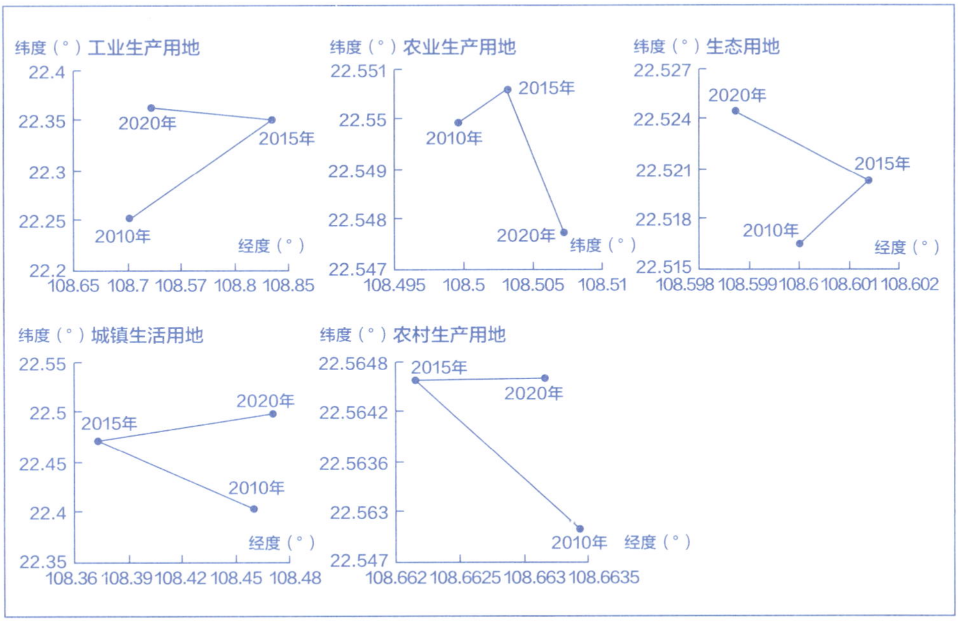

图 5-3　2010—2020 年北部湾城市群各功能用地中心迁移

资料来源：http://www.globallandcover.com/

5.4 不同情景下 2030 年国土空间土地利用变化

5.4.1 情景设置

以下内容仍以广西北部湾城市群为例，模拟不同情景下 2030 年土地利用变化，并以广西北部湾城市群实际土地利用变化特征和未来发展规划为依据，为能更好地推进未来该区域在生态保护、耕地保护和城市开发之间的协调发展，此处设定了现状延续、生态保护、粮食安全和城市扩张四种未来发展情景，并在四种情景中加入研究区范围的自然保护区作为限制转化区。

1. 现状延续情景

该情景延续 2010 年到 2020 年的土地利用变化规律，使用该时间段土地利用数据计算得到各用地类型的转移概率 p，以此通过 Markov 模块预测出各种用地类型的未来规模。

2. 生态保护情景

该情景在现状转移概率 p 的基础上，将耕地向建设用地的转移概率降低 50%，耕地、建设用地和未利用地向林地和草地转移的概率增加 50%。

3. 粮食安全情景

该情景在现状转移概率 p 的基础上，将林地、草地、水域、未利用地向耕地转移的概率增加 50%，耕地向建设用地转移概率降低 50%。

4. 城市扩张情景

该情景在现状转移概率 p 的基础上，将耕地、林地、草地、水域向建设用地转移的概率增加 15%。

5.4.2 不同情景下 2030 年土地利用变化特征

不同情景下 2030 年土地利用类型的变化情况如表 5-8 和表 5-9 所示。在现状延续情景下，建设用地和草地面积均呈增加趋势，其中建设用地的增加最为显著，增长幅度高达47%。草地面积则略有增长，增幅较小。其他土地类型的面积普遍减少，其中耕地减少幅度最大，下降了约3.5%；林地和水域也有所减少，分别下降了约0.8%和4%。未利用地的变化最小，仅有微弱下降。在生态保护情景下，建设用地继续增加，但增长幅度较现状延续情景有所放缓。林地和草地的面积有所增加，分别增长了约0.6%和2.9%。然而，耕地、水域和未利用地的面积仍然减少，耕地的减少最为显著，下降了大量面积，水域和未利用地也有所减少。在粮食安全情景下，耕地面积有所增长，增幅约为0.8%。建设用地的增加与生态保护情景相似，增幅接近27%。与此同时，林地、草地、水域和未利用地面积均有所减少，其中林地的减少最为明显，水域和草地的面积也显著减少。在城市扩张情景下，建设用地迅速扩张，增幅达到55%。其他土地类型普遍出现减少，耕地减少最多，下降超过4%。林地和水域的面积也有所减少，草地和未利用地的减少幅度较小。

表5-8　不同情境下2030年广西北部湾城市群各用地类型面积（单位：公顷）

用地类型	2020年	现状延续情景	生态保护情景	粮食安全情景	城市扩张情景
耕地	2 732 719	2 637 185.13	2 633 685.48	2 754 685.71	2 621 161.35
林地	3 925 805.58	3 893 112.36	3 948 915.33	3 844 381.32	3 886 954.38
草地	157 091.13	157 164.48	161 664.21	154 251.72	156 973.41
水域	140 889.87	135 233.01	138 842.37	125 703.54	134 213.31
建设用地	282 863.16	416 686.86	356 274.63	360 350.73	440 081.64
未利用地	341.73	329.40	329.22	338.22	327.15

资料来源：作者自绘

表5-9　2020年与2030年不同情景下广西北部湾城市群土地利用面积变化及比例

用地类型	现状延续情景		生态保护情景		粮食安全情景		城市扩张情景	
	面积变化（公顷）	比例	面积变化（公顷）	比例	面积变化（公顷）	比例	面积变化（公顷）	比例
耕地	−95 534.73	−3.50%	−99 034.38	−3.62%	21 965.85	0.80%	−111 558.51	−4.08%
林地	−32 693.22	−0.83%	23 109.75	0.59%	−81 424.26	−2.07%	−38 851.20	−0.99%
草地	73.35	0.05%	4 573.08	2.91%	−2 839.41	−1.81%	−117.72	−0.07%
水域	−5 656.86	−4.02%	−2 047.50	−1.45%	−15 186.33	−10.78%	−6 676.56	−4.74%
建设用地	133 823.70	47.31%	73 411.47	25.95%	77 487.57	27.39%	157 218.48	55.58%
未利用地	−12.33	−3.61%	−12.51	−3.66%	−3.51	−1.03%	−14.58	−4.27%

资料来源：作者自绘

关键术语

土地利用与土地覆被、土地利用转移矩阵、土地利用动态度、“三生”空间

思考题

1. 土地利用类型转移矩阵制作具体步骤包括哪些?
2. 请从生态系统角度来阐述景观和景观格局的区别与联系。

第 6 章

海岸带空间管控

■ **教学要求**

本章将以我国海岸带空间管控的必要性、制度缺陷、基本思路为理论基础，具体介绍海岸建筑退缩线、海洋灾害防御、海砂资源开采管控、地下水资源开采等几个典型问题及其在管控制度上的具体实践案例。其中国内外的海岸建筑退缩线划定方法各有什么特征和优势，如何将多种管控制度更好地纳入海岸带空间管控系统是本章的重点学习内容。

6.1 海岸带空间管控的背景

1994—2024 年，陆海两大空间各自建立并逐步完善了空间管控制度，在资源环境保护和经济社会发展中发挥了重要作用。不过，现行制度多聚焦于陆地或海洋单一空间或单一要素管控，针对海岸带特殊性、整体性、脆弱性的管控制度尚不完善，存在缺少陆海一体化的管控制度、生态要素系统管控不足、未充分考虑开发利用活动的跨区域影响、陆海边界不统一、管控目标和内容相对单一等缺陷，难以满足海岸带空间治理体系和治理能力现代化的要求。因此，深刻认识陆海空间相互作用、相互影响、相互制约的关系，在现行陆海空间管控制度的基础上，建立和完善海岸带空间管控制度具有重要的现实意义。

6.1.1　海岸带空间管控的必要性

1. 完善海岸带空间管控是新时期国土空间管控制度构建的内在要求

“全域全类型”是新时期国土空间管控的基本要求。我国海岸带空间利用类型多样，拥有所有的海域使用类型，而土地利用类型与全国陆地区域相比，仅缺少永久性冰川雪地和戈壁两个二级子类。海岸带可以看作国土空间的一个缩影，全域国土空间管控所面临的规划重叠、职责交叉、政策矛盾等问题在海岸带地区同样存在，而且陆地和海洋空间管控相互独立、相互掣肘的问题尤为突出。因此，有必要在现行国土空间管控制度的基础上，构建“山水林田湖草沙”系统保护和陆海开发利用全域管控的海岸带空间管控制度体系。

2. 构建基于陆海统筹的空间管控制度体系是海岸带空间管理的现实需求

问题导向是国土空间管控制度建立的基本出发点。海岸带地区的陆海相互作用复杂，各种自然过程和人类活动相互交织、相互作用，伴随空间利用产生的很多问题具有系统性和整体性。由于陆海空间长期分割治理，现行制度设计多是为满足行业管理需求，缺少对海岸带地区空间开发与保护的综合考虑，解决陆海空间开发利用矛盾的能力仍有欠缺。因此，国土空间管控制度需要立足海岸带空间的整体性，对陆源污染防控、典型生态系统保护、资源开发利用、岸线公共空间保护等空间管控任务进行细化和深化，弥补现行空间管控制度的不足。

3. 完善海岸带空间管控制度是海岸带立法和专项规划编制的重要内容

生态文明体制改革和机构改革已经实现了国土空间规划的陆海合一，国家和地方海岸带立法也在逐步推进，陆海空间统筹治理的法律基础和规划依据正逐步形成。不过，由于海岸带立法与《中华人民共和国海域使用管理法》《中华人民共和国土地管理法》等在目标、内容方面存在差异，海岸带专项规划与国土空间总体规划的功能也各有所侧重，这就决定了针对海岸带立法与规划的需求，完善相应的空间管控制度，落实立法与规划确定的各项空间利用与管理任务的必要性。

6.1.2　海岸带空间管控的制度缺陷

1. 缺少陆海一体化的分区管控制度

目前，涉及海岸带管理的各部门依据自身职责和管理需求建立了不同的分区管控制度，如海洋功能分区、海岛分类体系、土地用途分区、林地分类管理、城乡规划及详细规划的用地分类管控等，但以上分区管控制度缺少对海岸带空间利用的整体考虑。例如，海洋功能区划以指导和约束海域开发利用为目的，土地用途分区以指导土地合理利用、控制用途转变为目的，而详细规划的用地分类管控则是以控制建设用地性质、使用强度和空间环境为目的。各类分区管控制度的出发点不一样，增加了对陆海空间功能、管控措施协调的难度。地方实践中，常有陆海相邻空间功能冲突的现象。

2. 生态要素系统管控不足

海岸带地区拥有海域、海岛、滨海湿地、河口、防护林、农田等众多的生态系统，也有沙滩、礁石、沙丘等典型的地形地貌和景观，共同构成了“山水林田湖草沙”生命共同体。由于不同要素的管控力度存在较大差异，往往管控力度小的自然资源或空间就成为拓展建设空间的突破口。例如，耕地保护很早就成为我国的基本国策，得到各级政府的重视，其制度完善程度、违法成本等明显高于滨海湿地、近岸海域、防护林等。面临建设用地需求的不断扩张，沿海地区普遍把围填海、占用林地等作为拓展城镇建设空间和工业发展空间的手段，导致红树林、珊瑚礁、沿海防护林等众多海岸带生态系统退化甚至消失，引起海湾纳潮能力下降、海岸侵蚀、海洋环境污染等问题。

3. 未充分考虑开发利用活动的跨区域影响

海岸带是陆海经济发展需求最旺盛的区域，海水养殖、港口与临港产业、滨海旅游、城镇建设等开发利用活动在此密集布局，同时，此区域受到海浪、潮汐、河流等自然过程的影响最为强烈，生态系统敏感性和脆弱性最突出。各类空间利用活动相互影响频繁，干扰了陆海之间物质循环与能量流动的路径，并产生跨越陆海边界的负外部性影响。以砂质海岸侵蚀为例，海岸侵蚀往往是自然演变、不当的人类活动及全球气候变化综合作用的结果，受到陆地和海洋的双重影响。河流入海泥沙和水量减少、海砂开采、围填海、海水养殖、地下水开采、风暴潮、海平面上升等多种因素共同加剧了海岸侵蚀，因此单靠某一项空间管控制度很难有效保护砂质岸线。此外，海岸带的其他问题如海洋环境污染、生态系统退化、海洋灾害加剧等同样具有大尺度、跨区域的特征，其治理需要综合性的管控制度。

4. 陆海管理范围重叠

在海岸带管理中，由于陆海分界线的标准长期没有统一，陆海区域重叠的问题普遍存在，因此地方政府拥有较大的自由裁量空间，可以根据自身的利益考量来选择重叠区适用《中华人民共和国海域使用管理法》还是《中华人民共和国土地管理法》。根据 2018 年围填海专项督察结果，部分省份为了规避围填海管控，不按照海域使用管理规定办理用海审批手续，对用海项目直接办理用地手续，简化用地（海）流程，导致大量滨海湿地消失或退化。

5. 管控目标和内容相对单一

海岸带空间管控制度大多集中在陆源污染防控方面，在资源利用、滨海景观风貌保护与协调、防灾减灾等方面的管控力度相对薄弱。目前，具有陆海统筹理念的管控制度大多集中在《中华人民共和国海洋环境保护法》《中华人民共和国防治陆源污染物污染损害海洋环境管理条例》《中华人民共和国防治海岸工程建设项目污染损害海洋环境管理条例》等海洋环境领域，其管控目标以海洋环境保护为主，管控内容一般为对临岸陆域开发建设和入海河流排污等活动的管控。近年来出台的海岸带保护管理地方性法规或海岸带规划虽具有综合性管控的理念，但由于海岸带立法与规划发展尚不成熟，多目标的海岸带空间管控体系仍未形成。

6.1.3　海岸带空间管控的基本思路

1. 陆海生态要素整体性保护

陆海生态要素整体性保护需要深刻认识海岸带地区自然过程与人类活动双重胁迫下的生态保护困境，遵循“生态系统完整不可分割”“生态影响不分边界”“生态产品不可或缺”“生物多样性弥足珍贵”的生态理念，从更大的时空范围考虑海岸带生态系统演变过程，系统考虑海域、滨海湿地、沿海防护林、河口、沙滩、礁石等自然要素在海岸带地区国土安全、生态系统稳定、经济社会发展中的作用。

具体而言，一方面，划定陆海衔接的生态保护红线，把具有重要生态功能和生态极为敏感脆弱的陆地与海洋衔接区域纳入红线管控，并依法清理生态红线内的非法养殖项目、围填海项目、违规工程和设施，恢复和提高海岸带生态功能。另一方面，总结自然生态空间管控试点经验，对陆海过渡区域的自然生态空间建立更严格、更具体的空间管控制度，如海岸带分级分类管理制度、岸线空间准入制度、自然岸线转用制度及陆海空间利用联合审批制度等。

2. 增强空间利用管控的系统性和全局性

海岸带空间管控须重视海洋空间的开放性、流域的物质输移过程及陆海空间的相互作用，从更大尺度考虑各类开发利用活动的影响，深刻认识流域、近岸陆地和海洋各类开发建设活动的区际负外部性，科学预判其可能引发的生态环境风险，提高管控的科学性。

具体而言，一是重视海洋工程、流域水利工程对近岸水动力条件、河口地貌、海湾纳潮量等演变过程的影响，以及对海洋环境、潮间带生物栖息地和江海鱼类洄游通道的干扰，将水动力条件强的近岸海域、入海河流、临岸陆域、潮间带、河口区域作为重点管控区域，划定特殊管控单元，实行负面清单管控，细化和提高空间准入条件，倡导生态友好、集约高效的空间利用模式。二是遵循自然规律，重视滨海湿地、沿海防护林等在抵御海洋灾害、防风消浪、涵养水源等方面的作用，严格控制开发建设对此类空间的侵占，并有序清退不符合生态功能的开发利用活动。三是重视沿海地区地下水开采对海水入侵、地面沉降的影响，严格控制地下水开采，将海水入侵、地面沉降严重的区域划为地下水禁采区，并采取回水措施，对其他区域应严格控制地下水开采总量，并严禁新建高耗水、高污染、低效率的项目。四是加强陆源污染控制，严格控制近岸、流域范围内工业污水和城镇污水排放，加强对沿海产业园区布局和污水处置设施建设的管理，对农业面源污染严重的区域，加强对农药、化肥使用的管控，禁止新增规模化禽畜养殖项目。

3. 坚持以人为本的管控理念

海岸带空间管控应落实以人为本的理念，最重要的是让公众充分享受海岸带地区独特的自然景观和开放空间，在守住生态底线的前提下，关注人对自然生态的需求，摒弃“严格保护即禁止一切人类活动”的保护观念。

具体而言，一是考虑生态保护、防灾减灾、公众亲海等综合需求，划定海岸建筑退缩线，严格控制退缩线内新增永久性建筑，加强对沿海沙滩、礁石、湿地的保护，减少岸线使用的排他性，提高岸线的开放性和公共性，让沿海居民共享海洋生态治理成果。二是立足区域自然与人文景观资源，加强沿海风貌管控，针对港口及临港产业、滨海旅游、城镇建设等重点用海区域制定控制性详细规划，对建筑风格、基础配套设施等进行详细管控，提高滨海城市品质。三是强化海岸线利用的必要性审查，根据区域岸线自然条件制定相关水产行业名录，禁止非水产行业相关产业进入海岸带区域，减少对海岸线的低效重复利用，为沿海居民留下更多的开放空间。

4. 以空间内涵式开发促进生态空间保护

党的二十大报告明确指出“坚持山水林田湖草沙一体化保护和系统治理，统筹产业结构调整、污染治理、生态保护、应对气候变化，协同推进降碳、减污、扩绿、增长，推进生态优先、节约集约、绿色低碳发展”。新时期海岸带高质量发展的困境之一是如何在满足经济发展对空间需求的同时，有效避免或减少各类开发建设活动对生态空间的占用。因此，海岸带空间管控在严格保护生态环境的同时，也要把提高空间节约集约利用水平作为重要目标，以最小的空间资源消耗服务经济社会可持续发展。

具体来说，可对照国土空间规划确定的规划预期目标，整合自然（海洋）资源、生态环境、农业农村、交通运输等相关部门和发展改革委关于项目准入的指标，如《产业结构调整指导目录》和“环境准入负面清单”“建设项目用海面积控制指标”“工业项目建设用地控制指标”等，构建包含规模、效率、强度、环境容量、防灾减灾、景观等约束性和引导性相结合的指标体系，为项目审批提供科学依据，在海岸带开发的源头上把好关。

5. 推进海岸带立法与规划编制

统一立法、综合管理正成为当前全球自然资源管理的趋势，海岸带空间管控的完善离不开海岸带立法的支持。因此，应加快推进海岸带立法，衔接《中华人民共和国海域使用管理法》《中华人民共和国土地管理法》及其他涉及海岸带管理的法律、法规，明确海岸线的具体位置及海岸带空间管理的核心范围，并合理划分海岸带保护与利用各相关部门事权，为海岸带空间管控措施的实施提供法律保障。海岸带空间规划要站在陆海统筹的高度统一部署海岸带地区空间开发、保护与修复等各类活动。

具体来说，一是应在海岸带立法明确海岸带管理核心区域的基础上，按照严格保护、限制开发和优化利用对海岸带实行分级、分段管控，并制定差异化管控政策。二是应加强对沙滩、礁石、种质资源、滨海湿地、沿海防护林的整体保护，协调港口、渔业、海砂、地下水等各类资源的开发利用，与同级国土空间规划、港口规划、养殖水域滩涂规划、“三线一单”等衔接，统筹各类管控区、管控线的划定。三是可结合海岸带开发与保护的突出问题制定空间管控部门责任清单，明确各有关部门的权责边界，避免出现管控交叉或空白的现象，提高管控效率。

6.2 海岸建筑退缩线

随着海岸带建设空间不断扩张，越来越多的建筑物临海而建，严重破坏了海岸带的生态系统与自然景观，挤占公众亲海空间，同时这些建筑物面临的海洋灾害风险也越来越大。在此情况下，实施海岸建筑退缩线制度对海岸带综合保护具有重要意义。

海岸建筑退缩线是以海岸线为基准，向陆一侧后退一定距离划定的禁止或限制各类建筑活动的控制线。此概念最初由西方发达国家和地区为了应对海岸带极端气候和灾害而提出，主要划定依据为海洋动力条件。其实施在全球都非常普遍，在海岸带规划及海岸带综合管理中广泛应用，是海洋城市强化海岸空间管控的重要工具，对保护建筑设施本身、减轻海洋灾害影响、保护生物及景观多样性、维护脆弱生态系统及生境、提高资源利用价值、维护公众亲海权益、打造高品质人居环境、实现社会经济环境和谐发展均有重要作用。在 1988 年联合国经济及社会理事会海洋经济技术处定义海岸建筑退缩线之前，美国大部分的沿海州及领地就已经开展了相关实践并将其纳入法律体系，欧洲和地中海地区许多国家都已开展了相关管理实践并将其作为一项制度纳入法律和政策中，加纳、泰国、韩国等非欧美国家目前也都开始了相关研究。我国海岸建筑退缩线制度起步较晚，但目前也有多个沿海省市区开展了探索性理论研究和初步实践。近年来，许多沿海省市陆续在其海岸带规划或地方性法规中确立了海岸建筑退缩线制度。

6.2.1 我国海岸建筑退缩线的发展及划定

我国海岸建筑退缩线的早期实践主要是作为地区海岸带相关规划及管理条例中的配套制度而存在，如 2005 年《威海市城市总体规划（2004—2020）》、2007 年《山东省海岸带规划》、2016 年《海南经济特区海岸带保护与开发管理规定》、2017 年《福建省海岸带保护与利用管理条例》、2018 年《深圳市海岸带综合保护和利用规划》等都提出了相关规定（表 6-1）。

2019 年 5 月印发的《中共中央 国务院关于建立国土空间规划体系并监督实施的若干意见》明确了海岸带专项规划的地位，并将其作为深化陆海统筹的重要手段。2021 年 3 月，第十三届全国人大第四次会议表决通过的《中华人民共和国国民经济和社会发展第十四个五年规划和 2035 年远景目标纲要》明确提出了“探索海岸

表 6-1　我国沿海各省市早期海岸建筑退缩线的情况及定义

省市	定义	相关规划及管理条例
山东省	海岸建筑退缩线在平均高潮位线向陆地延伸 100～300 米的距离上划定。退缩线向海一侧为不可建设区，但对公共安全及服务必需的建筑物和必须临近海洋的项目不在此限制之列。退缩线在各城市海岸带规划中具体划定，原则上不得小于 100 米	2007 年《山东省海岸带规划》
海南省	沿海区域自平均大潮高潮线起向陆地延伸最少 200 米范围内、特殊岸段 100 米范围内，不得新建、扩建、改建建筑物，具体界线由省人民政府确定；因重大建设项目需要新建、扩建、改建建筑物的，应当报省人民政府审批	2013 年《海南经济特区海岸带保护与开发管理规定》
福建省	未建成区建筑后退线为沿平均大潮高潮线起向陆域延伸不少于 200 米，经省人民政府或者沿海设区的市人民政府认定，属于自然因素所造成的特殊情况除外；已建成区的建筑后退线由沿海各设区的市人民政府确定并公布	2018 年《福建省海岸带保护与利用管理条例》
广东省	沿海区域自海岸线起向陆地延伸至少 200 米范围内、特殊岸段 100 米范围内，除港口总体规划区、国家和省重点建设项目及防灾减灾项目建设需要外，未经批准不得新建、扩建、改建建筑物、构筑物，具体界线由各市人民政府确定并公布，法律法规另有规定的除外	2017 年《广东省海岸带保护与利用管理办法》
深圳市	以海岸线为界，向陆一侧划定一定范围的管控距离，形成海岸建设管控区。其中，核心管理区向陆一侧划定 35～50 米的管控距离，协调区划定 100 米的管控距离，鼓励有条件的区域扩大管控距离	2018 年《深圳市海岸带综合保护和利用规划（2018—2035）》
防城港市	海岸带范围内应当合理设置建筑后退线，严格保护区域和限制开发区域沿海岸线起向陆域延伸 200 米范围内，不得新建、改建、扩建与海岸带保护无关的建设项目；已经依法许可建设的，应逐步引导迁出海岸带范围 优化开发区域沿海岸线起向陆域延伸 100 米范围内，不得新建、改建、扩建与海岸带保护无关的建设项目；海岸线起向陆域延伸 100～200 米范围内，建设项目应当严格依照有关法律和法规的规定审批，并进行环境影响评价和海洋环境影响评价论证	2018 年《防城港市海岸带保护与利用管理条例（草案）》
青岛市	海岸线向陆地一侧的建筑退线距离不得小于 30 米；法律、法规另有规定的，从其规定	2019 年《青岛市海岸带保护与利用管理条例》
威海市	提出海岸带沿主要河流两侧 100～200 米范围内的区域应设置河滨生态缓冲区，海滨旅游度假设施建设必须满足 100～200 米的海岸建设退让要求，以保证设施在海岸线建筑后退距离之外。而在三个侵蚀较为严重的海岸区域，海岸线建筑后退距离按照 300 米的要求严格控制	2005 年《威海市城市总体规划（2004—2020）》

资料来源：作者自绘

建筑退缩线制度”。2021 年 7 月，《自然资源部办公厅关于开展省级海岸带综合保护与利用规划编制工作的通知》提出海岸带规划要体现精细化管控，因地制宜地划定海岸建筑退缩线；同步发布的《省级海岸带综合保护与利用规划编制指南（试行）》（以下简称《指南》）提出要以海岸线为基准，在充分考虑海岸线两侧开发利用现状和海岸防护工程建设标准的基础上划定海岸建筑退缩线。《指南》明确了海岸建筑退缩线划定的技术路线，包括基础数据收集、退缩线距离确定、边界初划、方案协调、社会公示、结果入库等环节。《指南》提出退缩区内实施“准入清单 + 分类管控”要求，除准入清单规定的建设活动外，禁止新建、扩建和改建建筑物。准入清单按照生态保护红线管控要求确定，准入活动应包括生态保护红线内允许的建设活动，以及根据地方实际情况论证确需临海布局的其他建设活动，并严格限制新增中高级公路建设。

《指南》发布后，多个沿海省市相继开展了海岸建筑退缩线的探索。其中山东省自然资源办公厅于 2022 年 1 月率先印发《关于建立实施山东省海岸建筑退缩线制度的通知》，要求沿海各市统筹考虑海岸线类型、海洋灾害、生态环境、亲海空间等要素，科学划定海岸建筑退缩线。同步印发的《山东省海岸建筑退缩线划定技术指南（试行）》在全国范围内率先提出了相应的划定办法与技术要求，并要求沿海各市统筹划定海岸建筑退缩线。其中明确了核心退缩线按照“基础退缩距离 + 特定要素修正”方式划定，首先根据不同海岸线类型确定基础退缩距离，然后利用滨海道路进行负修正，并依据沿海防护林、亲海空间、海洋灾害影响、自然保护地等特定要素进行正修正，修正后即形成核心退缩线。

6.2.2 国外海岸建筑退缩线的实践经验

1. 划定方法

海岸建筑退缩线的划定范围在不同国家和地区各不相同，过去很多案例采用固定距离方法，当前则越来越多国家和地区，通过海岸线侵蚀速率的一定倍数乘积及综合多种因素预测分析未来海岸线后退距离来确定。以美国为例，其早在 1979 年就正式以 30 倍长期海岸线平均侵蚀速率作为海岸建筑退缩的底线；明尼苏达州根据年平均侵蚀速率的 30 倍或 50 倍再加上 25 英尺（约 7.6 米）来确定退缩距离；北卡罗来纳州针对海岸带周边小规模建筑物设置的退缩线为自海滩第一条固定植被线向陆延伸至少 30 倍于年平均侵蚀速率，针对较大规模建筑物以 60 倍划定，更大规模建筑物则以 90 倍划定；南卡罗来纳州在海岸侵蚀严重的区域以过去 40 年的后退距离为退缩距离；美国沿海各州和领地往往在满足一定年限内侵蚀距离的后退要求外，还会增加一定后退距离，以应对风暴潮等重大自然灾害导致的海岸侵蚀突然加速情况。澳大利亚通过计算海岸长期侵蚀的后退距离、极端海洋灾害下的侵蚀距离、海平面上升导致的岸线推进距离，并且将三者相加得出最终退缩距离，这种方法相对于仅考虑海岸侵蚀因素而言更为全面。不过，也存在以单一极端因素确定退缩距离的案例，如荷兰在有沙丘保护的岸线以极端风暴潮期间的岸线侵蚀量作为划定依据，美国佛罗里达州贝县通过综合评估将退缩距离确定为百年间最大飓风侵蚀距离。此外，海岸建筑退缩线划定所考虑的重点因素也因海岸带类型不同而不同，如夏威夷茂伊岛针对更易被侵蚀的砂质岸线计算未来 50 年的侵蚀距离外加 20 英尺缓冲距离作为退缩距离，东加勒比海群岛针对较为坚硬的基岩海岸则以第一条稳定植被线 15 米作为退缩距离，联合国环境规划署曾推荐使用 100 米作为地中海沿岸 22 个国家统一的海岸线建筑后退距离。海域使用功能、土地利用类型、人类活动分布、建筑面积大小、社会经济特征等也是许多国家地区划定退缩范围时所考虑的因素。综合而言，重点考虑岸线侵蚀、综合考虑各类因素、不同区域不同方法，是全球海岸建筑退缩线划分的发展趋势（表 6–2）。

表 6-2　欧洲沿海国家海岸建筑退缩线的情况及定义

国家	定义	备注
丹麦	向内陆方向延伸 300 米宽的区域为海滩保护区 向内陆方向延伸 3 千米宽的区域为开发保护区	禁止建设（少数需要海岸选址的个例除外）、圈地以及停车；限制引入新的人类活动类型
英格兰	5 米等高线部分区域被用来参与海岸保护和水灾防御的管理工作	
芬兰	在 100 米（局部可增加至 200 米）宽的沿海带状区域，一切开发活动受到规划要求的控制	由环境部颁布规划导则，保护带的宽度因地因事而异
德国	下萨克森州：向内陆方向 50 米筑堤防御，禁止一切建设 石勒苏益格 – 赫尔斯泰因州：从海岸线向内陆 100 米宽 梅克伦堡前波莫瑞州：从海岸线向内陆方向 200 米宽	国家范围内没有一致的海岸带退缩线，其宽度因州而异
挪威	从海滨线向内陆 100 米范围内禁止开发	国家政策导则
波兰	专业带：沙质海岸包括沙滩、沙丘并由沙丘脊向陆地方向延伸 200 米；悬崖海岸包括陡崖基部、陡崖并从崖壁上部边缘向陆地方向延伸 100 米；潟湖海岸由潟湖岸向陆地方向延伸 200 米，或从海滨延伸至防洪堤 保护带：从海滨线向内陆延伸 2 千米；成为专业带的缓冲区	设计主要用来控制侵蚀和防御水灾，但也可用来进行自然保护；在两条带状区域内进行建设和开发必须经过相关海事办公室的批准
西班牙	保护区：从海岸的陆地一侧边缘算起 6 米（可增至 20 米）宽的一条带状区域，为步行和搜救一直保持畅通无阻 公众自由通海区：在保护区外部，要求每条通海路间距不超过 500 米，步行通海路间距不超过 200 米 影响区：从海岸的陆地侧边缘算起最小 500 米宽度范围内，严格控制建筑密度，要求设置停车场	《国家海滨法》中规定的各类权限区域对海滨的开发和私有财产权力的行使进行了限制

续表

国家	定义	备注
瑞典	从海滨线向陆地和海洋方向各延伸 100 米，最宽限度为 300 米	最新《环境法规》中规定：保留用作户外游憩和自然保护的区域，禁止一切新的开发
土耳其	从滨海边缘线算起，最小 100 米宽度。近海的 50 米区域内，禁止建设（必须靠海建设的项目需经过规划批准），用于公众通海需求和游憩活动向内陆方向延伸 50 米区域；经过规划允许可以修建基础设施和旅游服务设施	滨海边缘线不宜准确定义，以免给宽度设置带来困扰

资料来源：作者自绘

2. 相关立法

美国于 1972 年颁布了《海岸带管理法》（*Coastal Zone Management Act*），其中就对海岸建筑退缩线的设置提出了法律要求。美国各州也都有相关地方法律规定，如夏威夷州的《海岸线倒退规则和条例》（*Shoreline Setback Rules and Regulations*）、缅因州的《强制性海岸分区法》（*Mandatory Shoreland Zoning Act*）、密歇根州的《自然资源与环境保护法》（*Natural Resources and Environmental Protection Act*）、特拉华州的《海岸带法》（*Coastal Zone Act*）及《海滩保护法》（*Beach Preservation Act*）等，确立了海岸带在各州的划定范围和强制性。同时，美国还有出台地方性法规，如北卡罗来纳州的《海岸管理规章制度》（*Coastal Management Rules & Regulations*）、罗德岛的《海岸带缓冲区管理计划》（*Coastal Buffer Zone management plans*）等，协助相关法律法规的落地实施。美国南卡罗来纳州和佛罗里达州还通过立法形式规定退缩距离每 10 年更新一次，以保障适应性管理。此外，美国大多数州还制定了管辖沿海地区建筑物重建和修复的法律，是否允许重建或修复通常取决于结构的大小、结构损坏的程度或修复损坏的成本，这可以视作海岸建筑退缩线相关法律的延伸。西班牙、法国、意大利、希腊、罗马尼亚等地中海国家通过 2011 年生效的《地中海海岸带综合管理协议》（*Protocol on Integrated Coastal Zone Management in the Mediterranean*）进一步确立了海岸建筑退缩线制度，且其中许多国家在此之前就已经有相关立法，如西班牙的《1988 年海岸带法》（*The Spanish Coastal Law of 1988*）等。总体而言，多数欧美国家在海岸建筑退缩线的立法和制度确立上有着比较丰富的经验，且已经形成不同层级的法律法规体系。

3. 公众参与

海岸建筑退缩线的划定将切实影响到公众利益，因此，公众意见是海岸建筑退缩线落地实施需考虑的重要因素。因此，退缩线的划定和实施都需要通过公开沟通和讨论来自各类利益相关者的看法和观点，以保证最终成果科学有效、符合社会经济需求、并为公众广泛接受。另外，公众参与本身就是海岸带综合管理的重要环节，自 20 世纪 80 年代以来就已经成为了澳大利亚、美国和欧洲国家各类管理中不可或缺的一部分，是改善利益相关者沟通、促进可持续发展、加强协作治理的有效机制。例如，夏威夷通过创建相关的教育网站、分发宣传手册、发布沿海房地产注意事项、房产所有者指南等方法来提高公众对海岸建筑退缩线目标、成果、必要性的认知，并通过面向公众的利益相关者研讨会、设置咨询机构等方式来使得公众参与相关计划的制定及更新，涉及退缩线的建筑申请及违规诉讼也都会举办公开的听证会，以此保障制度的实施有效性。许多欧美国家都已经在海岸带综合管理的各类计划、实施、反馈过程中形成了比较完善的公众参与机制。

4. 管控措施

美国沿海各州大多数由州政府制定并管理海岸建筑退缩线计划，且各州又通过《海岸带管理法》将批准退缩区内开发活动的权力授予了地方政府或海岸带资源管理相关的部门组织，明确了地区层次的传导机制。另外，由于各州海岸带情况各不相同，所制定的条例、措施及应用的技术都会综合考虑当地自然资源、财产所有、公共通道、可持续性等，因而管理计划充分体现了地方实际需求。例如，夏威夷在禁止海岸带采砂及建筑活动的规定中均给出了详细的例外情况，包括无意行为、环境维护目的行为、传统文化习俗相关活动、原有农业或水产养殖延续所必需的活动、主管部门允许且不干扰公众视野的小型建筑等。佛罗里达州给出了海岸保护设施、小型进水及排水建筑物、拥有许可证的单户住宅等允许的建筑物特例。佐治亚州根据建筑结构的位置和类型区分了三类许可证申请，包括稳定沙丘建设、海滩及侵蚀 / 非稳定沙丘地区建设、淹没岸线土地建设，不同的土地类型设有不同的管控及修复措施。缅因州则将退缩区分为了资源保护区、有限住宅区 / 商业区 / 溪流保护区、一般开发区，并对不同分区实施不同的管理条例。

6.3 海洋灾害防御

海洋灾害多种多样，有风暴潮、海浪、海冰、海啸、海雾、赤潮等突发性海洋灾害，也有海岸侵蚀、海水入侵、海平面上升等缓发性海洋灾害。我国是世界上受海洋灾害影响严重的国家之一，具有灾害种类多、分布广、频率高、损失大等特点。渤海湾底部沿岸、莱州湾沿岸、长江口及杭州湾北部沿岸、浙江南部到福建北部沿岸、珠江口沿岸、雷州半岛沿岸及海南岛北部部分沿岸是我国海洋灾害高风险区域。海洋灾害不仅威胁近岸海域及海岸带陆域环境，还危及沿岸城乡经济和人民生命财产的安全，并会在受灾地区引起次生灾害和衍生灾害。我国遭受的海洋灾害以风暴潮、海浪、海冰和海岸侵蚀等灾害为主。

6.3.1 海洋灾害对海岸带地区的影响

由于海岸地陆域空间是人类活动的主要聚集场所，所以，海洋灾害对人类社会的影响更大，经济越发达的地区遭受海洋灾害的损失越大。其中，对海岸带陆域国土空间影响深刻的海洋灾害如下。

海平面上升：海平面上升是一种缓发性灾害，近年来中国沿海海平面变化总体呈波动上升趋势。1980—2022 年，中国沿海海平面上升速率为 3.3 毫米 / 年，高于同时段全球平均水平，近年来海平面均处于近四十年来的高位。高海平面会抬升风暴增水的基础水位，加大风暴潮致灾程度；同时也会顶托排海通道的下泄洪水，加大沿海城市泄洪和排涝难度，加重洪涝灾害；还会与潮汐、风暴潮和上游来水等共同影响咸潮入侵距离和入侵程度，影响沿海地区生态系统和工农业生产；并且可以导致波浪和潮汐能量增加、风暴潮作用增强，加剧海岸蚀退和岸滩下蚀，加大侵蚀海岸的修复难度。

风暴潮：由热带气旋、温带气旋、海上飑线等风暴过境所伴随的强风和气压骤变而引起叠加在天文潮位之上的海面震荡或非周期性异常升高（降低）现象，被称为风暴潮。风暴潮灾害是我国的主要海洋灾害之一，几乎遍及中国沿海。根据《2023 年中国海洋灾害公报》，2023 年各类海洋灾害中，造成直接经济损失最严重的就是风暴潮灾害，占总直接经济损失的 99%。风暴潮灾害的致灾因子不仅包括风暴潮，还包括天文大潮、近岸浪及其三者之间的耦合作用，不仅会导致港口、码头、堤坝等遭受毁损，还会导致堤坝被冲垮后，海水漫滩致使沿岸房屋、农田、养殖等受淹而发生灾害。

海浪灾害：海浪是由风引起的海面波动现象。根据《2023 年中国海洋灾害公报》，2023 年各类海洋灾害中，造成死亡（含失踪）的全部是海浪灾害。海浪灾害对海岸带陆域的影响主要是摧毁沿海的堤岸、海塘、码头、海水养殖设施等各类海洋工程建筑物。海浪对沿岸工程设施的破坏往往是毁灭性的，二次巨浪来袭则可能会破坏整个港口的设施。

海岸侵蚀： 海岸侵蚀是自然演变、不当的人类活动及全球气候变化综合作用的结果。中国 70% 左右的砂质海岸和大多数的淤泥质海岸都处于蚀退或潮滩泥沙损失状态，并呈逐渐扩大的态势。海岸侵蚀的主要原因包括河流入海泥沙减少（河流改道，大坝水闸建设、水土流失治理、气候变化、径流减少、河道采砂、城市建设、下垫面变化）；海岸工程破坏拦沙（海岸防护工程、休闲娱乐工程、交通运输工程）；采砂和围垦（河道、海滩及近海采砂、海岸带泥沙供给减少、围海造地、增加水动力）；相对海平面上升（全球变暖、构造沉降、近海底资源开采、地面沉降）；海岸带生态系统破坏（红树林退化、珊瑚礁破坏、海岸防护林破坏、海滩生物过度采挖）；护岸工程弱化（相对海平面上升、风暴潮加剧）等。海岸侵蚀会导致海岸带土地流失，丧失原有的经济、社会和生态价值，造成滩涂养殖业的萎缩、海岸居民财产和基础设施的破坏、海滩功能减弱和海岸生态系统退化等；风暴引起的显形侵蚀会摧毁天然海岸防护，造成河口或海岸低洼地的淹没、破坏海岸生态系统并造成土壤的盐碱化等；岸滩下蚀则会破坏人工海岸防护，加快海岸侵蚀的过程或引起沿岸洪泛。

6.3.2　海洋灾害防御区

海洋灾害防御区是海洋与海岸带专项规划的核心管控制度之一。沿海地区城市、港口和工业发展，需要充分考虑海岸带生态系统在抵御海洋灾害中的重要作用，将海洋防灾减灾工作前置到空间规划阶段，划定海洋灾害防御区。

以山东省为例，作为我国温带风暴潮和台风风暴潮都较为严重的少数省份之一，一年四季均可能发生风暴潮，不仅易受夏季北上台风风暴潮的侵袭，还易受主要发生在秋季、冬季和春季的温带风暴潮的危害，是我国北方沿岸风暴潮的多发区。因此，山东省海岸带规划全面强调风暴潮自然灾害风险因素，在省市海岸带规划重点方向与重点内容中明确指出，省级海岸带规划需以沿海县（市、区）为单位确定风险等级，提出以下海洋灾害防御区的划定方法和原则性管控要求。

具体而言，要在全面分析风暴潮历史数据的基础上，开展沿海地区风暴潮危险性和脆弱性分析与评估，完成风暴潮风险区划；接着将重点风险区域与有关开发计划区域叠置，科学制定不同区域的防御策略，提出不同风险等级下的人居安全保障要求。在管控要求上，一方面，要加强防灾减灾及应急体系规划与建设，包括推进退养还滩、建设生态海堤、完善沿海防护林体系、建设避灾场所与应急通道等，恢复和提升海岸带抵御风暴潮等海洋灾害的天然能力。另一方面，高风险区域不适宜布局抗灾能力弱的养殖业、农业和脆弱性较高的土地利用方式，若已有布局，则应加强灾害预警，完善信息发布渠道；对于规划中的工业和其他永久性建设，应通过局部抬高地基、加高加宽堤坝等方式应对；风暴潮风险较大的岸段往往受海浪侵蚀严重，如果岸段抗蚀能力较弱，则应严格限制港口和其他永久性建筑的建设。

6.4 海砂资源开采管控

海砂是海洋中的重要矿产资源，也是海洋生态系统的重要组成部分，海砂资源用途广泛，随着经济建设，大量围填海工程和基础设施建设陆续启动，对砂石资源需求量的也迅速增加，海砂开采引起了很大关注。

近年来，随着沿海经济发展，建设步伐加快，多地砂石短缺现象较为严峻，对海砂的需求量激增。砂石高价、短缺诱发了屡禁不止的盗采海砂现象，一些转产转业的渔民也跟风造船采砂，甚至个别地方受到利益驱动，对非法采砂持默许态度，有的刻意绕开国家政策，通过假借航道、锚地等疏浚的方式取得砂源，致使“盗采、乱采、滥采”现象较为严重。而非法采砂船设备相对简陋，大都以插管虹吸式和链斗式方式采挖海砂，缺少相应环保设施，严重损坏海洋生物多样性、破坏滨海地形地貌和海洋生态环境，且极易造成砂质岸线侵蚀。

6.4.1 海砂资源面临的管理问题

开采海砂需同时取得海砂采矿权和海域使用权两种权利，2018 年之前海砂“两权”管理分属不同部门，制度互不协调。2018 年国务院进行机构改革后，海砂“两权”管理统一由自然资源管理部门负责。近两年结合管理需求并在试点基础上，自然资源部实行海砂“两权”联合招拍挂出让制度，大幅精简并优化出让环节与办事流程。但目前我国海砂资源开发仍面临缺乏规划、非法开采等问题。首先，海砂资源状况整体调查程度较低，缺乏对海砂开发的总体规划，随着海砂需求量的不断增加，有些地方出现无序采砂，导致海洋环境被破坏。具体而言，由于缺少法律法规和技术规范的支撑，我国海砂资源调查要求不统一，调查深度和广度有限，缺乏专项的技术规范支撑，资源情况不清，特别是对海砂可采区域、资源量分布、可采量等缺乏规划调控，直接影响了海砂资源的开发管理。

其次，一些地方存在非法开采海砂活动，监管执法机制不健全。受到建筑砂石市场庞大需求和巨额经济利益的影响，加之海砂开采政策限制，有的沿海地区非法开采海砂活动屡禁不止。据统计，海洋违法行为举报案件中，80% 以上针对非法开采海砂，非法开采海砂造成海洋生态环境恶化，海上桥梁、海底电缆管道和码头等设施遭到破坏。尽管《中华人民共和国海域使用管理法》《中华人民共和国矿产资源法》以及《中华人民共和国海洋环境保护法》均对违法开采海砂或开采造成环境破坏作出了相关规定，但在实际监管过程中存在不同部门之间监督职责不清、适用法规不够明确、缺乏打击力度等问题。

6.4.2 海砂管理的思路

海砂开采面临的问题要求海砂管理首先要科学规划海砂资源开发区块。应积极开展域内海砂资源的本底调查，基于近岸海洋地理环境、海砂资源禀赋、海洋动力条件和岸线自然属性，划定海砂禁采区和开采区。禁采区内应该禁止一切海砂开采行为；开采区应实行海砂开采计划管理，明确规定海砂年允许开采量等，控制开采规模，依据市场情况合理编制海砂采矿权出让计划，推进海砂市场规范有序发展，降低对生态环境和砂质岸线的扰动。

其次，要提高海砂开采行业准入门槛，促进海砂资源保护与利用。应加强海砂开采项目的环境准入，组建规模化开采企业，提高采砂效率，对海砂开发活动实行严格的环境影响评估，以防止海岸侵蚀等海洋灾害的发生，开采结束后要及时进行海洋生态环境修复工作，降低开采产生的影响；发展海砂淡化技术，严格执行相关设计规范，提高海砂资源化利用水平。

最后，要加强日常执法监管，加大对违法行为的处罚力度。应开展海砂资源富集区、经批准的海砂开采区等重点区域的日常监测，严厉打击违法违规开采或使用海砂的行为；针对海砂资源特点制定和完善相关管理制度，探索行政执法与刑事司法相衔接的工作机制，及时将达到刑事案件标准的违法案件移交司法机关处理。

6.5 地下水资源开采管控

海洋灾害不仅包括海洋自然过程引起如风暴潮、海浪、海平面等人类不可抗拒的自然变化，也包括许多受诸多人类活动的影响的灾害。在人类活动叠加下，海洋灾害的致灾程度进一步加剧。其中，沿海地区地下水的开采就是加剧海岸带地区海水入侵和地面沉降危害最主要的人类因素。

海水入侵灾害是指由于自然或人为原因，海滨地区水动力条件发生变化，含水层中的淡水与海水（卤水）之间的平衡状态遭到破坏，导致海水或卤水沿含水层向陆地方向扩侵，影响入侵带内人、畜生活和工业、农业生产就地用水，使淡水资源遭到破坏的现象或过程。全球已有几十个国家和地区发现了海水入侵问题，这引起了国际社会的普遍关注。海水入侵已成为我国近 30 年来比较突出的环境灾害。

6.5.1 地下水资源过度开采引发的问题

近年来，随着沿海区域经济社会快速发展，城市、港口建设规模的不断扩大，工农业生产用水需求不断增长，以及河流中上游大量水利工程导致入海水量减少，使沿海地区地下水难以得到及时补充，引发了严重的海水入侵和地面沉降问题。地下水资源过度开采是海岸带陆域地下水位持续下降和地面沉降的主要原因，并会进一步导致沿海地区防御风暴潮能力降低、防洪能力降低、城市基础设施遭受破坏、港口设施失效、桥梁的净空越来越小、影响农业生产等问题。地下水过度开采也是导致海水入侵的主要人为因素，使滨海地区形成了大面积的地下水降落漏斗；同时地下淡水水质咸化，大量地下水开采井报废，居民生活、农业灌溉和工业生产均受到严重影响；也会使得地下水盐分增加，导致土壤盐渍化，造成一系列生态环境问题以及各类次生灾害。遏制海水入侵，做好沿海地下水资源管理保护工作，对于保障沿海地区水安全、粮食安全和生态安全意义重大，事关经济社会发展大局和广大人民群众的切身利益。同时，防止海水入侵加剧，也已成为沿海地区亟需解决的重要问题。

6.5.2 地下水资源管理的建议

针对地下水管理方面存在的问题，需要重视沿海地区地下水开采对海水入侵、地面沉降的影响，严格控制地下水开采。针对地下水超采的区域，考虑地下水超采程度、水源替代条件、重要基础设施安全、环境地质问题防治、海水入侵等因素，将其划分为禁采区和限采区。在地下水禁采区内禁止一切形式的开发建设采水，不得开凿新的取水井，不得新增地下水取水量，并制定地下水回补计划。在地下水限采区内提高企业用水准入门槛，编制负面清单，禁止高耗水、高污染等产业开采，并实行总量控制，避免超采引发地质灾害和海洋灾害；一般不得开凿新的取水井，生活用水更新井除外；因抢险救灾、应急供水开凿的取水井，用完后应及时封存，不得作为长期井使用。另外也要将海水入侵、地面沉降严重区域划为地下水禁采区，并采取回水措施；对其他区域应严格控制地下水开采总量，并严禁新建高耗水、高污染、低效率的项目。

关键术语

海岸带空间管控、海岸建筑退缩线、海洋灾害防御区、海砂禁采区、地下水禁采区

思考题

1. 简单叙述我国海岸带空间管控的必要性及制度缺陷。

2. 用路径图总结我国海岸带空间管控的基本思路。

3. 简单总结我国及国外的海岸建筑退缩线划定方法有哪些。

4. 你认为如何能够将海洋灾害防御区、海砂禁采区、地下水禁采区更好地纳入海岸带空间管控系统中？

参考文献

[1] 侯西勇，徐新良 .21 世纪初中国海岸带土地利用空间格局特征［J］. 地理研究，2011，30（8）：1370-1379.

[2] 杨保军，陈鹏，董珂，等 . 生态文明背景下的国土空间规划体系构建［J］. 城市规划学刊，2019（4）：16-23.

[3] 吴吉春，吴永祥，林锦，等 . 黄渤海沿海地区地下水管理与海水入侵防治研究［J］. 中国环境管理，2018，10（2）：91-92.

[4] 严金明，王晓莉，夏方舟 . 重塑自然资源管理新格局：目标定位、价值导向与战略选择［J］. 中国土地科学，2018，32（4）：1-7.

[5] 夏东兴 . 海岸带地貌学［M］. 北京：海洋出版社，2014.

[6] 罗时龙，蔡锋，王厚杰 . 海岸侵蚀及其管理研究的若干进展［J］. 地球科学进展，2013，28（11）：1239-1247.

[7] 王圣洁，刘锡清，戴勤奋，等 . 中国海砂资源分布特征及找矿方向［J］. 海洋地质与第四纪地质，2003（3）：83-89.

[8] 中国混凝土与水泥制品协会 . 2019 年度中国预拌混凝土行业发展报告［J］. 混凝土世界，2020（2）：14-25.

[9] 史瑾瑾 . 我国海砂资源开发管理问题探析及建议［J］. 中国国土资源经济，2020（12）：80-83.

[10] 周载阳 . 地下水开采引起地面沉降的机理研究［J］. 工程勘察，2012，40（3）：22-26.

[11] 薛禹群，谢春红，吴吉春 . 海水入侵研究［J］. 水文地质工程地质，1992（6）：29-33.

[12] 黄磊，郭占荣 . 中国沿海地区海水入侵机理及防治措施研究［J］. 中国地质灾害与防治学报，2008，19（2）：118-123.

第 7 章

海洋生态预警监测

■ 教学要求

海洋生态预警监测作为一项重要的科学实践，旨在通过系统地收集和分析海洋环境数据，及时发现生态变化趋势和潜在风险，为政府决策和公众意识提供科学依据。本章将详细介绍海洋生态预警监测的相关概念、发展历程、现状，以及未来的发展方向，包括海洋生态环境监测网络的构建、监测技术的应用，以及陆海统筹新时期监测工作的创新和挑战，以供学生学习。此外，本章通过全面的分析和阐述，构建了海洋生态预警监测的理论框架和方法体系，以期为实际工作中的海洋生态保护与管理提供有力的理论支持和技术指导。

7.1 海洋生态预警监测概述

7.1.1 海洋生态系统相关概念

海洋生态系统是海洋生物群落与周围环境相互作用的统一体和具有相对稳定功能并能自我调控的生态单元。典型的海洋生态系统包括珊瑚礁、红树林、海草床、滨海盐沼等共 10 类，它们既赋存天然的生态价值，也具有不同的社会服务功能。由于珊瑚礁、红树林、海草床和滨海盐沼在维持生物多样性、碳汇功能，以及沿海防护等方面最具代表性，以下重点对这四类海洋生态系统概念进行介绍。

珊瑚礁： 珊瑚虫是海洋中的一种腔肠动物，吸收海水中的钙和二氧化碳，分泌出石灰石变为外壳。这些石灰石经过压实、石化，形成岛屿和礁石，也就是珊瑚礁。联合国报告称，地球有 70% 的珊瑚礁生存受到威胁，具体而言，20% 的珊瑚礁已遭到破坏，24% 面临近期崩溃的风险，另有 26% 受到更长期的威胁。

红树林：红树林长在陆地和海洋过渡地带，是由以红树植物为主体的常绿乔木或灌木组成的湿地木本植物群落，能防风消浪、净化海水、固碳储碳，还能维持生物多样性，是鱼、虾、蟹、贝类生长繁殖场所，更是珍稀濒危水禽的重要栖息地。红树林正在加速消失，全球有两个最重要的红树林热点区域——西印度洋地区和东南亚的一些地区，80% 以上的红树林已经消失。

海草床：海草广泛分布于温带和热带的浅海区域、河口水域，以及从潮间带到潮下带的地区海岸线，生长在咸水和半咸水域。因为依赖光合作用，海草常出现在浅海，沿着缓缓倾斜的海岸形成海草床。目前已知全球共有约 30 万平方千米的海草床，虽然海草床只覆盖了 0.2% 的海底面积，却存储了全球每年 10% 的海洋碳，是极其重要的“蓝色碳汇”。

滨海盐沼：滨海盐沼湿地也叫潮汐沼泽，是位于陆地和开放海水或半咸水之间，伴随有周期性潮汐淹没的潮间带上部生态系统，是我国滨海湿地中典型的海洋碳汇生态系统，具有巨大的碳捕获和封存潜力。

7.1.2　海洋生态安全

1. 海洋生态安全的概念与特征

海洋生态安全是指海洋环境及海洋生物组成的生命系统处于不受或少受破坏与威胁的状态，海洋生态系统内部，以及人类与海洋生态系统之间保持着正常的功能与结构。海洋生态安全具有以下四个方面的特征。

全球性：由于海洋流通介质环流性的特点，全世界所有的海域都是相通的，海洋生态系统也以各种形式进行内部沟通或与外界沟通。

复杂多变性：海洋生态系统是一个动态的系统，处于不断运动与变化中，导致了海洋生态安全的复杂多变性。

调节功能性：海洋生态系统的调节功能性主要表现在气候调节、富营养化控制和废弃物处理等方面。

滞后性：海洋生态安全问题主要是人类为了获得经济价值引起的，由于人类过度开发利用海洋，人为因素引起的海洋生态破坏不断增多，但这种影响往往在若干年后才会体现出来，呈现出滞后性。

2. 人类活动对海洋生态的影响

人类活动对海洋生态系统的影响深远且复杂，其多维度的影响已在全球范围内显现。首先，海洋生境的活力正遭受前所未有的挑战。过度捕捞、破坏性捕捞、沿海开发及航运业的扩张，共同导致了海洋生物多样性的急剧下降和生态结构的破坏。据估计，全球约有30%的鱼类种群已被过度捕捞，超过50%的种群处于充分或接近充分被捕捞的状态，这严重威胁了海洋生物资源的可持续利用。此外，海洋污染问题日益严峻，特别是塑料垃圾等难以降解的物质，每年导致大量海洋生物死亡，进一步加剧了海洋生态系统的脆弱性。这些变化不仅破坏了海洋的自然服务功能，还直接威胁到海洋生物的生存与健康。

海洋生态系统的恶化对人类社会的多个方面产生了连锁反应。在经济层面，海洋资源的衰退影响了渔业、旅游业等海洋经济的直接收益，减少了海产品的供应，损害了沿海社区的生计，加剧了贫困与不平等现象。对于高度依赖海洋资源的小岛屿发展中国家和沿海地区而言，这种冲击尤为严重，限制了其经济发展和社会进步的可能性。同时，海洋污染与生态破坏还对人类健康构成潜在威胁，通过食物链传递的病原体和毒素可能对人类健康造成长期影响。此外，海洋作为地球最大的碳汇，其吸收二氧化碳的能力受到海洋酸化与变暖的制约，进而削弱了全球气候调节机制。因此，面对海洋生态系统的严峻挑战，国际社会必须采取更加协同、综合的策略，加强海洋环境保护，促进可持续发展，以维护海洋生态系统的健康与稳定，保障人类社会的长远福祉。

3. 我国典型海洋生态问题

我国海洋生态系统具有鲜明的地区性和封闭性特征，承载着巨大的生态价值与经济潜力。然而，过去30年，我国沿海区域经济和海洋经济基本上沿袭了以规模扩张为主的外延式增长模式，使海洋生态系统受到严重威胁。海洋生态系统严重退化，滨海湿地、红树林、珊瑚礁等关键生态系统遭受重创，生物多样性急剧下降，海洋生态服务功能受损严重。污染排放、围海造地、外来物种入侵等问题交织，导致海洋环境质量恶化，赤潮、绿潮、水母旺发等生态灾害频发，不仅破坏了海洋生态平衡，也对沿海地区的经济发展和社会稳定构成威胁。此外，陆源入海污染持续加剧，主要河流携带的污染物总量巨大，入海排污口邻近海域环境质量未见根本改善，农业污染成为新的突出问题。这一系列问题凸显了我国海洋生态环境保护工作的紧迫性和复杂性。

面对新形势，我国海洋可持续发展之路充满挑战。渔业资源种群再生能力下降，过度捕捞和养殖污染导致海洋生物资源量锐减，生物多样性降低，影响了渔业资源的可持续利用。河口生态环境的负面效应也日益凸显，大型水利工程建设减少了入海径流和泥沙，导致河口三角洲遭侵蚀、湿地减少，生态系统发生重大改变。此外，海平面和近海水温的持续升高，加剧了海洋灾害的风险，对沿海地区的生态环境和经济发展构成长期威胁。

这一系列系统性、区域性和复合性的生态环境问题，要求我们在海洋开发与保护之间找到平衡点，采取更加科学、系统、综合的措施，加强海洋生态环境监管与治理，推动海洋经济绿色可持续发展；加强国际合作与交流，共同应对全球海洋生态环境问题，也是我国海洋可持续发展的重要保障。

7.1.3　海洋生态预警监测相关概念

1. 海洋生态灾害

海洋生态灾害指海洋自然环境发生异常或激烈变化，导致在海上或海岸带发生的严重危害社会、经济、环境和生命财产的事件。这类灾害不仅局限于自然因素，如风暴潮、海浪、海啸等极端天气气候事件，还包括由人类活动引发的环境失衡所导致的灾害，如赤潮和绿潮。海洋生态灾害的发生往往具有突发性、复杂性和难以预测性等特点。因此，加强海洋生态环境的监测和预警、提高公众对海洋生态灾害的认识和防范意识、制定科学合理的防灾减灾措施和应急预案显得尤为重要。

2. 海洋生态调查

海洋生态调查是深入了解海洋生态系统结构与功能的重要手段。它旨在通过对海洋生物群落、环境因子及人类活动影响的系统性观测与研究，揭示海洋生态系统的复杂性和动态性。调查内容包括但不限于海水温度、盐度、溶解氧、营养盐等环境要素，以及海洋生物多样性、群落结构、食物链关系、生态位分布等生物要素。此外，人类活动如渔业捕捞、石油开采、污染排放等对海洋生态系统的影响也是调查的重要方面。通过综合分析这些数据，研究者可以评估海洋生态系统的健康状况，为制定科学的保护与管理措施提供依据。

3. 海洋生态监测

海洋生态监测是持续跟踪和记录海洋生态系统变化的过程。它依赖于先进的科技手段，如卫星遥感、无人机、浮标、潜水器等，以及地面监测站点和实验室分析，实现对海洋环境数据的高精度、高频率采集。这些数据涵盖了海洋物理、化学、生物等多个方面，具有时空可比性、数据可得性和质量可控性。通过监测，研究者可以及时发现海洋生态系统的异常变化，如污染扩散、物种减少、生态系统退化等，为评估海洋生态质量现状及预测未来变化趋势提供科学依据。同时，监测数据也是制定海洋保护政策、评估管理效果的重要依据。

4. 海洋生态评估

海洋生态评估是对海洋生态系统进行全面、系统的价值判断和分析过程。它不仅关注生态系统的自然属性和功能，还涉及其在社会经济、环境保护和可持续发展等方面的价值。评估内容包括生态系统的健康状况、生物多样性、生产力、服务功能（如气候调节、食物供应、休闲娱乐等）以及面临的威胁和风险。通过综合评估，研究者可以明确海洋生态系统的优势和劣势，识别关键保护区域和优先管理领域，为制定科学合理的海洋保护与发展策略提供决策支持。

5. 海洋生态预警

海洋生态预警是基于监测数据和分析结果，对潜在的海洋生态灾害和环境风险进行提前识别和预测的过程。它旨在通过科学的方法和技术手段，及时发现并评估海洋生态系统的异常变化，预测可能发生的灾害类型、规模、影响范围和持续时间，从而为相关部门和公众提供及时、准确的预警信息。预警信息的发布有助于采取必要的预防和应对措施，减轻或避免灾害对海洋生态系统和社会经济的损害。同时，预警也是提高公众的海洋保护意识、促进社会各界共同参与海洋保护的重要途径。

6. 海洋生态预警监测

海洋生态预警监测是海洋生态监测与预警的有机结合体。它不仅强调对海洋生态系统进行全面、持续、高精度的监测，还注重将监测数据转化为预警信息，为海洋生态保护和管理提供及时、有效的支持。预警监测体系通过整合多种监测手段和数据资源，实现对海洋生态系统的全方位、多层次监测；同时，运用先进的模型和分析方法，对监测数据进行深入挖掘和综合分析，以识别潜在的生态灾害和环境风险。在此基础上，及时发布预警信息并制定相应的应对措施，可以减轻或避免灾害对海洋生态系统和社会经济的负面影响。预警监测是实现海洋生态系统可持续发展的重要保障。

7.2 海洋生态预警监测理论

7.2.1 海洋生态预警监测的发展历程

1. 我国海洋生态预警监测研究进展

自 2010 年以来，我国在政策和理论研究上就海洋生态预警监测展开了多项工作。2018 年，自然资源部专门组建了海洋预警监测司，负责开展海洋生态预警监测；2020 年，自然资源部印发了《自然资源调查监测体系构建总体方案》；2021 年，自然资源部办公厅印发《自然资源部办公厅关于建立健全海洋生态预警监测体系的通知》和《全国海洋生态预警监测总体方案（2021—2025 年）》，统筹推进"十四五"海洋生态预警监测体系建设和任务实施，以满足海洋自然资源管理需求；2023 年编制完成《海洋生态分类》行业标准，形成了 847 个海洋生态分类类型，同年年底发布的《中国近岸海域生态四级分区（试行）》，标志着我国全面完成陆海生态分区，未来将在国土空间规划、海洋生态监测布局、海洋生态保护修复等方面发挥重要作用；2024 年新修订的《中华人民共和国海洋环境保护法》正式施行，国务院自然资源主管部门负责组织开展海洋生态预警监测，并发布相关警报和公报，为海洋生态预警监测工作提供了法律依据。

在国家政策的驱动下，国内涌现出了一批海洋生态预警监测的研究成果。海洋生态预警监测理论研究涉及生态学、环境科学、海洋科学、遥感技术等多个学科领域。资源环境承载力理论、海洋生态系统管理理论、海洋生态修复理论及地理信息技术理论等研究都极大促进了海洋生态预警监测的理论与技术方法的发展。我国科研人员通过多学科交叉融合的研究，不断探索新的理论方法和监测技术，为海洋生态预警监测提供了有力的理论支撑。我国已初步建立了较为完善的海洋生态预警监测体系，包括监测站网、监测技术、监测内容与任务等。此外，我国海洋监测仪器装备的研究外延不断拓展，逐步由传统的传感器、仪器扩大至综合性更强、功能更多、时空更广的"空、天、地、海"一体化观测体系。卫星和飞机遥感监测、无人机监测、浮标监测、水下机器人监测等新技术手段的应用不仅提高了监测的效率和准确性，也为理论研究提供了新的数据来源和视角。在海洋生态预警监测评估体系层面，许多国内学者对监测预警体系中的评估方法进行了研究，该体系逐渐从单一场景向综合场景的预警监测发展。监测海洋生态系统的结构、功能和过程等指标，评估其健康状况和变化趋势，为制定生态保护措施、优化资源配置等提供了科学依据。在海洋生态预警监测应用层面，国内学者提出海洋生态预警监测平台建设方案，建立完善的海洋生态系统监测业务化体系，并针对近海生态趋势、典型生态系统，以及海洋生态灾害建立整套的预警评价模型与应用体系。这些模型和算法的研究为理解海洋生态系统运行机制、评估生态风险、制定预警策略等提供了重要理论支持。

2. 国外海洋生态预警监测研究进展

国外积极开展海洋生态预警监测研究，在政策框架、制度体系、技术和理论体系等方面均有不同程度的探索。2017 年 12 月通过的“联合国海洋科学促进可持续发展十年（2021—2030 年）”决议，提议制定海洋可持续发展所需的政策框架和举措，优先领域包括建立主要海盆综合海洋观测系统，综合的多灾害预警系统，地球海洋观测、研究和预测系统，推动了各国海洋生态预警监测研究。美国国家海洋与大气管理局（NOAA）作为美国海洋生态安全预警的核心机构，负责协调其他应急响应机构、预警系统及应急管理部门，实现高效协作。英国则成立了协调海洋管理的皇家地产管理委员会和海洋科学技术委员会，分别负责协调各部门的海域使用管理和海洋科技发展工作，并由海洋管理办公室负责与相关机构进行对接。日本采取政府机构领导、学术团体和非政府机构共同参与的管理模式，由运输省及海上保安厅共同承担海洋生态安全预警管理工作。韩国海洋水产部、韩国国立海洋调查院以及韩国海洋研究与发展研究所等协同合作，推动韩国海洋生态预警监测研究发展。

国外学者对海洋生态预警监测技术与理论的研究大多回归到生态系统弹性研究，关注生态系统承载力的临界点 / 阈值及其驱动机制研究。实践研究也仅限于海洋渔业产量变化和驱动机制，证明了基于临界点的渔业资源管理的科学性与有效性。2017 年，美国集结了 NOAA、斯坦福大学、加州大学圣塔芭芭拉分校等 13 家顶尖科研院校和机构启动了“Ocean Tipping Point”研究项目；2019 年，欧盟宣布向 3 个新设立的海洋临界点项目资助 2 400 万欧元，用于南极气候临界点、南大西洋气候预测及地球系统中关键的海洋临界点研究，目前这些研究正在进行中，关键研究方法和结论尚未见刊。

然而，国内外目前仍未有成熟的临界点判定、预警指标设置和驱动机制分析方法可用于海洋生态预警监测研究。就海洋生态环境监测技术体系而言，世界各沿海发达国家，已纷纷建立或正在建立各类海洋生态环境监测站，初步形成了全球性的海洋生态环境监测网络。NOAA 管理的赤潮监测预报管理系统是目前世界上最先进的赤潮预警系统，能够提供近岸海域可能发生赤潮的预测信息；日本应用大型计算机和 GIS，建立了现代化的海洋环境预警报业务系统；英国致力于开发端到端的海洋监测解决方案，这些解决方案能够实现从数据采集、处理到预警发布的全程自动化和智能化；韩国在开发水下无线通信网络方面取得了突破，可以大大提高数据传输的效率和准确性，为预警和应急响应提供有力支持。

7.2.2　海洋生态预警监测的相关理论

1. 海洋生态承载力理论

“承载力”一词源于力学，而后应用到人口数量的极限研究，20 世纪 70 年代有学者创造性地提出了生态系统弹性理论，并将承载力的概念引入生态学研究[1]。此后，承载力概念大致可分为以下五个发展阶段：生态容纳能力、资源承载力、环境承载力、生态承载力和综合承载力。生态承载力概念的出现弥补了单因素承载力研究的不足，确立了承载的标准是区域生态系统的健康发展。

海洋生态承载力是以海洋资源、环境和社会经济耦合系统相互作用为基础的，是衡量沿海地区可持续发展的标志之一。海洋生态承载力是指在满足一定生活水平和环境质量的要求下，在不超出海洋生态系统弹性限度的条件下，特定海域的资源供给能力、环境纳污能力以及对周边沿海社会经济发展规模及相应人口数量的支撑能力。海洋生态承载力的概念内涵包括承载体和承载对象两个方面。承载体指的是海洋生态系统在遭到破坏后的自我维持、自我保护能力（弹性限度），以及在此基础上的资源与环境子系统的供给能力（资源与环境承载能力），由生态本底条件予以描述；承载对象指的是人口、经济活动、社会组织和科技进步等多方面的有机结合，包括来自人类社会经济系统的压力和支持力这两部分。简而言之，海洋生态承载力是指在维持沿海地区可持续发展的情况下，海洋对人类社会经济发展的承载能力，其是一种对海洋环境和生态环境等承载体与人口和社会经济等承载对象之间的耦合关系的反映。

---

1. HOLLING C S. Resilience and stability of ecologcal systems［J］. Annual Review of Ecology & Systematics，2003，4（4）：1-23.

2. 海洋生态修复理论

海洋生态资源是自然资源中重要的组成部分。为了促进海洋生态系统可持续发展，许多国家积极开展对海洋生态环境的保护修复，在基础理论、政策布局、支撑体系和行动计划等方面均有不同程度的探索和实践。欧美等发达国家较早开展对海洋生态系统保护、修复的研究，包括海洋生态系统保护与修复的原理与技术、海岸带综合管理、海洋空间规划技术等内容。我国系统的海洋生态保护修复行动始于20世纪80年代的沿海防护林体系建设，至2010年保护修复行动拓展到海域、海岛、海岸带等，覆盖全域海洋空间范围。自此，我国全域海洋生态保护修复工作正式启动，并逐步形成了我国海洋生态保护与修复的战略目标（图7-1）。

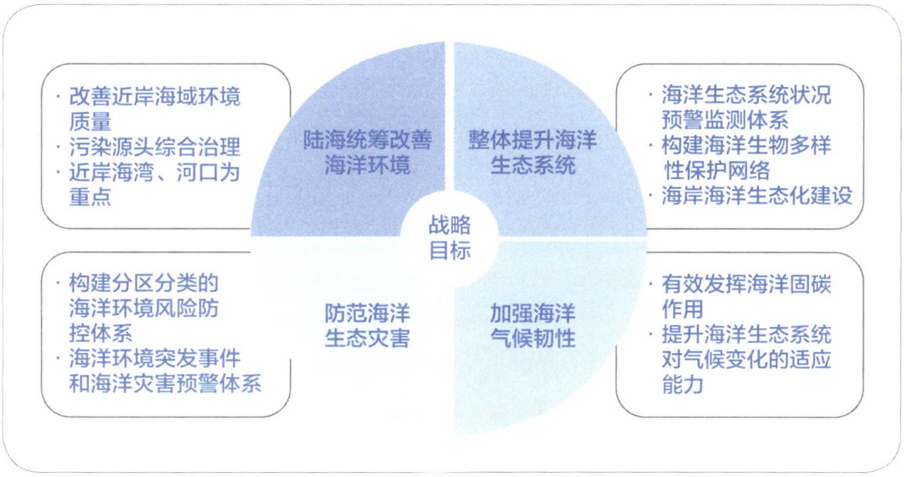

图7-1　海洋生态保护与修复的战略目标
资料来源：作者自绘

海洋生态修复的概念最早由国际生态恢复学会（SER）提出并界定为“协助退化、受损的生态系统恢复、重建和改善的过程”。不同研究人员对生态修复概念的界定都不尽相同，但都基本认同海洋生态修复是以自然生态系统修复为主，必要时辅以人工措施以促进自然演替的过程，其涵盖自然生态修复、社会生态修复和经济生态修复等诸多维度，需考虑区域发展与社会经济之间的关系，并权衡生态、社会和经济发展等多方面因素。根据上述定义，海洋生态修复是指根据海洋生态系统被破坏的情况、预期的规划和发展目标，充分利用海洋生态系统的自我恢复能力，辅以必要的人工措施，逐步恢复生态系统应有的结构和功能并最终达到一种相对持续稳定、与周围环境和其本身利用价值协调发展的均衡状态。因此，海洋生态修复既要立足于对海洋环境的修复，也要关注海洋资源的合理开发、海洋产业的调整优化；不仅要考虑海洋资源的修复和完善，也要考虑生态修复以后的经济、社会、环境和生态效益。

3. 海洋生态系统管理理论

近几年来，人类对生态系统的索取式无序开发和利用，致使原先单一或以活动为基础的管理方法已经不能适应，基于生态系统的管理恰好能以整体的方法来管理生态系统。基于生态系统的管理（Ecosystem-Based Management，EBM）也被称为生态系统管理、整合生态系统管理、全生态系统管理，在我国又被称为生态系统化管理。1996 年美国生态学会对生态系统的管理进行了比较系统全面的阐述，认为 EBM 要基于明确的管理目标，执行一定的政策规划，在实践和研究的基础上根据实际情况作出调整，并根据对生态系统功能与过程的最佳理解，通过管理实现生态系统组成、结构与功能的可持续发展。

为了更好地协调海洋生态系统保护与海域资源开发利用间的冲突，基于生态系统的海洋管理（Marine Ecosystem-Based Management，MEBM）理念迅速得到各界认可（图 7-2）。MEBM 是一种跨学科的管理方法，该方法是以科学理解生态系统的关联性、完整性和生物多样性为基础，结合生态系统的动态特征，以海洋生态系统而不是行政范围为管理对象，以达到海域资源的可持续利用为目标，对社会、经济和生态效益进行耦合以达到最大化的管理体系。科学理解 MEBM 首先要注重

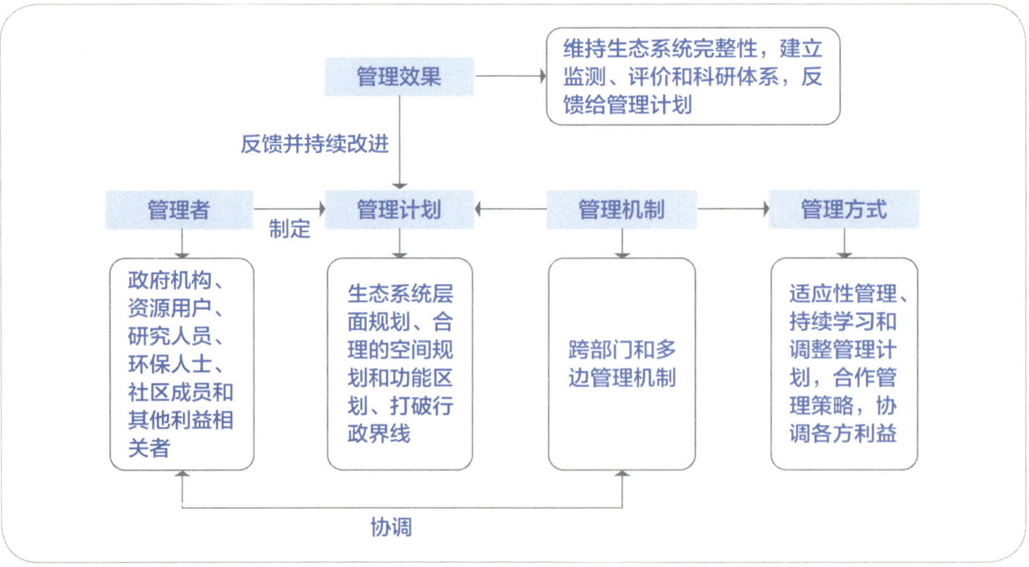

图 7-2　MEBM 管理框架
资料来源：孟伟庆，胡蓓蓓，刘百桥，等. 基于生态系统的海洋管理：概念、原则、框架与实践路径［J］. 地球科学进展，2016，31（5）：461-470.

对生态系统尺度的把握，不同尺度的生态系统都有其各自的结构和生态过程，海洋生态系统可以作为一个完整的大生态系统，从全球大尺度考虑；在中尺度上，还可以划分为海岸带滩涂生态系统，海湾、河口、海岛、大洋等生态系统，在小尺度上还有红树林、海草床、珊瑚礁等类型。其次，MEBM 的原则是保护优先，并不是绝对的保护，强调在海洋生态系统结构和功能完整的基础上进行有度的开发利用，做到资源保护与开发利用协同，其最终目的是实现海岸带可持续发展。最后，要结合具体情况具体分析，具体到某一海岸带地区或海洋生态系统时，应根据对当地生态系统过程的理解，选择恰当的管理方法和生态管理过程。

7.2.3　海洋生态预警监测的理论内涵

海洋生态预警监测是从海洋生态承载力的科学内涵出发，以区域可持续发展为指向，构建海岸带区域人类经济社会、海洋生态系统综合数据库，从生态系统稳态转换、生态资源环境约束上限或人口经济合理规模等关键临界点阈值出发开展生态系统超载预警，为制定海洋生态保护措施提供综合研判决策服务。要科学认知海洋生态预警监测的理论内涵，必须从自然基础条件和社会经济发展两个维度综合认识。因此，海洋生态预警监测是以可持续性调控为功能定位，既可以通过确定资源环境约束上限或人口经济合理规模等关键阈值的方式进行超载状态的预警监测，也可通过自然基础条件的变化或资源利用和环境影响的变化态势进行可持续性的预警监测。简而言之，海洋生态预警监测是指对海洋生态系统演变情况的监测以及在此基础上对海洋生态系统稳态转换的预警。监测和预警应该是在统一的顶层设计与统筹的工作部署下开展的上下游工作。海洋生态系统演变情况监测，是应用物联网、大数据以及空间地理分析等信息技术手段建立监测数据实时汇集系统，掌握我国海洋生态底数，以及构建海洋典型生态系统监测业务化运行体系和海洋生态受损状况及变化趋势分析评估模型；而海洋生态预警是在此基础上开展海洋生态预警分析评价指标计算，及时预警生态问题与潜在风险。具体而言，海洋生态预警监测的基础理论包括生态系统稳态转换、确定环境容量、测算不同区域合理的开发强度、分配不同空间尺度流动资源和环境要素到特定的地域单元、陆源溯源海域污染物等等。

在实践层面，《全国海洋生态预警监测总体方案（2021—2025 年）》指出，要构建以近岸海域为重点、覆盖我国管辖海域、辐射极地和深海重点关注区的业务化生态预警监测体系。主要内容包括：在近岸海域，重点聚焦重要河口、海湾、珊瑚礁、红树林、海草床、滨海盐沼等高生物多样性或高生产力区域，以及珍稀濒危物种栖息地、生态灾害高风险区等，优先布局生态保护红线和自然保护地监测；在管辖海域，对主要海洋生态系统类型实现全覆盖式大面监测，拓展极地、深海生态监测，积极参与公海保护有关工作。此外，该方案确定了我国海洋生态预警监测的七项主要任务为：摸清我国海洋生态家底，构建海洋生态分类分区框架，开展近海生态趋势性监测，实施典型生态系统基线调查；开展典型生态系统监测，发布典型生态系统预警；强化海洋生态灾害预警监测，提升赤潮、绿潮等生态灾害预警监测能力，拓展海洋缺氧、酸化和微塑料监测；推动国家重大战略区域协同监测；实施极地深海生态监测；强化监测评价预警成果产出；严格质量管理；加强能力建设，统筹中央地方力量，构建“岸—海—空—天”立体化监测能力。其目标为，至 2025 年，近海生态趋势性监测布局进一步优化，近岸海域生态类型分布和典型生态系统状况基本摸清，典型生态系统和生态灾害评价预警指标和产品体系建立完善，海洋生态状况综合评价和重大生态问题风险评价能力初步成型。

7.3 海洋生态预警监测方法体系

7.3.1 海洋生态预警监测的工作基础

国土空间规划需考虑资源环境承载能力等要素，因此海洋生态预警监测对海域使用与规划意义重大。为保障海洋生态预警监测工作的顺利开展，我国印发了《自然资源部办公厅关于建立健全海洋生态预警监测体系的通知》等政策文件，出台了《海洋生态分类》《中国近岸海域生态四级分区（试行）》等指南与标准，并完成了对全国珊瑚礁、滨海盐沼、海草床等典型生态系统的现状调查，为海洋生态预警监测工作建立了坚实的工作基础。下面将从水质环境调查、沉积物质量调查及生态环境调查三方面进一步介绍海洋预警监测工作基础。

1. 海洋水质环境调查

海洋水质环境调查主要针对近海的水体环境基础要素，包括盐度、pH、溶解氧、叶绿素 a、活性磷酸盐、活性硅酸盐、亚硝酸盐、硝酸盐、氨氮、总氮、总磷、化学需氧量、悬浮物等。其主要基于沿海各个国控站位和地方站位，通过设置的固定监测站位对海洋水质环境要素开展定期监测，掌握我国近海水质基础状况及年际变化趋势。

在当前的生态预警监测体系下，海洋水质环境调查基本保证1次/年的监测频次，部分有条件的省（市）还适当增加了其他季度监测，以分析水质环境季节性变化规律。国家卫星海洋应用中心通过海洋环境要素遥感监测获取叶绿素a浓度、悬浮物浓度等海洋水色要素以及海表温度卫星遥感数据，作为海洋水质环境调查的重要补充。相关调查数据通过全国海洋生态预警监测平台汇总报送。

2. 海洋沉积物质量调查

海洋沉积物质量调查对象为近海的海洋沉积环境，如沉积物粒度、有机碳、硫化物、Eh值（一种衡量溶液氧化性的指标，Eh值越高，氧化性越强）等。其开展调查的基础与海洋水质环境调查基本一致，在当前的生态预警监测体系下，监测频次可能低于海洋水质环境监测。

3. 海洋生态环境调查

海洋生态环境调查包括针对近海的生态环境调查、典型生态系统调查和海洋生态灾害调查等。生态环境调查的开展基础与海洋水质环境调查基本一致；典型生态系统调查基于国家设立的重点生态系统监测区，涵盖了泥质海岸、砂质海岸、牡蛎礁、珊瑚礁和海岛等，依托监测区开展长期、连续的生态系统调查与预警监测工作；海洋生态灾害调查针对不同灾害类型，分海区组织省级尺度灾害风险调查与评估，主要包括赤潮灾害、藻类灾害、局地海洋生物暴发灾害等。国家卫星海洋应用中心也为海洋生态环境调查提供遥感监测技术支持。

7.3.2 海洋生态预警监测的主要内容

1. 监测的主要目标

根据自然资源部印发的关于海洋生态预警监测的相关方案，在“十四五”期间，工作的主要目标主要围绕“对海洋生态系统的分布格局掌握清楚，对典型生态系统的现状与演变趋势掌握清楚，对重大生态问题和风险掌握清楚”来构建中央和地方权责清晰、分工协作、高效运行的组织管理和业务体系，初步建成全国海洋生态监测站网。

2. 监测主要技术手段

1）遥感技术

遥感技术主要通过卫星遥感产品为海洋生态预警监测工作提供技术支撑，应用于生态预警监测的产品主要包括海洋动力环境要素、海洋水色要素和高分海洋遥感观测三种，依托的主要卫星包括海洋系列卫星、高分系列卫星和中法海洋卫星等。遥感技术应用的主要方向包括以下三个方面。

海洋环境要素遥感监测：包括海表面温度和叶绿素 a 浓度、悬浮物浓度等海洋水色要素。

典型生态系统遥感监测：包括珊瑚礁遥感预警监测（珊瑚礁白化和活珊瑚覆盖度监测）、海草床遥感预警监测（海草植被的面积、密度、盖度监测）、红树林资源空间分布遥感监测和滨海盐沼生物量遥感监测等。

海洋生态灾害遥感监测：包括赤潮遥感监测、绿潮遥感监测等。监测时间段为灾害高发的 4 月～10 月，在灾害未发生时，监测频次一般不低于每周 2 次，灾害发生后，监测频次一般每天 1 次。监测的内容主要为赤潮、绿潮等发生的范围、中心经纬度、分布形态和漂移扩散趋势等。

2）传感器观测技术

传感器观测技术主要应用于岸基监测、浮标监测、船载走航监测和坐底式在线监测等。传感器的精度、集成状况和使用寿命等是影响生态预警监测顺利开展的重要因素。常规要素如温、盐等的传感器观测在此不作赘述，以下内容重点对传感器观测在生态预警监测中的未来发展趋势进行阐述。

第一，开发针对溶解氧、营养盐、二氧化碳等生态要素的传感器，生态要素对生态预警监测至关重要，在海洋生态灾害调查中的赤潮、低氧等监测项目中，生态要素均为核心观测要素。传统的采集水样、实验室分析方法耗时费力，且获取数据的时空连续性较差，而针对生态要素的传感器的成熟度、稳定性及可靠性很大程度上难以满足生态预警监测的要求。因此加快研制高精度快速检测传感器，如光学溶解氧传感器、二氧化碳监测传感器、全光谱水质分析传感器等，对海洋生态预警监测至关重要。第二，结合典型生态预警监测需求，加快传感器集成技术的突破和海洋生态在线监测关键技术的创新与发展。第三，加快仪器国产化进程，由于我国海洋仪器装备研发起步较晚，国产海洋仪器的市场占有率不高，而我国的海洋安全对国产仪器需求迫切，因此要大力推动国产仪器的产业化，提高其可靠性和竞争力。

3. 监测场景选择

1）典型生态系统

典型生态系统以对生态系统的分布格局清楚、对现状与演变趋势清楚等为目标，主要监测场景包括以下十种。

泥质海岸：掌握我国泥质海岸生态状况，建立泥质海岸生态基线，主要调查指标包括岸滩特征、生物群落、水体环境和沉积环境等。

砂质海岸：调查目标和指标与泥质海岸类似。

海湾：掌握典型海湾生态系统状况，主要调查指标包括生物群落、环境要素和威胁要素等。

河口：调查目标和指标与海湾类似。

牡蛎礁：掌握我国主要牡蛎礁生态状况，建立牡蛎礁生态基线，主要调查指标包括牡蛎礁状况、生物群落、环境要素和威胁因素等。

珊瑚礁：掌握我国主要珊瑚礁生态状况，主要调查指标包括造礁石珊瑚状况（重点关注白化、覆盖率等问题）、生物群落、环境要素和威胁因素等。

海草床：掌握我国主要海草床生态状况，主要调查指标包括海草植被状况、生物群落、环境要素和威胁因素等。

海藻场：调查目标和指标与海草床类似。

红树林：掌握我国主要红树林生态状况，主要调查指标包括红树林生长覆盖状况、生物群落、环境要素和威胁因素等。

滨海盐沼：掌握我国主要滨海盐沼生态状况，主要调查指标包括滨海盐沼湿地生态状况、生物群落、环境要素和威胁因素等。

2）海洋生态灾害

海洋生态灾害主要监测场景包括以下六种。

赤潮灾害：监测目标为及时发现、全程追踪、准确预警赤潮灾害，掌握赤潮发展演变规律，分为早期预警监测和暴发后跟踪监测。

大型藻类灾害：主要包括绿潮灾害监测和马尾藻监视监测，目标为及时发现、全程跟踪浒苔绿潮灾害，掌握浒苔绿潮发展演变趋势。

局地性生物暴发事件：主要针对海星、“白泥蚂”等灾害生物，敏感海域包括重要海水浴场、重要养殖区、核电站取水口周边海域等，目标为及时掌握敏感海域生物暴发事件发生状况。

海洋缺氧：重点关注长江口缺氧现象，目标为掌握我国近海海洋缺氧问题的分布格局，跟踪主要缺氧区的缺氧发生发展过程和演变趋势。

海洋酸化： 目标为掌握我国近海酸化分布现状。

海洋微塑料： 目标为掌握我国近海微塑料分布现状。

7.3.3　海洋生态预警监测的评估方案

1. 预警监测体系构建

海洋生态预警监测评估系统须充分应用物联网、大数据，以及空间地理分析、指标分析评价、数据驾驶舱等信息技术手段，构建海洋生态系统综合数据库、近岸海洋生态"一张图"，掌握海洋生态底数；构建海洋典型生态系统监测业务化运行体系，建立监测数据实时汇集、快速处理及动态更新机制；建立海洋生态受损状况及变化趋势分析评估模型，开展海洋生态预警分析评价指标计算，及时预警生态问题与潜在风险；应用数据驾驶舱展示海洋生态总体态势及演变趋势，为制定海洋生态保护措施提供综合研判决策服务。

2. 海洋生态风险评估

海洋生态风险评估主要依据海洋生态分析评估模块实现，通过建立海洋生态受损状况及变化趋势分析评估模型，开展海洋生态预警分析评价，及时发布海洋生态问题与潜在风险警示信息。

1）海洋生态预警分析评价指标体系构建

海洋生态预警分析评价指标包括三个层次的内容：资源状况、生境状况、风险状况。

资源状况： 生物资源状况包括海域生物资源指数、海域生物资源多样性指数、渔业资源指数等；空间资源状况包括海岸线资源指数、重要生态空间指数、潮间带资源指数等。

生境状况： 生境生态化状况包括初级生产力指数、滨海植被面积指数、无居民海岛植被覆盖率指数等；底质污染状况包括酸可挥发性硫化物指数、总有机碳指数等；水体富营养化状况包括富营养化指数、氮磷比指数等；水体稳定性状况包括溶解氧饱和度指数、酸碱度指数等。

风险状况： 生态灾害状况，包括赤潮风险指数、互花米草入侵指数等；潜在风险状况包括海域低氧指数、砂质岸线侵蚀指数和海平面变化指数。

2）海洋生态评估综合评价及应用

海洋生态评估参考《海岸带生态系统现状调查与评估技术导则》提供的评估方

法，应用单项指标因子的赋值方法、指标模型计算公式，以及各个层级指标或评价因子的权重值，可以构建相对全面的海洋生态系统预警评估模型，依此开展单项及综合指标的计算。例如，依据经验或参考文献确定各项评估指标预警阈值，如果动态计算的海洋生态状况评估指标超出阈值，则根据系统预设等级，自动生成预警预报信息；依据预设的模板和通知渠道，由系统发送预警预报成果，方便相关部门提前做好应对措施。未来实践过程中的评估模型、预警阈值根据实际验证结果，可以进行适当的优化调整。

7.3.4 海洋生态保护与修复措施

海洋生态保护与修复措施应以恢复生物多样性和生态系统基本功能为重点，以自然恢复为主、人工修复为辅，并优先修复具有典型性、代表性的海洋生态系统。以珊瑚礁、红树林、海草床等典型海洋生态系统为例，保护与修复措施包括以下三点。

1. 基于生态连通性的海陆联动生态廊道构建

鉴于珊瑚礁、红树林、海草床均处于海陆交错区，不同类型生态系统的生物群落组成、关键种、优势种及生产功能均存在边缘效应，同类生态系统在分布上既有连续性，也有间断性，但由于海水的流通性，其生态连通性自然形成，各类生物在自然海区存在基因漂移、遗传信息传播、种苗扩散等现象，应遵循海洋自然规律畅通生态廊道，维护生态连通性，依照自然属性和生态原理，改善生境、调配生物组成，促进生态系统恢复。

2. 基于系统控制与宏观协调的生态空间跨边界整合

跨边界应以生态系统完整性为优先，既包括跨行政区域边界，也包括跨部门管理边界，实行陆海统筹，做好海洋空间规划，从生态空间的系统性出发，进行跨边界整合，以利于维持自然生态系统的自然演替和可持续发展，避免行政边界或工程设施导致生境破碎化和生态廊道隔离。

3. 遵循自然规律的复合生态系统恢复重构路径

在掌握海洋生态系统自然演变规律，关键物种的建群功能及抗干扰能力，生物多样性形成机制等的基础上，遵循生态学原理进行不同类型生态系统的恢复重构。其具体路径为：先明确不同类型生态系统退化的原因和受损程度，再科学制定恢复重构方案，开展实地试验—效果评估—示范推广。

此外，保护海洋特色生态系统需要全球共同努力，政府、科学家和社会各界配合，加强合作，共同制定和执行有效的保护政策和管理措施，包括减少二氧化碳排放、增加海洋碳汇、减缓气候变化、禁止不负责任捕捞、控制环境污染，推动可持续的海洋生态系统与生物多样性管理是至关重要的环节。保护热带海洋特色生态系统不仅仅是拯救一个生态系统，而是在保护人类的未来，促进人与自然和谐。

7.4 海洋生态预警监测实践及应用

7.4.1 我国海洋生态预警监测典型案例

我国海洋生态预警监测体系的建立和发展，是响应全球海洋环境保护和可持续发展需求的重要举措。随着经济的快速发展和海洋活动的日益频繁，海洋生态系统面临着前所未有的压力和挑战。为了有效预防和减少海洋生态灾害，我国在海洋生态预警监测方面进行了长期而深入的探索和实践。海洋生态预警监测相关工作涉及多个领域，包括海洋污染、赤潮、海冰灾害、珊瑚白化等。这些案例不仅反映了我国在海洋生态监测技术、数据分析和预警发布等方面的进步，也体现了我国在应对海洋环境问题时的策略和行动。

从早期的摸索起步，到例行监测的系统化发展，再到新世纪的跨越式进步，我国海洋生态预警监测经历了多个发展阶段。每个阶段都伴随着监测技术的进步、监测网络的扩展和预警机制的完善。当前，我国正处在陆海统筹的新时期，海洋生态环境监测工作在统一组织领导和数据管理等方面实现了质的飞跃。在这一背景下，以下内容将重点介绍两个具有代表性的我国海洋生态预警监测案例：海洋生态环境监测网络的构建和全球海冰预警系统。通过这些案例的分析，我们可以更深入地理解我国海洋生态预警监测的发展脉络、面临的挑战以及未来的发展方向。

1. 海洋生态环境监测网络

构建海洋生态环境监测网络对于海洋生态预警监测至关重要，因为它不仅能够系统地收集关键数据，为理解和分析海洋生态系统变化提供科学依据，还能提高对潜在生态问题的预警能力，从而及时采取预防措施。中国海洋生态环境监测网络的建设经历了多个阶段，每个阶段都有其特点和成就，同时也面临着不同的挑战和发展方向。

摸索起步阶段（1972—1977 年）：中国的海洋污染调查工作始于 1972 年，通过污染调查，基本掌握了近海海域的污染范围、程度及污染物来源，为海洋监测工作的起步奠定了基础。

例行监测起步阶段（1978—2000 年）：1978 年，渤海环境监测中心成立，标志着中国海洋环境例行监测阶段的开始。此时期，国家海洋局设立了国家海洋环境监测中心、海区监测中心和一系列海洋监测站，海洋环境监测工作进入了发展快车道。

新世纪监测发展阶段（2001—2017 年）：步入 21 世纪以来，海洋生态环境监测事业实现了跨越式发展。2002—2004 年，国家建立了 33 个赤潮监控区；2004—2005 年，近岸海域部分生态脆弱区和敏感区内建成了 18 个生态监控区。监测内容不断丰富，监测机构队伍也日益壮大。

陆海统筹新时期（2018 年至今）：2018 年国务院机构改革后，新组建的生态环境部打通了“陆地和海洋”，为海洋生态环境监测工作发展带来了新的历史契机。海洋生态环境监测工作在统一组织领导、规划布局、制度规范、数据管理和信息发布等方面实现了统一。

目前，我国已建立了覆盖全国海域的多参数、长期、立体、实时监测网络，由海洋观测台站、雷达测冰站、海洋监测船、海上遥测资料浮标、专用海洋监测飞机和卫星地面接收站等组成。监测内容包括海水水质监测、海洋生态监测、海洋环境监督性监测和海洋生态环境风险监测预警等。海洋生态环境监测网络的建设是科学决策、有效解决海洋生态环境问题的基础，对于提升海洋生态灾害和环境突发事件应急监测能力具有重要意义。尽管中国海洋生态环境监测网络体系已经初步建成，但在基础监测能力、监测评价技术、数据综合运用分析等方面仍需加快建设步伐。

未来，我国海洋生态环境监测网络将继续深化环境质量和污染源监测，向生态状况监测和环境风险预警拓展，构建覆盖近岸和近海的生态环境监测体系，逐步形成极地和大洋的生态环境调查能力。此外，还将服务污染防治攻坚战，优化监测内容，形成海洋突发环境事件应急处置和预测预警能力，充分利用监测数据，精细化服务监管需求，并进一步提升监测队伍的工作水平和基础能力。

2. 全球海冰预警系统

中国北方海域，尤其是渤海和黄海北部，每年冬季都会出现海冰现象。随着海上经济活动的增加，海冰对相关行业的影响日益凸显。海冰灾害可能导致海上交通受阻、船舶损坏、海洋设施破坏，甚至引发环境污染等严重后果。有效的监测预警，可以协助提前采取防范措施，对保障海上交通安全、海洋工程安全、海洋资源开发等具有重要意义。

国家海洋环境预报中心是负责海冰监测预警的主要机构，拥有先进的技术和设备，能够对全球海冰现象进行全面的监测和分析，并及时发布预警信息。主要监测内容包括海冰的分布范围、厚度、类型、运动趋势等。监测手段包括卫星遥感、现场观测、浮标监测等。预警内容则涉及冰情等级划分、预报等级标准、可能受影响的海域和行业等。

中国海冰监测预警工作是一个系统化、科学化的过程，涉及多个部门和机构的协同合作。预警信息会根据海冰的发展情况定期更新、及时发布，并通过媒体、网络等渠道广泛传播，确保相关部门和公众能够及时获取。同时，相关部门会根据预警信息采取应对措施，如调整航运计划、加强海上设施保护、指导渔业养殖区防范等。有效的监测预警，可以最大限度地减少海冰灾害的影响，保障海洋经济活动的顺利进行和人民生命财产的安全。

7.4.2　国际海洋生态预警监测典型案例

国际海洋生态预警监测案例展示了不同国家和地区在面对海洋环境挑战时的创新方法和有效策略。这些案例通常涉及跨学科的合作、先进技术的应用以及国际合作的加强。它们不仅帮助科学家和决策者更好地理解海洋生态系统的动态变化，也为全球海洋环境保护提供了重要的数据支持和决策依据。

本节将重点介绍两个具有国际影响力的海洋生态预警监测案例：澳大利亚大堡礁珊瑚白化预警和美国墨西哥湾漏油事件监测与预警。这两个案例分别代表了自然生态现象和人为灾难对海洋生态系统的影响，展现了通过预警监测系统进行有效应对的实践。通过分析这些案例，我们可以学习到如何通过预警监测系统来识别和预防海洋生态危机，以及在危机发生时如何迅速采取行动以减轻对环境和经济的影响。这些经验对提高全球海洋生态预警监测能力、加强国际合作以及推动海洋可持续发展具有重要的启示作用。

1. 澳大利亚大堡礁珊瑚白化预警

澳大利亚大堡礁是世界上最大的珊瑚礁系统，因其独特的生物多样性和重要的生态价值而闻名于世。然而，近年来气候变化导致的海水温度升高，大堡礁频繁遭受珊瑚白化事件的威胁，对珊瑚礁生态系统造成了长期的伤害。澳大利亚环境部门为了应对这一挑战，建立了一套珊瑚白化预警系统，以监测和预警珊瑚白化现象，保护这一珍贵的自然遗产。

澳大利亚环境部门通过以下方式实施珊瑚白化预警：①环境监测，定期监测大堡礁海域的水温、光照强度、海水酸度等关键环境参数；②数据分析，基于环境数据分析珊瑚礁可能面临的白化风险，通过对比历史数据和实时监测数据预测白化事件的可能性；③预警发布，一旦监测到潜在的白化风险，环境部门会及时发布预警信息，通知相关部门、研究人员、当地社区和公众；④应对措施，预警信息的发布旨在促使相关部门和利益相关者采取行动，如减少人类活动对珊瑚礁的影响、增强公众意识、调整旅游活动等，以减轻白化事件的影响。

珊瑚白化预警系统对于提前识别和应对珊瑚白化事件至关重要，它不仅使得环境管理者能够及时采取干预措施以减轻白化对珊瑚礁生态系统的影响，还为科学研究提供了宝贵数据，帮助更好地理解珊瑚白化的机制。此外，该系统通过增强公众意识和促进社会参与，加强了对珊瑚礁保护的认识和行动，为政府制定应对气候变化和保护珊瑚礁的政策提供了科学依据，从而有助于保护大堡礁的生物多样性和维持其关键的生态服务功能。

2.美国墨西哥湾漏油事件监测与预警

美国墨西哥湾漏油事件，又称深水地平线漏油事故，是 2010 年 4 月 20 日发生的一起严重的海洋油污外泄事件。英国石油公司租用的深水地平线钻井平台发生井喷并爆炸，导致 11 名工作人员死亡，并引发了大规模的环境污染。在漏油事件发生后，美国 NOAA 迅速建立了一个多方面的监测与预警系统。

该系统利用遥感技术，通过卫星和飞机搭载的设备监测海面油污的分布和扩散情况。同时，水质监测团队在水面和水下部署传感器和采样器，监测海水中的石油浓度、毒性和化学成分。此外，结合气象数据，如风速、风向和海流，预测油污的移动路径和可能影响的区域，为提前预警和制定应对策略提供科学依据。

预警信息是基于监测数据的分析结果，用于指导相关部门和应急响应团队采取行动。这些信息包括泄漏物的扩散模型，预测未来几小时到几天内油污可能到达的区域，以及可能受到影响的海岸线、湿地、渔业区和旅游景点。这些预警信息对于当地社区和企业采取预防措施至关重要，有助于减少油污对环境和经济的影响。

监测与预警系统不仅用于预警，还为实际的应对和清理工作提供支持。系统支持资源调配，确保清理资源如船只、人员和设备能够及时有效地应对油污。同时，持续监测受影响区域的环境状况，评估清理工作的效果和对生态系统的长期影响。美国墨西哥湾漏油事件的监测与预警系统是一个复杂而全面的体系，它通过多种技术和方法，确保了对漏油事件的有效监测、预警和应对。这一系统不仅在当时的应急响应中发挥了关键作用，而且为未来类似事件的管理和预防提供了宝贵的经验和知识。

关键术语

海洋生态预警监测、海洋生态安全、海洋生态承载力、海洋生态修复、海洋生态系统管理

思考题

1．简述海洋生态系统概念与典型海洋生态系统类型。

2．概述我国存在的典型海洋生态问题，并谈谈你的看法。

3．分析全国海洋生态预警监测的主要任务和针对对象，并说明海洋生态预警监测的重要性。

4．解释海洋生态预警监测在环境保护和决策支持方面的重要性，并列举至少三种海洋生态环境问题并分析导致该问题的可能原因。

5．简述海洋生态预警监测理论及其相关理论的概念内涵。

6．分析海洋生态预警监测中“监测”的主要内容和“预警”的对象，并说明他们之间的关系及其在保护海洋生态系统中的重要性。

7．简述海洋生态环境调查常用的方法。

8．简述海洋生态监测主要技术类型。

9．针对珊瑚礁典型海洋生态系统构建预警分析评价指标体系，并分析可能出现的风险和相对应的保护修复措施。

10．描述海洋生态预警监测在保护生物多样性方面的作用。

11．简述海洋生态预警监测对海洋资源管理和政策制定的影响，以及如何通过监测数据增强公众的海洋保护意识。

12．简述海洋生态预警监测系统在应对类似墨西哥湾漏油事件中的作用和挑战，并提出可能的改进措施。

参考文献

[1] 全国海洋标准化技术委员会 . 海洋学术语 海洋资源学：GB/T 19834—2005 [S] . 2005.

[2] 杨振姣，姜自福，罗玲云 . 海洋生态安全研究综述 [J] . 海洋环境科学，2011，30 (2)：287-291.

[3] 狄乾斌，韩雨汐，曹可 . 基于 PSR 模型的中国海洋生态安全评价研究 [J] . 海洋开发与管理，2014，31 (7)：87-92.

[4] 国家海洋局 . 中国海洋环境深度报告：可持续发展面临四大危机来源 [EB/OL] . (2011-06-03) [2024-07-10] . https：//www.gov.cn/gzdt/2011-06/03/content_1876488.htm.

[5] 自然资源部海洋预警监测司 . 2021 中国海洋灾害公报 [EB/OL] . (2022-05-07) [2024-07-10] . https：//www.nmdis.org.cn/hygb/zghyzhgb/2021nzghyzhgb/.

[6] 全国海洋标准化技术委员会 . 海洋调查规范 第 9 部分：海洋生态调查指南：GB/T 12763.9—2007 [S] . 2008.

[7] 中国环境监测总站 . 2023 年全国生态质量监测技术方案 [EB/OL] . (2023-05-22) [2024-07-10] . https：//www.cnemc.cn/jcgf/qt/202305/t20230522_1030723.shtml.

[8] 王斌 . 海洋生态环境监测体系建设的初步研究 [J] . 海洋通报，2002 (6)：52-59.

[9] 陈尚，张朝晖，马艳，等 . 我国海洋生态系统服务功能及其价值评估研究计划 [J] . 地球科学进展，2006 (11)：1127-1133.

[10] 樊杰，王亚飞，汤青，等 . 全国资源环境承载能力监测预警（2014 版）学术思路与总体技术流程 [J] . 地理科学，2015，35 (1)：1-10.

[11] 孟伟庆，胡蓓蓓，刘百桥，等 . 基于生态系统的海洋管理：概念、原则、框架与实践途径 [J] . 地球科学进展，2016，31 (5)：10.

[12] 李志国，徐昔保，李景宜，等 . 生态修复研究进展与展望 [J] . 环境生态学，2024，6 (1)：103-110.

[13] 刘岩，王昭正 . 海洋环境监测技术综述 [J] . 山东科学，2001，14 (3)：6.

[14] 陈振明 . 海洋生态环境的预警机制研究 [J] . 中国资源综合利用，2021，39 (1)：135-137.

[15] 唐浩宇，陈佐，邹文财 . 海洋生态预警监测评估方案设计与实现 [J] . 海洋信息技术与应用，2023，38 (3)：187-192.

[16] PONCE-CAMPOS G E, MORAN S, HUETE A, et al. Ecosystem resilience despite large-scale altered hydroclimatic conditions [J] . Nature, 2013, 494(7437): 349-352.

[17] BESTELMEYER B T, DUNIWAY M C, JAMES D K, et al. A test of critical thresholds and their indicators in a desertification - prone ecosystem: more resilience than we thought [J] . Ecology Letters, 2013, 16 (3)：339-345.

[18] SASAKI T, FURUKAWA T, IWASAKI Y, et al. Perspectives for ecosystem management based on ecosystem resilience and ecological thresholds against multiple and stochastic disturbances [J] . Ecological Indicators, 2015, 57：395-408.

[19] KENDRA K, ROD F, BENJAMIN H, et al. Thresholds in Caribbean coral reefs: implications for ecosystem - based fishery management [J] . Journal of Applied Ecology, 2015, 52 (2)：402-412.

[20] PHILIPPE M C, IAN L B, SYLVAIN B, et al. Global seabird response to forage fish depletion—one-third for the birds [J] . Science, 2011, 334 (6063)：1703-1706.

[21] IAN P, DIANE M. An integrated analysis of the marine social - ecological system of the Strait of Georgia, Canada, over the past four decades, and development of a regime shift index [J] . Progress in Oceanography, 2013, 115：14-27.

[22] HOLLING C S. Resilience and stability of ecological systems [J] . Annual Review of Ecology & Systematics, 1973, 4 (1)：1-23.

[23] 王奎峰 . 山东半岛资源环境承载力综合评价与区划 [D] . 徐州：中国矿业大学，2015.

[24] 杜元伟，周雯，秦曼，等 . 基于网络分析法的海洋生态承载力评价及贡献因素研究 [J] . 海洋环境科学，2018，37 (6)：899-906.

[25] SER (Society for Ecological Restoration International Science & Policy Working Group) . The SER International primer on ecological restoration [R] .Washington DC：Society for Ecological Restoration International Science and Policy Working Group，2004.

[26] 高强，苟露峰 . 海洋生态修复中的产业替代理论研究 [J] . 科学与管理，2014，34 (6)：5.

[27] 杨波，付辉，郭世麒，等 . 中国海洋生态保护与绿色发展 [J] . 科技导报，2023，41 (22)：22-29.

[28] CHRISTENSEN N L.，BARTUSKA A M，BROWN J H，et al. The report of the ecological society of America committee on the scientific basis for ecosystem management [J] . Ecological Application，1996，6 (3)：665-691.

[29] 关凤峻，刘连和，刘建伟，等 . 系统推进自然生态保护和治理能力建设：《全国重要生态系统保护和修复重大工程总体规划（2021—2035 年）》专家笔谈 [J] . 自然资源学报，2021，36 (2)：290-299.

[30] 黄良民，林强，谭烨辉，等 . 热带海洋特色生态系统恢复重构与保护思考 [J] . 热带海洋学报，2024，43 (6)：1-12.

[31] 阚文静，谭晓璇，石海明 . 基于海洋环境在线监测技术的研究探讨 [J] . 海洋科学前沿，2020，7 (4)：4.

[32] 张灿，陈虹，王传珺，等 . 我国海洋生态环境监测工作的发展及展望 [J] . 环境保护，2021，49 (12)．4.

[33] 张微微，金媛，包吉明，等 . 中国海洋生态环境监测发展历程与思考 [J] . 世界环境，2019 (3)：3.

[34] BAY L K，MEAD D，NEWLANDS M，et al. Interventions to help coral reefs under global change-A complex decision challenge [J] . PLOS ONE，2020，15 (8)：e0236399.

第 8 章

海岸带碳汇评估与核算

■ **教学要求**

温室效应导致的全球气候变化成为了当前各国关注的焦点问题，而海岸带区域以及滨海湿地是解决全球气候异常的关键区域。全面厘清滨海湿地生态系统碳汇机理，开展海岸带蓝色碳汇的精确评估与核算，对实现低碳发展目标、缓解温室效应具有重要作用。本章将介绍海岸带碳汇评估与核算的基本概念、国内外研究进展与方法，并展示试点区域海岸带碳汇核算的结果与结论。

8.1 海岸带碳汇概述

8.1.1 海岸带碳汇重要性

气候变化已成为 21 世纪人类面临的最严峻的挑战之一，关乎着国家战略利益和人类兴衰存亡。政府间气候变化专门委员会（Intergovernmental Panel on Climate Change，IPCC）的报告《2021 年气候变化：自然科学基础》指出，全球变暖的速度比想象中要快，即使温室气体排放大幅减少，世界也有可能在未来 20 年内暂时升温 1.5 摄氏度；2023 年最新气候科学报告表明，人类活动已经成为全球变暖的关键影响因素，2011—2020 年的全球温度已较 20 世纪初上升了 1.1 摄氏度。在这样的背景下，世界各国相继设立“碳达峰、碳中和”目标以应对气候变化。以德国、匈牙利、法国、英国为代表的国家和以美国、加拿大、西班牙、意大利等为代表的国家分别在 20 世纪八九十年代和 21 世纪初实现了碳达峰目标。中国是应对气候变化的重要贡献者和积极践行者。2020 年 9 月，中国也正式提出了“碳达峰、碳中和”的目标，即“双碳”目标。

“双碳”目标即碳汇研究的出口，是应对全球气候变化的必要途径，也是减排增汇的目的。碳达峰是指在某一个时点，二氧化碳的排放不再增长，达到峰值之后逐步回落；碳中和是指在一定时间内直接或间接产生的二氧化碳或温室气体排放总量，通过植树造林、节能减排等形式，以抵消自身产生的二氧化碳或温室气体排放量，实现正负抵消，达到相对“零排放”。2020 年 9 月，中国向世界郑重宣布“双碳”目标，即碳排放力争于 2030 年前达到峰值，努力争取 2060 年前实现碳中和。这份郑重承诺充分展现了我国负责任大国的自觉担当，体现了我国推动完善全球气候治理的决心，同时对我国碳减排工作和碳汇发展提出了更高的要求。

作为地球生态系统中最重要的碳库之一，海洋对于全球气候变化和碳循环过程具有十分重要的作用。海岸带是海洋碳汇的重点区域，位于海岸带区域的盐沼、红树林、海草等近年来被广泛关注，是地球上高效的固碳热点，其所固定的碳被称为“海岸带蓝色碳汇”（coastal blue carbon）。据估算，海岸带植物生物量虽然只有陆地植物生物量的 0.05%，但每年的固碳量却与陆地植物大体相当。滨海盐沼、红树林和海草床的碳汇能力分别是亚马孙森林碳汇能力（每公顷约 1.02 吨碳）的 10 倍、6 倍和 2 倍。与碳在陆地生态系统可储存数十年到几百年相比，埋藏在滨海湿地土壤中的有机碳和溶解在海水里的惰性无机碳可储存千年之久。海岸带蓝碳生态系统占全球海洋的面积不足 0.2%，却贡献了全球海洋沉积物有机碳埋藏总量的 50%。海岸带地区作为重要的碳汇空间，具有强大的碳捕获、碳埋藏能力，成为推动实现国家“碳达峰、碳中和”目标的关键区域。

8.1.2 海岸带碳汇相关概念

1. 基本概念

碳汇：碳汇是指能够吸收和储存二氧化碳（CO_2）或其他温室气体的自然生态系统、人工生态系统或人为管理的区域。

碳储量：碳储量是指某一特定区域或某一生态系统中所储存的碳的总量，包括生物体、土壤、沉积物中的碳。

碳增量：碳增量是指在特定时间内某一特定区域或某一生态系统中所新增的储存的碳总量，包括植物每年的净初级生产力、沉积物的碳埋藏速率等。

海岸带碳汇：海岸带碳汇是指海岸带地区固定、存储碳的过程，包括红树林、盐沼和海草床等生态系统中的碳。

海岸带三级碳库体系：将海岸带碳汇划分为层层递进的三级碳库分类体系，以植被和土壤为主体、以海岸线为轴线、以群落类型为支撑，最终形成覆盖海岸带地区关键碳库区域的三级分类体系。

碳汇制图：碳汇制图是指结合现场调查采样获取的点状数据以及遥感、气象、水文等辅助数据，实现“由点至面”的碳汇空间模拟并形成图件。

碳汇评估：碳汇评估是一种评估特定区域吸收和储存 CO_2 的能力的过程，其目标是评估和量化碳汇项目在吸收和储存 CO_2 方面的能力，以及其对减缓气候变化的潜在贡献。

碳汇核算：碳汇核算是指对一个地区、一定时期内固碳量进行全面的确认、计量、记录和报告的过程。

核算清单：核算清单是一种用于定量记录和评估特定资源或活动的方法，以更好地了解其对气候变化的影响。

2. 概念辨析

1）碳汇核算

核算是一个会计术语，指的是对企业或组织的财务事项进行确认、计量、记录和报告的过程。具体来说，“确认”是指通过一定的标准或方法来确定所发生的经济活动是否能够进行会计处理。“计量”是指以货币为计量单位对已确定的经济活动测算其应该记录的金额。“记录”是指通过一定的会计方法按照上述确定的金额将发生的经济活动在会计特有的载体上进行登记的工作。“报告”是指通过编制财务报告的形式向有关方面和人员提供会计信息。目前最为人所熟知的一种核算类型就是国民经济核算。国民经济核算是以国民经济为对象的全面核算，即从国民经济全局出发，充分利用核算资料，编制国民经济各种核算表，全面核算社会再生产的活动和过程及成果，核算国民经济各部门、各环节、各要素的情况，从中研究国民经济的规模、水平、速度、结构等关系。

将“核算”概念延伸到气候变化领域中，碳汇核算（carbon accounting）就是指对一个地区、一定时期内固碳量进行全面的确认、计量、记录和报告的过程。首先，“确认”是碳汇核算过程的前期基础，涉及核算边界的确定、碳库和温室气体排放源的选择以及核算期的界定等约束性内容。其次，“计量”是碳汇核算过程的关键环节，是指以实物量为计量单位对生态系统固碳量测算其应该记录的数目。这意味着“计量”应包括核算数据与核算方法两部分，即该部分一是涉及数据收集，通过监测设备、实验分析等多种手段，收集与生态系统碳吸收相关的数据，例如植被固碳速率、沉积速率、植物生物量等。故而一般情况下，“计量”全称为“计量监测”。二是数据计算和评估，即通过应用特定的方法和模型，将收集到的数据进行分类计算和模拟评估。例如，考虑到空间异质性，将实地采样获取的点状数据模拟评估成区域碳吸收量的面状数据。再次，“记录”是碳汇核算过程的应有之义，是指参考会计方法，根据一定编制原则，按照上述计量的固碳量将生态系统碳汇登记在政策要求的特有载体上的活动，也即《联合国气候变化框架公约》提出的温室气体清单编制工作。最后，“报告”是碳汇核算过程的结果导向，是指通过编制评估报告的形式向有关方面和人员提供决策参考。因而“报告”理应包括编写与核证两个内涵，也即一旦完成清单编制，核算人员将生成相应的报告，并由第三方检查数据的来源、采集方法和评估过程，以确保报告信息的科学性、合理性与可靠性。综上所述，碳汇核算目的是更好地了解生态系统碳吸收情况，评估碳汇项目效益，为碳市场交易提供基础数据。

值得注意的是，上述碳汇核算更侧重于量化和记录碳汇数据，这可视作为总量核算，属于狭义上的碳汇核算。与之相对的，广义上的碳汇核算不仅包括总量核算，还需要涵盖质量核算，是对生态系统碳汇的一种全面且立体的描述。两者的区别关键在于“碳汇评估”的理解，狭义上的碳汇核算将碳汇评估作为一种核算方法类的技术手段，以计量区域固碳量大小。而广义上的碳汇核算将碳汇评估分解为两部分：一是模拟评估，二是健康评估（高质量碳汇—健康协调可持续）。模拟评估是狭义碳汇核算所理解的一类由点状数据演化为面状数据的核算方法。健康评估则是指“评估”应成为“计量”与“记录”之间的一个主要环节，是对生态系统碳汇可持续性的资源环境评价，一般用生态系统健康、生态系统韧性、情景预测、碳汇承载力与适宜性等指标体系或者方法体系进行量化表示，以完整表征碳汇核算的有效性。

2）**碳汇计量**

狭义的碳汇计量通常是指碳吸收量的计算，也即碳汇核算过程中的“计量”部分。广义的碳汇计量是指生态系统固碳过程涉及的监测、核查、交易等活动与测量或量化有关的计量问题的统称。两者相比，广义定义相对于狭义定义更贴近计量一词的本义。“计量”原指实现单位统一、量值准确可靠的活动，即在计量过程中，我们通常认为所使用量具和仪器是标准的，用它们来校准、检定受检量具和仪器设备，以衡量受检量具仪器测量时所获得结果的可靠性。“计量”涉及计量单位的定义和转换、量值的传递和保证量值统一所必须采取的措施、规程和法制等。着眼于碳汇领域，与“计量”最相关的内容就是标准与方法学。碳汇标准是一套用来规范和测算碳汇量的方法和要求准则，例如《海洋碳汇核算方法》（HY/T 0349—2022）、《养殖大型藻类和双壳贝类碳汇计量方法碳储量变化法》（HY/T 0305—2021）等；碳汇方法学是指用于确定项目的基准线、论证额外性、计算减排量、制定监测计划等的方法指南，是碳汇项目开发和审核的依据。总的来说，碳汇计量的目标是确保碳汇数据的真实性和准确性，以推动全球减排目标的实现，并促进更广泛的应用和认可，为碳市场提供可信赖的碳资产。

碳汇计量和碳汇核算在含义、侧重点及执行方式上有区别，具体体现为以下三个方面。

含义上的区别：碳汇计量是指用数值将碳汇量化的过程，而碳汇核算则是统计区域碳汇量的过程。具体来说，计量是对生态系统中各种碳过程的碳通量进行测量和数量化，核算更多侧重对生态系统中的储量通量、固碳能力的统计分析。

侧重点上的区别：碳汇计量的主要特点是“度量”，不仅包括碳汇的数量，还包括碳汇的单位及其关系等组成部分，是用来确定实物量的科学方法。碳汇核算是以碳汇数量作为主要的甚至是唯一的统计标准。

执行方式上的区别：碳汇核算通常是一定核算准则制度下的集中统一管理核算制模式。相比之下，碳汇计量除了遵从核算准则外还要遵循计量法规并且分门类来制定与之相适应的标准与方法学。

综上所述，从概念内涵角度来看，“碳汇计量”是“碳汇核算”的内在要求，属于后者的组成部分之一。从过程机理角度来看，前者多指具体的生态碳汇测算过程；后者偏重区域碳汇逻辑运算过程。

3）碳汇监测

碳汇监测是指对表征生态系统中碳储量和碳通量的代表值（关键参数）进行定期观测和记录，以了解碳循环过程、评估碳储量变化和识别碳吸收源。碳汇监测主要包括以下四个方面。

大气 CO_2 监测：通过气象观测站、遥感技术和无人机等手段，监测大气中 CO_2 的浓度和变化趋势。

森林监测：通过遥感技术、地面观测和采样等手段，监测森林生态系统的碳储量、生长状态和破坏程度。

土壤监测：通过采集土壤样品并进行实验室分析，监测土壤中有机质含量和 CO_2 排放量。

海洋监测：通过测量海水中的溶解 CO_2 浓度、表层温度和 pH 值等指标，监测海洋对 CO_2 的吸收和储存情况。这些方法通常还需综合考虑植被、土壤、大气等因素，获取全面的碳汇监测数据。同时，随着科学技术不断发展，新的监测方法与设备也在不断涌现，如无线传感器网络、无人机遥感等。

4）碳汇评估

相比碳汇计量与监测，评估过程包括以下关键步骤：使用适当的模型和工具对碳汇项目进行建模和模拟。这些模型可以预测碳汇的增长速率、吸收能力和长期稳定性，并评估不同管理策略的影响。同时，还要分析评估结果的不确定性，并识别主要的不确定因素。相比碳汇核算，碳汇评估重点在于对生态碳汇的数量和质量的评估，以及碳汇变化的评估。碳汇核算则偏向于对碳汇总量进行统计核算，主要从宏观上对大尺度空间内碳吸收情况进行管理。

5）核算清单

"清单"一词原意是指一定时期内用于记录和报告存货的详细列表。用在环境领域多指记录和报告污染物排放和吸收的详细列表。随着人为产生的温室气体排放问题在20世纪90年代成为国际社会关注的焦点问题，温室气体清单也逐渐受到重视。温室气体是指能产生温室效应的气体成分，《京都议定书》规定的人为产生的温室气体主要包括二氧化碳、甲烷、氧化亚氮、氢氟碳化合物、全氟化碳和六氟化硫六种。温室气体清单是指一定时期内用于记录和报告人为产生的温室气体排放量和吸收量的详细列表。因此，核算清单就是一种用于定量记录和评估特定资源或活动的方法，以更好地了解其对气候变化的影响，包括碳收支清单、碳核算清单、温室气体清单三种类型。

碳收支清单是用于衡量特定区域在一定时间内植被与大气之间碳交换的净通量（即生态系统的生物碳固定输入与输出的平衡状况）的工具。碳储量清单是用于衡量特定区域某个时间节点下碳库容量的详细列表。它主要关注土壤、植物和森林等载体储存碳元素的含量。三种清单类型相比，温室气体清单涵盖了所有温室气体排放量，包括二氧化碳以外的其他气体，碳收支清单则关注碳循环情形下主要界面碳通量情况，碳储量清单关注生态系统的碳储量评估。三者侧重点和目的略有不同。温室气体清单提供了相对全面的人为活动碳排放数据，碳收支清单帮助评估碳汇贡献，而碳储量清单用于评估家底数据与碳储存潜力。

8.1.3　不同类型生态系统碳汇核算

海洋作为地球表面的主要水体，面积占地球表面积的 71%，储存了地表 93% 的 CO_2，理论储碳量为 3.84 万亿吨，约为土壤碳库理论储碳量的 15 倍。在整个地球碳储存中，岩石圈储存了 99.9% 的碳，是地球上最大的碳库，然而，除了近代化石燃料的人为开采以外，岩石圈的碳通常被认为是不活跃的，很少参与生物地球碳循环。海洋每年净初级生产力约为 530 亿吨碳，溶解的无机碳总量是大气的 50 倍，是地球上最大的活跃碳库。海洋吸收大气 CO_2 分为被动方式和主动方式。被动方式是指当大气 CO_2 分压大于海水 CO_2 分压时，大气中的 CO_2 在分压差的驱动下进入海洋，以溶解态无机碳的形式存在，这种吸收机制又被称为“溶解度泵”。海水中的 HCO_3^-、CO_3^{2-} 及 H_2CO_3 平衡体系和碳酸盐的析出与沉降构成“碳酸盐泵”，其中的碳酸盐沉积是一种储碳机制。

“生物泵”则是海洋吸收大气 CO_2 的一种主动方式，主要依赖海洋中的浮游生物，特别是藻类的光合作用，将无机碳转化为有机碳。同时海水 CO_2 分压降低，进一步促进海水吸收大气中的 CO_2。海洋“生物泵”的固碳量巨大，其净初级生产力每年约 530 亿吨碳。然而，固碳不等同于储碳。随着浮游生物的代谢、死亡及有机碳的再矿化等作用，大量“生物泵”固定的碳可被再次转化为无机碳，并以 CO_2 的形式再次释放到大气中。仅有极低比例的难以被降解的有机碳以溶解态或颗粒态的形式在海水中进行较长时间（4 000～6 000 年）的储存。

1. 红树林

红树林滨海湿地生态系统是指以红树科乔木为主要物种的滨海湿地生态系统，主要分布在热带和亚热带区域。由于红树植物生物量大、密度高，并且能够为其他湿地植物和底栖生物提供优越的生境，因而在全球滨海湿地生态系统中占据重要地位。同时，红树林位于陆地与海洋两大生态系统的交汇区域，受到海源和陆源双重影响，在全球生态系统健康与碳平衡中都起到至关重要的作用。红树林湿地的碳循环目前也已经成为全球研究的热点话题。

1）自然碳汇

（1）植被碳储量研究方法

异速生长方程法：红树林生物量碳储量的计算是通过测定植被生物量来实现的，在生物量的基础上乘以植被含碳系数来计算其碳储量。异速生长方程法是以生物量清查为基础，对样木的地上和地下部分生物量进行实测。在此基础上，根据树木的胸径、株高、盖度等一系列外部生长特征值建立与树木各器官生物量的回归方程。该方法能够快速地估算大尺度区域的红树林生物量。

遥感反演法：目前，雷达遥感和基于 TM 的遥感影像已应用于红树林生物量的测定中，雷达可获取全面立体的植被生物量信息。但由于费用等原因，雷达遥感并未在红树林生物量估算中大范围应用。基于 TM 影像的遥感，应用纹理特征值结合波段值或是植被指数估测植被生物量，可获得较高估算精度。

（2）土壤碳储量研究方法

直接测量法是土壤碳储量研究中基础的方法。它是根据实地土壤剖面取样，直接测定各土层的有机碳含量，然后采用加权的方法计算整个土壤剖面的有机碳含量，再用面积求出整个红树林湿地的土壤碳储量。

大尺度土壤碳储量研究方法是在直接测量法的基础上，根据不同土壤类型或者生态类型估算区域土壤碳储量。土壤类型法是以大量实测的剖面数据和对土壤类型准确划分为前提，但是只考虑土壤类型的因素。实际应用中，对植被及人类活动等影响因素的考虑的缺乏，很大程度上影响估算精度。生态类型法弥补了土壤类型法的不足，考虑了温度、降水等气候因素对土壤有机碳蓄积的影响。目前研究多采用直接测量法，结合不同生态类型计算整个研究区的土壤碳储量。

土壤模型法是通过模拟土壤有机碳输入量和输出量，研究土壤有机碳储量及其变化。目前国际上用得最多的是 Century 和 DNDC 模型。通过不断地改进验证，土壤模型法的精确度提高很多，而且与实测拟合度很高。

（3）碳汇研究方法

碳汇研究主要是通过测定植被净初级生产力和土壤呼吸消耗来实现的。红树林湿地的碳汇能力最早以凋落物法计算，用年凋落量换算成植被初级生产力作为碳汇能力。Kristensen 等以该原理为基础，根据已有资料得出全球红树林湿地总初级生产力为每年每平方米 149 摩尔碳，相当于每年每公顷固定 17.88 吨碳。但是凋落物法忽略了土壤呼吸作用消耗的碳，得出的碳汇能力与实际有较大差异。

生态系统净生产力法是用植被的总初级生产力减去土壤微生物呼吸和植物呼吸消耗的量代表该生态系统的碳汇。红树林生态系统净生产力为：NEP=GPP−（Ra+Rh）−E。其中，NEP 为生态系统净生产力；GPP 为总初级生产力；Ra 为自养呼吸消耗；Rh 为异养呼吸消耗；E 为生态系统输出的碳。红树林湿地是开放系统，生态系统碳平衡为：ESS=（P+I）−（R+E）。其中，P 为植物初级生产力; I 为外界输入的碳; R 为土壤呼吸; E 为输出碳。在一定程度上，生态系统的净生产力可代表红树林生态系统的碳汇。Sandilyan 等根据该原理测定了红树林植物净初级生产力和土壤呼吸释放的碳，研究了全球红树林的碳汇能力。

2）人工碳汇

国际上使用最普遍的红树林方法学包括 CDM 方法学和 VCS 方法学。其中 CDM 将红树林方法学分为大规模造林和再造林方法学以及小规模造林和再造林方法学。其中，“AR-AM0014 退化红树林栖息地的植树造林和再造林”，属于大规模造林和再造林方法学。应用该方法学的项目通过增加地上生物量、地下生物量以及枯木、土壤有机碳中的碳储量来清除温室气体。另一个红树林有关的“AR-AMS0003 在湿地实施的造林和再造林项目活动”，属于小规模造林和再造林方法学。该方法学主要应用于净碳汇清除量低于每年 16 000 t CO_2e 的低收入社区和个人开发的红树林造林和再造林项目。VCS 方法学涉及红树林的是“VM0033 潮汐湿地和海草恢复方法学，v1.0”“VM0007REDD+ 方法学（REDD+MF），v1.6”，该方法可量化因避免森林砍伐和森林退化而减少的温室气体排放量和清除量，适用于在没有项目活动情况下即将被砍伐或退化的林地、林地湿地、泥炭地和潮汐湿地。2020 年 9 月，该方法学经过修订，应用范围覆盖了红树林、海草床和滨海盐沼。

我国红树林碳汇项目方法学研究主要借鉴了 CDM 和 VCS 方法学的基本技术框架和计量方法。广东省生态环境厅印发了《广东省红树林碳普惠方法学（2023 年版）》，规定了广东省（不含深圳市）红树林生态修复过程中实施增汇行为产生的碳普惠核证减排量的核算流程和方法。《福建省修复红树林碳汇项目方法学》在福建省生态环境厅完成备案，该方法学以福建省红树林长期定位观测为基础，为福建红树林修复碳汇核算提供科学有效的技术方法。《海南红树林造林 / 再造林碳汇项目方法学》适用于海南红树林造林或再造林项目的自愿减排交易。

2. 海草床

海草是生长在热带和温带地区的潮间带浅水区域的水生植物，其组成的海草床生态系统位于靠近陆地的红树林、盐沼等滨海湿地生态系统和珊瑚礁之间，对于净化水体、岸线稳固和蓝碳吸收具有重要作用。

1）自然碳汇

目前主要是利用碳 -14、铅 -210、沉积物收集器、年度碳收支等方法来估算海草床沉积物的埋藏速率。大量研究发现，海草床、红树林和盐沼地这三种滨海蓝碳生态系统是生物圈中最密集的碳汇区域，它们沉积的有机物质中富含碳成分，具有很高的碳沉积速率和很强的碳封存能力。全球海草床沉积物有机碳的埋藏速率介于每年每平方米 2.4～112.1 克。例如，在西班牙的 Port Lligat 地区，利用碳 -14 估算的大洋波喜荡草海草床沉积物有机碳的埋藏速率为每年每平方米 75 克，在 Fanals 地区，基于沉积物收集器估算的海草床沉积物有机碳的埋藏速率为每年每平方米 198 克。大洋波喜荡草海草床在 2 米水深的储碳量是 32 米水深的 14～16 倍。

2）人工碳汇

国际方面，Verra（一个管理着 VCS 项目的非营利性组织）发布了《潮汐湿地和海草恢复方法学》（VM0033），其核心内容包括基线场景的确定、额外性的论证、温室气体清除量及减排量的监测量化、核证减排量（VCU）的确定、监测程序等。国内方面，2023 年，山东省海洋资源与环境研究院联合中国海洋大学编制完成《海草床碳汇项目方法学》，该方法学结合山东省实际，充分借鉴国内外方法学，利用山东省前期基础研究和典型区域蓝碳试点调查成果，明确了海草床碳汇项目核算的适用条件、基线碳汇量、项目碳汇量及项目减排量核算方法、监测程序等的技术要求。

3. 滨海盐沼

滨海盐沼是指受海洋潮汐周期性或间歇性影响、有盐生植物覆盖的淤泥质滩涂。盐沼较高的碳积累速率和较低的甲烷（CH_4）排放量，使其碳汇作用更加明显，成为海岸带蓝色碳汇的重要组成部分。研究表明，全球滨海盐沼平均固碳速率为每年每平方米 218 克，比陆地森林生态系统高 40 倍以上。

1）自然碳汇

（1）基于现场观测的碳通量研究

生态系统碳通量为“系统 - 大气”界面单位时间单位面积上通过的碳总量。针对有盐沼生态系统碳通量测定，微气象法可以在不破坏植被和土壤状态的前提下，通过测量近地层湍流状态和被测气体浓度，来计算生态系统与大气间的 CO_2、水汽和能量通量，具体包括涡度协方差法、空气动力学法、能量平衡法、涡度积累法以及对流边界层收支法等。目前，涡度协方差法（即某种物质的垂直通量与其通过测定面的浓度和速度成协方差关系）已成为开展大时空尺度生态系统与大气间 CO_2 通量测定的主流方法。测量值可作为盐沼生态系统净碳汇能力的值。

（2）基于碳收支的碳汇能力计算

滨海盐沼生态系统净碳汇能力计算可解析为收支两条线，其中碳吸收表现为植被光合作用同化 CO_2，碳排放过程主要有植被呼吸释放 CO_2、土壤异养呼吸释放 CO_2。根据盐沼生态系统碳循环路径，分为以下两种方法：一是光合作用吸收的 CO_2 减去生态系统呼吸作用释放的 CO_2；二是植被净碳固定量减去土壤异养呼吸释放的 CO_2。第一种计算方法的“收”为植被光合作用吸收 CO_2，一般采用便携式光合测量系统获得植被净光合速率数据。生态系统呼吸作用释放的 CO_2 量可采用涡度协方差法测量的夜间数据或者暗箱法测量的生态系统呼吸数据。与前一计算方法相比，第二种方法将植被吸收和释放 CO_2 的净值作为生态系统层级上的碳吸收，碳排放则为扣除植被根系自养呼吸的土壤呼吸通量。

（3）基于碳储量变化的固碳能力研究

湿地植物通过光合作用吸收 CO_2 并将其转化为有机质，形成自身生物量，一定的生命周期后凋落并经微生物分解腐化，以有机质的形式储存于湿地土壤中。水平方向上，由于滨海湿地处于海陆交接地带，潮汐引起的波浪和潮流作用导致海岸带泥沙运动和滩面淤积侵蚀，造成湿地土壤碳素在水沙的裹挟下发生横向输移。可见，湿地土壤碳的积累一方面为大气中 CO_2 通过植物体进入土壤而埋藏，另一方面则是“近海－湿地”水沙交换产生的有机碳和无机碳的横向迁移。

（4）基于生态系统碳循环的模拟

湿地生态系统碳汇研究模型根据其模拟要素可大致分为过程模型和光能利用效率模型，亦可称为直接模拟模型。而另一类模型，则是通过大气 CO_2 反推生态系统碳汇能力，称为大气反演模型。过程模型也称机理模型，主要通过模拟影响生态系统碳循环的生物地球化学过程，定量描述系统中的碳收支，并估算生态系统净碳汇能力。常用模型有评估陆地生态系统的 BEPS、评估森林生态系统的 BIOME-BGC、评估苔原和草原的 PIXGRO 以及评估农田生态系统的 DNDC 等。光能利用效率模型，是利用瞬时太阳辐射和植物冠层对光照的利用效率来计算植物固碳量。与过程模型相比，光能利用效率模型原理简单，输入变量更少。常见的光能利用效率模型有 CASA、TURC、GLO-PEM 等。大气反演模型主要是通过不同站点不同时间测得的大气 CO_2 浓度和由气象数据推动的大气传输模型来计算陆地表面的碳通量，其准确性主要受 CO_2 观测站点和安装位置的限制。

2）人工碳汇

近年来，Verra 发布了《在湿地上开展的小规模造林和再造林项目活动》（AR-

AMS0003）方法学，主要包括基线场景的确定、额外性的论证、温室气体清除量的监测、核证减排量（CER）的确定、监测程序等。同时，Verra 还发布了《滨海湿地创建方法学》（VM0024）和《潮汐湿地和海草恢复方法学》（VM0033）等方法学。

8.2 海岸带碳汇研究进展

8.2.1 植被碳库碳汇评估

1. 植被碳库碳储量（生物量）相关研究

中国的植被生物量调查开始于20世纪80年代前后，多以实地测量的方法为主。李文华在1978年的文章中提出了在我国开展森林生物生产量测定工作的意见，并在长白山地区开展了相关研究；冯宗炜等对湖南会同地区的马尾松进行了生物量的测定工作。随后，诸多科学家都在全国尺度对我国单一物种、森林、草地等植被碳库开展了生物量的测定，多数研究都是结合了大规模植被清查资料、已有样方数据等，并结合了森林蓄积量、有机物转换效率等数据进行生物量估算。方精云等结合森林资源清查数据和已有文献资料推算了我国不同主要树种、不同省份的生物量数据；王绍强等根据已有文献资料，运用GIS，绘制了我国陆地植被生态系统的空间格局图，实现了植被碳库碳储量的数字化制图；王效科等区分了森林树种的不同树龄并对其生物量进行分别统计，提高了生物量估算的精确度；Fang等通过改进的BEF参数模型估算了我国森林生物量；Ni在2002年的文章中基于我国的草地调查数据对我国北方草地资源的生物量和碳储量进行了估算。上述各项研究虽然都在较大尺度对植被碳库碳储量进行了估算，但是基本数据来源依旧是我国从1949年以来至20世纪末开展的森林资源清查数据和样方数据，因此存在以下问题：一是调查难度大，成本高，时间跨度久；二是森林物种的清查数据不可能做到对全物种、全生态系统的完整调查，误差无法避免；三是乔木由于其体量大，易于观测，而灌木和草本植物的观测相对困难。

在遥感卫星数据和计算机科技发展后，模型模拟方法便立刻应用到了生物量的估算工作当中。Ni在2004年的文章中将草地资源清查数据与遥感数据相结合，估算了我国北方不同草地类型生物量；朴世龙等应用NDVI指数对我国草地植被碳库碳储量进行了估算，随后又开展了碳储量时空变化研究工作。随着科技的进一步发展，机器学习、数学模型、无人机等新技术也得到了广泛应用。

2. 植被碳库碳增量（净初级生产力）相关研究

净初级生产力（NPP）的研究同样起源于 IBP 计划，在计划开展初期，同植被碳库生物量和碳储量相似，研究主要以现场样地的长时序观测为主，包括通过刈割法直接测定生物年生长量，通过涡度相关法测定植被光合作用速率和 CO_2 吸收速率等。随着清查资料的积累以及研究尺度的不断扩大，相关的研究模型也逐渐完善，这些模型通过测度气候因子、植物生长机理、土壤理化性质等影响植物 NPP 的关键因子，开展对区域和全球尺度下 NPP 的估算。

当前主流模型可以分为气候模型，参数模型和过程模型三类。过程模型聚焦于植物的生长机理，从植物生长所需的光照、水汽、养分等参数入手，模拟植物生长环境；其由于各项参数均能够通过遥感卫星数据和气象资料获取，因而在大尺度范围内的 NPP 估算中具有明显优势。

常见的过程模型包括 CASA 模型、GLO-PEM 模型、TEM 模型等，其中以 CASA 模型（Carnegie-Ames-Stanford Approach）应用最为广泛。CASA 模型通过模拟植被光合利用效率进行 NPP 模拟，包括光合有效辐射和最大光能利用率。光合有效辐射由植被生长所处环境的光能辐射和植被能够直接利用的辐射两部分组成。早期的研究表明，在适宜生长的环境下，光合有效辐射的吸收速率与 NPP 呈明显相关性；进一步的研究发现，通过光谱遥感卫星获取的归一化植被指数（normalized difference vegetation index，NDVI）对植被生长和分布状况具有较好的模拟精度。最大光能利用率会随着植物物种的不同发生变化，最初的 CASA 模型通常忽视了不同植被类型之间的差异，在研究区内使用同一最大光能利用率进行计算，导致了 NPP 模拟精度的降低，如 Field 等学者和朴世龙等学者的研究；朱文泉等学者结合遥感数据和地面实测数据，获取了我国不同植被类型的最大光能利用率，并运用该数据改进了 CASA 模型，新模型考虑了不同植物类型光合作用对太阳辐射的利用效率，显著提高了模型模拟精度。同时，最大光能利用率也考虑了温度和水分的影响，能够更好反映不同区域植被碳库 NPP 的空间异质性。

结合改进的 CASA 模型，诸多学者对我国关键区域的 NPP 开展了相应分析，均取得了较好的成果。池源等学者于 2015 年和 2018 年的文章应用该模型模拟了黄河三角洲、崇明岛的 NPP 时空变化特征，并结合地表覆盖变化和人类活动影响辨识，解释了时空格局的形成因素，分析了强烈人类干扰下 NPP 的时空变化原因；何颖等结合 MODIS 卫星数据模拟了西北内陆干旱区的 NPP 变化状况，指出了不同生物多样性维护区内 NPP 的变化。随着地理大数据时代的到来，各遥感平台也结合卫星大数据，制作了各自的 NPP 产品，提升了数据获取和分析的便捷性。万华伟等基于 GLASS NPP 数据产品构建了 1982 年至 2017 年全国 NPP 空间特征，郭睿妍等基于 MOD17A3H 数据对黄河流域森林生态系统的 NPP 进行了空间格局分析。上述研究成果都通过 CASA 模型及其衍生数据产品开展了植被 NPP 的估算，不同尺度、不同区域和不同空间格局下 NPP 的时空分布特征也得到了精细化的模拟分析，CASA 模型本身也得到了相应改进，以适用于不同尺度、不同区域的 NPP 估算工作。

8.2.2 沉积物 / 土壤碳库碳汇评估

沉积物 / 土壤碳库是全球生态系统自然碳库的重要组成部分，也是陆地生态系统中最大的碳库，其与大气碳库的碳交换量占全部碳循环中的三分之二，碳储量也是植被碳库碳储量的 2～3 倍。土壤有机碳（soil organic carbon，SOC）是维护土壤功能多样性的核心，也是土壤碳库的主体，对土壤有机碳的分析与模拟是各土壤碳库研究的重点。SOC 的变化牵动着全球碳循环，具有显著的锁链效应。沉积物 / 土壤碳库与植被碳库之间呈现出相互支撑、相互联系的特点，植被碳库通过植物的光合作用从大气中吸收 CO_2 并固定为有机物，这是沉积物 / 土壤碳库重要的碳源，而沉积物和土壤又是植被生长发育的重要基础，土壤质量的好坏直接影响着植被生长状态，也直接影响着碳汇质量和速率。因此，精确模拟大空间尺度下沉积物 / 土壤碳库的碳储量和碳增量，并明晰其空间分布状况，对摸清研究区碳汇本底数据具有重要意义。根据研究需要和研究区内的实际状况，我们将海岸带地区的沉积物 / 土壤碳库区分为沉积物碳库和土壤碳库两大部分，其中土壤碳库主要分布在海岸线向陆部分，主体是农田和其他陆生植被占据的地表土壤；沉积物碳库则主要指海岸线向海部分的滨海湿地所包含的淤泥质滨海沉积物，包括湿地植被占据的沉积物部分以及光滩。以下内容为表述方便，统称为土壤碳库。

土壤碳库是一个复杂且多变的自然系统，对土壤信息的空间分布进行有效获取和表达是土壤研究中的关键问题。以往的科学家通常采用野外调查取样的方式开展土壤调查，但大尺度空间范围的土壤信息的获取，采用野外调查取样方法的时间和经济成本过高，只能依靠人工手动绘制的方式开展土壤信息空间分布图的制作，这种方法无法确保模拟精度，也缺乏相应的理论基础。数字土壤制图（digital soil mapping，DSM）是随着计算机和遥感技术发展起来的全新土壤模拟方法，这种方法得益于土壤要素空间分布的三大特性。一是土壤要素会受到外界因素的强烈干扰，包括气温、水文条件、土壤母质、高程和生物等因素，近年来人为因素也成为影响土壤特性的重要特性，城镇建设、农业开发、湿地围垦等都极大影响了 SOC 的空间分布格局；这些外部条件能够在一定空间范围内形成相似的土壤环境，同时又在一定距离范围内形成不同的土壤环境，这种空间上的差异是土壤数字制图的关注重点，也是其理论核心。二是“地理学第一定律”，该定律认为地理要素在空间上的变化随着距离的变化能够呈现出特定的规律，土壤要素同样遵循这一规律；合理地运用特定数学模型，结合其他实测数据，就能够获取时空变化下的土壤变化规律。三是尺度效应变化，不同的观测尺度和分析尺度对于土壤要素模拟具有决定性的影响，同时尺度问题也是地理学和生态学研究的核心问题。过低的分辨率会擦除细部的空间细节，但是能够减少数据冗余和计算量，有利于大时空尺度范围下的土壤数字制图与模拟；过高的分辨率虽然能够凸显时空变化的细节，但是在局部空间内土壤环境的均一化会产生大量数据冗余，造成计算上的不便。因此，分析尺度的选择对于 SOC 模拟的精度和结果都具有显著影响，合适的分析尺度，需要综合研究区状况、数据量、计算方法和精度需求等多重因素进行选择。

基于上述原理，出现了两类 DSM 方法，分别代表了两种不同的 DSM 思路。第一种方法运用统计学等手段，聚焦于土壤要素与环境要素的数学关系，利用合适的数学模型构建这一关系并推广至大空间尺度，形成土壤要素的空间分布制图结果。比较传统的方法是使用经典统计学方法中的线性回归等方法开展模拟，如 Gomes 等使用二次样条函数模拟了巴西境内 SOC 储量并分析了关键影响环境因子；Li 等使用对数、指数、幂函数和线性回归方法模拟了成都平原区域近三十年来 SOC 储量变化情况；何林倩等以地形为模拟变量，利用聚类函数对河南省南山林场 SOC 密度进行模拟。随着机器学习方法的不断成熟与完善，使用机器学习手段表达土壤与环境要素的关系也成为当前研究的热点方向。目前应用在 DSM 的方法都是主流机器学习方法，已经在其他领域得到了广泛应用并验证了其可靠性，如 Beltrán–Marcos 等使用哨兵卫星数据结合了高精度的无人机航拍影像，使用支持向量机算法对西班牙北部林地山火灾后的 SOC 储量进行了模拟；Sun 等利用 BRT 模型绘制了环渤海地区滨海湿地土壤碳储量空间分布图，并模拟了不同气候变化情景下的变化状况。当前，更多的研究聚焦于不同土壤模拟模型的精度对比、不同模型的相互补充以及更广泛维度的模拟，如 Lacoste 等通过样条函数、回归树等模型对法国北部异质化的农业景观土壤 SOC 进行了土壤 3D 数字制图工作；Zhang 等于 2022 年利用随机森林、指数函数、样条函数等方法模拟了我国东北地区三江平原土壤有机碳的水平和垂直空间分布状况，并分析了不同模型在不同尺度的模拟中的应用问题。第二种 DSM 方法运用统计分析模型建立土壤要素与环境变量的关系，考虑空间自相关理论推测相应指标的空间位置关系。Zhang 等于 2011 年对爱尔兰境内的 SOC 空间分布状况，使用地理加权回归模型进行了计算；Veronesi 等通过 3D 克里金方法，通过特定深度选择框架，避免了普通克里金回归结果过于平滑的问题；Zhang 等于 2020 年的文章中利用了回归克里金方法绘制了加拿大蒙特利尔地区一特定样地内的 SOC 的三维分布状况。地统计分析方法考虑了地理要素的空间位置关系，体现了“地理学第一定律”在土壤要素当中的应用，但是其对样点要求较高，需要的样本数量多，且样点的空间分布需要满足地统计模型分析的空间代表性要求，造成了其应用上的局限性。

随着环境信息数据库容量的不断增加，当前数字土壤制图更加倾向于通过不同环境因素、景观以及地表覆盖等多重因素开展协同分析，以提高模拟精度并反映复杂生态系统状况下的 SOC 空间分布状况。Chi 等构建了综合地表因子系统（comprehensive land surface factor system，CLSFS），包括了光谱信息、生态指数、地理位置和地表覆盖等多重因素，对黄河三角洲滨海湿地 SOC 进行模拟；Zhang 等于 2023 年的文章中根据遥感光谱信息和植被、土壤盐度等多重遥感指数构建了 NDSOC（normalized difference SOC index）指数，并证实了其与 SOC 的显著相关性。

综上所述，当前的土壤数字制图主要面向两个方向：一是大尺度、高精度和多维度的空间格局模拟，形成高分辨率的土壤数据，能够有效弥补当前土壤数据库的数据完整性；二是多重环境影响因素的综合分析，能够更全面考虑研究区域土壤综合环境并且能够提高精度。

8.2.3 滨海湿地碳汇评估基础

在我国绵长的海岸线上，主要分布有盐沼、红树林和滩涂湿地等类型。盐沼湿地固碳能力强，也是我国滨海湿地中面积最大的生态系统类型，主要分布在长江口附近、江苏和山东南部沿海以及环渤海海岸，植被类型主要包括芦苇、碱蓬、藨草等耐盐植物，以及外来入侵物种互花米草。由于尚未形成盐沼湿地的严格定义，因此不同学者对我国盐沼湿地面积的估算结果相去甚远，对碳汇速率的估算也不尽相同，Wang 等结合实地测量数据和盐沼湿地遥感数据估算的碳埋藏速率为每年 119 万吨，而 Fu 等人估算的结果为 16 万吨。红树林湿地生态系统主要由红树科植物组成，主要分布在热带和亚热带沿海地区，我国位于全球红树林湿地分布的北缘，浙江省为红树林分布的最北边界处。全球范围红树林碳埋藏速率约为每年 830 吨，高于其他滨海湿地类型。滨海滩涂湿地包括泥质滩涂、沙滩和基岩海岸等三种类型，其中泥质滩涂的碳埋藏能力最强，且我国滩涂湿地面积很大。滩涂湿地主要的碳埋藏都来自周围盐沼湿地和红树林湿地，以及自身地球化学循环埋藏的碳。同时，滩涂湿地也面临着互花米草的入侵问题，这种情况同样出现在其他两种滨海湿地中。互花米草能够缓解水流流速，捕获更多有机物，同时也能提高生物量和凋落物数量，从碳汇角度来看反而有利于碳汇能力的进一步提升，但是其对生态系统的综合影响以及破坏原生植被生长环境的影响依旧有待观察和进一步研究。

针对我国丰富的湿地类型，诸多学者从不同区域、不同类型和不同方法对我国滨海湿地开展调查与评估工作。Sun 等对环渤海区域有植被覆盖的滨海湿地土壤有机碳储量进行了模拟，并估测了未来 30 年气候变化、海平面上升等因素影响下滨海湿地碳储量的变化情况，指出了未来滨海湿地土壤有机碳储量的潜在减少风险；Chi 等提出了一套综合多重地表环境因子和遥感信息的数字土壤制图体系，对黄河三角洲滨海湿地土壤有机碳储量开展了多尺度的空间分布格局制图与综合评估，并结合数学模型开展了多维度 SOC 立体制图工作；Wang 等通过解译近一千年杭州湾南岸滨海湿地历史岸线围垦数据和土地利用数据，探索了岸线围垦对于滨海湿地 SOC 储量和固碳能力的影响。这些区域尺度的工作完善了数字土壤制图的理论和方法，并提升了土壤碳模拟的精度和实践性。针对不同类型的滨海湿地，相关研究也在持续开展，Kirwan 和 Mudd 两位学者对盐沼湿地生态系统对气候变化和沉积作用的响应开展了长期观测，同时也指出了滨海湿地碳汇相对于陆地碳汇的高效碳埋藏能力；Meng 等对我国海南岛主要的红树林湿地 SOC 进行了空间评估，结果显示红树林土壤碳密度为每公顷 192 吨，氮沉积和植物多样性成为其关键影响因子；陈小刚等介绍了红树林和盐沼湿地水文状况以及水交换模式对湿地碳汇潜力的影响机制，并运用到长时间和大空间尺度的红树林 SOC 观测与调查中。从方法上来看，当前针对湿地的调查主要有“自下而上”与“自上而下”两种方法。“自下而上”的方法包括清查法、涡度相关法和生态系统过程模拟方法。Wang 等结合了全球的滨海湿地调查数据，模拟了其碳储量数据，但结果较其他研究相对较大；Fu 等使用了 443 个土壤样本调查了我国红树林、盐沼和海草床湿地土壤碳储量，结果相较 Wang 等学者的结果较小，同时文章认为生物多样性、沉积过程和人类活动是其主要影响因素。对于涡度相关法，Wei 等学者和 Chu 等学者均在 2021 年的文章中通过布设于黄河三角洲滨海湿地的生态观测站多年观测数据，对滨海湿地植被碳汇强度开展了持续观测，观测结果验证了黄河三角洲湿地的芦苇和盐地碱蓬等主要植被类型的关键碳汇作用，对比全球其他湿地观测站长期观测数据，分析了草本植物和木本植物群落碳汇能力变化。生态系统模型由于需要参数多，不确定性较强，在湿地生态系统碳模拟，尤其是在滨海湿地蓝色碳汇模拟方面应用较少。“自上而下”的模拟方法通过过程模型和地面气候实测数据进行碳储量估算，能够定量区分不同因子对碳汇变化的影响，对开展全球尺度的碳模拟具有一定优势，但是模型参数设置目前还存在较大争议，且不同模型之间的差距较大，在滨海湿地碳模拟方面应用较少。

8.2.4 碳汇价值核算方法

聚焦于碳汇领域，学者大多基于经济学理论，从成本角度和市场效益角度进行碳汇价值核算。因此，本节内容以此对碳汇价值核算的研究进展进行回顾。

1. 基于成本角度的碳汇价值核算方法

造林成本法是假定造林是生产碳汇的手段，则造林所耗费用可以作为森林固定 CO_2 的价值。然而，受制于数据获取、案例稀缺、机制不明等因素影响，现有研究在成本归集上仅考虑初始的造林工程成本，大多忽视机会成本、交易成本等方面，使碳汇价格与实际存在较大误差。人工固定 CO_2 成本法是指用工艺固定等量 CO_2 所需的成本。由于技术成本差异性，该方法所得碳汇价值差别较大。碳税以环境保护为目的，通过阻止工业燃烧化石燃料来削减 CO_2 排放。它类似于碳的社会成本，又与其不同，具有易产生“环境”与“经济”双重红利的优点。而且作为一种价格政策，不同于碳市场，碳税给定税率、碳价由政府决定，减排量由市场来决定，所以由碳税形成的碳汇价值比较稳定。

2. 基于市场效益角度的碳汇价值核算方法

市场价值法是指存在碳交易市场前提下，以碳市场交易价格作为 CO_2 的价格，用以测算碳汇价值的方法。与碳税法不同，该方法立足于实际的流通价格。因而碳汇价格受供给和需求两方面因素的影响往往具有波动性，选择具有代表性的碳汇价格就成为了利用市场价值法核算碳汇价值的关键问题。采用市场价值法进行核算的相关学者有 Berzaghi、曹先磊等。意愿价值法是根据人们愿意支付的最高价格或者能够接受的最大赔偿价格来衡量碳汇价值的方法，克服了寻找可比价格困难的缺点。但是通过问卷调查进行实验，需要被访者配合，存在较大不确定性。成本效益法是指固定 CO_2 价值等于原材料供给收入减去其各项投入成本，再除以碳汇量。该方法克服了造林成本法没有考虑林业生产收益的不足，但依旧没有考虑交易成本以及机会成本。

8.2.5　碳汇潜力预测

碳汇未来潜力的评估研究在过去十几年中也逐渐为国内外学者所重视。准确评估区域尺度下碳汇潜力可为国家气候决策提供数据支撑。然而因情景假设的主观性、未来政策的可变性以及生态系统的复杂性，估算方法和预测模型仍处于探索和发展阶段，对未来区域碳汇潜力的研究存在很大的不确定性。

在国外，Bachelet 等于 2004 年的文章使用全球气候模型 HADCM2SUL 和 CGCM1 分别预测了美国六个地区在 21 世纪可能面临的情况，着重强调那些对预测的降雨量和温度微小变化最敏感的地区。Pilli 等采用加拿大林业部门的 CBM-CFS3 模型预测了四种自然干扰和不同采伐率综合作用下的意大利未来森林碳储量潜力。在国内，姜霞结合全球林产品模型（GFPM）和 IPCC 碳汇估计方法，模拟了“经济增长率调整”“碳交易”和“林业改革”三类不同发展情景下的中国森林碳库动态变化。吕劲文等利用 CO2FIX V3.1 模型，依据不同采伐方式划分情景，进行福建省原有森林生态系统和无林地造林的碳汇潜力模拟。

此外，地表覆盖变化因改变了陆地表面，扰乱了陆地生物圈和大气之间的生物地球化学作用，对全球和区域气候变化产生了重要影响。研究显示，从 1850 年到 2000 年，全球约 35% 的人为 CO_2 排放直接由土地利用变化引起。当前地表覆盖类型转换导致的海岸带蓝碳生态系统大面积减少已被认为是一些沿海区域从“碳汇区”转变为“碳源区”的主要驱动因素。因此，许多学者认识到利用空间信息明确的地表覆盖数据进行区域碳汇研究的重要性。例如 Zhang 等发现，地表覆盖变化通过改变有机物的输入，从而影响土壤有机碳和土壤有机氮的储存；Schaldach 等集成空间显性土地利用变化模型与动态生态系统模型，模拟了德国1990—2000年和预测到2020年的地表覆盖和碳封存变化。

8.3 海岸带三级碳库体系构建

8.3.1 三级碳库体系基本框架

植被和沉积物/土壤是生态系统的两大重要组成部分。其中，植被是碳捕获最主要的载体，能够通过光合作用固定大气中的二氧化碳，以有机物的形式存储；沉积物/土壤是碳存储的最主要载体，特别是海岸带区域的沉积物/土壤由于受到周期性的潮水淹没，极大缓解了有机质的分解，从而实现稳定、大量的储碳。因此，根据海岸带碳汇共有特点以及研究区岸线演化特征，以海岸线为轴线，以盐沼湿地、光滩与永久性海域的边界作为海上边界，以海岸线向陆侧延伸10千米为陆上边界确定研究范围，构建海岸带三级碳库体系，包括植被和沉积物/土壤两大碳库共三级，重点关注滨海湿地植被碳库和沉积物碳库（表8-1）。

表8-1　三级碳库分类体系

一级碳库	二级碳库	三级碳库
CS1 植被碳库	CS1.1 滨海湿地植被碳库	CS1.1.1 本地物种湿地植被碳库
		CS1.1.2 外来物种湿地植被碳库
	CS1.2 沿岸陆域植被碳库	CS1.2.1 农田碳库
		CS1.2.2 其他陆生植被碳库
CS2 沉积物/土壤碳库	CS2.1 沉积物碳库	CS2.1.1 本地物种盐沼沉积物碳库
		CS2.1.2 外来物种盐沼沉积物碳库
		CS2.1.3 光滩沉积物碳库
	CS2.2 土壤碳库	CS2.2.1 农田土壤碳库
		CS2.2.2 其他陆生植被土壤碳库

资料来源：LI D H，ZHANG Z W，LIU Z H，et al. A three-class carbon pool system for normalizing carbon mapping and accounting in coastal areas［J］. Ecological Indicators，2024，158：111537.

8.3.2　基于三级碳库体系的海岸带碳汇空间模拟与评估

基于三级碳库体系，从碳储量和碳增量两个方面开展海岸带碳汇空间模拟与评估。碳储量是指某一时间点、某一碳库所拥有的碳储量，碳增量是指某一时间区间、某一碳库中碳储量的变化量，一般指年际变化量。根据空间模拟结果，以“碳储量－碳增量”图件的形式展示海岸带碳汇空间格局。

1. 碳储量

通过耦合现场调查点状数据和遥感影像面状数据，实现“由点到面”的碳储量空间模拟。首先，通过充分挖掘遥感影像的生态意义和时空信息，构建包括光谱信息、生态指数、地理位置、地表覆盖和景观格局 5 个方面的模拟因子体系，全面反映海岸带碳汇格局的潜在影响因子；其次，设定 100 米乘以 100 米的模拟尺度（即最小模拟单元），确保精细化空间显示的同时避免数据冗余；最后，采用十折交叉验证法、偏最小二乘法等常用方法开展空间模拟。

2. 碳增量

考虑到植被和沉积物 / 土壤碳库的特征及差异，采用不同方法测算两者的碳增量。植被碳库的碳增量可能存在较大的年际变化，且更易受到外界干扰，应采用经典的光能利用率（CASA）模型、基于各季节遥感影像获取；沉积物 / 土壤碳库年际变化相对较小，故采用碳储量差值的方法获取，即通过模拟历史年份沉积物 / 土壤碳储量空间格局并计算历史与现状年份碳储量的差值得到。

8.3.3　海岸带“碳储量－碳增量－价值量”核算清单

碳汇核算是指对一个地区、一定时期内的碳汇进行全面确认、计量、记录和报告的过程，碳汇核算清单是用于衡量特定区域某个时间节点 / 区间下碳汇特征的详细列表。

“碳储量－碳增量－价值量”核算清单用于全面反映海岸带碳汇能力、潜力和价值，显著提升研究结果的可视化程度和实践性，为海岸带碳汇管理提供重要决策依据。碳储量和碳增量可根据碳汇图件直接计算得到；价值量根据全国碳排放交易市场中的平均交易价格计算，为了避免重复计算并推动碳汇价值实现，价值量应基于沉积物 / 土壤碳库的碳增量计算。

8.4 试点区海岸带碳汇评估、制图与核算

8.4.1 试点区概况

选择我国典型滨海湿地——杭州湾南岸作为案例区开展研究。杭州湾南岸位于长江入海口南侧，滨海湿地规模大、分布广（图 8-1）。由于杭州湾独特的地理位置和形态特征，来自长江的泥沙在杭州湾南岸快速淤积，其滨海湿地不断向北延伸，面积不断增大。同时，该区域位于长三角城市群，主要隶属于浙江省宁波市，社会经济发展水平较高。近几十年来，快速的城镇化和经济发展使得海岸线不断外扩，深刻改变了该区域的地表格局。特殊的地理位置、复杂多变的自然环境和日趋剧烈的人类活动共同塑造了杭州湾南岸这一典型海岸带区域，使其具有多样的碳库类型、异质性的碳汇格局和复杂的外界干扰，成为开展海岸带碳汇综合评估和核算清单编制研究的绝佳场所。

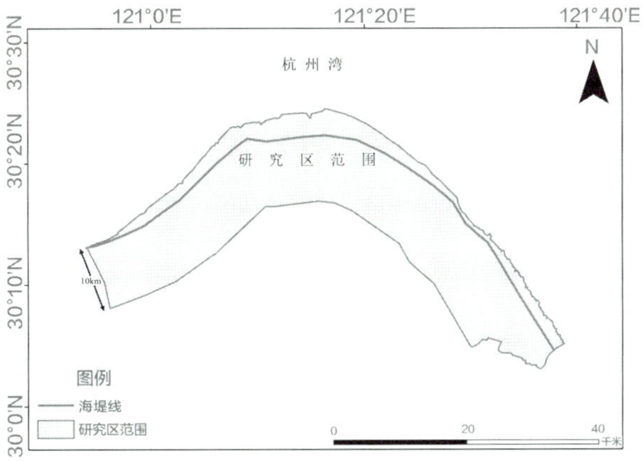

图 8-1　研究区范围图
资料来源：LI D H，ZHANG Z W，LIU Z H，et al. A three-class carbon pool system for normalizing carbon mapping and accounting in coastal areas［J］. Ecological Indicators，2024，158：111537.

8.4.2 杭州湾南岸大尺度现场调查

根据海岸带碳汇共有特点以及案例区实际状况，以盐沼湿地和光滩与永久性海域的边界作为海上边界，以海岸线向陆侧延伸 10 千米为陆上边界，根据均匀性和代表性原则，综合考虑案例区面积、地表覆盖类型和三级碳库体系，共布设了 25 条调查样线，每条样线根据实际情况布设 4～5 个调查点位，共布设点位 109 个

（图 8-2）。由于本案例的研究重点关注海岸线以下的滨海湿地碳库，在每条样线上，点位沿“由海向陆由密变疏”的规律布设，体现陆海梯度变化规律。

各点位布设 10 米乘以 10 米的样方，记录样方内物种信息，包括物种类型、多度（%）、盖度（%）和高度（米），并对典型植物物种进行取样；开展土壤样品的采集工作，在表层（0～20 厘米）、中层（20～40 厘米）和底层（40～60 厘米）分层取样，共获取 327 组土壤样品。在实验室中进行样品测试，测定典型植物植株的含水量、含碳率以及土壤容重、有机碳等指标。

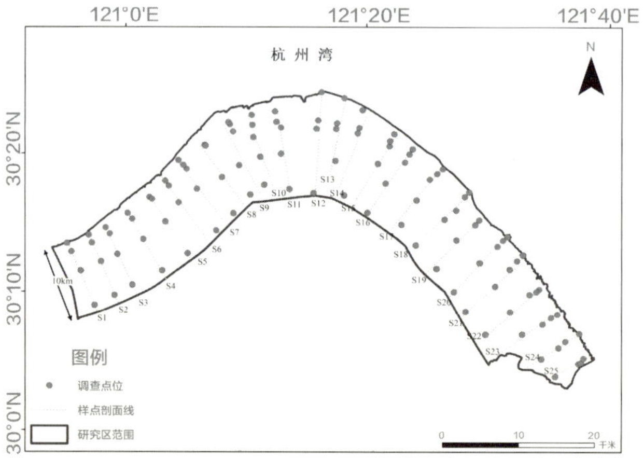

图 8-2　杭州湾南岸海岸带碳汇调查点位图
资料来源：LI D H，ZHANG Z W，LIU Z H，et al. A three-class carbon pool system for normalizing carbon mapping and accounting in coastal areas［J］. Ecological Indicators，2024，158：111537.

8.4.3　杭州湾南岸碳汇模拟与评估结果

基于三级碳库体系的海岸带碳汇图件见图 8-3 至图 8-6。

就植被碳库碳储量而言，滨海湿地与沿岸陆域植被碳库单位面积碳储量相当，以互花米草为主的外来物种湿地植被碳库碳储量略高于本地物种湿地植被碳库（图 8-3）。就植被碳库碳增量而言，滨海湿地植被碳库明显高于沿岸陆域植被碳库，本地物种湿地植被碳库低于外来物种湿地植被碳库（图 8-4）。

就沉积物 / 土壤碳库碳储量而言，滨海湿地沉积物碳库单位面积碳储量明显低于沿岸陆域的土壤碳库；滨海湿地沉积物各碳库中，外来物种沉积物碳库的碳储量最高，本地物种沉积物碳库其次，光滩沉积物碳库最低（图 8-5）。就沉积物 / 土壤碳库碳增量而言，沉积物碳库明显大于土壤碳库，外来物种与本地物种沉积物碳库基本相当，光滩沉积物碳库较低（图 8-6）。

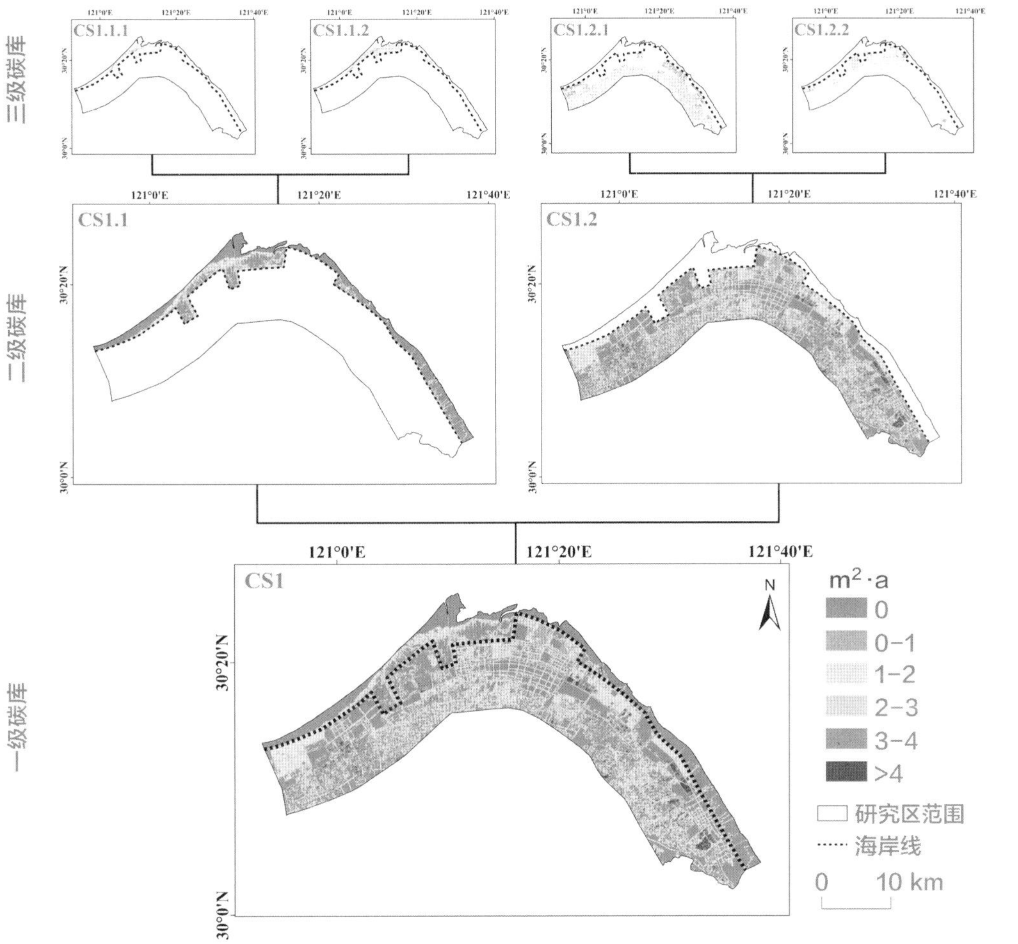

图 8–3　植被碳库 – 碳储量图件
资料来源：LI D H，ZHANG Z W，LIU Z H，et al. A three-class carbon pool system for normalizing carbon mapping and accounting in coastal areas［J］. Ecological Indicators，2024，158：111537.

总体来看，杭州湾南岸三级碳库体系制图、模拟与评估得出了以下三方面结论。

第一，杭州湾南岸滨海湿地蓝碳资源规模大，增量高。受两大河流淤积作用的影响，杭州湾南岸地区自古以来就处于持续向海扩张阶段，滨海湿地面积大且呈现出持续扩张的趋势。湿地植被的高生产力为植被碳库和沉积物碳库提供了高碳增量（本地物种每平方米 +0.546 千克，外来物种每平方米 +1.424 千克），是滨海湿地高质量碳库的重要基础和保障（表 8–1 和表 8–2）。

第二，杭州湾南岸滨海湿地碳汇潜力巨大。沉积物 / 土壤碳库碳增量仅为植被碳库的 1/15，即植被碳库通过光合作用固定的碳有相当一部分未能流入沉积物 / 土壤碳库。滨海湿地植被碳库固定的碳增量为 7.265 万吨，然而固定在沉积物中的碳

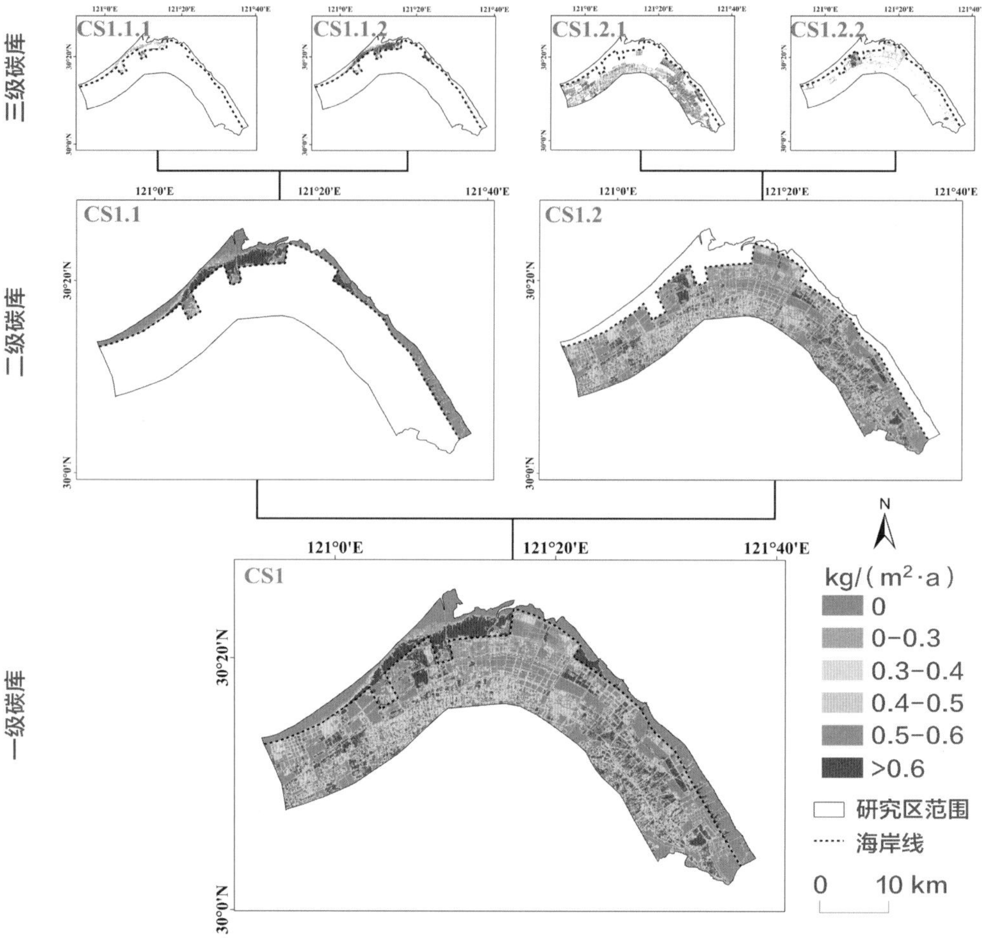

图 8–4　植被碳库 – 碳增量图件
资料来源：LI D H，ZHANG Z W，LIU Z H，et al. A three–class carbon pool system for normalizing carbon mapping and accounting in coastal areas［J］. Ecological Indicators，2024，158：111537.

仅有 3.267 万吨；沿岸陆域植被碳库更加明显，农业的发展使陆域植被固定的碳多数都在其他领域内消耗或者重新释放到大气当中。因此，如何将湿地植被的高效固碳作用转换至沉积物 / 土壤碳库固存下来，充分挖掘滨海湿地固碳潜力，是接下来需要重点关注的问题。

第三，杭州湾南岸滨海湿地内碳汇要素分布的空间异质性强。碳储量分布呈现内陆地区高沿海地区低的分布格局，而碳增量的高值地区主要分布于滨海湿地，呈现与碳储量相反的空间分布格局。由西向东的空间变化中，地表覆盖对碳储量和碳增量空间分布变化影响较大，靠近内陆区域的农田碳库碳储量高但碳增量低，岸线以下滨海湿地部分碳库碳储量低、碳增量高，呈现明显的空间异质性。

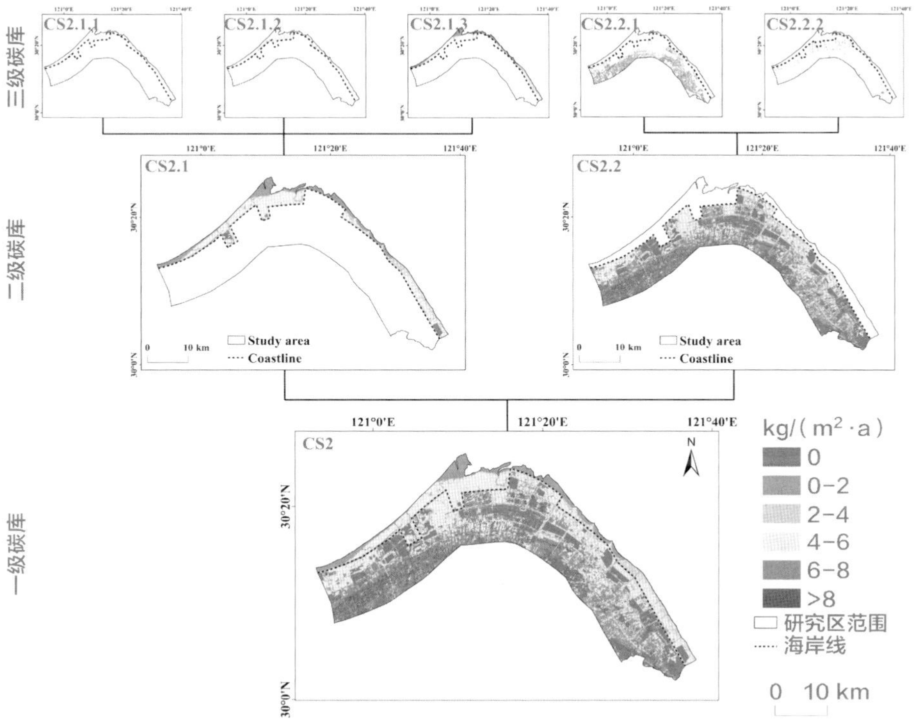

图 8-5　沉积物 / 土壤碳库 - 碳储量图件
资料来源：LI D H，ZHANG Z W，LIU Z H，et al. A three-class carbon pool system for normalizing carbon mapping and accounting in coastal areas［J］. Ecological Indicators，2024，158：111537.

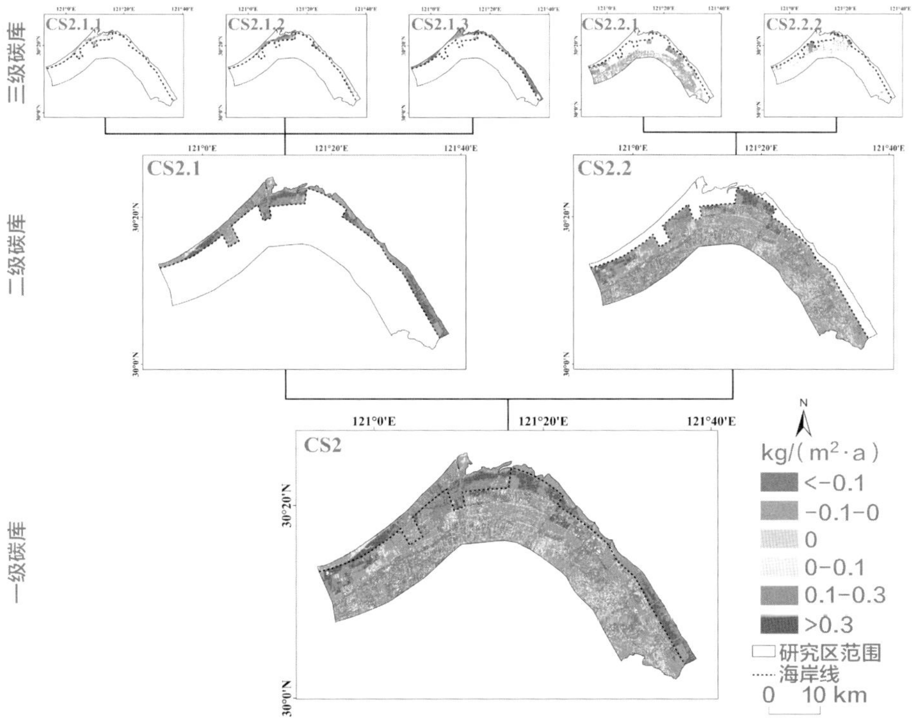

图 8-6　沉积物 / 土壤碳库 - 碳增量图件
资料来源：LI D H，ZHANG Z W，LIU Z H，et al. A three-class carbon pool system for normalizing carbon mapping and accounting in coastal areas［J］. Ecological Indicators，2024，158：111537.

表 8-2　基于三级碳库体系的海岸带“碳储量－碳增量”核算清单

一级碳库	碳储量单位面积（千克 / 平方米）	碳增量单位面积（千克 / 平方米 / 年）	碳储量总量（10^9 克）	碳增量总量（10^9 克 / 年）	二级碳库	碳储量单位面积（千克 / 平方米）	碳增量单位面积（千克 / 平方米 / 年）	碳储量总量（10^9 克）	碳增量总量（10^9 克 / 年）	三级碳库	碳储量单位面积（千克 / 平方米）	碳增量单位面积（千克 / 平方米 / 年）	碳储量总量（10^9 克）	碳增量总量（10^9 克 / 年）
CS1	2.766	0.603	1 417.94	309.17	CS1.1	2.769	1.052	191.28	72.65	CS1.1.1	2.386	0.546	69.92	16.01
										CS1.1.2	3.052	1.424	121.36	56.64
					CS1.2	2.765	0.533	1 226.66	236.53	CS1.2.1	2.795	0.541	1 008.96	195.09
										CS1.2.2	2.632	0.501	217.70	41.43
CS2	5.309	0.047	3 359.07	29.46	CS2.1	3.681	0.173	696.26	32.67	CS2.1.1	5.300	0.247	155.31	7.25
										CS2.1.2	5.396	0.265	214.58	10.52
										CS2.1.3	2.718	0.124	326.37	14.90
					CS2.2	6.002	−0.007	2 662.81	−3.21	CS2.2.1	6.086	−0.040	2 196.53	−14.58
										CS2.2.2	5.638	0.137	466.28	11.37

资料来源：LI D H，ZHANG Z W，LIU Z H，et al. A three–class carbon pool system for normalizing carbon mapping and accounting in coastal areas［J］. Ecological Indicators，2024，158：111537.

表 8-3　基于三级碳库体系的海岸带碳汇价值量核算清单

一级碳库	价值量总量（10^4 元）	价值量单位面积（10^4 元 / 平方千米）	二级碳库	价值量总量（10^4 元）	价值量单位面积（10^4 元 / 平方千米）	三级碳库	价值量总量（10^4 元）	价值量单位面积（10^4 元 / 平方千米）
CS1	1 766.29	3.45	CS1.1	415.03	6.01	CS1.1.1	91.46	3.12
						CS1.1.2	323.57	8.14
			CS1.2	1 351.26	3.05	CS1.2.1	1 114.57	3.09
						CS1.2.2	236.69	2.86
CS2	168.27	0.27	CS2.1	186.61	0.99	CS2.1.1	41.37	1.41
						CS2.1.2	60.10	1.51
						CS2.1.3	85.14	0.71
			CS2.2	−18.34	−0.04	CS2.2.1	−83.28	−0.23
						CS2.2.2	64.94	0.79

资料来源：LI D H，ZHANG Z W，LIU Z H，et al. A three–class carbon pool system for normalizing carbon mapping and accounting in coastal areas［J］. Ecological Indicators，2024，158：111537.

关键术语

海岸带碳汇、核算清单、植被碳库、生态系统类型、碳汇评估、碳汇价值核算

思考题

1. 分析碳汇核算和碳汇评估的异同点。
2. 简述海岸带蓝色碳汇的含义与特征。
3. 简述海岸带碳汇清单的内容与核算要点。
4. 详述海岸带三级碳库体系的分类依据、主要内容和应用场景。

参考文献

[1] 曹先磊，张颖．云南思茅松碳汇造林项目减排量、经济价值及其敏感性分析［J］．生态环境学报，2017，26（2）：234-242.

[2] 陈小刚，李凌，杜金洲．红树林和盐沼湿地间隙水交换过程及其碳汇潜力［J］．地球科学进展，2022，37（9）：881-898.

[3] 池源，石洪华，孙景宽，等．近 30 年来黄河三角洲植被净初级生产力时空特征及主要影响因素［J］．生态学报，2018，38（8）：2683-2697.

[4] 池源，石洪华，王晓丽，等．庙岛群岛南五岛生态系统净初级生产力空间分布及其影响因子［J］．生态学报，2015，35（24）：8094-8106.

[5] 方精云．碳中和的生态学透视［J］．植物生态学报，2021，45（11）：1173-1176.

[6] 方精云，刘国华，徐嵩龄．我国森林植被的生物量和净生产量［J］．生态学报，1996，16（5）：497-508.

[7] 冯宗炜，陈楚莹，张家武，等．湖南会同地区马尾松林生物量的测定［J］．林业科学，1982（2）：127-134.

[8] 郭睿妍，田佳，杨志玲，等．基于 GEE 平台的黄河流域森林植被净初级生产力时空变化特征［J］．生态学报，2022，42（13）：5437-5445.

[9] 何林倩，刘倩，王德彩，等．基于数字土壤制图技术的土壤有机碳储量估算［J］．应用生态学报，2021，32（2）：591-600.

[10] 何颖，马松梅，张林，等．玛纳斯河流域 NPP 时空变化及其生物多样性维护功能重要性评价［J］．生态学报，2023，43（11）：1-10.

[11] 姜霞．中国林业碳汇潜力和发展路径研究［D］．杭州：浙江大学，2016.

[12] 李文华．森林生物生产量的概念及其研究的基本途径［J］．自然资源，1978（1）：71-92.

[13] 吕劲文，乐群，王铮，等．福建省森林生态系统碳汇潜力［J］．生态学报，2010，30（8）：2188-2196.

[14] 朴世龙，方精云，郭庆华．利用 CASA 模型估算我国植被净第一性生产力［J］．植物生态学报，2001（5）：603-608+644.

[15] 朴世龙，方精云，贺金生，等．中国草地植被生物量及其空间分布格局［J］．植物生态学报，2004（4）：491-498.

[16] 万华伟，李灏欣，高吉喜，等．我国植被生态系统固碳能力提升潜力空间格局研究［J］．生态学报，2022，42（21）：8568-8580.

[17] 王绍强，周成虎，罗承文．中国陆地自然植被碳量空间分布特征探讨［J］．地理科学进展，1999（3）：238-244.

[18] 王效科，冯宗炜，欧阳志云．中国森林生态系统的植物碳储量和碳密度研究［J］．应用生态学报，2001（1）：13-16.

[19] 杨解君，詹鹏玮．碳中和目标下的气候治理国际法治体系建设［J］．学习与实践，2022（12）：67-77.

[20] 朱文泉，陈云浩，徐丹，等．陆地植被净初级生产力计算模型研究进展［J］．生态学杂志，2005（3）：296-300.

[21] BACHELET D，NEILSON R P，LENIHAN J M，et al. Regional differences in the carbon source-sink potential of natural vegetation in the U.S.A.［J］. Environmental Management，2004，33（1）：S23-S43.

[22] BELTRÁN-MARCOS D，SUÁREZ-SEOANE S，FERNÁNDEZ-GUISURAGA J M，et al. Relevance of UAV and

sentinel-2 data fusion for estimating topsoil organic carbon after forest fire [J] . Geoderma，2023，430：116290.

[23] BERZAGHI F，CHAMI R，COSIMANO T，et al. Financing conservation by valuing carbon services produced by wild animals [J] . Proceedings of the National Academy of Sciences，2022，119 (22)：e2120426119.

[24] CHI Y，SHI H H，ZHENG W，et al. Simulating spatial distribution of coastal soil carbon content using a comprehensive land surface factor system based on remote sensing [J] . Science of the Total Environment，2018，628-629：384-399.

[25] CHU X J，HAN G X，WEI S Y，et al. Seasonal not annual precipitation drives 8-year variability of interannual net CO2 exchange in a salt marsh [J] . Agricultural and Forest Meteorology，2021，308-309：108557.

[26] FANG J Y，CHEN A P，PENG C H，et al. Changes in forest biomass carbon storage in China between 1949 and 1998 [J] . Science，2001，292 (5525)：2320-2322.

[27] FIELD C B，BEHRENFELD M J，RANDERSON J T，et al. Primary production of the biosphere：Integrating terrestrial and oceanic components [J] . Science，1998，281 (5374)：237-240.

[28] FU C C，LI Y，ZENG L，et al. Stocks and losses of soil organic carbon from Chinese vegetated coastal habitats [J] . Global Change biology，2021，27 (1)：202-214.

[29] GOMES L C，FARIA R M，DE SOUZA E，et al. Modelling and mapping soil organic carbon stocks in Brazil [J] . Geoderma，2019，340：337-350.

[30] KIRWAN M L，MUDD S M. Response of salt-marsh carbon accumulation to climate change [J] . Nature，2012，489 (7417)：550-553.

[31] KRISTENSEN E，BOUILLON S，DITTMAR T，et al. Organic carbon dynamics in mangrove ecosystems：A review [J] . Aquatic Botany，2008，89 (2)：201-219.

[32] LACOSTE M，MINASNY B，MCBRATNEY A，et al. High resolution 3D mapping of soil organic carbon in a heterogeneous agricultural landscape [J] . Geoderma，2014，213：296-311.

[33] LI Q Q，LI A W，DAI T F，et al. Depth-dependent soil organic carbon dynamics of croplands across the Chengdu Plain of China from the 1980s to the 2010s [J] . Global Change Biology，2020，26 (7)：4134-4146.

[34] MENG Y C，GOU R K，BAI J，et al. Spatial patterns and driving factors of carbon stocks in mangrove forests on Hainan Island，China [J] . Global Ecology and Biogeography，2022，31 (9)：1692-1706.

[35] METCALF G E. Carbon Taxes in Theory and Practice [J] . Annual Review of Resource Economics，2021，13 (1)：245-265.

[36] METZ B，DAVIDSON O，DECONINCK H. IPCC Special report on carbon dioxide capture and storage [M] . Cambridge：Cambridge University Press，2005.

[37] NI J. Carbon storage in grasslands of China [J] . Journal of Arid Environments，2002，50 (2)：205-218.

[38] NI J. Forage yield-based carbon storage in grasslands of China [J] . Climatic Change，2004，67 (2-3)：237-246.

[39] PILLI R，GRASSI G，KURZ W A，et al. Application of the CBM-CFS3 model to estimate Italy's forest carbon budget，1995-2020 [J] . Ecological Modelling，2013，266：144-171.

[40] SANDILYAN S，KATHIRESAN K. Mangrove conservation：a global perspective [J] . Biodiversity and Conservation，2012，21 (14)：3523-3542.

[41] SCHALDACH R，ALCAMO J. Simulating the effects of urbanization，afforestation and cropland abandonment on a regional carbon balance：a case study for Central Germany [J] . Regional Environmental Change，2017，7 (3)：137-148.

[42] SUN S B，SONG Z L，CHEN B Z，et al. Current and future potential soil organic carbon stocks of vegetated coastal ecosystems and their controls in the Bohai Rim Region，China [J] . Catena，2023，225：107023.

[43] TAILLARDAT P，THOMPSON B S，GARNEAU M，et al. Climate change mitigation potential of wetlands and the cost-effectiveness of their restoration [J] . Interface Focus，2020，10：20190129.

[44] VERONESI F，CORSTANJE R，MAYR T. Mapping soil compaction in 3D with depth functions [J] . Soil & Tillage Research，2012，124：111-118.

[45] WANG F M，SANDERS C J，SANTOS I R，et al. Global blue carbon accumulation in tidal wetlands increases with climate change [J] . National Science Review，2021，8 (9)：140-150.

[46] WANG F，WANG T，GUSTAVE W，et al. Spatial-temporal patterns of organic carbon sequestration capacity after long-term coastal wetland reclamation [J] . Agriculture Ecosystems & Environment，2023，341：108209.

[47] WEI S Y，HAN G X，CHU X J，et al. Prolonged impacts of extreme precipitation events weakened annual ecosystem CO_2 sink strength in a coastal wetland [J] . Agricultural and Forest Meteorology，2021，310：108655.

[48] ZHANG C S，TANG Y，XU X L，et al. Towards spatial geochemical modelling：Use of geographically weighted regression for mapping soil organic carbon contents in Ireland [J] . Applied Geochemistry，2011，26 (7)：1239-1248.

[49] ZHANG L，ZHOU G，JI Y，et al. Spatiotemporal dynamic simulation of grassland carbon storage in China [J] . Science China Earth Sciences，2016，59 (10)：1946-1958.

[50] ZHANG M，SHI W J，REN Y X，et al. Proportional allocation with soil depth improved mapping soil organic carbon stocks[J]. Soil & Tillage Research，2022，224：105519.

[51] ZHANG S，TIAN J，LU X，et al. Temporal and spatial dynamics distribution of organic carbon content of surface soil in coastal wetlands of Yancheng，China from 2000 to 2022 based on Landsat images [J] . Catena，2023，223：106961.

[52] ZHANG Y K, JI W J, SAURETTE D D, et al. Three-dimensional digital soil mapping of multiple soil properties at a field-scale using regression kriging [J] . Geoderma, 2020, 366: 114253.
[53] ZHENG T L, ZHU J L, WANG S P, et al. When will China achieve its carbon emission peak? [J] . National Science Review, 2016, 3 (1): 8-12.
[54] ZHU W Q, PAN Y Z, HE H, et al. Simulation of maximum light use efficiency for some typical vegetation types in China [J] . Chinese Science Bulletin, 2006, 51 (4): 457-463.

第 9 章

海洋与海岸带经济发展

■ **教学要求**

本章主要介绍海洋经济的相关概念及核心特征、海洋产业类型、我国海洋经济发展形势，以及海岸带产业布局优化。本章的学习有助于学生掌握海洋经济的概念，理解海洋经济核心特征，理解我国海洋经济活动的分类，掌握海洋经济核心层，即海洋产业的定义与分类。本章的难点在于理解我国海洋经济发展总体形势及主要海洋产业发展形势，深入理解我国当前海岸带产业布局优化要求。

9.1 海洋经济概述

9.1.1 海洋经济概念

海洋经济是开发、利用和保护海洋的各类产业活动，以及与之相关联活动的总和。本质上，海洋经济是国民经济的重要组成部分，是陆域经济向海洋的拓展与延伸，海洋产业与陆域产业往往同属于一个完整的产业价值链的不同环节。海洋经济既具有综合性，是一个包含多门类的范畴，又具有明显属性和地域特征，与海洋资源或海洋空间密切相关。

9.1.2 海洋经济核心特征

1. 资源依赖型特征

海洋资源是海洋经济发展的先决条件和坚实基础，缺乏一定规模可供研究和开发利用的海洋资源，海洋经济的持续发展便无从谈起。海洋资源是指在一定社会、经济条件下，海洋环境中可以被人类利用的物质和能量以及与海洋开发有关的海洋空间。海洋资源种类繁多，形式各异，依据海洋资源的自然属性，可分为海洋物质资源、海洋空间资源和海洋能量资源；依据海洋资源能否再生，可分为再生性海洋资源和非再生性海洋资源；依据海洋资源所处的地理位置，分为海岸带资源、海域资源、海岛资源、极地资源、深海资源等；依据海洋资源的自然本质属性、特征和存在与开发状态，可分为海洋生物资源、海水和海水化学资源、海洋矿产资源、海洋能量资源、海洋空间资源等。由于海洋经济的资源依赖型特征，在发展海洋经济的同时，需加强海洋资源环境的保护与养护，确保海洋经济具有可持续发展的资源基础。

2. 技术、资金密集型特征

科技是第一生产力。利用海洋资源禀赋离不开科技的重要支撑。与陆地环境相比，海洋环境条件展现出更为独特且复杂的特性，这直接对海洋开发所需的技术水平及所应用的工程材料提出了更为严苛的标准与要求。新科学、新技术和新型管理手段的应用，不断促进海洋渔业、海洋交通运输业、海洋船舶工业等海洋传统产业的结构升级、组织创新和管理创新，例如海洋渔业从传统近海捕捞转向远洋捕捞、海水养殖、水产品精深加工相结合的现代化多元发展路径；智能化、数字化技术和新材料、新能源的广泛应用，极大地推动现代船舶制造的自动化与现代化进程。与此同时，依托高新科学技术直接发展起来的新兴海洋产业正在蓬勃发展。可以说，海洋科学技术无论在传统海洋产业还是新兴海洋产业中，都扮演了越来越重要的角色，已成为现代海洋经济发展的核心依托。海洋高新技术的密集研发和应用一般伴随着高额的资金投入，这决定了其资金密集型的特征。

3. 国家主导型特征

在我国，海洋经济的国有属性非常明确。国家通过授权涉海企业、单位或个人来开发利用海洋资源，但为了避免“公地悲剧”的发生，各级政府需对授权主体的开发利用行为进行有效监管。因此，建立健全海洋资源开发利用的综合管理体制，并不断完善相关法律法规体系，是保障海洋经济实现持续健康发展的关键前提。海洋经济在技术、资金及宏观管理层面所展现出的高度需求，均迫切依赖于国家层面在制度设计、法律保障、政策扶持等方面的全方位服务与支持。

9.2 海洋产业类型

依据《海洋及相关产业分类》（GB/T 20794—2021），我国将海洋经济活动划分为海洋产业、海洋科研教育、海洋公共管理服务、海洋上游相关产业和海洋下游相关产业。其中海洋产业为海洋经济核心层，海洋科研教育与海洋公共管理服务为海洋经济支持层，海洋上游相关产业与海洋下游相关产业为海洋经济外围层（图 9–1）。

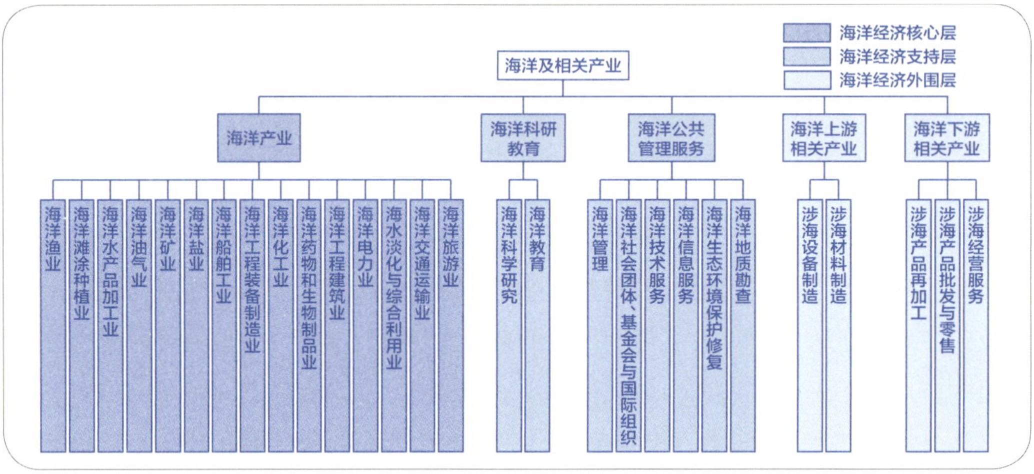

图 9–1　海洋及相关产业分类结构
资料来源：作者根据《海洋及相关产业分类》（GB/T 20794—2021）绘制

海洋产业为开发、利用和保护海洋所进行的生产和服务活动。主要包括以下四个方面：①直接从海洋中获取产品的生产和服务活动；②直接从海洋中获取产品的加工生产和服务活动；③直接应用于海洋和海洋开发活动的产品生产和服务活动；④利用海水或海洋空间作为生产过程的基本要素所进行的生产和服务活动。具体包括海洋渔业、海洋滩涂种植业、海洋水产品加工业、海洋油气业、海洋矿业、海洋盐业、海洋船舶工业、海洋工程装备制造业、海洋化工业、海洋药物和生物制品业、海洋工程建筑业、海洋电力业、海水淡化与综合利用业、海洋交通运输业、海洋旅游业等。

海洋科研教育包括海洋教育、海洋科学研究等。

海洋公共管理服务包括海洋管理，海洋社会团体、基金会与国际组织，海洋技术服务，海洋信息服务，海洋生态环境保护修复，海洋地质勘查等。

海洋上游相关产业包括涉海设备制造、涉海材料制造等。

海洋下游相关产业包括涉海产品再加工、涉海产品批发与零售、涉海经营服务等。

9.3 我国海洋经济发展形势

9.3.1 我国海洋经济发展总体形势

改革开放后，以激励为主的海洋经济政策促进了中国海洋经济蓬勃发展。特别是 21 世纪以来，中国海洋经济取得了长足发展。2001—2019 年海洋生产总值不断攀升，年均增速约为 12.88%。受新冠疫情冲击和复杂国际环境的影响，2020 年全国海洋生产总值有所下降。此后经济快速回暖，2021 年全国海洋生产总值首次突破 9 万亿元。与此同时，海洋三次产业规模呈现不断扩大的趋势（图 9-2）。

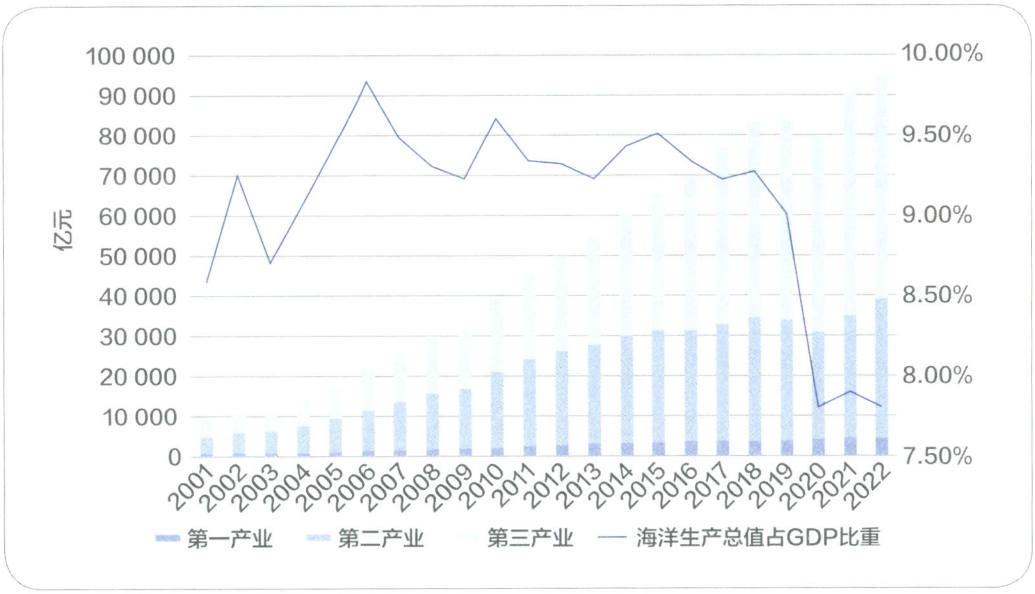

图 9-2　2001—2022 年海洋生产总值变化趋势
资料来源：作者根据历年《中国海洋统计年鉴》整理绘制

2001—2022 年，海洋生产总值占国内生产总值的比重整体呈波动下降态势。其中，2002—2011 年是海洋经济快速发展阶段，传统海洋产业转型升级进程加快，海洋新兴产业发展迅速，海洋服务业增长势头明显，带动海洋经济规模快速增长，海洋生产总值占 GDP 比重整体呈现快速上升态势，2006 年达到顶峰。但这一阶段受 2003 年"非典"疫情和 2008—2009 年全球经济危机影响，海洋生产总值占 GDP 比重在 2003 年和 2009 年降至阶段性低点，随后逐步得以提升。2012 年进入优化调整阶段，在"转方式、调结构"等系列政策措施影响下，中国海洋经济规模增幅总体上放缓，海洋生产总值占 GDP 比重平稳回落。由于海洋经济自身所具有的高度外向性特点，新冠疫情全球蔓延及国际形势动荡给我国海洋经济的发展带来较大冲击，2020—2022 年海洋生产总值占 GDP 比重明显下降。

同时，海洋三次产业间的产值结构不断趋向高级化。2001—2022 年，海洋三次产业增加值占全国海洋生产总值比重由小到大整体呈现出“一二三”的产业结构形态，仅 2006 年、2010 年、2011 年三个年度海洋第二产业占比超过海洋第三产业，短暂呈现出“一三二”产业结构形态。随着海洋三次产业结构逐渐高级化，海洋第一产业增加值占全国海洋生产总值的比重逐渐降低，但依然在全国海洋生产总值中具有基础性地位。海洋第二产业所占比重整体呈现波动式下降态势，于 2010 年达到 15 年间的最大值，随后于 2021 年下降至最小值。海洋第三产业所占比重则呈现波动式上升态势，2012 年后上升趋势越发明显，成为我国海洋经济增长的最主要驱动力（图 9-3）。

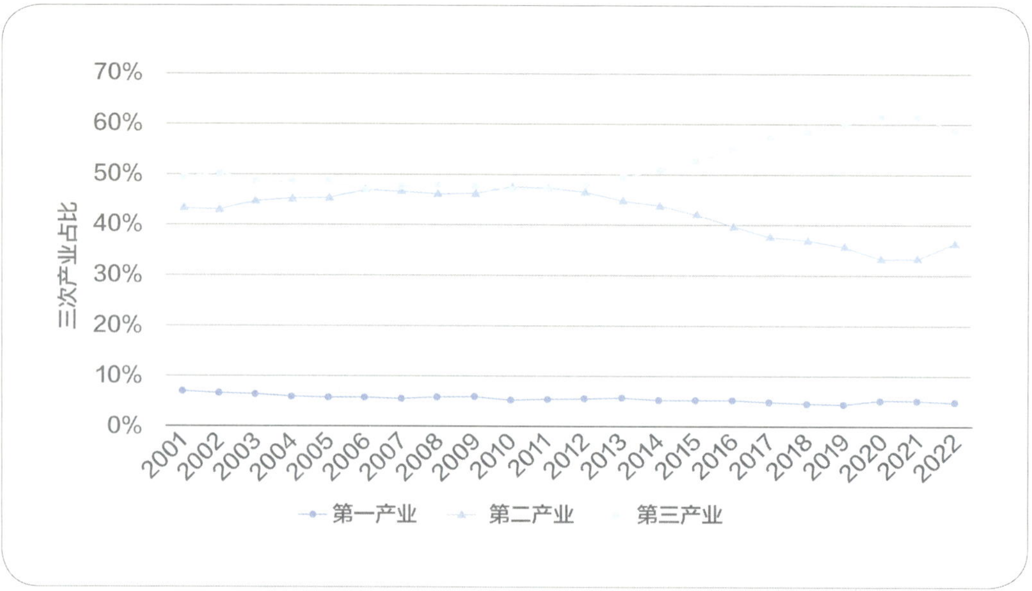

图 9-3　2001—2022 年海洋三次产业结构变化过程
资料来源：作者根据历年《中国海洋统计年鉴》整理绘制

9.3.2　主要海洋产业发展形势

自 21 世纪以来，随着我国海洋经济总量的增加以及海洋产业结构的优化调整，我国主要海洋产业规模不断扩大，产业结构进一步优化，彰显了发展潜力与韧性。其中，滨海旅游业发展迅速，在主要海洋产业增加值总额中占比整体稳步提升，“十三五”期间平均达到 45%；海洋交通运输业与海洋渔业增加值占主要海洋产业增加值总额比重分别排第二、三位；海洋电力业、海水利用业和海洋生物医药业等新兴产业增势持续扩大（图 9-4）。总体来说，目前我国海洋经济发展取得积极成效，在多重环境影响下强劲恢复，结构不断优化，协调性稳步提升。

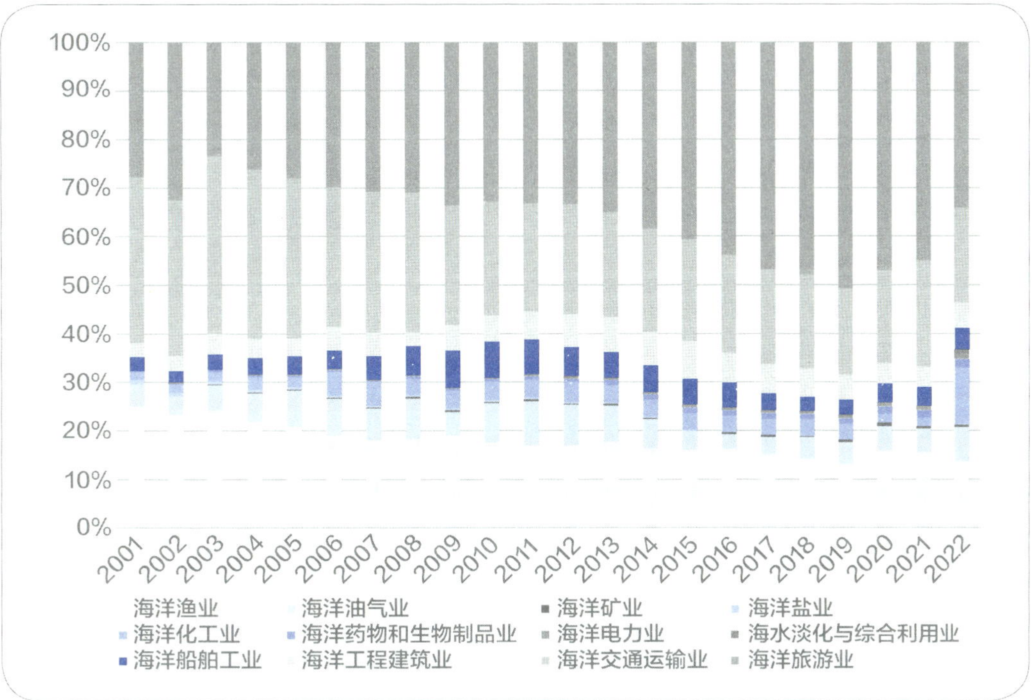

图 9-4　2001—2022 年全国主要海洋产业增加值占比变化趋势
资料来源：作者根据历年《中国海洋统计年鉴》整理绘制

1. 海洋渔业

海洋渔业包括海水养殖、海洋捕捞、远洋捕捞、海洋渔业服务业和海洋水产品加工等活动，其中除海洋水产品加工活动属于第二产业外，其余均属于海洋第一产业。2001—2022 年海洋渔业增加值快速增长，但由于海洋产业结构的持续调整，海洋渔业增加值在海洋生产总值中的比重稳步下降。同时，由于我国逐步加强对近海渔业资源的保护，积极发展远洋渔业和海水养殖，近海渔业资源得到恢复，海洋渔业养捕结构持续优化，海洋渔业转型升级步伐加快（图 9-5）。

我国“十四五”规划纲要明确提出“优化近海绿色养殖布局，建设海洋牧场，发展可持续远洋渔业”的目标。农业农村部印发的《“十四五”全国渔业发展规划》及沿海各省市均在其国民经济和社会发展“十四五”规划中强调了现代海洋渔业的发展。总体来说，未来一段时间我国海洋渔业的主要发展举措为：一是夯实海洋渔业生产基础，持续控制国内海洋捕捞产量，优化捕捞水产品供给，扶持远洋渔

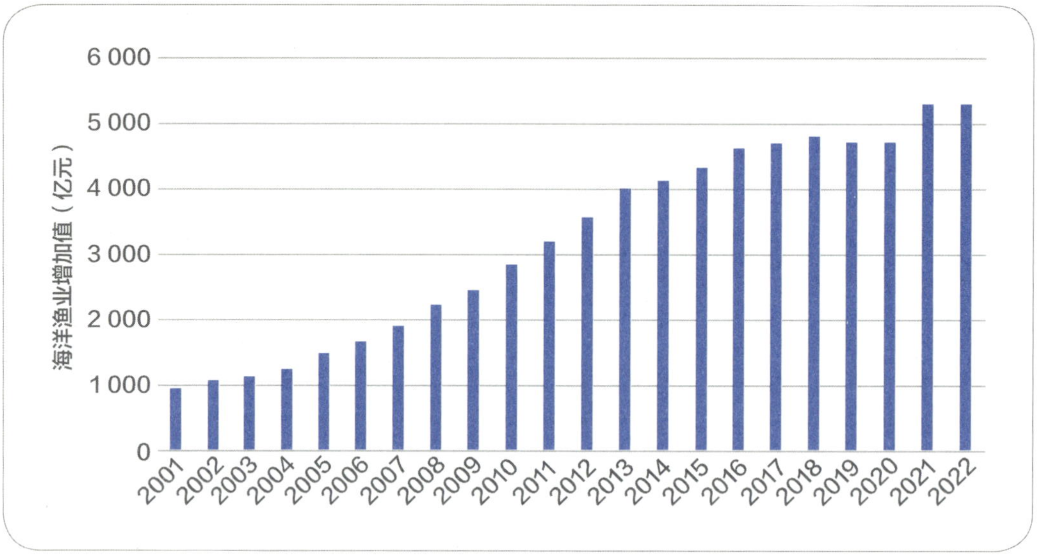

图 9-5　2001—2022 年中国海洋渔业增加值变化趋势
资料来源：作者根据历年《中国海洋统计年鉴》整理绘制

业发展；优化海水养殖结构和布局，建成一批国家级水产健康养殖和生态养殖示范区、沿海渔港经济区；提升水产品加工流通能力，推进产业集聚发展。二是强化海洋渔业科技创新，培育建立国家水产养殖种植资源保护利用体系，不断提升核心种源自给率；加速发展绿色、智能和深远海养殖，提升水产养殖机械化率；探索发展海上“渔光互补”“风光渔”互补等产业融合发展新模式。三是促进渔业资源可持续利用，进一步完善休禁渔制度，有序推进海洋渔业资源总量管理和限额捕捞制度；规范池塘和工厂化等集约化海水养殖尾水排放；将资源环境保护放在首要位置，坚持质量兴渔、绿色兴渔，推进海洋牧场建设。四是促进海洋渔业开放合作，推动拓展渔业国际合作，持续提升国际履约能力，鼓励水产养殖业“走出去”，使参与全球渔业治理的能力实现显著提升。

2. 海洋油气业

海洋油气业是指在海洋中勘探、开采、输送、加工原油和天然气的生产活动。自 2000 年以来，世界海上油气勘探进程加快，最近十几年全球大型油气田的勘探表明，陆上油气资源已日渐枯竭，60%～70% 的新增石油储量均源自海洋，可以说海洋已成为全球油气资源的战略接替区。中国沿海地区是环太平洋油气带的主要聚集区，蕴藏着较为丰富的石油储量，自 2004 年以来，海洋石油日益成为国家原油增量的主要来源。由于受国内经济增速、海洋油气业生产结构调整、国际油气价格变动、新油气田勘探、溢油突发事件等多重因素影响，我国海洋油气业在波动中呈现上升趋势。2001—2022 年，中国海洋原油产量与天然气产量均呈波动性增长（图 9-6 和图 9-7），有效保障我国能源稳定供给和安全。

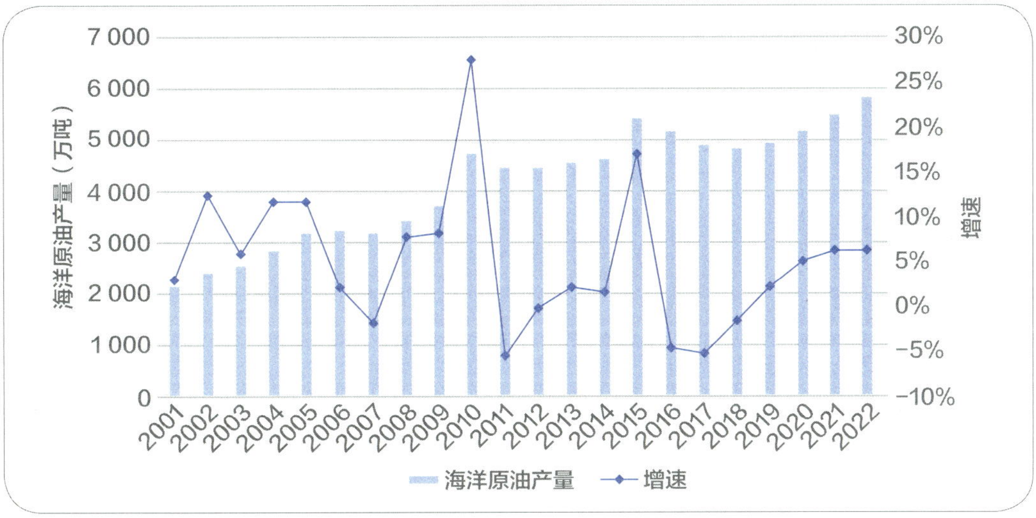

图 9-6　2001—2022 年中国海洋原油产量及增速变化
资料来源：作者根据历年《中国海洋统计年鉴》整理绘制

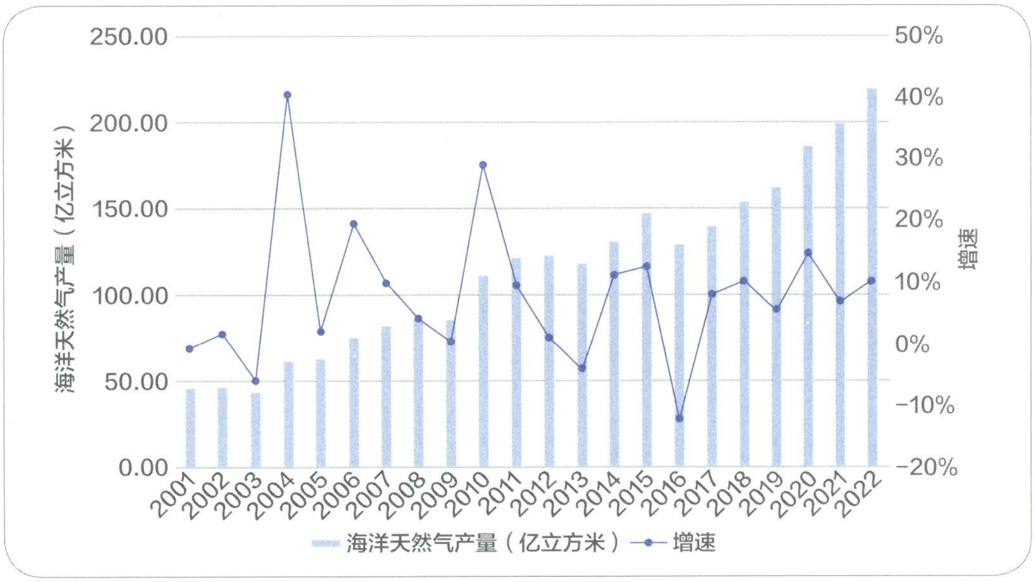

图 9-7　2001—2021 年中国海洋天然气产量及增速变化
资料来源：作者根据历年《中国海洋统计年鉴》整理绘制

当下，全球能源供需多极化格局深入演变，能源结构低碳化、能源系统多元化、能源产业智能化进程加快推进。我国也步入构建现代能源体系的新阶段，在能源安全保障、能源低碳转型、现代能源产业创新升级等方面对海洋油气业发展提出更高要求。根据《中华人民共和国国民经济和社会发展第十四个五年规划和 2035 年远景目标纲要》《"十四五"现代能源体系规划》，"十四五"时期，我国将进一步强化油气供应能力，有序放开油气勘探开发市场准入，坚持常非并举、海陆并重，强化重点盆地和海域油气基础地质调查和勘探，加快深海、深层和非常规油气资源利用，推动油气增储上产；进一步提升海洋油气业科技创新能力，推进深层页岩气、页岩油、海洋深水油气勘探开发等关键核心技术研究及示范应用，推动能源基础设施数字化、智能化与服务基地综合化，并打造海洋油气装备产业集群；进一步加强国际能源合作，在促进海外现有海洋油气项目健康可持续发展，以油气领域务实合作促进与资源国共同发展的基础上，巩固和拓展与油气等能源资源出口大国互利共赢合作，增强我国进口多元化和安全保障能力的同时共同维护能源市场安全；积极参与并引导在联合国、二十国集团（G20）、亚太经济合作组织（APEC）、金砖国家、上海合作组织等多边框架下的能源合作，推动完善全球能源治理体系。

3. 海洋矿业

海洋矿业包括海滨砂矿、海滨土砂石、海滨地热、煤矿开采和深海采矿等采选活动。海洋矿产资源同样作为一种战略性资源，在我国的开发起步较晚，技术水平总体与发达国家还存在一定差距，发展空间巨大。自 2001 年以来，我国海洋矿业整体呈现积极的发展趋势，2022 年海洋矿业发展迅速，海砂、海底金矿开采有序推进，海洋矿业增加值实现跃升。从海洋矿业增加值占全国主要海洋产业增加值的比重来看，随着海洋矿产资源开采规模的扩大，海洋矿业经济贡献度有所增加（图 9-8）。

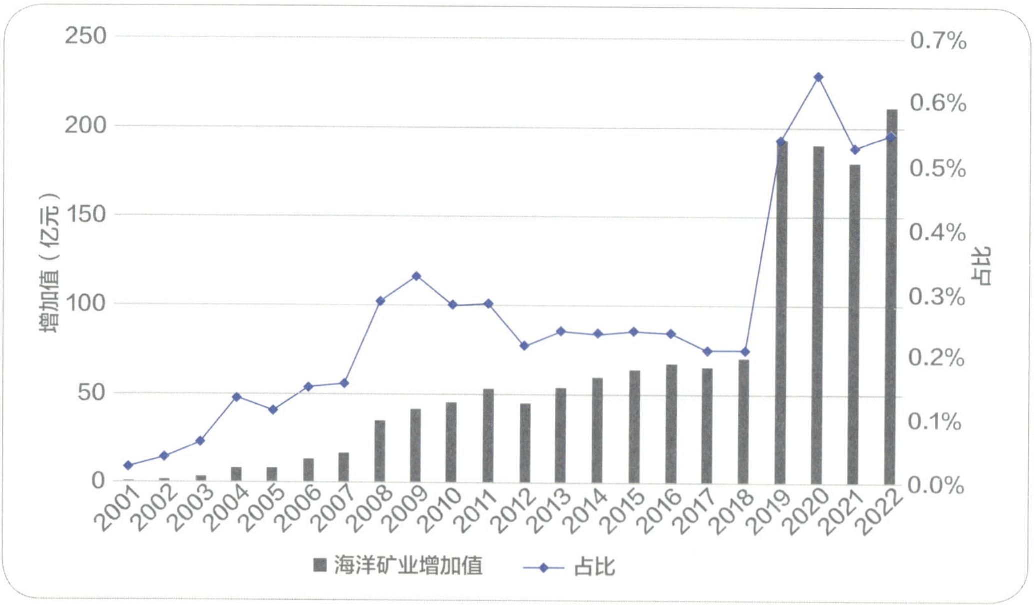

图 9-8　2001—2022 年海洋矿业增加值及其在全国主要海洋产业增加值中的占比
资料来源：作者根据历年《中国海洋统计年鉴》整理绘制

在世界各国普遍面临陆上矿产资源有限、供需矛盾扩大的时代背景下，海洋矿产资源尤其是关键矿物的开发将成为未来的发展方向。由近及远，我国海洋矿业主要发力方向为：面向近海，水上水下并举，开展海岸带海域综合地质调查，合理开发海滨砂矿、海底煤矿、金矿等矿产资源；面向深远海，研究突破海底资源勘查及开发基础理论、关键技术与装备等方面的瓶颈，进一步提升锂、镍、钴、铜、锌等关键海底多金属矿物的勘探、开采和冶炼技术，力争深海空间探测与作业技术达到国际领先水平，进而有序推进深远海矿产勘探开采与深海空间开发利用等。

4. 海洋盐业

海洋盐业是利用海水生产以氯化钠为主要成分的盐产品的活动，包括采盐和盐加工。中国的海盐生产自周代初始，经过历代的海盐生产改制，海盐产量曾连续多年居世界首位。近年来，虽然海洋盐业在中国海洋生产总值中的比重不断下降，但海洋盐业作为关系国计民生的重要产业仍然在海洋经济中占有不可或缺的地位和作用。就海洋盐业整体发展状况而言，2011 年以前，我国海洋盐业生产呈现较为积极的发展态势（图 9-9）。此后，受盐田面积逐渐萎缩和市场需求下降等因素影响，盐业市场疲态明显，海盐产量与海洋盐业增加值整体呈波动下降态势。总的体来说，我国海洋盐业已进入产业成熟期，存在供过于求、产能过剩等问题。

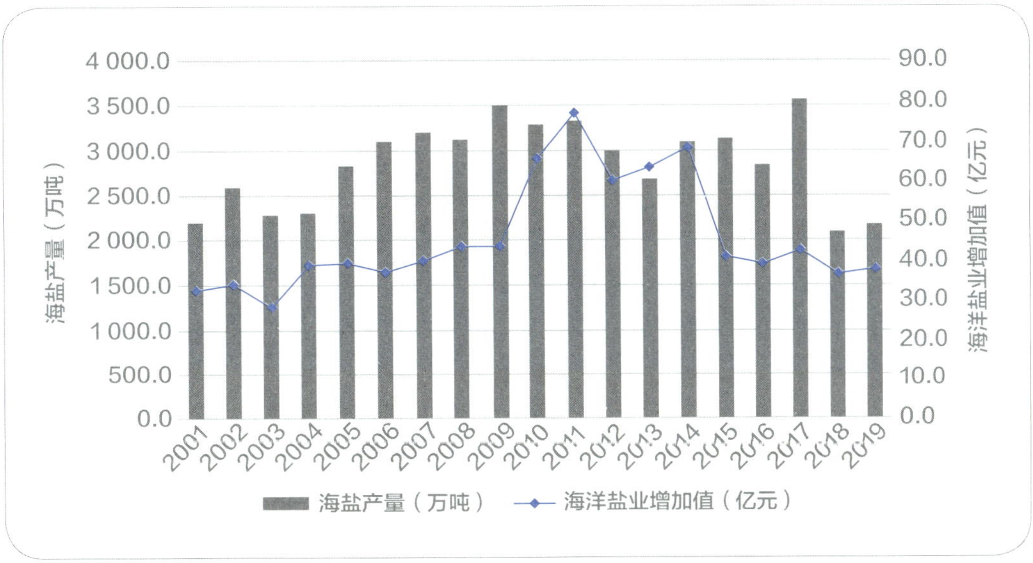

图 9-9　2001—2019 年中国海盐产量与海洋盐业增加值变动趋势
资料来源：作者根据历年《中国海洋统计年鉴》整理绘制

受资源环境与生态差异以及管理政策影响，目前我国海盐生产“北高南低”的空间布局已经形成，且未来海洋盐业的可持续发展将主要依靠基于资源生态约束的管理政策与技术。“十四五”时期我国将在合理优化原盐生产布局、提升工艺和装备水平的基础上，建设海洋盐业与盐化工循环产业链，推进海洋盐业与新型盐化工、海洋化工融合协同发展。

5. 海洋化工业

海洋化工业包括海盐化工、海水化工、海藻化工及海洋石油化工等化工产品生产活动。海洋化工各种产品广泛应用于冶金、轻工、医药、食品、建材、石油、感光、消防等行业，对实现经济社会可持续发展意义重大。进入 21 世纪，我国海洋化工业产能快速增长（图 9-10）。受新冠疫情影响，2020 年我国海洋化工业增加值较 2019 年显著下降。到 2021 年，随着国内对化工等原材料产品需求增加和企业复工复产，海洋石化、盐化工产品量价齐升，海洋化工业实现恢复性增长。

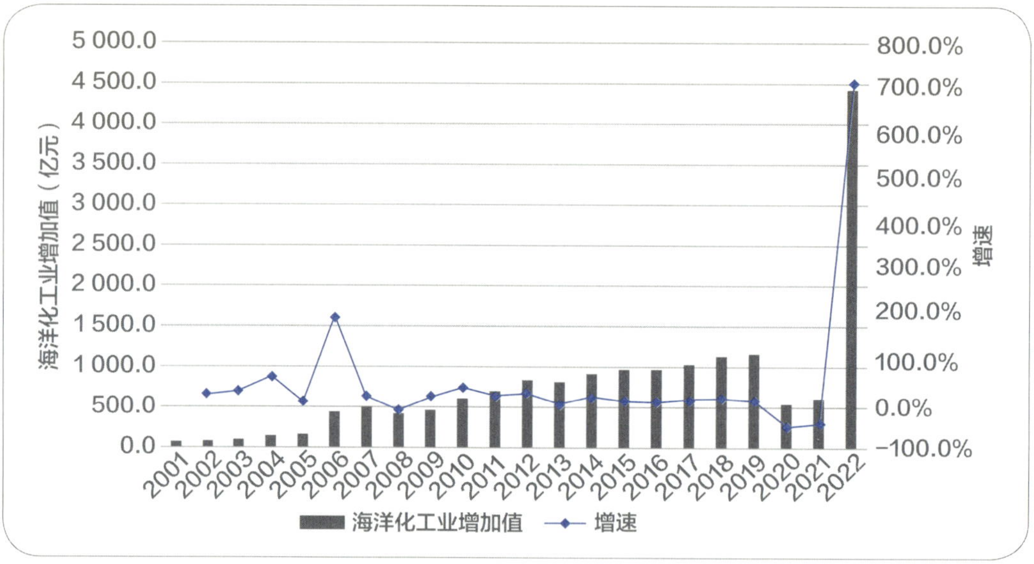

图 9-10　2001—2022 年海洋化工业增加值与增长比
资料来源：作者根据历年《中国海洋统计年鉴》整理绘制

目前，我国海洋化工已进入增长速度调整期，且处在后疫情时代的恢复性增长期。而且，随着资源枯竭与绿色低碳发展政策日渐趋严，我国海洋化工业的劳动密集型、资源密集型竞争优势正处于递减状态，向技术密集型与绿色可持续发展转型升级迫在眉睫。未来，我国海洋化工发展需加大技术改造升级力度，延伸产业链条，提高产业发展层次，更加注重精细化、差异化和资源精深加工及综合利用。在海盐化工方面，推动发展精细盐化工，拉长以溴素为原料的阻燃材料、药用中间体等产业链条，逐步打造高端盐化工产业基地；在海水化工方面，加快研发海水化学资源和卤水资源综合开发利用技术，扩大海水提取钾、溴、镁等系列产品及其深加工品规模；在海藻化工方面，支持海藻活性物质工程化开发平台建设，开展海藻工业新工艺、新技术、新产品的研究和开发，加快发展海藻化工产业；海洋石油化工方面则重点围绕原油深加工、烯烃深加工、化工新材料、精细化工及特种化学品行业等领域，大力推动石化产业串链补链强链，与此同时，强化传统精细化工绿色工艺和产品的升级改造，加快发展化工新材料和高端精细化学品。

6. 海洋药物和生物制品业

海洋药物和生物制品业是以海洋生物（包括其代谢产物）和矿物等物质为原料，生产药物、功能性食品以及生物制品的活动，是我国最具潜力的战略性新兴产业之一，也是海洋大国争相竞争的热点领域。20 世纪 90 年代末，海洋生物技术研究正式列入了国家“863 计划”，并相继启动了一大批海洋生物技术的重大项目，推动了中国海洋生物医药技术的快速发展。伴随着一大批拥有自主知识产权海洋药物（功能食品）的生产上市，我国海洋生物医药科技成果产业化的步伐不断加快，诞生了一批海洋生物医药高科技企业，产业规模得到了迅速壮大。进入 21 世纪，中国海洋生物医药研发力量不断增强，沿海省市相继建立了数十家研究机构，形成了以上海、青岛、厦门、广州为中心的 4 个海洋药物以及海洋生物技术研究中心。2001—2022 年，随着国家对海洋生物医药的政策支持和研发力度不断加大，我国的海洋药物和生物制品增加值及其占全国主要海洋产业总增加值的比重均呈现出稳步上升的趋势（图 9-11）。在未来，随着国家对海洋药物和生物制品的政策支持和研发力度不断加大，产业化进程加快，海洋药物和生物制品业有望继续保持平稳较快增长，成为未来蓝色经济发展的新增长点。

虽然我国海洋药物和生物制品业年增加值与市场规模不断扩大，发展势头良好，但我国海洋药物和生物制品业发展仍处于起步阶段，技术活跃度还相对较低，产学研结合不紧密、知识产权保护滞后、资金投入与商业模式不成熟等不稳定因素仍然存在，需要逐步去解决。为了促进我国海洋药物和生物制品业的发展，近年来我国先后推出多项鼓励、支持政策。《全国海洋经济发展“十三五”规划》提出重点支持具有自主知识产权、市场前景广阔的、健康安全的海洋创新药物，开发具有民族特色用法的现代海洋中药产品；开发绿色、安全、高效的新型海洋生物功能制品，

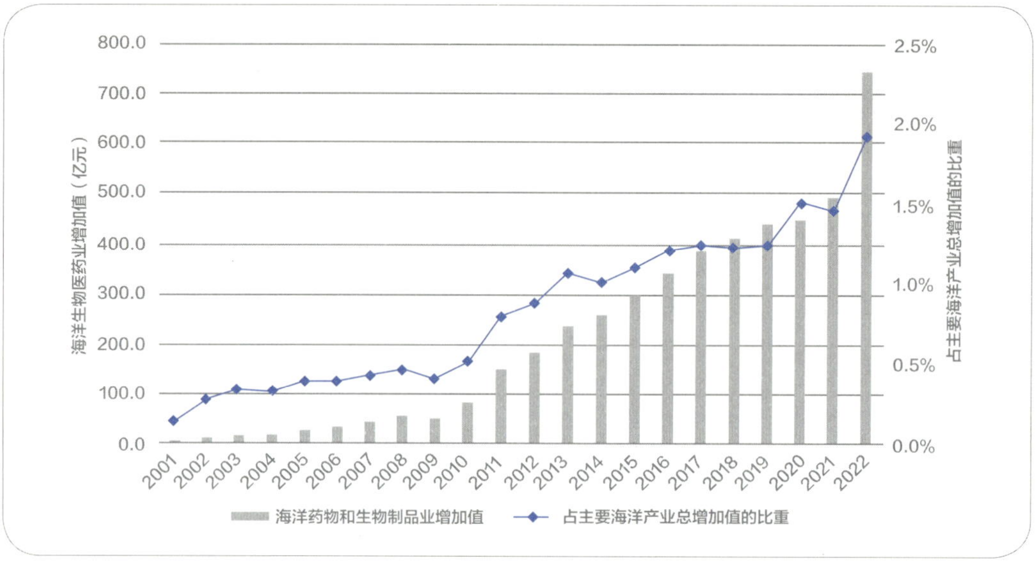

图 9-11 2001—2022 年海洋药物和生物制品业增加值及其占主要海洋产业总增加值的比重
资料来源：作者根据历年《中国海洋统计年鉴》整理绘制

重点发展海洋特色酶制剂产品、绿色农用制品、海洋生物基因工程制品以及海洋功能食品；发展海洋生物来源的医学组织工程材料等，并要求建设以上海、青岛、厦门、广州为中心的海洋生物技术和海洋药物研究中心。我国“十四五”规划纲要明确指出要“培育壮大海洋生物医药产业”。辽宁、山东、海南、吉林、福建等沿海省份均加大对海洋生物医药业的重视。尤其是作为海洋生物资源大省，山东省在其“十四五”规划纲要中首次提出了实施“蓝色药库”开发计划，要求鼓励发展海洋生物医药和生物制品，做强海洋生物产业集群。可以预见，未来在政策的大力支持下，随着支撑海洋药物和生物制品业快速发展的人才、资金、技术等条件日渐优化，海洋生物资源的利用将逐步从近海、浅海向远海、深海发展，海洋医药市场也将迎来较快发展。

7. 海洋电力业

海洋电力业是指在沿海地区利用海洋能、海洋风能进行的电力生产活动，不包括沿海地区的火力发电和核力发电。当前，全球新一轮能源革命和科技革命深度演变、方兴未艾，国际社会对保障能源安全、保护生态环境、应对气候变化等问题日益重视，加快开发利用海洋能与海洋风能已成为世界沿海国家和地区的普遍共识和一致行动，也是我国构建清洁低碳、安全高效能源体系，解决沿海地区、海岛和海洋工程装备用电需求的有效途径，对保障国家能源安全、促进海洋经济发展具有重要战略意义。

在海洋风能领域，随着国家产业政策实施和技术装备水平提升，海上风电规模发展已现成效，总体呈现良好增长态势。2019—2021 年，我国海上风电新增装机容量连续三年居世界首位（图 9-12），主要分布在江苏、广东、浙江、福建、辽宁、山东和上海七个省市。随着潮流能、波浪能等海洋新能源与海洋风能产业化水平不断提高，我国海洋电力业也保持快速增长，2001—2022 年我国海洋电力业增加值始终保持着良好的增长态势（图 9-13）。

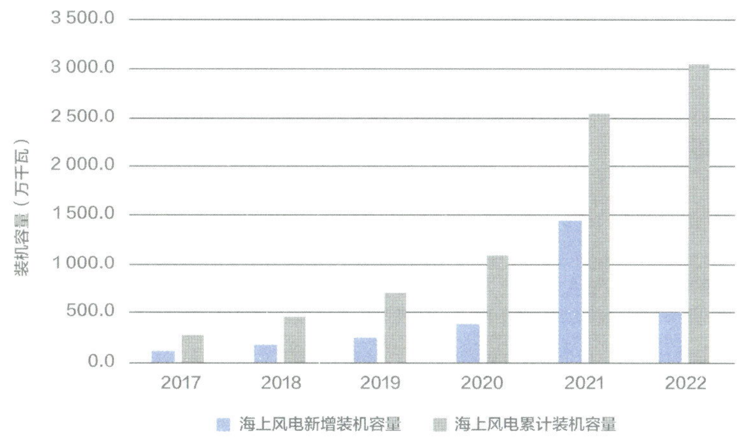

图 9-12　2017—2022 年中国海上风电新增和累计装机容量
资料来源：夏云峰 . 2023 年中国海上风电装机统计［J］. 风能，2024（10）：70-73.

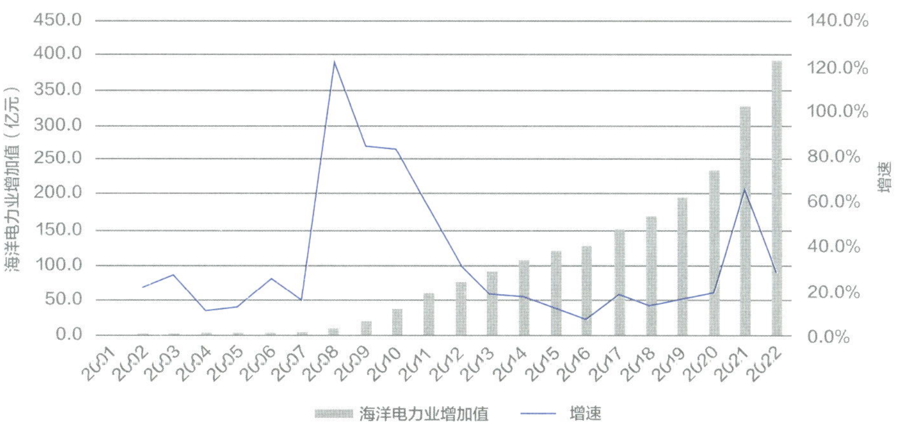

图 9-13　2001—2022 年中国海洋电力业增加值与增速变化趋势
资料来源：作者根据历年《中国海洋统计年鉴》整理绘制

总体来说，虽然我国海洋电力业产业化规模逐步扩大，在各类海洋能开发利用技术的研发示范持续推进下，增长态势强劲，但海洋能技术发展不均衡、核心设备缺乏、产业链结构不完善等阻碍我国海洋能发展的因素依然存在。我国《“十四五”可再生能源发展规划》与《“十四五”现代能源体系规划》均锚定碳达峰、碳中和与 2035 年远景目标，强调对于可再生能源（含海洋能、海上风能）发电在近海岛屿供电、深远海开发、海洋能源补给等领域应用，视海洋能与海上风电利用为我国能源结构转型的重要战略支撑。在海洋能利用方面应重视三点：一是稳步发展潮汐能发电，优先支持具有一定工作基础、站址优良的潮汐能电站建设，推动万千瓦级潮汐能示范电站建设，开展潟湖式、动态潮汐能技术等环境友好型新型潮汐能技术示范，开展具备综合利用前景的潮汐能综合开发工程示范；二是继续实施潮流能示范工程，积极推进兆瓦级潮流能发电机组应用，开展潮流能独立供电示范应用；三是探索推进波浪能发电示范工程建设，推动多种形式的波浪能发电装置应用。在海洋风能利用方面应重视三点：一是优化近海海上风电布局，有序推进海上风电基地建设与集群化开发，重点建设山东半岛、长三角、闽南、粤东和北部湾五大海上风电基地；二是推动深远海风电发展，完善深远海海上风电开发建设管理，攻克漂浮式海上风电开发关键技术，探索集中送出和集中运维模式；三是稳妥推进海洋能示范化开发，积极推进具有海上能源资源供给转换枢纽特征的海上能源岛建设示范，建设海洋能、储能、制氢、海水淡化等多种能源资源转换利用一体化设施。

8. 海水淡化与综合利用业

海水淡化与综合利用业包括海水淡化、海水直接利用和海水化学资源利用等活动。我国水资源极为短缺，而沿海地区由于 GDP 增长、人口增长和城镇化、临港工业和高耗水行业发展带来的水资源需求快速增长，缺水情况尤为严重。海水淡化与直接利用是增加水资源供给、优化供水结构的重要手段，对缓解我国沿海缺水地区和海岛水资源短缺状况、保障水资源的可持续利用具有重要意义。自 2001 年以来，随着我国海水利用科技创新步伐加快，我国海水利用业增加值呈现较快的增长趋势，2021 年全年实现增加值 24 亿元，比上年增长 16.4%。总体来看，我国目前海水利用业总体规模相对较小，海水利用增加值占全国主要海洋产业总增加值比重小于 0.1%，且关键技术与国际先进水平仍有差距，不能完全满足国内日益增长的用水需求。为贯彻落实《中华人民共和国国民经济和社会发展第十四个五年规划和 2035 年远景目标纲要》，促进海水淡化产业高质量发展、可持续发展，推进海水淡化规模化利用，2021 年 5 月，国家发展改革委、自然资源部印发《海水淡化利用发展行动计划（2021—2025 年）》，积极推进海水利用在产业绿色转型、结构调整、工业节水和科技创新等领域的发展，并明确了“十四五”时期海水淡化利用的总量、规模以及技术体系目标：到 2025 年，全国海水淡化总规模达到 290 万吨/日以上；海水淡化关键核心技术装备自主可控，产业链供应链现代化水平进一步提高；海水淡化利用发展的标准体系基本健全，政策机制更加完善。

9. 海洋船舶工业

海洋船舶工业是以金属或非金属为主要材料，制造海洋船舶、海上固定及浮动装置的活动，以及对海洋船舶的修理及拆卸活动。海洋船舶工业是为海洋交通运输业发展、海洋开发及国防建设提供技术装备的综合性产业，具有高度的产业扩展性，有着“综合工业之冠”的美誉，是一个国家工业水平的象征。21 世纪以来，中国从国外引进技术和资金，积极推进国有造船厂设备现代化与大型化，提高了生产效率，促使中国造船业占世界份额快速提高，跻身世界造船大国，形成中日韩“三足鼎立”的造船产业竞争格局。到 2010 年，中国造船完工量、新接订单量、手持订单量三大造船指标全面超越韩国，位居世界首位。2011 年后，海洋船舶工业积极推进转型升级，淘汰落后产能、优化产品结构，但受国际金融危机的深度影响，全球航运市场低迷，造船企业“融资难”“交船难”“盈利难”等问题突出，不少企业破产倒闭，全国造船完工量持续萎缩（图 9-14）。2020 年，受全球疫情影响，叠加经济下滑预期，船东投资心理短期受到严重冲击，国际海船市场处于低位，市场需求严重不足，我国手持订单量持续下降，创 2008 年金融危机以来新低。2021 年，在国外新冠疫情反复影响下，船队运转效率降低，国际航运价格持续推高，使得船东造船意愿增强，全球新船需求显著回升。我国海洋船舶工业增加值实现恢复性增长。

在产业链与科技创新方面，党的十八大以来，我国海洋船舶工业持续深化结构调整和转型升级，加快改革和创新发展，建立起集研发、设计、建造、配套、服务于一体的完整产业体系，万米载人深潜器、极地破冰科考船、超深水半潜式钻井平台、大型液化天然气（LNG）船、超大型集装箱船等相继建成交付，国产首制大型邮轮工程顺利推进，涌现出一批具有较强国际竞争力的大型企业和专业化配套企业，有力地支撑了国际航运、对外贸易、海洋经济快速发展，成为全球船舶与海洋工程装备制造业的重要主体。

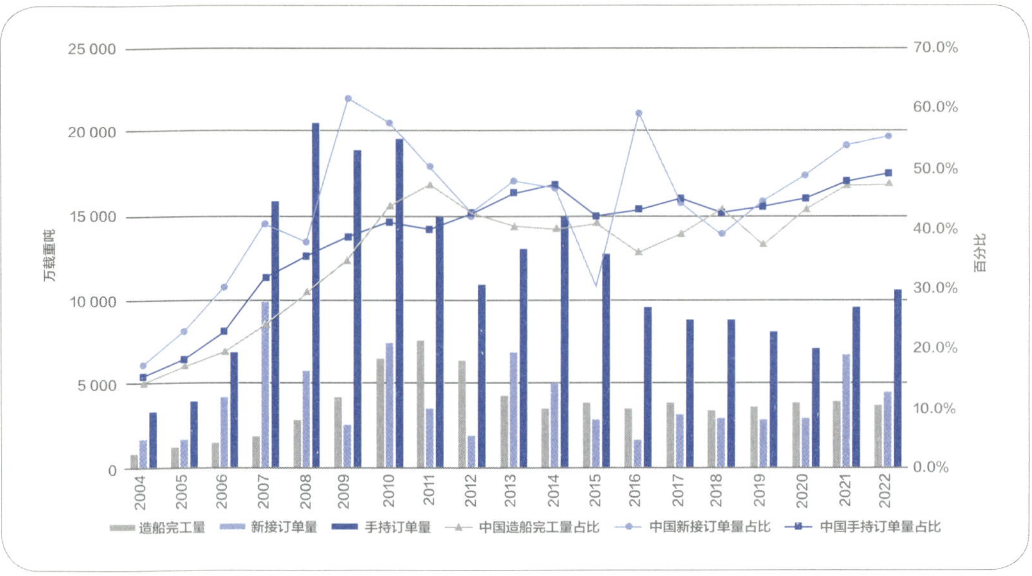

图 9-14　2004—2022 年中国造船三大指标及世界占比变化趋势

资料来源：作者根据中国船舶工业协会官网（https://www. cansi. org. cn/cms/document/10854. html）数据绘制

当前，我国虽然已成为“造船大国”，但还不是“造船强国”，尽管我国在海洋工程装备制造和高新技术船舶产业方面取得了较大的突破和发展，但还没有完全掌握高技术船舶的核心技术，部分船舶生产技术与关键部件仍受制于人。展望未来，新冠疫情对世界经济影响的不确定性依然存在，外部环境更趋复杂严峻，但航运和造船业信心已经得到明显提振，加上国际海事组织关于降低全球船舶燃油含硫量新法规生效和去碳化需求带来的市场机会，预计全球船舶制造需求不会大幅萎缩，船舶绿色化、高端化转型发展将会加速推进。我国政府高度重视海洋船舶工业的转型升级发展，《中华人民共和国国民经济和社会发展第十四个五年规划和 2035 年远景目标纲要》《中国制造 2025》《“十四五”现代综合交通运输体系发展规划》《“十四五”工业绿色发展规划》等多份规划文件对我国海洋船舶工业转型发展提出新要求，旨在巩固优势，补齐弱项，分类施策，坚持智能绿色和高质量发展方向，突破瓶颈制约，提升企业核心竞争力，加快推动由造船大国向造船强国迈进。主要举措包括：一是深入实施智能制造和绿色制造工程，推进船舶产业生产设备的智能化改造，加快发展绿色智能船舶；二是全面提升创新能力和水平，重点扶持大型液化天然气运输船、极地船舶与大型邮轮等高技术船舶研发与制造，掌握重点配套设备集成化、智能化、模块化设计制造核心技术，推进水下机器人、深潜水装备、深远海半潜式打捞起重船、大型深远海多功能救助船等高端海工装备研发与工程化；三是培育世界级的海洋船舶先进制造集群，提升全产业链竞争力。

10. 海洋工程建筑业

海洋工程建筑业是在海上、海底和海岸所进行的用于海洋生产、交通、娱乐、防护等用途的建筑施工工程及其准备活动的集合，包括海港建筑、滨海电站建筑、海岸堤坝建筑、海洋隧道桥梁建筑、海上油气田陆地终端及处理设施建造、海底线路管道和设备安装。海洋工程建筑业既是一个独立的海洋产业，又与其他海洋产业及社会经济发展有着密不可分的联系，且随着海洋资源需求的增长和海洋工程技术的发展，海洋工程的内涵也更加广泛。可以说，海洋工程建筑业正从海洋经济发展的基础产业逐步发展为重要的现代综合性和战略性产业，成为人类开发利用海洋空间、油气、能源、矿产以及渔业等资源的核心支撑。

进入 21 世纪，在我国经济实力迅速增强、科技技术水平快速提升以及围填海规模迅速扩大的综合影响下，2001—2015 年，我国沿海地区加快基础设施建设步伐，多座跨海大桥和港口改扩建工程相继施工，促使我国海洋工程建筑业整体较快增长。2016 年后，在国家宏观经济影响下，海洋工程项目投资放缓，海洋工程建筑业增长压力明显。2018 年，为切实提高滨海湿地保护水平，国务院发布关于加强滨海湿地保护严格管控围填海的通知，除国家重大战略项目外，全面停止新增围填海项目审批。受此影响，海洋工程建筑业下行压力进一步加大，但得益于智慧港口、5G 海洋牧场平台等新型基础设施建设加快推进，我国海洋工程建筑业发展整体平稳。在新冠疫情冲击下，2020 年海洋工程项目推进受阻，经过迅速的恢复和调整，2021 年与 2022 年跨海桥梁、海底隧道等多项工程有序推进，以智慧港口为代表的海洋新型基础设施建设持续发力（图 9-15）。

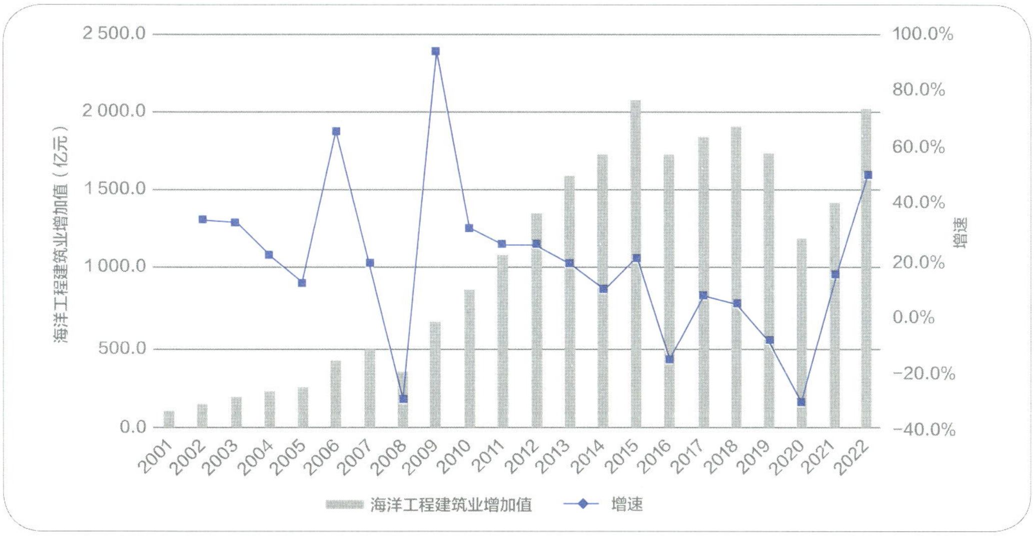

图 9-15　海洋工程建筑业增加值及增速变化
资料来源：作者根据历年《中国海洋统计年鉴》整理绘制

当前，随着重大海工装备研发建造水平的显著提升，我国的深海开发能力初步形成，已基本具备全链条海上作业能力，且海洋新型基础设施的建设与发展将对海洋产业结构调整发挥支柱型作用，因此可以预见海洋工程建筑业未来发展形势向好，其在海洋经济中的比重和带动作用也将持续加强。接下来，海洋强国建设与海洋生态文明建设的加速推进，将对海洋工程建筑业高质量发展提出更高要求。首先，需要进一步完善海洋工程科技创新链、技术链、产业链，系统梳理和总结关键技术难题，着力推动海洋工程科技革命，实现海洋工程设计、施工与运维的信息化和智能化，引导海洋工程建筑业向高端、智能、绿色发展；其次，海洋工程建设应重点统筹好与经济发展及生态保护的关系，既要充分发挥海洋工程建筑业对海洋经济发展的推动作用，更要通过强化科学环评、建立生态补偿、提高海洋生态环境监管监控能力多种手段，减少工程建设所带来的环境影响。

11. 海洋交通运输业

海洋交通运输业是指以船舶为主要工具从事海洋运输以及为海洋运输提供服务的活动，包括远洋旅客运输、沿海旅客运输、远洋货物运输、沿海货物运输、水上运输辅助活动、管道运输业、装卸搬运及其他运输服务活动。海洋交通运输业对国内外宏观经济环境变化较为敏感，但整体呈现良好的增长态势。2001 年中国加入世界贸易组织后，外向型经济高速发展，进出口贸易持续繁荣，进而逐渐增加对海洋交通运输业的需求，因此 2001—2008 年我国海洋交通运输业增加值不断增长。2008—2009 年美国次贷危机和国际金融危机对中国进出口贸易的影响较大，相应减少了对海洋交通运输业的需求，进而使得 2009 年增加值较 2008 年出现较大幅度下降。之后，全球经济开始复苏，中国进出口贸易也逐渐回暖，刺激海洋交通运输业的恢复性发展，但受海外市场复苏乏力和中国综合生产成本不断提升的影响，2012—2018 年海洋交通运输业增加值增长有限，整体保持相对平稳。近年来，在中美贸易战、新冠疫情影响下，海洋交通运输业增加值下降明显。2021 年，随着对外贸易快速复苏，远洋运力供给不断强化，沿海港口生产稳步增长，海洋交通运输业实现恢复性增长（图 9-16）。

港口建设与航运运力是我国海洋交通运输业发展的基础。从 Alphaliner 公布的 2021 年全球集装箱港口吞吐量前 30 名来看，在前 10 名的港口中，有 9 个来自亚洲，其中 7 个来自中国：分别是上海港、宁波舟山港、深圳港、广州南沙港、青岛港、天津港和香港港。长期位居榜首的上海港继续保持领先地位，与最接近的对手新加坡港拉开了近 1 000 万 TEU（标准箱）的差距。从 Alphaliner 公布的全球班轮公司

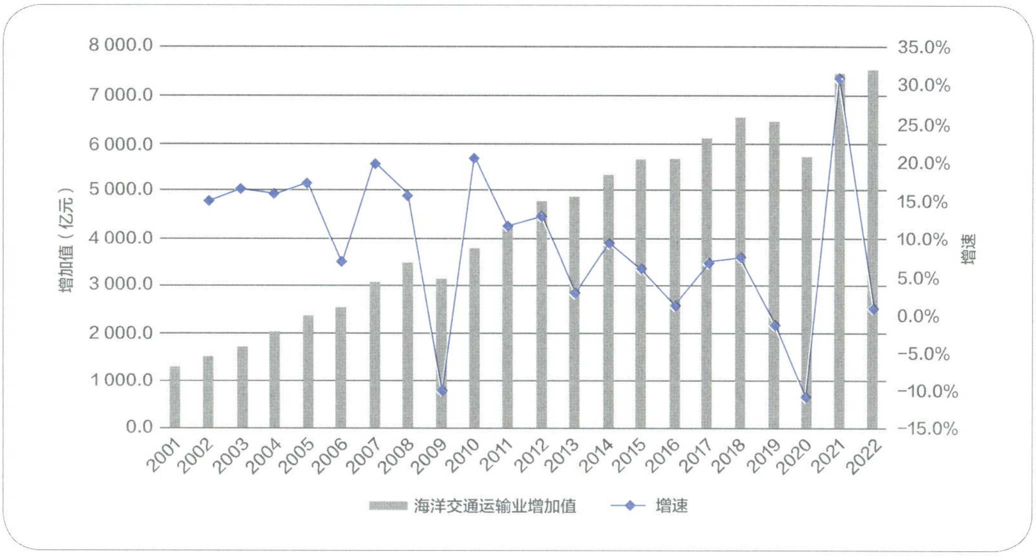

图 9-16　2001—2022 年海洋交通运输业增加值及增速变化
资料来源：作者根据历年《中国海洋统计年鉴》整理绘制

运力排名数据看，截至 2022 年 2 月 5 日，全球在运营集装箱船数量共计 6 324 艘，总运力 2 538.88 万 TEU，排名前三的是地中海航运（431.36 万 TEU，占比 16.99%）、马士基航运（427.81 万 TEU，占比 16.85%）以及达飞轮船（319.71 万 TEU，占比 12.59%），三家班轮公司总运力占全球市场的 46.43%，运力排名第 4 名至第 10 名依次为中远海运集团、赫伯特罗、海洋网联船务、长荣海运、现代商船、阳明海运和以星航运。整体上看，我国港口具备大型化、深水化、专业化等特质，正朝世界级港口大步迈进，而班轮运输的国际竞争力还相对有限，需要进一步提升。

我国《中华人民共和国国民经济和社会发展第十四个五年规划和 2035 年远景目标纲要》提出“加快建设交通强国”“加快建设世界级港口群”。依据我国发布的《交通强国建设纲要》《关于建设世界一流港口的指导意见》和《“十四五”现代综合交通运输体系发展规划》等多份文件，未来我国海洋交通运输业将以交通强国建设为统领，朝着两个方向发展：一是优化港口功能布局，推动资源整合和共享共用，加快港口绿色、智慧、安全与专业发展，依托京津冀、长三角、粤港澳大湾区等世界级城市群，打造具有竞争力的国际海港枢纽，建设世界先进一流港口；二是在维护国际海运重要通道安全与畅通，加速我国海运船舶向大型化、专业化方向发展的同时，大力提升多式联运服务能力，创新推广多式联运组织模式，不断提高海运的全球连接度。

12. 海洋旅游业

海洋旅游业是以亲海为目的开展的观光游览、休闲娱乐、度假住宿和体育运动等活动。海洋旅游业既是旅游业的一个重要组成部分，又是我国海洋经济发展的支柱产业。2001—2019 年，我国海洋旅游业总体呈现积极的增长态势。值得说明的是，2003 年由于受“非典”疫情影响，海洋旅游业增加值出现明显的下降，但得益于国家的积极防控与产业政策调整，次年海洋旅游业呈现恢复性增长态势。2020 年新冠疫情汹汹袭来，我国旅游业发展再次受到重创。在海洋旅游业方面，2020 年我国海洋旅游人数锐减，邮轮旅游全面停滞，海洋旅游业增加值比上年同期明显下降。到 2021 年，随着财税、金融、用地等助企纾困和刺激消费政策的陆续出台，作为我国海洋经济增长支柱之一的海洋旅游业加快重启、复航，但受疫情多点散发影响，海洋旅游尚未恢复到疫情前水平（图 9-17）。

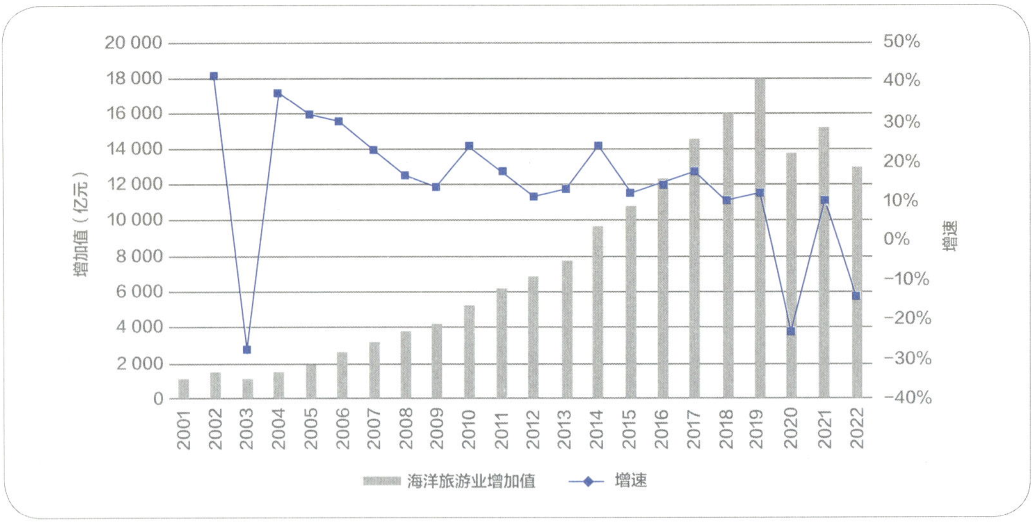

图 9-17 2001—2022 年海洋旅游业增加值及增速变化
资料来源：作者根据历年《中国海洋统计年鉴》整理绘制

人类的亲水性使海洋旅游具有独特魅力，并成为现代旅游发展中的最大热点。随着人民生活水平的提高，海洋旅游所带来的独特的海洋性体验极大地刺激了旅游需求，也正因如此，海洋旅游正在成为大众化休闲度假方式，且游客年龄整体呈现年轻化趋势，彰显了海洋旅游业强劲的生命力与发展潜力。在国际环境不稳定和经济下行的大背景下，我国海洋旅游正面临疫情防控常态化、旅游消费需求品质提升和旅游消费方式多样化等发展趋势，需加快供给侧结构性改革，推进行业转型升级以重建后危机管理时代的旅游经济。《中华人民共和国国民经济和社会发展第十四个五年规划和 2035 年远景目标纲要》《“十四五”旅游业发展规划》为我国接下来一段时期的滨海旅游业发展指明了方向：一是坚持文化引领、生态优先，推动文化和旅游融合发展，提升海洋文化旅游开发水平；二是完善旅游产品供给体系，加大优质旅游产品供给力度，特别强调完善邮轮游艇旅游发展政策，有序推进邮轮旅游基础设施建设，推动游艇消费大众化发展，建设一批适合大众消费的游艇示范项目；三是强化自主创新，集合优势资源，结合疫情防控工作需要，加快推进以数字化、网络化、智能化为特征的智慧旅游，深化“互联网 + 旅游”，扩大新技术场景应用；四是坚持依法治旅，加强旅游信用体系建设，提升海洋旅游市场监管执法水平，建立现代旅游治理体系；五是依托我国强大旅游市场优势，统筹国内国际两个市场，分步有序促进入境旅游，稳步发展出境旅游，持续推进海洋旅游交流合作。

9.4 海岸带产业布局优化

9.4.1 海岸带产业布局概念

海岸带产业布局是指在一定的社会经济条件下，各产业部门及其产业结构体系在海岸带空间上的分布与组合。海岸带产业布局是海岸带陆海资源配置的重要环节。研究海岸带产业布局的目的就是实现布局的优化，即寻求各产业空间组织的最佳形式和一般规律，使生产力的空间组织更加合理，从而能够有效地降低资源消耗、节约生产成本、提高经济效益。完全意义上的产业布局优化应该是建立在经济、社会、环境可持续发展基础上的经济效益、社会效益、环境效益的最大化。

9.4.2 海岸带产业布局优化要求

国土空间规划体系重构背景下，总体规划与海岸带专项规划对海岸带产业布局提出了优化要求。主要包括以下三个方面。

1. 划定海洋功能区

结合“两空间内部一红线”、典型生境识别等成果，将海洋空间划分为生态保护区、生态控制区和海洋发展区。根据海域区位、资源和生态环境等属性，基于

“双评价”结果，继承和优化原海洋功能区划分区体系，结合新时期海洋空间管控要求以及产业用海需求等，划定海洋功能区，并将海洋发展区细分为渔业用海区、交通运输用海区、工矿通信用海区、游憩用海区、特殊用海区和海洋预留区等功能区。其中，海洋发展区可根据地方实际情况，细分至 19 类三级区。

划定海洋功能区时，需注重近海优化与远海拓展，主要包括：优化近海空间利用，保障渔民生产生活和现代渔业发展的用海需求，保障军事设施用海，统筹海上交通和科研教学用海，合理保障海洋油气、可再生能源等用海，稳定拓展滨海旅游用海，合理预留后备海域利用空间；严格管控新增围填海，保障国家重大项目需求，强化生态保护修复，最大程度避免降低生态系统服务功能；拓展远海空间利用，深水远岸布局海水养殖、海洋油气、海上风电等用海活动，明确管控措施；促进海洋牧场、海上风电等融合发展，鼓励探索海域立体开发利用模式和路径。

2. 探索识别陆海一体化保护与利用空间

向海一侧功能区确定后，依据陆海生态系统整体性和开发利用关联性，识别需陆海一体化保护和利用空间；为保障生态系统健康、完整，基于典型生境识别，以陆海连续分布的红树林、盐沼、重要河口等自然生态系统边界为保护空间边界，建立陆海相统一的生态保护管控要求，邻近海域陆域禁止开展对海洋生态有较大影响的开发活动，禁止相邻陆域发展高能耗、高污染、低水平产业；以渔业、港口、临海工业、滨海旅游等发展所必需的陆海区域为利用空间边界，统筹产业空间布局和基础设施建设，实现海陆功能协调、资源互补。

3. 重点产业布局优化

依据产业布局面临问题的重要性，重点考虑农渔业、陆海交通、沿海重工业、海洋可再生能源及海水淡化等产业用海用地空间需求。

1）农渔业布局优化

通过养殖用海调查，掌握养殖用海空间分布、用海主体、审批状态和养殖品种等基本情况，考虑民生保障、海产品供给需求和资源环境承载能力等，根据主体功能区定位，结合“双评价”，统筹协调养殖空间布局，确定海水养殖总规模；在保障传统渔民基本养殖用海的基础上，调控养殖向深水远岸布局，鼓励深远海大型智能化养殖渔场建设；鼓励养殖用海与其他用海活动融合发展、立体利用；结合资源环境承载能力和生态修复需求，提出海洋牧场的规模总量和布局要求，保障一定比例的养护型海洋牧场；优化渔港空间布局，加快水域、岸线、陆域联合滚动开发，完善渔港配套设施和基本服务功能，延伸渔业产业链条，实现“依港养港”。

2）陆海交通布局优化

加强港口资源整合与统筹协调，盘活存量，实施差异化发展，原则上港口规划岸线零增长；保护深水岸线资源，严控深水浅用，预留港口后备空间；加强港城融合，打造港城共用岸线，推进航道、锚地共建共享，提高公用码头岸线占比，严控工矿企业自备码头岸线；完善陆路交通基础设施建设，提高港口向陆运输能力，解决港口铁路联运“最后一千米”问题，带动腹地经济发展壮大，实现港口城市与腹地的良性共同发展；分析评估港口现有产能和空间利用效率，以港口吞吐量为标准，合理规划港口、航道、锚地空间布局和资源供给规模，提出锚地与堆场占用空间优化核减要求；合理保障LNG发展需求，统筹布局LNG码头，防止“四处开花”，接收站选址应优先考虑利用历史遗留围填海区域，严格控制用地规模。

3）沿海重工业布局优化

严控沿海新增煤电核电选址，实施燃煤发电项目总量控制，在符合标准的前提下充分利用现有核电站址提高产能，采取核电站排水口离岸深水设置，减少核电温排水用海面积；加快产能整合，推进沿海钢铁项目、船舶和海工装备制造集群化布局，提升高端产能比重和产业集中度；优化滨海石化产业布局，新建和迁建相关石化项目要布局在化工园区或以化工为主的产业集聚区，远离中心城区和人口密集区，注意与周边城市的功能和景观融合。

4）海洋可再生能源布局优化

围绕海岸带地区经济社会发展，以服务海岛开发、海洋产业转型升级等需求为导向，按照风能、潮汐能、潮流能等资源分布特点及开发利用基础，规划布局重点发展区域；合理规划海上风电场，推进深水远岸布局，严禁在生态保护区及重要渔业水域、河口、海湾、滨海湿地、鸟类迁徙通道、栖息地等重要、敏感和脆弱生态区域布局；统一规划、共建共用陆上集控中心、运营维护基地、送出工程、海底管廊、登陆电缆路由等基础设施，探索浮式风机等对海洋环境影响较小的用海方式，积极发展潮汐能、波浪能、潮流能等海洋能，鼓励空间立体化利用和“风光渔”“风电＋海洋能”等综合利用模式。

5）海水淡化与综合利用布局优化

分析本地区淡水资源总量和供需情况，提出缺水城市淡化水应用规模、供水比例，并逐年提高；研究制定淡化水纳入市政供水的模式及投资、运营和管理机制，出台相关优惠政策扶持海水淡化企业发展，保障海水淡化设施用地用海。

6）海砂开采布局优化

根据海砂资源分布、可采范围和可采量，划定海砂开采区；禁止在海洋自然保护区、军事用海区、海底电缆管道保护区、航道锚地和重要的海洋生物产卵场、索饵场、越冬场及栖息地等区域从事海砂开采海域使用活动；严格限制在可能危及跨海桥梁、海底隧道、海底电缆管道、海堤、海上油气开采等涉海工程安全的海域，以及可能对海岸线、海岸防护林造成侵蚀危害的海域开采海砂；海砂开采应当保护海洋环境和保障防洪、供水安全，不得损害社会公共利益和他人的合法权益。

7）海底管廊布局优化

统筹规划海底电缆管道路由空间布局，依据海底地形地貌、水深等环境条件和海域开发利用现状，结合已有海底管线分布，集约划定海底管廊建设区域，重点加强海上风电电缆集中布局规划和管理；海底电缆管道建设应综合考虑经济性、安全性和其他综合效益，重点考虑对海域空间资源分割、海上航线、重点渔业作业区的影响，尽可能绕避生态环境敏感区域，登陆点要避让人口密集区；加强海底电缆管道保护，划定通信海缆管廊保护区，保护区内禁锚、禁渔、禁止水下作业。

关键术语

海洋经济、海洋产业、海岸带产业布局优化

思考题

1．海洋经济的核心特征是什么？

2．简述海洋产业的类型。

参考文献

[1]　管华诗，王曙光．海洋管理概论［M］．青岛：中国海洋大学出版社，2002.

[2]　崔旺来，钟海玥．海洋资源管理［M］．青岛：中国海洋大学出版社，2017.

[3]　孙悦民，宁凌．海洋资源分类体系研究［J］．海洋开发与管理，2009，26（05）：42-45.

[4]　伍业锋．海洋经济：概念、特征及发展路径［J］．产经评论，2010（3）：125-131.

[5]　毕晓琳．海洋科技发展在现代海洋经济发展中的作用［J］．海洋信息，2010（3）：19-22.

[6]　吴家鸣．世界及我国海洋油气产业发展及现状［J］．广东造船，2013，32（1）：29-32.

[7]　鲍俊林，高抒．13 世纪以来中国海洋盐业动态演变及驱动因素［J］．地理科学，2019，39（4）：596-605.

[8] 裴海龙.中国海洋生物医药业：国外经验及其启示[J].商，2014(26)：236-237.

[9] 中国可再生能源学会风能专业委员会.2022年中国风电吊装容量统计简报[EB/OL].(2023-03-28)[2024-07-10].https://mp.weixin.qq.com/s/OWjtwPVOTkz18HXDJFXGLg.

[10] 肖蔷."十三五"海洋能能掀起多大风浪[N].中国能源报，2016-06-13(2).

[11] 王立彬.开发海洋能源助力"双碳"目标实现[N].经济参考报，2021-08-19(7).

[12] 李雨蒙.船舶工业70年发展历程[J].中国民商，2019(12)：82-85.

[13] 中国船舶工业行业协会.2021年船舶工业经济运行分析[EB/OL].(2022-01-19)[2024-07-10].http://www.cansi.org.cn/cms/document/17230.html.

[14] 李华军，刘福顺，杜君峰，等.海洋工程发展趋势与技术挑战[J].海岸工程，2022，41(4)：283-300.

[15] 卢毅，宋有欣，曲薪霖，等.新冠疫情对滨海旅游业发展的影响与对策研究[J].产业与科技论坛，2022，21(8)：20-22.

第 10 章

海洋法与海洋事务

教学要求

本章主要介绍海洋环境保护制度，海域使用管理制度，海岛保护与利用制度，以及海岸线与海岸带管理制度。通过本章的学习，学生应了解海洋环境保护制度的基本内容和发展历程，掌握《中华人民共和国海洋环境保护法》的立法目的、监督管理体制、生态保护制度和污染防治制度，理解《中华人民共和国海洋环境保护法》在维护海洋生态安全、促进海洋可持续发展中的重要作用；掌握海域使用管理制度的核心内容，重点理解海洋功能区划制度、海域使用权属制度和海域有偿使用制度，认识这三项制度在规范海域开发秩序、提高海域资源利用效率、维护国家海洋权益方面的重要意义；掌握海岛生态保护与开发利用制度的主要内容，理解海岛保护规划制度、海岛生态保护制度和海岛开发利用制度的内涵和作用，认识加强海岛保护与合理开发的必要性和紧迫性；掌握海岸线分类管理和海岸建筑退缩线划定的基本思路和方法，认识加强海岸线管理对维护海洋生态安全的重要意义。

10.1 海洋环境保护制度

我国是一个拥有漫长海岸线和广阔海域的海洋大国。陆海统筹理念是我国海洋管理的重要指导思想，强调海洋与陆地资源的共同开发、利用和保护。在这一理念的引领下，我国海洋行政管理体制正在经历一场深度变革，逐步构建起一个陆海统筹、分工协作、制度健全、执法有力的海洋行政管理体系。陆海统筹理念在法律制度上的主要体现包括：强调应从源头上控制陆源污染物排放入海，强调应建立跨部门、跨区域的行政管理体制，以及运用综合性管理措施和方法。近年来，我国进一步整合了涉海行政管理部门及其职权，加强了海洋生态环境保护的系统性与协同性。同时，陆海统筹理念要求整合目前各部门分头编制的各类空间规划，实现规划全覆盖，这有利于从生态系统的整体性角度优化国土空间开发保护格局，更好地保护海洋生态环境。在海洋生态环境保护立法方面，《中华人民共和国海洋环境保护法》（以下简称《海洋环境保护法》）明确将陆海统筹作为其核心理念之一，强调在保护海洋环境时要全面考虑海洋与陆地的协同关系。我国逐渐形成了以《中华人民共和国宪法》为基石，以《中华人民共和国环境保护法》为总体原则，以《海洋环境保护法》为核心，以《中华人民共和国海域使用管理法》《中华人民共和国海岛保护法》等海洋专项法律为抓手的海洋环境保护体系。

《海洋环境保护法》作为我国海洋环境保护的基本法，确立了“保护优先、预防为主、源头防控、陆海统筹、综合治理、公众参与、损害担责”的原则，为保障生态安全和公众健康、维护国家海洋权益、建设海洋强国、推进生态文明建设，以及促进经济社会可持续发展提供了法律保障。该法经历了从侧重污染防治到全面保护生态环境的发展历程，与其他相关法律法规共同构建了较为完善的海洋环境保护法律体系。《海洋环境保护法》在监管体制上，坚持生态环境主管部门统一监管与相关部门分工协作相结合；在生态保护方面，强调典型海洋生态系统和资源的重点保护，完善自然保护地制度，建立生态补偿机制，加强生物多样性保护；在污染防治方面，从陆源、工程建设、废弃物倾倒、船舶及作业活动等方面入手，规定了行之有效的管控措施。

10.1.1 海洋环境监督管理体制

海洋环境监督管理体制是国家进行海洋环境监督管理的组织制度和监督管理权限划分及运行的机制，主要包括有关海洋环境监督的机构设置、各机构的职责、权限划分及运行机制等。

2023 年修订的《海洋环境保护法》第四条规定：“国务院生态环境主管部门负责全国海洋环境的监督管理，负责全国防治陆源污染物、海岸工程和海洋工程建设项目（以下称工程建设项目）、海洋倾倒废弃物对海洋环境污染损害的环境保护工作，指导、协调和监督全国海洋生态保护修复工作。国务院自然资源主管部门负责海洋保护和开发利用的监督管理，负责全国海洋生态、海域海岸线和海岛的修复工作。国务院交通运输主管部门负责所辖港区水域内非军事船舶和港区水域外非渔业、非军事船舶污染海洋环境的监督管理，组织、协调、指挥重大海上溢油应急处置。海事管理机构具体负责上述水域内相关船舶污染海洋环境的监督管理，并负责污染事故的调查处理；对在中华人民共和国管辖海域航行、停泊和作业的外国籍船舶造成的污染事故登轮检查处理。船舶污染事故给渔业造成损害的，应当吸收渔业主管部门参与调查处理。国务院渔业主管部门负责渔港水域内非军事船舶和渔港水域外渔业船舶污染海洋环境的监督管理，负责保护渔业水域生态环境工作，并调查处理前款规定的污染事故以外的渔业污染事故。国务院发展改革、水行政、住房和城乡建设、林业和草原等部门在各自职责范围内负责有关行业、领域涉及的海洋环境保护工作。海警机构在职责范围内对海洋工程建设项目、海洋倾倒废弃物对海洋环境污染损害、自然保护地海岸线向海一侧保护利用等活动进行监督检查，查处违法行为，按照规定权限参与海洋环境污染事故的应急处置和调查处理。军队生态环境保护部门负责军事船舶污染海洋环境的监督管理及污染事故的调查处理。”

10.1.2　海洋生态保护制度

《海洋环境保护法》第三章对海洋生态保护做出了原则性的规定，要求国家加强海洋生态保护，提升海洋生态系统质量和多样性、稳定性、持续性。具体措施包括以下四点。

第一，保护海洋生态系统、自然遗迹和景观。国务院和沿海地方各级人民政府应当采取有效措施，重点保护红树林、珊瑚礁、海藻场、海草床、滨海湿地、海岛、海湾、入海河口、重要渔业水域等具有典型性和代表性的海洋生态系统，珍稀濒危海洋生物的天然集中分布区，具有重要经济价值的海洋生物生存区域，以及有重大科学文化价值的海洋自然遗迹和自然景观。

第二，建设自然保护地。自然保护地是由政府依法划定或确认，对重要的自然生态系统、自然遗迹、自然景观及其所承载的自然资源、生态功能和文化价值实施长期保护的陆域或海域，在维护国家生态安全中居于首要地位。按照自然生态系统的原真性、整体性、系统性及其内在规律，依据管理目标与效能并借鉴国际经验，我国将自然保护地按生态价值和保护强度高低依次分为三类，即国家公园、自然保护区、自然公园。《海洋环境保护法》规定：“国务院和沿海省、自治区、直辖市人民政府及其有关部门根据保护海洋的需要，依法将重要的海洋生态系统、珍稀濒危海洋生物的天然集中分布区、海洋自然遗迹和自然景观集中分布区等区域纳入国家公园、自然保护区或者自然公园等自然保护地。”

第三，建立健全海洋生态保护补偿制度。海洋生态保护补偿制度的实施有助于平衡海洋开发与保护之间的矛盾，促进海洋生态系统的可持续发展，是海洋环境保护法律制度中的重要组成部分。《海洋环境保护法》要求："国务院和沿海省、自治区、直辖市人民政府应当通过转移支付、产业扶持等方式支持开展海洋生态保护补偿。沿海地方各级人民政府应当落实海洋生态保护补偿资金，确保其用于海洋生态保护补偿。"

第四，加强海洋生物多样性保护。我国是海洋生物多样性最丰富的国家之一。加强海洋生物多样性保护是新修订的《海洋环境保护法》的一大亮点，主要规定了四个方面的内容：一是健全海洋生物多样性调查、监测、评估和保护体系，维护和修复重要海洋生态廊道，防止对海洋生物多样性的破坏；二是鼓励科学开展水生生物增殖放流，因地制宜采取投放人工鱼礁或者种植海藻场、海草床、珊瑚等措施，恢复海洋生物多样性，修复改善海洋生态；三是开发利用海洋和海岸带资源，应当对重要海洋生态系统、生物物种、生物遗传资源实施有效保护，维护海洋生物多样性，并对引进海洋动植物物种提出了避免对海洋生态系统造成危害的要求；四是以恢复生物多样性和生态系统基本功能为重点开展生态修复，优先修复具有典型性、代表性的海洋生态系统。

10.1.3 海洋污染防治制度

海洋污染防治主要分为陆源污染物污染防治、工程建设项目污染防治、废弃物倾倒污染防治、船舶及有关作业活动污染防治，分别载于《海洋环境保护法》的第四、五、六、七章，以下是对具体内容的阐释。

一是陆源污染物污染防治。陆源污染物是由陆地污染源排放的污染物，是造成海洋污染的主要来源之一。《海洋环境保护法》和《防治陆源污染物污染损害海洋环境管理条例》对陆源污染物的管理作出了具体规定：①在陆源污染物排放标准方面，向海域排放陆源污染物应当严格执行国家或者地方规定的标准和有关规定；②在入海排污口位置选择方面，入海排污口是指位于法定海岸线向海一侧，通过直接或间接方式（如管道、沟渠）等向海洋水体排放污水的排放口，根据排放污水的来源，入海排污口可分为工业排污口、城镇污水处理厂排污口、农业排污口和其他排污口四种类型，《海洋环境保护法》规定入海排污口位置选择应当符合国土空间用途管制要求，根据海水动力条件和有关规定，经科学论证后，报设区的市级以上人民政府生态环境主管部门备案，生态环境主管部门应当在完成备案后十五个工作日内将入海排污口设置情况通报自然资源、渔业等部门和海事管理机构、海警机构、军队生态环境保护部门；③在入海排污口技术规范方面，国务院生态环境主管部门负责制定入海排污口设置和管理的具体办法，制定入海排污口技术规范，组织建设统一的入海排污口信息平台，加强动态更新、信息共享和公开。

二是工程建设项目污染防治。海岸工程建设项目是指位于海岸或者与海岸连接，工程主体位于海岸线向陆一侧，对海洋环境产生影响的新建、改建、扩建工程项目。为防治工程建设项目对海洋环境的污染，《海洋环境保护法》规定：①严格执行环境影响评价制度，工程建设项目应当按照国家有关建设项目环境影响评价的规定进行环境影响评价，未依法进行并通过环境影响评价的建设项目，不得开工建设；②采取有效措施保护水产资源，新建、改建、扩建工程建设项目应当采取有效措施，保护国家和地方重点保护的野生动植物及其生存环境，保护海洋水产资源，避免或者减轻对海洋生物的影响；③禁止在严格保护岸线范围内开采海砂，依法在其他区域开发利用海砂资源，应当采取严格措施保护海洋环境，载运海砂资源应当持有合法来源证明，海砂开采者应当为载运海砂的船舶提供合法来源证明。

三是废弃物倾倒污染防治。向海洋倾倒废弃物，是指利用船舶、航空器、平台及其他载运工具，向海洋处置废弃物和其他物质，包括向海洋弃置船舶、航空器、平台和其他海上人工构造物等。海洋倾倒废弃物极易造成海洋环境污染，为此《海洋环境保护法》规定我国实行海洋倾倒废弃物许可证制度，需要倾倒废弃物的单位应向国务院生态环境主管部门海域派出机构提出书面申请，并出具废弃物特性和成分检验报告，取得倾倒许可证后，方可倾倒。

四是船舶及有关作业活动污染防治。航行于海上或停靠港口的各种船舶，经常产生油类、油类混合物和其他有毒有害物质，如不实行严格控制，会对海洋造成污染损害。《海洋环境保护法》除了严格禁止任何船舶违法在我国管辖海域排放含油污水、含有毒有害物质污水、废弃物和其他有害物质，还对船舶的防污设备和措施等作出了规定，以避免或减少船舶对海洋的污染损害。

10.2 海域使用管理制度

2001 年 10 月 27 日第九届全国人大常委会第二十四次会议审议通过《中华人民共和国海域使用管理法》（以下简称《海域使用管理法》），自 2002 年 1 月 1 日起施行。《海域使用管理法》的适用范围是内水和领海的水面、水体、海床和底土。《海域使用管理法》规范了用海秩序，确立的海洋功能区划制度、海域使用权属制度和海域有偿使用制度，构成了我国海域使用管理法律制度的三大支柱，对规范海域开发秩序，提高海域资源利用效率，维护国家海洋权益发挥了重要作用。

海洋功能区划制度是海域使用的基础性制度，它从宏观层面对海域空间开发利用作出了统筹安排，为各类用海活动提供了空间引导和法律依据。海域使用权属制度则从微观层面规范了海域使用的权利义务关系，它明确了海域国家所有权与海域使用权的分离，赋予海域使用权独立的物权地位，为海域使用权的市场化流转创造了条件。海域有偿使用制度是促进海域使用权市场化流转的关键机制，是国家对海域资源实施管理和调控的重要手段。以下着重介绍这三项基本制度。

10.2.1 海洋功能区划

海洋功能区划是根据海域及相邻陆域的自然资源条件、环境状况和地理区位，并考虑海洋开发利用现状和经济社会发展的需要，划定的具有特定主导功能，有利于资源的开发利用，能够发挥最大效益的海域空间规划。1999 年 12 月 25 日，第九届全国人大常委会第十三次会议修订通过《海洋环境保护法》时，增加了海洋功能区划的内容，将其定义为依据海洋自然属性和社会属性，以及自然资源和环境特定条件，界定海洋利用的主导功能和使用范畴，并增加了关于海洋功能区划的条款，将与海洋功能区划相符合作为“制定全国海洋环境保护规划和重点海域区域性海洋环境保护规划”“开发利用海洋资源”“选择入海排污口位置”“批准海洋工程建设项目”的前提条件和必经程序，确立了海洋功能区划作为海洋环境监督管理基础的法定地位。2002 年施行的《海域使用管理法》将海洋功能区划确定为我国海域管理的基本法律制度之一，首次专章规定了海洋功能区划的编制机关、编制原则、审批制定、修改变动，公布方式等内容，并提出“国家实行海洋功能区划制度。海域使用必须符合海洋功能区划”的要求，明确了海洋功能区划是海域使用的法定依据和前提。

《海域使用管理法》规定县级以上人民政府海洋行政主管部门依据海洋功能区划，对海域使用申请进行审核。《全国海洋功能区划（2011—2020 年）》将全国海洋进行了功能分区，分为农渔业区、港口航运区、工业与城镇用海区、旅游休闲娱乐区、海洋保护区等。2019 年《中共中央　国务院关于建立国土空间规划体系并监督实施的若干意见》印发实施，我国国土空间规划体系改革正式启动，陆地和海洋空间规划实现了“多规合一”，要求在资源环境承载能力和国土空间开发适宜性评价的基础上，为各类海域设定保护线。同时，为了简化审批流程，提倡统筹规划、建设和管理三个环节，推动“多审合一”和“多证合一”。由此，自 1999 年起实施二十年的海洋功能区划，与主体功能区规划、土地利用规划、城乡规划等其他空间规划融合为统一的国土空间规划。海洋功能区划的相关制度和内容在海岸带专项规划中得以继承发展。自然资源部在 2021 年印发的《省级海岸带综合保护与利用规划编制指南（试行）》明确了海岸带规划是国土空间规划的一个重要组成部分，即海岸带规划是国土空间规划的专项规划，是陆海统筹的专门安排，是海岸带高质量发展的空间蓝图。

10.2.2 海域使用权属制度

海域使用权属制度是《海域使用管理法》的核心制度，是国务院海洋行政主管部门和各级地方人民政府海洋行政主管部门对海域权属进行管理依据的制度，从法律上规定了海域属于国家所有，并以使用权与所有权分离的形式来满足沿海地区经济社会发展所需。

《海域使用管理法》明确规定海域属于国家所有，单位或个人使用海域，必须依法取得**海域使用权**。这一申请流程要求单位和个人向县级以上人民政府的海洋行政主管部门提出使用申请。申请提交后，县级以上人民政府的海洋主管部门对申请进行审核，并根据用海面积和方式的不同，将申请报送至地级、省级人民政府或国务院进行审批。申请经依法批准，海洋主管部门会向申请人颁发海域使用权证书，自此时起，申请人正式取得海域使用权。养殖用海的海域使用权的最高期限一般为十五年。海域使用权期限届满，海域使用权人需要继续使用海域的，需要至迟于期限届满前二个月申请续期。在海域使用期间，使用权人应缴纳海域使用金。此外，海域使用权的流转在《海域使用管理法》中受到一定的限制，目前仅规定了转让和继承两种方式，这无疑使海域使用权流转的方式过少，不利于其市场化配置。因此，国家海洋局于 2018 年发布的《关于海域、无居民海岛有偿使用的意见》提出需要制定海域、无居民海岛招标拍卖挂牌出让办法，以丰富海域使用权的流转方式，更好地实现资源的优化配置。

海域使用权转让是指海域使用权人通过出售、赠与、作价入股、交换等方式发生海域使用权主体变更的行为。在海域二级市场，海域使用权人可与受让人签订海域使用权流转合同。

海域使用权继承是指海域使用权人死亡后，其合法的海域使用权在有效的使用年限内由其法定继承人承受、使用、收益。海域使用权是一种财产权利。因此，海域使用权可以依法继承。

海域使用权出租是指出租人将海域使用权随同海域上的固定附属设施租赁给承租人使用，由承租人向出租人支付租金的法律行为。

海域使用权抵押是指抵押人将其合法的海域使用权以不转移占有的方式向抵押权人提供债务履行担保的行为。

10.2.3 海域有偿使用制度

海域有偿使用制度是指国家通过对海域使用者征收相应费用，调节不同用海者之间的利益关系，引导海域资源向高效用途流转，实现资源优化配置。海域有偿使用制度是海域国家所有权制度在市场经济条件下的必然选择。它以经济手段调节海域资源配置，以法治方式规范海域开发秩序，有效平衡了国家利益与市场效率，为实现海域资源的可持续利用、推动海洋经济的持续健康发展提供了制度基础。

海域使用权属制度和海域有偿使用制度的有机结合，全面贯彻了“海域国有、依法用海、用海有偿”的立法原则。“海域国有”是前提，明确了海域资源的所有权归国家所有；“依法用海”是方式，要求海域开发利用必须依照法律法规进行；“用海有偿”是手段，通过经济杠杆调节用海行为，保障国家海域所有权的实现。三者缺一不可，共同构成了海域产权制度的基本框架。

第一，海域有偿使用制度是实现国家海域所有权的坚实保障。海域国家所有权制度是建立海域有偿使用制度的基础，而海域有偿使用制度则是在市场经济条件下维护国家海域所有权的重要保障。国家通过对使用国有海域从事生产经营活动的单位和个人征收海域使用费用，可以实现多重目标：①促进海域资源的科学、合理开发利用，避免国有海域资源性资产的流失；②协调不同海域使用者之间的利益关系，减少矛盾纠纷导致的损失；③规范海域开发利用秩序，实现社会效益、经济效益与生态效益的统一，促进海洋经济的可持续发展。

第二，海域有偿使用制度是促进海域使用权市场化流转的关键机制。海域国家所有权的性质决定了海域所有权本身无法进入市场流转。为化解这一矛盾，立法采纳了海域所有权与使用权分离的理论，赋予海域使用权以独立物权地位，并围绕其流转构建配套制度体系。海域使用权物权属性的确立有其深刻的理论基础：一方面，它源于社会发展对海域使用权市场化配置的客观需求；另一方面，它得益于法律对海域使用权独立物权地位的明确。物权化不仅使海域使用权成为用海行为的权利基础，也为其参与市场流转提供了法律依据。

基于此，《海域使用管理法》第三十三条规定，国家实行海域有偿使用制度，明确规定单位和个人使用海域，应当按照国务院的规定缴纳海域使用金，海域使用金应当按照国务院的规定上缴财政。该法还规定，根据不同的用海性质或者情形，海域使用金可以按照规定一次缴纳或者按年度逐年缴纳，并规定了军事用海，公务船舶专用码头用海，非经营性的航道、锚地等交通基础设施用海，教学、科研、防灾减灾、海难搜救打捞等非经营性公益事业用海免缴海域使用金；公用设施用海、国家重大建设项目用海、养殖用海等经有批准权的人民政府财政部门和海洋行政主管部门审查批准，可以减缴或者免缴海域使用金。

10.3 海岛保护与利用制度

海岛是我国蓝色国土的重要组成部分，在国家权益维护、经济社会发展和国家安全保障中具有重要和独特的战略作用。《中华人民共和国海岛保护法》（以下简称《海岛保护法》）是我国第一部加强海岛保护与管理、规范海岛开发利用秩序的法律，它的颁布与实施是国家在海岛管理方面的重大举措，填补了我国海岛保护的法律空白，使我国第一次从法律上完整地覆盖了我国海洋空间领域的各个组成部分，并将海岛工作纳入了法治化建设的轨道。《海岛保护法》的颁布实施，构建了较为完善的海岛保护与利用法律制度体系。海岛保护规划制度、海岛生态保护制度和海岛开发利用制度是《海岛保护法》的三大支柱。海岛保护规划制度从宏观层面统筹海岛保护与开发，海岛生态保护制度是维护海岛生态安全的关键，而海岛开发利用制度则规范了海岛开发活动。

10.3.1 海岛保护规划制度

我国海岛数量众多、分布广泛、生态类型多样、管理难度大，为了更好地实施海岛保护，提高管理效率，我国根据海岛分布的紧密性、生态功能的相关性、属地管理的便捷性，结合国家及地方发展的区划与规划，立足海岛保护工作的需要，注重区内的统一性和区间的差异性，将全国海岛划分为黄渤海区、东海区、南海区和港澳台区四个一级区进行分区保护管理。这种分区管理模式有利于因地制宜地制定海岛保护措施，提高海岛保护的针对性和有效性。在分区管理的基础上，我国还根据《海岛保护法》的规定，按照海岛上是否有常住人口，将海岛分为有居民海岛和无居民海岛实行分类管理。这种分类管理模式符合我国海岛的实际情况，有利于更加精准、有效地开展海岛保护工作。在管理体制方面，我国建立了中央与地方分级管理、部门间协同配合的海岛管理体制。

我国于 2010 年开始实施《海岛保护法》，确立了海岛保护与开发的基本原则，即科学规划、保护优先、合理开发、永续利用。根据该法，无居民海岛属于国家所有，国务院代表国家行使无居民海岛所有权，同时建立了海岛保护规划制度。

我国的海岛保护规划体系采取“三级三类”的模式：“三级”是指国家级规划、省级规划和市县级规划；“三类”是指海岛保护规划、海岛保护专项规划，以及可利用的无居民海岛的保护和利用规划。在全国海岛保护规划的编制程序方面，《海岛保护法》规定，由国务院自然资源主管部门会同本级人民政府有关部门、军事机关，依据国民经济和社会发展规划、全国海洋功能区划，组织编制全国海岛保护规划，报国务院审批。在海岛保护方面，《海岛保护法》明确规定，国务院和沿海地方各级人民政府应当采取措施，保护海岛的自然资源、自然景观以及历史、人文遗迹。同时，该法对某些破坏性行为作出禁止性规定，如禁止改变自然保护区内海岛的海岸线，禁止采挖、破坏珊瑚和珊瑚礁，禁止砍伐海岛周边海域的红树林等。

全国海岛保护规划是各级政府和相关部门开展海岛保护与利用工作的重要依据。《海岛保护法》对全国海岛保护规划的编制原则作出明确规定，要求制定海岛保护规划应当遵循有利于保护和改善海岛及其周边海域生态系统，促进海岛经济社会可持续发展的原则，依法科学合理地编制规划。2019 年，随着国土空间规划改革实施，海岛保护规划融入统一的国土空间规划中，但海岛保护规划相关制度经验在新的国土空间规划体系中得以继承和发展。

10.3.2 海岛生态保护制度

1. 海岛自然资源保护

《海洋环境保护法》第三十八条规定，开发海岛及其周围海域的资源，应当采取严格的生态保护措施，不得造成海岛地形、岸滩、植被以及海岛周围海域生态环境的损害。这一规定体现了生态优先、保护优先的原则，要求海岛开发利用必须以保护海岛及其周边海域生态环境为前提，防止因过度开发、无序开发而破坏海岛脆弱的生态系统。《海岛保护法》对有居民海岛和无居民海岛的保护与开发作出了全面规定。在有居民海岛保护方面，该法要求开发建设应当对海岛土地资源、水资源及能源状况进行调查评估，依法进行环境影响评价，海岛的开发、建设不得超出海岛的环境容量。这些规定有利于科学评估海岛开发建设的资源环境承载力，合理确定开发建设的规模和强度，防止超负荷开发。同时，该法还要求有居民海岛的新建、改建、扩建建设项目必须符合海岛主要污染物排放、建设用地和用水总量控制指标的要求，优先采用可再生能源和雨水集蓄、海水淡化、污水再生利用等技术，体现了节约资源、保护环境的要求。在划定禁止开发、限制开发区域，采取措施保护海岛生物栖息地等方面，该法也提出了明确要求，对加强海岛及其周边海域生态保护具有重要意义。《海岛保护法》严格限制在无居民海岛采集生物和非生物样本，要求开发利用活动必须遵守可利用无居民海岛保护和利用规划，采取严格的生态保护措施，避免造成海岛及其周边海域生态系统破坏。这些规定有利于加强对无居民海岛脆弱生态系统的保护，防止因人为活动干扰而破坏无居民海岛独特的自然地理和生态环境。

2. 特殊用途海岛保护

特殊用途海岛是指具有特殊用途或特殊保护价值的海岛，主要包括领海基点所在海岛、国防用途海岛和海洋自然保护区内的海岛。这些海岛在维护国家海洋权益、保障国家安全、保护海洋生态环境等方面具有重要意义，需要对其采取特殊的保护措施。

领海基点所在海岛是确定国家管辖海域范围的重要依据。根据《联合国海洋法公约》的规定，领海基点是划定领海的起始点，也是确定专属经济区和大陆架的起点。我国曾先后两次公布了部分领海基线及基点的地理坐标。一是 1996 年《中华人民共和国政府关于中华人民共和国领海基线的声明》宣布了我国大陆领海的部分基线和西沙群岛共 77 个领海基点的名称和地理坐标；二是 2012 年《中华人民共和国政府关于钓鱼岛及其附属岛屿领海基线的声明》宣布了我国钓鱼岛及其附属岛屿的领海基线和 17 个领海基点的名称和地理坐标；三是 2024 年《中华人民共和国政府关于北部湾北部领海基线的声明》宣布了北部湾北部领海基线，包括从峻壁角到中越北部湾分界线第 1 界点的 7 个领海基点。领海基点所在海岛对于维护国家主权和海洋权益具有重要意义，管理部门有必要对其采取一定的措施予以特殊保护。

国防用途海岛是指用于维护国防安全的岛屿，是保障国防安全、维护国家海洋权益的重要阵地。《中华人民共和国军事设施保护法》和《海岛保护法》对国防用途海岛的保护作出了明确规定。《海岛保护法》规定，禁止破坏国防用途无居民海岛的自然地形、地貌和有居民海岛国防用途区域及其周边的地形、地貌。这些规定为加强国防用途海岛的保护管理提供了法律依据。在实践中，应当严格限制国防用途海岛及其周边海域的开发利用活动，防止对军事设施和自然环境造成破坏。

海洋自然保护区是指以保护海洋自然环境和资源为目的，进行特殊保护和管理的区域。根据《海岛保护法》的规定，国家建立海洋自然保护区制度，将具有特殊保护价值的海岛列入保护区予以特殊保护。在确定保护区时，应当考虑海岛的生态系统类型、生物多样性、珍稀濒危物种分布等因素。对典型的海岛自然地理区域、有代表性的海岛自然生态区域，以及遭受破坏但经保护能恢复的海岛自然生态区域，可以考虑设立保护区。对海岛生物物种高度丰富，或者珍稀、濒危生物物种的天然集中分布区，也应当纳入保护区范围。此外，具有特殊保护价值的海域、海岸、岛屿、滨海湿地、入海河口和海湾等，也可以考虑设立保护区。

3. 海岛生态修复

海岛生态修复主要针对由于自然或人为原因而受到破坏的海岛，通过潜堤构筑、人工补砂和港湾疏浚等综合整治工程手段，对海岛进行配套基础设施建设和生态整治修复，实现生态环境的改善和海岛的综合保护。

《海岛保护法》规定，国家安排海岛保护专项资金，用于海岛的保护、生态修复和科学研究活动。2013 年国家海洋局印发的《海岛整治修复项目管理暂行办法》和《海岛整治修复项目验收暂行办法》对海岛整治修复规划编制、项目实施与监管以及验收等作了初步的规定。省级海洋主管部门负责依据海岛整治修复规划，结合本地区海岛发展需要，统筹兼顾海岛人居环境改善、生态修复以及海岛权益保护等方面，建立省级海岛整治修复项目库。国家海洋主管部门对省级海岛整治修复项目库进行审查筛选后，纳入全国海岛整治修复项目库。国家优先支持纳入全国海岛整治修复项目库中的项目。从程序上来看，海岛整治修复由省级海洋主管部门组织开展项目申报，并将项目实施方案报国家海洋行政主管部门审批。在项目批准后，项目承担单位应当组织编制项目工程初步设计报告，并在省级海洋主管部门批准后实施。2021 年自然资源部办公厅印发的《海洋生态修复技术指南（试行）》规定了海洋生态修复的原则和工作流程和海岛综合生态系统修复的问题诊断、基本要求、修复措施、修复效果监测与评估等方面的技术要求。

4. 海岛保护基础设施建设

加强海岛保护基础设施建设是推进海洋强国战略、维护国家海洋权益的客观需求。我国拥有的大量海岛是国家主权和海洋权益的重要载体，完善海岛保护基础设施，有助于强化海岛管控能力，有效应对海上突发事件，为维护国家主权和领土完整提供坚实保障。加强海岛保护基础设施建设是推进海洋经济可持续发展的需要。海岛蕴藏着丰富的海洋资源，具有独特的生态价值和开发潜力。合理布局海岛保护基础设施，有助于推动海岛资源的可持续利用，培育海洋经济新的增长点。加强海岛保护基础设施建设也是保护海洋生态环境和资源的需要。海岛生态系统脆弱，面临人为开发活动和自然灾害的双重胁迫。完善海岛保护基础设施，有助于加强海岛生态监测预警和应急处置能力，维护海岛生态系统健康。

当前，我国海岛保护基础设施建设还存在诸多短板，面临空间布局不均衡、资金投入不足、法律法规保障缺失等突出问题，需加强顶层设计和系统部署。加强海岛保护基础设施建设，一是要科学编制海岛保护基础设施建设规划，按照典型性、代表性原则，因地制宜确定海岛保护基础设施的空间布局和建设重点，分类施策，突出重点；二是要建立海岛保护基础设施标准规范体系，制定海岛保护基础设施建设运维的标准规范，规范建设行为，提高建设水平；三是要强化海岛保护基础设施的运维监管，明确管理职责，创新管理模式，加大执法力度，确保海岛保护基础设施安全高效运行；四是要加快海岛保护法律法规体系建设，加快完善《海岛保护法》相关配套法规，强化法治保障，规范海岛保护措施。

10.3.3　海岛开发利用制度

我国现行法律还没有对海岛使用权的概念给出明确界定。根据《海岛保护法》和《无居民海岛保护与利用管理规定》的规定，我国海岛使用权有以下含义：①海岛属于国家所有；②海岛使用必须是对特定海岛的使用；③海岛使用必须基于海岛功能区划和保护与利用规划；④海岛使用是一种开发利用活动，具有排他性。

《海岛保护法》对无居民海岛的开发利用作出了原则性规定，明确了无居民海岛开发利用的申请、审批程序。为进一步细化和落实《海岛保护法》的相关规定，国家海洋主管部门先后出台了一系列部门规章和规范性文件，如《无居民海岛开发利用审批办法》《关于海域、无居民海岛有偿使用的意见》《中央海岛及海域保护资金使用管理办法》。这些配套制度的出台，为规范无居民海岛开发利用行为，加强无居民海岛保护管理提供了制度保障。其中，《无居民海岛开发利用审批办法》对无居民海岛开发利用的申请、审批、批复、登记等环节作出了具体规定。根据该办法，申请开发利用无居民海岛，需要向省级及以上海洋行政部门提交开发利用无居民海岛的申请书、具体方案和项目论证报告等申请文件。

在审批程序方面，《无居民海岛开发利用审批办法》明确，无居民海岛开发利用申请需要经过省级海洋主管部门组织有关部门和专家审查，提出审查意见，并报省、自治区、直辖市人民政府审批。特殊情况下，如无居民海岛的开发利用涉及利用特殊用途海岛，或者确需填海连岛以及其他严重改变海岛自然地形、地貌的，须报国务院审批。在批复和登记方面，《无居民海岛开发利用审批办法》规定，无居民海岛开发利用申请获批后，由海洋主管部门印发用岛批复文件。用岛单位和个人应当按照有关规定缴纳无居民海岛使用金，进行不动产统一登记，依法办理登记手续，领取不动产权属证书。用岛单位和个人只有在完成这些手续后，才能凭用岛批复文件、不动产权属证书等材料到相关部门办理开工建设手续。这些规定有利于加强对无居民海岛开发利用的事中事后监管，维护无居民海岛开发利用秩序。

无居民海岛使用权市场化出让方面，浙江、广东等省出台了相关规定，明确了市场化出让无居民海岛使用权的具体方式和程序等内容。《全国海洋经济发展"十三五"规划》提出建立健全海域和无居民海岛开发利用市场化配置及流转管理制度，推进海域使用权和无居民海岛开发利用招拍挂。浙江、福建等省也出台了涉及通过招标、拍卖、挂牌等方式取得无居民海岛使用权或实现海域资源流转的规范性文件。《关于海域、无居民海岛有偿使用的意见》指出我国海域、无居民海岛管理中存在市场配置资源决定性作用发挥不充分，资源生态价值和稀缺程度未得到充分体现，使用金征收标准偏低且动态调整机制尚未建立等问题。该意见要求提高用海用岛生态门槛，建立健全海岛开发利用约束机制，完善用海用岛市场化配置制度，建立使用金征收标准动态调整机制，加强使用金征收管理，加强海域、无居民海岛有偿使用监管。

10.4 海岸线与海岸带管理制度

20 世纪 90 年代以来，随着沿海地区经济社会快速发展，海岸线和近岸海域开发强度不断加大，保护与开发的矛盾日益凸显。针对海岸线保护与利用的严峻形势，2017 年国家海洋局牵头制定的《海岸线保护与利用管理办法》提出了一系列关于海岸线保护、利用和修复的指导原则，为了有效执行这一管理办法，相关部门还发布了配套的《贯彻落实〈海岸线保护与利用管理办法〉的指导意见》和《贯彻落实〈海岸线保护与利用管理办法〉的实施方案》。此外，随着自然资源部的组建，陆地和海洋国土空间实现了统一管理，海岸带综合管理的步伐进一步加快，地方立法和各级海岸带规划实践使海岸带综合管理体系逐渐发展完善。

10.4.1 海岸线保护与利用

海岸线是多年大潮平均高潮位时海陆分界痕迹线。自然岸线是指由海陆相互作用形成的原生海岸线，主要包括砂质岸线、淤泥质岸线、基岩岸线、生物岸线等原生岸线。2012 年 3 月，国务院批准实施的《全国海洋功能区划（2011—2020 年）》首次提出大陆自然岸线保有率指标，并指出至 2020 年全国大陆自然岸线保有率应不低于 35%。大陆自然岸线保有率指大陆自然岸线保有长度占大陆岸线总长度的比例。设置该指标有利于强化海岸线保护、利用和管理，提升海洋生态环境。2016 年《国务院关于全民所有自然资源资产有偿使用制度改革的指导意见》同样强调应确保大陆自然岸线的保有率不低于 35%。

1. 三类海岸线

《海岸线保护与利用管理办法》规定，我国对海岸线实施分类保护与利用，根据海岸线自然资源条件和开发程度，分为严格保护、限制开发和优化利用三类。自然形态保持完好、生态功能与资源价值显著的自然岸线划为严格保护岸线，主要包括优质沙滩、典型地质地貌景观、重要滨海湿地、红树林、珊瑚礁等所在海岸线。严格保护岸线按生态保护红线有关要求划定。除国防安全需要外，禁止在严格保护岸线的保护范围内构建永久性建筑物、围填海、开采海砂、设置排污口等损害海岸地形地貌和生态环境的活动。自然形态保持基本完整、生态功能与资源价值较好、开发利用程度较低的海岸线应划为限制开发岸线。限制开发岸线严格控制改变海岸自然形态和影响海岸生态功能的开发利用活动，预留未来发展空间，严格海域使用审批。人工化程度较高、海岸防护与开发利用条件较好的海岸线应划为优化利用岸线，主要包括工业与城镇、港口航运设施等所在岸线。优化利用岸线应集中布局确需占用海岸线的建设项目，严格控制占用岸线长度，提高投资强度和利用效率，优化海岸线开发利用格局。

2. 海岸建筑退缩线

海岸线分类保护与利用是从宏观层面对海岸线开发活动进行引导和管控，而在具体实施过程中，还需要划定一条“退缩线”，以更加精准、有效地规范海岸带开发建设活动。海岸建筑退缩线是在综合考虑海岸带自然禀赋、环境特征、海洋灾害影响、生态环境保护和亲海空间需求等因素的基础上，以海岸线为基准，向陆一侧后退一定距离划定的控制线。在退缩线范围内，原则上禁止或限制各类建筑活动，以减少人类活动对海岸带自然生态系统的干扰，提高海岸带应对自然灾害的韧性。近年来，自然资源部等部门高度重视海岸建筑退缩线划定工作，出台了一系列政策文件，要求各省在编制海岸带综合保护与利用规划时，要因地制宜划定海岸建筑退缩线。这对于加强海岸带空间管控，推动形成海岸线保护与利用的空间秩序具有重要意义。

《自然资源部办公厅关于开展省级海岸带综合保护与利用规划编制工作的通知》提出“因地制宜划定海岸建筑退缩线”。《省级海岸带综合保护与利用规划编制指南（试行）》明确“综合考虑海岸线的自然地理格局、海洋灾害影响、生态系统分布和演变过程等因素，以海岸线为基准，在充分考虑海岸线两侧开发利用现状和海岸防护工程建设标准基础上，因地制宜划定海岸建筑退缩线”。海岸建筑退缩线划定一般包括基础数据收集、退缩距离确定、边界初划、方案协调、社会公示、结果入库等环节。

退缩线划定后，应将退缩线与海岸线之间的范围确定为避让区，实施“准入清单＋分类管控”，除准入清单规定的建设活动外，禁止新建、扩建和改建建筑物，并严格控制区域内建筑物高度、密度，保持通山面海视廊通畅。“准入清单”按照生态保护红线管控要求确定，准入活动应包括生态保护红线内允许的建设活动，以及根据地方实际情况论证确需临海布局的其他建设活动，如港口、修造船等，严格限制新增中高级公路建设。“分类管控”即分类管控已有建筑，具体内容包括：①已经依法批准并建设，且与生态环境保护不相抵触的建设项目，可予以保留，要严格监管其开发用途和开发强度，不得对生态环境造成破坏；②已经依法批准并建设，但对生态环境有不利影响的建设项目，应通过生态化改造、调整转型、异地置换等方式整改，无法实现整改或整改达不到要求的，制定计划限期拆除腾退；③已经依法批准但尚未开工的建设项目，且不属于准入清单内的，可通过异地置换等方式实施退出。

10.4.2 海岸带综合管理

随着海洋资源破坏和环境污染问题日益严重，我国越来越重视海岸带综合管理在协调陆海矛盾、推进沿海经济社会可持续发展中的作用，海岸带综合管理成为海洋研究的重点问题之一。2018 年 11 月 18 日，《中共中央 国务院关于建立更加有效的区域协调发展新机制的意见》提出编制实施海岸带保护与利用综合规划，严格围填海管控，促进海岸地区陆海一体化生态保护和整治修复，推动海岸带管理立法。目前，我国沿海各级自然资源部门正在编制海岸带专项规划，旨在从陆海统筹的视角出发，全面考虑资源的节约利用、生态环境的保护以及空间的合理性等因素。该类规划将为海岸带地区的资源保护、利用、生态保护与修复以及灾害防御等方面提供科学的管理依据，将特别强调根据各岸线的具体特征以及生态保护和防灾减灾的需求，合理划定一定宽度的海岸建设退缩线，并实施严格的开发管制。同时，规划还将确保海岸带范围内的生态保护红线、海岸建设退缩线以及自然岸线得到有效衔接和统筹管理。

在我国，为加强海岸带保护、利用与管理，多个沿海省市结合本地实际情况，加快海岸带保护与利用立法。例如，2018 年山东省第十三届人大常委会第三次会议已批准通过《威海市海岸带保护条例》，2019 年山东省第十三届人大常委会第十四次会议第十五次会议先后批准通过了《日照市海岸带保护与利用管理条例》《青岛市海岸带保护与利用管理条例》《东营市海岸带保护条例》《烟台市海岸带保护条例》《潍坊市海岸带保护条例》和《滨州市海岸带生态保护与利用条例》。至此，山东省沿海七市均已制定海岸带保护与利用法规，实现了海岸带保护立法全覆盖，山东省也是全国第一个实现沿海城市全部制定海岸带保护与利用法规的省份。

关键术语

海洋环境保护制度、海域使用管理制度、海岛保护与利用制度、海岸线与海岸带管理制度

思考题

1．简述海洋环境监督管理体制的含义与特征。

2．海域使用管理的基本制度有哪些？具体内涵为何？

3．海岛保护与利用的基本法律制度有哪些？具体内涵为何？

4．我国在加强海岸线保护与利用管理方面主要采取了哪些措施？

参考文献

[1] 海域管理培训教材编委会.海域管理概论[M].北京：海洋出版社，2014.
[2] 何伟宏，索安宁.中国海域综合管理概述[M].北京：海洋出版社，2022.
[3] 刘大海，李彦平.海洋空间规划与海岸带管理[M].北京：科学出版社，2022.
[4] 刘大海，刘镇杭，李彦平.海洋资源管理[M].北京：中国大地出版社，2023.
[5] 罗施福.海域资源市场化配置的法律机制研究[M].厦门：厦门大学出版社，2019.
[6] 屈广清，曲波.海洋法（第四版）[M].北京：中国人民大学出版社，2017.
[7] 王江涛.我国海洋空间规划的“多规合一”对策[J].城市规划，2018，42（4）：24-27.
[8] 王琪.海洋行政管理学[M].北京：人民出版社，2020.
[9] 吴姗姗，刘智训.关于海岛生态整治修复及保护项目的思考和建议[J].海洋开发与管理，2013，30（4）：9-12.
[10] 吴姗姗.我国海岛保护与利用限制及分类管理建议[J].海洋开发与管理，2011，28（5）：40-44.
[11] 徐敏，颜士博.入海排污口及排污混合区监管现状及建议[J].环境保护，2023，51（19）：24-26.
[12] 周学锋.中国海岛法律制度[M].北京：海洋出版社，2018.

第 11 章
海岸带人口与城镇化

教学要求

海岸带地区资源富饶，为人类提供了适宜的生活环境，并在人类活动下建成了有独特景观、功能的沿海城市。沿海城市以其独特的区位地缘优势，在经济发展和社会进步中往往具有举足轻重的作用，我国现代化的进程也是从沿海地区起步的。然而，在城镇扩张的背景下，海岸带气候、水文条件的变化放大了台风、海啸、暴风潮、海岸侵蚀等海洋灾害的影响，全球变暖和海平面上升等问题也让海岸带人口栖息和城市建设面临着更严峻的考验。本章聚焦海岸带的人口和城市，通过本章的系统介绍，学生需掌握海岸带的人口集聚规律、特征，和海岸带城市的分布情况、形成规律、城市功能、城乡协调等要素，并进一步了解人类活动下海岸带城市所面临的城镇化问题以及陆海统筹背景下的海岸带空间管控重点。

11.1 海岸带人口集聚发展

11.1.1 人口近海分布规律

海岸带地区气候环境宜居、海洋资源丰富、航运经济效益显著，普遍具有较强的人口吸引力，因此人口密度随着与海岸距离的增加和海拔的提升而逐渐降低。从海岸距离来看，全球人口主要集中在距离海岸 200 千米以内的沿海地区，全球超过三分之一的人口居住在距离海岸线 100 千米以内的区域，有近 10 亿的人口居住在距离海岸线 10 千米以内的区域；从海拔高度来看，全球超过一半的人口生活在海拔 100 米以下的区域，近 9 亿人生活在海拔 10 米以下的海岸带区域（图 11-1）。

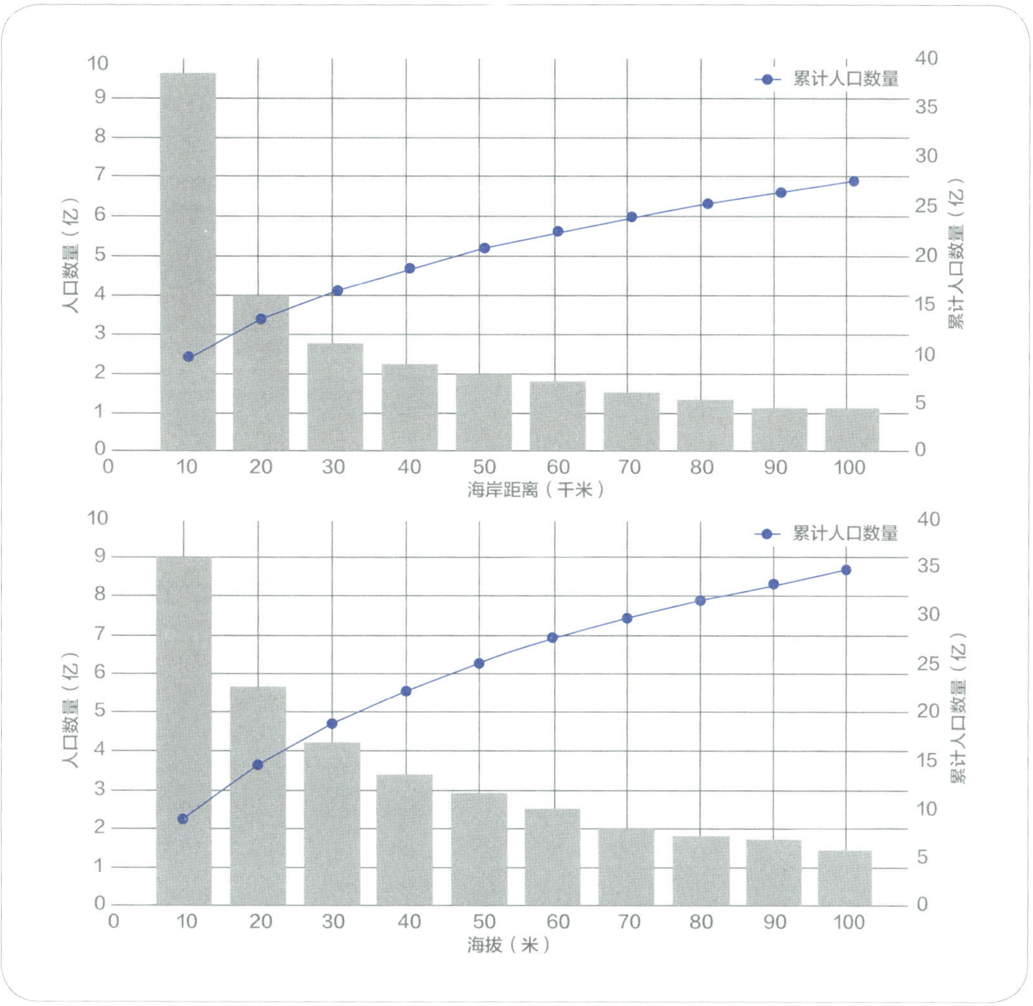

图 11-1　2020 年全球海岸带人口分布情况

资料来源：Reimann L，Vafeidis A T，Honsel L E. Population development as a driver of coastal risk：current trends and future pathways[J/OL]. Cambridge Prisms：Coastal Futures，2023（1）：1–23.［2023-01-31］. https://www.cambridge.org/core/journals/cambridge-prisms-coastal-futures.

随着人类应对海洋灾害能力的提升和交通条件的改善，人口向沿海地区迁移已经成为当今世界各国地域发展的一大趋势。近几十年来，海岸带人口密度持续增长。1990 年，全球 23% 的人口居住在距离海岸线小于 100 千米且海拔低于 100 米的区域内，2010 年这一比例上升到 27%，到 2020 年已超过 28%。

第七次全国人口普查数据显示，在 2020 年，中国有超过 6 亿人居住在沿海的 11 个省、自治区、直辖市，占全国总人口的 45.0%；58 个沿海城市居住了超过 3

亿人口，占总人口的 21.7%，上海、天津、青岛、广州、深圳、东莞 6 个沿海城市均为人口规模超过千万级别的城市。沿海城市人口数量和 2010 年相比增加了超过 630 万人，人口规模超过千万级别的城市增加了 5 个。区县级的海岸带区域面积约为 23.73 万平方千米，占全国国土陆地面积不足 3%，而常住人口超过 1.68 亿人，占总人口的 11.9%，平均人口密度为 706.6 人 / 平方千米，是全国平均人口密度的 4.7 倍。

我们可以从气候和地形条件、农渔业海洋资源、海洋贸易等角度来理解人口向海岸带集聚的现象。

气候和地形条件是生物生存的关键因素之一。与海洋有着紧密关联的亚热带季风气候、温带季风气候、温带海洋气候和地中海气候，都能够给动物生存和植被生长提供适宜的热量和水分，为早期物种栖息繁衍奠定了坚实的基础。气候温和、雨水相对充足的平原地带有利于农业生产的开展，适合房屋建筑、道路、公共设施等人类聚落基础设施的建设，适宜人口生存与发展。

农渔业海洋资源是人类在海岸带生存的重要支撑。海洋拥有丰富的生物资源，目前，人类已知的海洋生物超过 21 万种，其中已知鱼类约 1.9 万种，甲壳类约 2 万种，为人类提供了丰富的食物资源。海岸带区域存在大量新、旧石器时代的贝丘遗址，表明早期人类就开始在海边从事鱼、虾、蟹的捕捞，以鱼骨为箭弩捕获禽兽，进而饲养家禽、种植稻谷等，并由此衍生了海洋文明。

海洋贸易是人类社会发展的重要途径。来自海洋的贝壳是早期的商品交换媒介，货币的出现对提高人类社会的生产效率、促进经济发展有着不可忽视的作用。欧洲地理大发现促进了人类交流开放的天然平台的形成，全球航路开辟让海洋贸易逐渐兴盛，货物都可以通过海洋运往世界各地，沿海地区通过凸显的相对优势获取更多经济收益，人们为了更丰富多样的资源也倾向于靠近海洋居住生活。

随着生活质量的提高，人们对旅游休闲的需求不断提升，海岸带旅游业也得到快速发展。如我国三亚市、澳大利亚悉尼、美国夏威夷州、马尔代夫、意大利威尼斯、希腊雅典等海岛或海滨城市每年都会迎来大量游客，吸引人们候鸟式旅居甚至迁移定居，海岸带城市人口数量不断增加。

11.1.2　沿海人口结构特征

整体来看，人口的性别、年龄、教育水平分布并未因为区域距离海岸线的远近而产生显著的区别。在我国海岸带区县，平均男女性别比略高于全国平均水平，

15～64岁的人口比例比全国高2%、平均教育年限比全国高0.2年。

在从事职业方面，沿海地区从事第一产业的劳动力比例较低，产业转型升级明显。全国范围内有20.53%的人从事农业活动，范围缩小至沿海地区，这一比例仅为13.04%。沿海人口中有30.11%的人从事生产制造等工业活动，这一比例高于全国25.79%的平均水平。除此之外，沿海地区从事于公共服务、专业技术等职业的人口比例都略高于全国（表11-1）。

表11-1　2020年全国和沿海区县的职业类型分布情况

职业类型	全国比例	沿海区县比例
农、林、牧、渔业生产及辅助人员	20.53%	13.04%
生产制造及有关人员	25.79%	30.11%
党的机关、国家机关、群众团体和社会组织、企事业单位负责人	2.21%	2.75%
专业技术人员	10.42%	11.12%
办事人员和有关人员	6.95%	7.35%
社会生产和服务人员	33.87%	35.42%
其他从业人员	0.23%	0.21%

注：沿海区县指有海岸线的区、县、县级市。
资料来源：根据《中国人口普查分县资料2020》绘制。

沿海地区工厂数量多、旅游业发展快、劳动力需求大，因此有大量来自内地的流动人口。例如深圳市、厦门市、珠海市、广州市、泉州市、三亚市的外来人口占常住人口比例相比内陆地区更高。部分地区的外来人口能够通过积分累积等方式达到城市的落户门槛，并成功在沿海城市组建"一代外来人口"家庭。值得注意的是，流动人口和"一代外来人口"家庭在沿海城市的分布并不均衡，其主要集中在南部沿海港口城市或旅游城市，如厦门市、广州市、深圳市、上海市等，而辽宁、河北、山东和江苏北部沿海地区的数量则相对较少，外来人口的比例相对较低，说明沿海城市对外来人口的吸引力受多方面因素影响。

11.1.3　海岸带人口承载力

海岸带区域的人口，在带来经济社会发展红利的同时，也对自然环境造成了负面影响。伴随着人类活动增加，填海造陆、过度捕捞、污染物排放等破坏性活动屡见不鲜。作为大陆和海洋的交接地带，海岸带是土地开发和利用规模最大、强度最高的地区，也是生态环境最脆弱的地区，因此海岸带能够承载的人口规模是有限的。

在一定技术水平的条件下，应该以海岸带资源和环境的可持续发展为原则，保证海岸带经济的可持续发展。人口密度大的海岸带区域，应该注重生态环境保护和城市基础设施的建设和维护，同时通过适宜的管控减少人类活动中高耗能、高污染活动的无节制开展，避免高强度人类活动产生的资源消耗和污染排放导致的海岸带自然环境破坏。

11.2 海岸带城镇化的空间组织

11.2.1　城镇化近海优先规律

海岸带城镇化指的是海岸带地区人口、经济、设施等要素集聚带动的城镇空间扩张，以及人造工程取代海洋自然栖息地的过程，具体表现为沿海城镇建设用地扩张、城镇人口占比提升、经济活动非农化、建成环境和居民生活方式从乡村向城镇转移等。海岸带城镇化从景观上表现为一种大规模的土地利用覆盖转变过程，即从由水、土、植被等要素组成的自然景观转变为由水泥、化工材料和金属等要素组成的人工景观。在判断一个地区的城镇化水平时，我们通常采用区域城市人口占总人口的比例作为城镇化率的代表指标。

港口等地域发展优势为沿海城镇化快速发展创造了良好的条件，周边腹地经济贸易的持续增长也会给港口带来充足货源。通常情况下，一个国家会优先发展沿海地区的城市，利用其生产要素集聚和创新优势，将其培育为经济发展重心。同时，城镇具有显著的集聚效应和规模效应，生产要素越集中，城镇对周边的吸引力和辐射力也越强。因此，沿海城市能够作为增长极，通过信息流动发挥其辐射和带动作用，使乡村地区逐渐向城镇转化，使城镇化趋势呈网络状、圈层状逐步向内地梯度推进。目前，全球人口超过 250 万的大城市中有 2/3 位于海岸带地区，如阿拉伯海东岸的孟买是印度的经济中心和第一大港口，也是印度城镇化的主要起源区域；巴西城镇化同样起始于大西洋西岸这一海岸带地区，并促成了里约热内卢和圣保罗两大城市的兴起，而后城镇化逐渐向南美洲内陆扩展。

2020 年第七次全国人口普查数据显示，我国海岸带地区拥有全国 50% 以上的大城市，上海、北京和天津三个直辖市的城镇化率均在80%以上，广东省、江苏省、辽宁省和浙江省四个省份的城镇化率均高于70%；城镇化率排名前7的省级行政区中，除北京市外，其余六个均位于沿海区域；京津冀、长江三角洲（简称“长三角”）和珠江三角洲（简称“珠三角”）三个沿海城市群是我国城镇化发展最快的区域。在沿海的区县中，近40%的城镇化率在70%以上，近20%的城镇化率高于80%，这一比例远高于内陆，其中城镇化率小于50%的沿海区县主要集中于河北省、辽宁省、海南省、广西壮族自治区和广东省非珠江三角洲的地区。

人口迁移是我国沿海地区快速城镇化的重要推动力。改革开放以来，沿海城市凭借政策支持等优势因素，大量吸引外资并迅速扩大产业规模，对劳动力的需求自然极速提升。同时，我国对人口迁移的限制逐渐放开，交通等基础设施条件不断改善，进而吸引大量来自内陆农村的人口向海岸带迁移，越来越多的农业人口转化为城市人口，加快了沿海地区城镇化进程。人口迁移流动为沿海地区提供大量廉价劳动力，降低产业成本，促进商品流通和经济发展，推动产业转型升级，从而进一步提升了沿海地区的人口吸引力和城市辐射力。

11.2.2 沿海城市的形成发展

根据世界城镇化发展的规律，城镇化进程通常可分为前期、中期和后期，其发展通常呈S形曲线（图11-2）。前期城镇化速度缓慢，沿海城市以渔业等传统农业经济为主，并在漫长的阶段实现生产要素筹备。随后，一些沿海城市通过建设大型基础设施或启动大型港口项目进入中期加速城镇化阶段，且生产要素的完备使得城市内部产业快速向第二、三产业升级，并实现产业集聚，城镇化水平短期内得到提

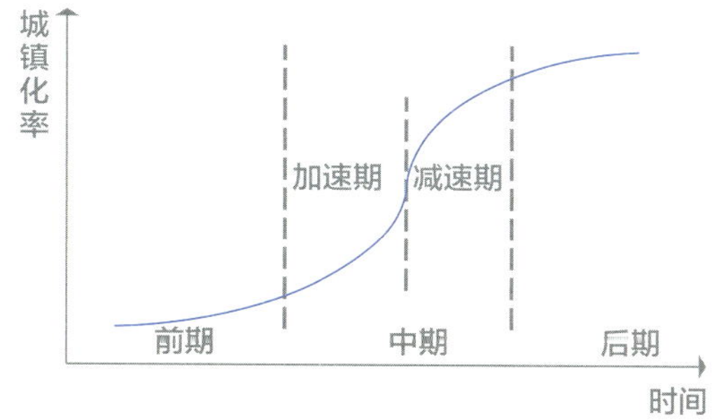

图11-2 城镇化的发展曲线
资料来源：作者自绘

高。在此基础上，沿海城市能够通过对周边的辐射作用实现区域产业体系升级，进一步推动海岸带区域的城镇化发展。当城镇化推进到中后期阶段后，城市发展趋于稳定，城镇化速度放缓，由于基础设施供给不足、人居环境污染严重、城市资源短缺、居民生活压力增加等城市问题暴露，部分居民开始搬离城市中心，沿着海岸线或者向内地方向进行扩张，出现逆城镇化现象。避免逆城镇化现象、促进土地集约利用、提升城市生活质量和城市更新，成为城镇化后期的城市规划重点，部分沿海城市的产业也向旅游产业、康养产业转型。

沿海城市的形成通常可以分为以下两种类型。

第一类城市拥有优越的港口功能。港口城市拥有较低的交通成本，且能更方便地与外界沟通，能够作为连接不同国家的关键节点实现要素集聚，推动产业升级和创新发展。位于马六甲海峡要道的新加坡是典型的港口城市，在国际贸易中有着重要的地位，而作为城市国家，新加坡已经实现了完全城市化。位于朝鲜半岛的釜山是韩国的第一大港口，和邻近城市共同构成了韩国东南沿海工业区，其城镇化率从 20 世纪 60 年代开始进入高速增长，现已发展成为韩国的第二大城市。宁波舟山港是我国和全球货物吞吐量第一大港，宁波市和舟山市的城镇化率高于浙江省平均水平，且近年来两市的城镇化水平保持提升。另外，大连、青岛、秦皇岛、连云港、深圳、烟台、日照、厦门、泉州、汕头、北海、湛江、防城港、三亚等都是我国著名的沿海港口城市，在城镇化建设上也都有着突出的成绩。在此基础上，位于河流入海口的城市更具有河运和海运交汇的优势，可以发挥“江海联运”的效能，港口功能也更为突出。例如尼罗河入海口汇聚了埃及全国 62.5% 以上的人口，首都开罗以及曾经的世界第一大港亚历山大港均位于尼罗河三角洲；西欧第一大河莱茵河的入海口建成了欧洲最大的港口城市鹿特丹；上海作为我国的长江入海口，也担任着我国外向型经济门户的重要角色。

第二类城市有着优良的海洋资源和滩涂资源。鱼类、贝类、海藻等资源不仅为当地居民提供了丰富的食物来源，还促进了渔业产业的发展。例如智利和秘鲁依托世界上最强的补偿流有着 800 余种海洋生物资源，形成了世界四大渔场之一秘鲁渔场。此外，日本的北海道渔场、英国的北海渔场、加拿大的纽芬兰渔场都是暖流和寒流的交汇之处，这些渔场所在的区域也都是各个国家的重要发展区域。沿海滩涂有着丰富的生物资源，是海水养殖的重要基地，我国的滩涂资源主要集中在江苏省，也形成了一系列以盐城为代表的沿海城市，盐城以盐建城是利用滩涂资源的典范。滩涂还是红树林生长的基本条件，对净化水质、海岸保护、抵御海洋灾害有着重要作用。同时，滩涂本身也是重要的国土空间资源。我国黄河携带着大量泥沙从山东省东营市入海，产生了大面积的滩涂，也使得城市面积不断增长。

11.2.3 沿海城市的旅游功能

沿海城市的海洋景观、岛屿景观等自然景观和城镇化进程中建成的人文景观支撑了沿海城市的旅游功能，吸引了大量游客，并使沿海城市的旅游业及相关第三产业快速发展，增加了就业岗位、丰富了城市功能。根据游客的不同需求，沿海城市通常能够提供观光型、度假型、体验型、商务型等多样的旅游产品服务。

为将自然景观和人文景观相结合，在沿海城市的国土空间总体规划和旅游相关专项规划中，通常会基于城市自然景观和人文景观，合理规划滨海休憩空间，向居民和游客提供休息、锻炼、观光、度假、购物等游憩功能的开放空间、建筑物和设施，将绿色景观和蓝色景观有机结合，改善空间使用者的身心健康，同时促进城市产业转型升级。以《秦皇岛市国土空间总体规划（2021—2035 年）》为例，规划将旅游作为城市的重点布局产业，通过强化山海联动、休闲度假和医疗康养的结合，打造西港国际旅游港、北戴河滨海旅游区、黄金海岸休闲度假区、山海关长城文化旅游区等滨海休憩空间。

但是，缺乏专业支持支撑的旅游业也可能会为沿海城市带来环境问题和社会问题。环境问题主要源于度假胜地、游乐场、高尔夫球场、游艇停泊港等旅游设施滥建，人工设施改变了自然景观并且对生态环境带来负面影响。管理不善的旅游设施往往会成为污染源，例如部分沿海度假胜地在建立的时候不会考虑污水处理等环保问题，而事实上污水的不当处理不仅会影响海洋的自然环境，还存在较大公共健康隐患。沿海城市旅游功能的有效发挥很大程度取决于区域管理者的监管作用，但是一些国家或地区为吸引更多投资者进入，环境标准执行不强制，导致旅游并未带动当地经济实现可持续发展。

11.2.4 沿海城市的港城关系

人类最早的城市和文明都诞生于较为平坦的河流谷地和平原地区，这是因为在交通不发达的时期，陆路交通成本高、效率低，而水运则是更有效的运输方式。因此，人们大多生活在天然港口附近，以运载煤炭、粮食、矿石等大宗商品，并将制成品送往各地，港口被逐渐建设成为城市，并发展成为区域的中心城市。在经济全球化时期，港口城市的本质是对外经贸的窗口和通道。在临港区域建立工业不仅可以利用水路运输的优势来节省成本，还可以减少原材料或产成品的中转次数，从而降低内陆运输费用。同时，临港产业还可以利用港口与国际市场便捷的交通和信息联系实现各种资源的高效流动，及时调整产品结构适应市场需求的变化，由此形成港口城市的区位优势。

港口与其所属城市在经济、管理、地理、文化等方面相互之间存在需求、影响与制约关系，关系的转变也是港口城市发展的关键因素。一方面城市是港口的载体和港口产业的根基，另一方面港口产业是城市发展的重要促进因素，同时两者又因为追求目标的不一致而产生土地、岸线、水源等自然资源的竞争。两者之间的复杂关系随着城市发展发生了港 - 城共生阶段—港 - 城空间集聚阶段—港口外迁与城市裂变阶段—港 - 城双向网络发展阶段的阶段性演变（图 11-3）。

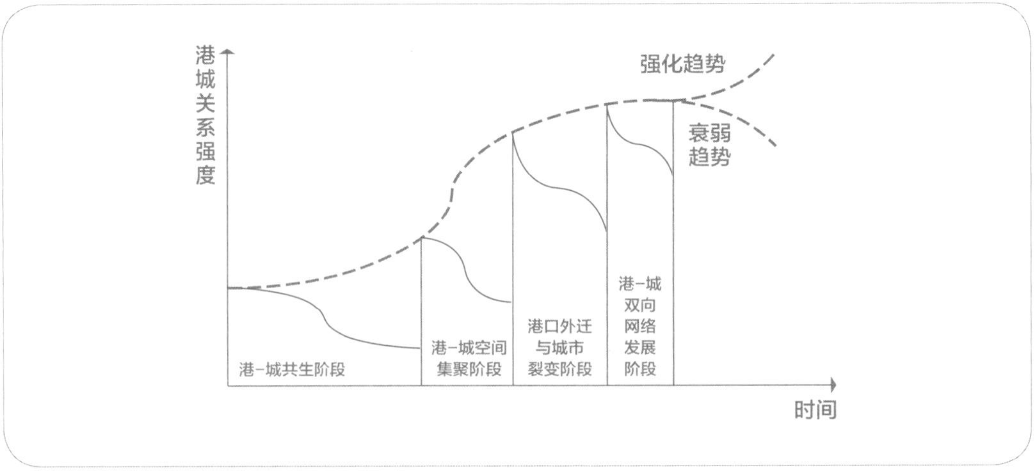

图 11-3　港 - 城关系强度变化曲线
资料来源：郭建科，韩增林 . 港口与城市空间联系研究回顾与展望 [J]. 地理科学进展，2010，29（12）：1490-1498.（根据文献内容改绘）

在港城发展初期的港 - 城共生阶段，大部分经济活动源于港口，通过原始积累将岸线的自然条件经开发转变为区域发展优势，为港口城市下一步发展提供原动力。

在港 - 城空间集聚阶段，港口城市经济快速发展，区域间贸易量增加，如海港城市成为区域工业增长中心，并带来港口规模扩张和城市空间膨胀的结果，城市和港口通过相互促进而共同发展。

在港口外迁与城市裂变阶段，钢铁、石化、能源等重化工业逐渐占据主导地位，原材料需求量和国际性贸易快速增加，沿海港口功能更多体现为国际物流中心，区域性临港工业化过程与单体城市内部规模不经济推动新港口不断涌现，老港口部分业务外迁至邻近新港口，从而带动单体城市发生裂变。

在港－城双向网络发展阶段，信息技术革命推动高新技术和新兴产业不断涌现，且港口发展逐渐深水化、大型化和集装箱化。跨国公司推动各种生产要素在全球范围内进行优化配置，大港口不断兼并和整合周边港口资源，专业化分工愈加明显。

截至2023年，我国有货物吞吐量超亿吨的港口43个，全球前20大港口中，我国港口占据16席。全国港口布局呈五大组合：环渤海区域、长江三角洲区域、珠江三角洲区域、东南沿海区域和西南沿海区域，其中环渤海区域港口2022年1月—11月和2023年1月—11月的货物吞吐量均超过40亿吨，是吞吐量最大的港口区域；位于西南沿海的粤西、广西沿海港口同比增速达15.8%，表现出强劲的增长趋势（表11-2）。

表11-2　2022年1月—11月和2023年1月—11月我国五大沿海港口群吞吐量及增速

区域	货物吞吐量（亿吨）		同比增速	外贸货物吞吐量（亿吨）		同比增速
	2023年	2022年		2023年	2022年	
环渤海	42.72	40.87	4.5%	18.69	17.25	8.4%
长江三角洲	26.70	24.22	10.2%	11.47	10.55	8.8%
东南沿海	6.82	6.56	4.0%	2.66	2.37	12.1%
珠江三角洲	17.20	16.00	7.5%	6.47	5.76	12.4%
西南沿海	5.87	5.07	15.8%	2.16	1.88	15.3%

资料来源：作者根据《中国航务周刊》、中华人民共和国交通运输部公布的相关统计数据整理自绘。

11.2.5　沿海城市的腹地支撑

港口腹地是港口货物吞吐和旅客集散所及的地区范围或港口市场的界限范围，与港口、港口城市共同组成客观存在的经济地域系统，产生产业链与供应链相互关联、相互依存的特殊区域内部关系，通过系统中的要素有序流动与资源优化配置，形成更加协调统一的区域内循环经济。

腹地有直接腹地和间接腹地两种类型。直接腹地指一个港口完全拥有的腹地，该腹地的所有货物都需要通过同一个港口；间接腹地指连接到多个港口的腹地，港口之间对于腹地的货物存在竞争关系。以天津港为例，北京、天津、河北、山西等区域基本都是天津港的直接腹地，而陕西、宁夏、甘肃等区域主要是通过综合运输网延伸，属于间接腹地。

对腹地企业来说，港口是通向海外市场的通道，对国际投资者来说，临港地区是进入腹地的入口，因此腹地条件也决定了沿海城市港口的发展。一方面，腹地区位决定了港口的运输成本，是港口选址的重要考虑要素。1934 年高兹（Erich A Kautz）在《海港区位论》中提出，沿海港口的布局要同时考虑海洋、岸线和腹地区位，具体规划选址时需要考虑运输、资本和劳动力三种费用，根据腹地情况在总成本最小的原则下选取港口位置，实现收益最大化。因此，腹地决定了海港的区位选择。另一方面，腹地的经济总量和经济外向度决定了其对于海港的需求，也影响了海港的性质。对于货物贸易量大、经济外向度高的城市，其对海港的需求大，港口城市也能够据此得到快速发展。由于不同货物对港口的设施要求存在差异，因此不同性质的货物对港口的发展路径产生影响。如果港口腹地的货物性质单一，则港口也趋向于专业型，更多运载某一种类的货物，并为之提供专业化的服务，例如湛江港拥有我国最大的专业原油码头；而如果港口对接的腹地货物种类多样，则港口的性质也更加偏向于综合型。世界上的大型港口以综合型为主。

11.2.6 沿海城市带与城市群

在陆地和海洋系统的动态界面上，通常沿着海岸线呈带状分布着城市集合体，这些城市具有土地利用集中度高、人口密度大等特点，不仅有着对外交流功能、港口贸易、海洋产业、腹地支撑，且相互之间也存在密切联系。这些城市往往会形成由中心城市和中小城市共同组成的城市群，中心城市在沿海经济带中处于支配地位，通过产业协同共同促进城市发展和城镇化建设，提升区域的整体经济水平。

沿海城市带、城市群和科学的规模结构体系是主要发达国家沿海地区城镇化的显著特征。例如美国东北部大西洋沿岸城市群主要包括波士顿、纽约、费城、巴尔的摩、华盛顿五个大城市，其间分布的萨默维尔、伍斯特、普罗维登斯、新贝德福德、哈特福特、纽黑文、帕特森、特伦顿、威明尔顿等城市将上述中心城市连成一体，在沿海岸 600 多千米长、100 多千米宽的地带上形成一个由 5 个大都市和 40 多个中小城市组成的超大型城市群，城镇化水平超过 90%。欧洲西北部城市群以法国巴黎为中心，将法国、德国、荷兰和比利时四国的城市连接起来，囊括了莱茵－鲁尔城市群、兰斯塔德城市群、安特卫普城市群等小规模的城市群，主要城市有巴黎、阿姆斯特丹、鹿特丹、海牙、安特卫普、布鲁塞尔、科隆等。日本太平洋沿岸城市群从千叶向西，经过东京、横滨、静冈、名古屋到京都、大阪、神户，由东京、名古屋、大阪三大都市圈组成，城市总数达 310 多个。

在我国沿海经济带从北向南依次串联了辽中南、京津冀、山东半岛、长三角、粤闽浙、珠三角六大城市群。其中珠三角、长三角、京津冀三大沿海城市群对全国发挥着核心带动作用，三个城市群的经济总量占全国 40% 以上，出口总额占全国的 70% 左右，在产业转型升级、海洋开发保护中有着重要作用，对全国的支撑作用十分明显。辽中南、山东半岛、粤闽浙三个城市群发展基础较好，海洋资源优势明显，海洋科技水平较高，近年来在国家战略的支撑下，发展明显加快，开始逐步成长为各自区域的经济增长点。

发挥沿海城市群的龙头带动作用，增强向内陆地区的辐射带动能力，既是优化沿海地区布局的重要抓手，也是陆海统筹的重点。沿海城市群与内陆地区的要素互动，有利于积极引导劳动力密集、土地需求大的产业向内陆发展条件较好的地区转移，推进内部人才、资金、技术、信息等生产要素以及各种有形商品在沿海和内地间高效流动。沿海经济带可利用现代化的海洋运输扩大能源和原材料的基地范围和产品市场范围，利用海水资源缓减淡水资源供需紧张状态，利用海洋空间节约陆域优质土地、缓减城市拥挤状态、减轻污染压力，由此更好地处理空间开发建设与生态环境保护的关系。

11.2.7 海岸带城乡融合发展

党的十九大正式提出城乡融合发展战略部署，要求以城乡生产要素双向自由流动和公共资源合理配置为重点，以工补农、以城带乡，形成工农互促、城乡互补、协调发展、共同繁荣的新型工农城乡关系，加快农业农村现代化和乡村振兴。城乡融合发展是破解“三农”问题和全面建成小康社会的必然要求，需要同时关注乡村地区的产业、生态、文化等方面的振兴，在城市的带动下为乡村的可持续发展增添动力。

在沿海地区经济发展和工业化、现代化推进的背景下，海岸带乡村也实现了快速的产业转型升级。根据全国各省市农村经济收入数据，我国沿海 11 个省、自治区、直辖市的农村经济收入中，非农收入所占比重远大于内陆省份。上海、浙江、江苏、天津等沿海地区的农村早在 2010 年非农业收入占比就超过 90%。相较之下，内陆地区的吉林、青海等地区农村的非农业经济收益比例较低，农业和牧业在农村收入中占比较高，产业转型较为滞后。沿海乡村地区可以借助农业优势，修建高水平的农业产业园，增加农产品的种类品质，并通过沿海地区的海港条件拓展农产品的贸易范围，将农产品向腹地和海外进行推广（表 11–3）。

表 11-3　2010 年全国及各省份农村经济收益分配占比

地区	农业	林业	牧业	渔业	农业合计	非农业合计
全国	9.62%	0.70%	4.35%	1.18%	15.85%	84.15%
上海	0.58%	0.06%	0.19%	0.20%	1.03%	98.97%
浙江	1.74%	0.24%	0.83%	0.61%	3.43%	96.57%
江苏	2.49%	0.20%	1.43%	0.83%	4.94%	95.06%
北京	2.34%	0.38%	2.45%	0.22%	5.39%	94.61%
天津	4.31%	0.27%	1.99%	0.88%	7.45%	92.55%
广东	5.69%	0.45%	2.53%	2.07%	10.75%	89.25%
辽宁	9.76%	0.41%	5.01%	2.22%	17.40%	82.60%
福建	9.02%	1.04%	3.67%	3.88%	17.61%	82.39%
山西	12.13%	0.73%	5.09%	0.02%	17.97%	82.03%
河北	13.37%	0.61%	3.71%	0.36%	18.05%	81.95%
山东	12.24%	0.82%	5.03%	1.93%	20.02%	79.98%
重庆	10.95%	0.77%	9.02%	0.73%	21.47%	78.53%
河南	21.75%	1.66%	7.85%	0.36%	31.61%	68.39%
云南	18.91%	2.23%	11.58%	0.52%	33.25%	66.75%
湖南	21.21%	2.06%	9.71%	1.99%	34.97%	65.03%
陕西	26.83%	1.54%	8.06%	0.15%	36.59%	63.42%
安徽	25.31%	1.87%	7.85%	2.00%	37.03%	62.97%
湖北	24.21%	1.19%	8.78%	3.48%	37.66%	62.34%
江西	27.23%	2.40%	8.28%	2.22%	40.14%	59.86%
宁夏	25.02%	1.64%	14.22%	0.45%	41.32%	58.65%
四川	22.92%	1.65%	20.00%	1.32%	45.88%	54.12%
贵州	30.14%	1.87%	17.99%	0.59%	50.60%	49.40%
甘肃	37.00%	2.03%	11.51%	0.05%	50.60%	49.39%

续表

地区	农业	林业	牧业	渔业	农业合计	非农业合计
广西	29.79%	3.64%	15.21%	3.59%	52.23%	47.78%
黑龙江	39.30%	0.43%	15.04%	0.46%	55.23%	44.77%
吉林	37.60%	0.95%	16.83%	0.43%	55.80%	44.20%
青海	30.12%	0.60%	35.75%	0.05%	66.52%	33.43%
内蒙古	42.46%	1.46%	22.75%	0.09%	66.76%	33.25%
海南	36.02%	6.82%	10.76%	15.26%	68.85%	31.12%
新疆	46.18%	6.37%	22.55%	0.18%	75.28%	24.72%
西藏	—	—	—	—	—	—

资料来源：中国农业年鉴编辑委员会 . 中国农业年鉴 2011［M］. 北京：中国农业出版社，2012.

同时，城乡融合能够显著提高乡村的治理水平，对乡村的生态环境质量提升、基础设施协同配套、城乡路网一体布局、城乡医疗卫生资源协同有着积极促进的作用，实现城乡融合发展有利于海岸带城乡实现互融互补，通过打造沿海乡村休闲旅游、创新能源产业、特色农业和特色文化产业，实现海岸带乡村地区的绿色发展。

11.3 海岸带城镇化存在的问题与管控

11.3.1 城镇化的陆海统筹困境

合理的城镇化建设依托于合理的空间规划，我国海岸带区域现有的空间规划包括土地利用规划、城市总体规划、主体功能区规划、海洋功能区划等，存在海洋功能区划和城市陆域在海岸带规划之间不协调、不衔接等问题，导致海岸带空间规划存在较大难题，具体体现为以下两个方面。

一方面，陆地规划与海洋规划之间存在规划管控功能区重叠，导致部分区域在空间功能类型的定义上存在分歧和管理冲突。例如，一些区域在土地利用总体规划上为居民地、城市建设用地、港口，但是在海洋功能区划却划归为旅游休闲娱乐区、农渔业区；一些区域在土地利用总体规划中被划为滩涂湿地，而在海洋功能区区划中为工业与城镇建设用海功能区。统筹优化功能重叠区域空间功能类型需要结合该区域的利用现状和发展规划，进行具体事例具体分析，避免将本应属于农渔业和生态空间的区域错误城镇化，或者忽略了能够有效促进城市发展的海岸带区域。然而，我国横向的政府空间管理条块分割、管理系统运行封闭，纵向的中央和地方在财权、事权和空间发展权确立上的矛盾，导致问题解决的难度加大。

另一方面，海岸线上下的陆域空间功能和海域空间功能在衔接上也存在不契合的问题，上下空间的统筹衔接模式多样导致管理方式混乱和空间利用低效。例如，当海岸带陆域空间功能为城镇空间，而毗邻海域空间功能为生态空间时，如果持续推动陆域空间的城镇化建设，海域空间的生态空间保护必然会存在威胁；而保留生态空间又不利于陆域空间的港口、建筑建设。我国保护海洋生态安全的总基调要求以海定陆，将海岸带陆域的城镇空间统筹为生态空间，实现生态保护的陆海贯通，但是统筹协调面临关联部门多、成本高、难度大的问题。同时，如果海岸带陆域空间功能为农渔业空间，而毗邻的海域空间功能为城镇空间，则需要压缩海域城镇空间或者把海域空间功能统筹为农渔业空间，这又会导致石油与天然气、海底煤田、海底金矿等丰富的海洋矿产资源无法被有效利用，在实际操作过程中也面临着较多的技术难题。

11.3.2 海岸带城镇化现存问题

城镇化是世界各国发展的共同趋势，但随着海岸带城镇化的快速推进，城市及周边地区的自然、生态、社会经济过程产生也受到了一系列影响。陆海交界的地域背景错综复杂，热带气旋、海啸、暴风潮及洪涝等海洋自然灾害频发，高强度人类活动引发气候变化加剧与海平面不断上升，不仅加剧了生态环境的不稳定性，还导致了资源日益紧缺和社会发展的巨大压力。因此，沿海城市面临着更为复杂的挑战，既要有效应对极端天气等自然要素的直接冲击，又要克服因资源短缺、环境退化所引发的社会层面的间接影响。当前海岸带城镇化存在着城市规划建设、环境变化、生态影响等方面的问题。

在沿海城市规划建设方面，为实现海岸带的多样化功能，城市海岸带集聚港口、机场、高架桥、污水厂等各类基础设施。然而，逐渐加重的设施服务压力、设施短缺、设施类型功能重复、设施布局不合理等现象的出现，向海岸带城市的城镇化建设提出了难题。例如，滨海沙滩作为公共休闲区域有着较大的客流量，无论是日常的游玩娱乐、涨潮退潮，还是特殊时期的海洋灾害，都有可能导致财产损失，甚至发生人身安全事故。为保障滨海休憩区游客的生命安全，海岸带需要修建安全基础设施，并根据海洋灾害监测情况开展应急管理，这会产生较大的物资资源、技术设备、管理流程和人力资源成本，同时还对专业性、管理流程、先进技术和设施合作有着较高要求。我国港口存在着同质化问题严重、结构层次较低、专业化程度不足等问题。一些港口为了迅速提升吞吐能力，盲目攀比、各自为政，不顾腹地大小、水陆集疏运配套条件和岸线水深与岸滩稳定性等因素，争相建设扩张项目。此外，港口的管理也存在较大阻力，我国的港口资源整合还处于探索阶段，港口的管理和建设归属于不同的政府部门，部门之间沟通协调难度大、效率低，这导致港口的运营成本增加。

在沿海城市的环境变化方面，城镇化进程导致城市能源消费量、碳排放、污染排放大幅增加，产生了沿海城市热岛、海洋污染物增加、沙滩泥化、赤潮等环境破坏等问题，城镇化引发全球气候变暖进一步使海岸带环境受到新的威胁。海岸带人造地表储能、人为热量排放、空气污染等人类活动导致的城市地面辐射减少，使沿海城市出现了城市热岛现象，对沿海城市产生了海陆温差增大、大气污染物质在热岛中心区域聚集等影响。由于城市的设施建设和人类活动主要靠近海岸开展，因此海岸带热点常呈在毗邻海岸线限制的“海湾型”空间分布，海岸带高速城镇化导致的热岛效应，成为海岸带城市可持续发展所面临的重大挑战。海岸带作为开发的前沿和热点区域，地表过程和环境演化面临着人类活动的巨大压力，多处海域海水污染严重、水质较差，无法满足近海水域环境的功能要求。水质污染的主要原因是富营养化，城镇化建设中的农业、工业发展和人类日常生活所产生的废水是主要的污染物来源。这些以陆源为主的污染物排放导致海水中无机氮和活性磷酸盐浓度过高，而城市的环保设施建设滞后、处理能力有限，让海岸带城镇化面临着严峻的环保压力。

在沿海城市的生态影响方面，城镇化过程破坏了地表环境的物质转移和能量平衡，引起区域气候和水文等自然过程异常，加剧大气和水质污染。同时，水产养殖、围填海等人类活动影响了沿海地区重要材料、能源和信息的流动，给海岸带区域带来生物多样性减少、滩涂湿地破坏、自然岸线减少等诸多生态压力，沿海区域可持续发展面临挑战。城市建设过程中大规模的修建活动侵占用大量土地资源，沿海区域的滩涂湿地成为了围填造地的重点对象。滩涂在生物多样性、台风与暴风潮减灾防灾、气候调节等方面发挥着重要的功能，围填造地直接改变了滩涂湿地的自然属性，破坏了滩涂多样生物的栖息环境，导致海岸带区域的生物多样性减少。同时，大量采砂、采石等活动消耗和损毁了自然资源，导致填海区河道水闸淤积严重，削弱了其减灾防灾的生态服务功能。人类对海岸线的不断开发影响了港湾岸线以及海岸地貌景观的演变过程，将原本弯曲的自然岸线变为平直的人工岸线，岸线总长度逐年减少。岸线曲折度不断减小，影响了港湾口门畅通和水沙输移平衡，破坏了潮汐汊道自适应调节系统，同时还会直接削弱岸线防风消浪作用，抵御风暴潮、台风的能力有所下降。

11.3.3　海岸带区域的城镇化空间管控

海岸带区域的城镇化带来了多方面的积极影响，通过增强地区经济实力、优化基础设施布局、提高资源利用效率和促进社会和谐发展，有效改善了沿海地区人口的居住生活环境，实现了由沿海城市向内陆、乡村的辐射和带动作用。但是，低效、粗放的城镇化发展方式也引发了一系列问题，比如沿海区域社会服务资源紧张、人居环境污染、海岸带生态系统严重破坏，以及对自然环境和生物多样性构成威胁等等。因此，推进海岸带城镇化建设，必须将空间管控放在首位，通过科学规划城镇空间布局，合理划定生态、生产、生活空间，确保各类设施和功能区有序发展，避免无序扩张和盲目开发，结合质量管控、城市更新和整治修复等措施，统筹陆海空间推进海岸带规划，推动海岸带城市的可持续和高质量发展，其主要内容包括以下五点。

第一，构建海岸带空间规划“区线管控”。一方面，应科学合理衔接海岸带和陆域层面的相关规划和政策，强化陆海空间规划之间的协调与融合，综合陆地方面的地理条件和行政边界、海洋方面的资源情况和海岛分布，深入剖析海岸带及邻近海域当前的开发状况与潜在的发展潜力，明确界定海岸带的城镇空间、农业空间和生态空间以及重点开发、优化开发、限制开发和禁止开发的范围区域，提高空间管控的可实施性。另一方面，应综合评估岸线建设情况、海岸设施建设情况、海洋灾害隐患等，科学划定海岸建设退缩线，通过禁止在难以保证安全的区域内开展建设活动，有效抵御自然灾害，保护滨海区域的自然生态，实现对陆海国土空间的科学管控。

第二，推进海岸带用地精细化管理。对海岸带区域进行详尽的基础调查，在海岸带基本分区的基础上，开展空间综合评价，明确海岸带区域的功能定位并编制海岸带空间专项规划，进而在海岸带生态保护、项目开发和空间设计等工作上开展精细化管理。在生态保护方面，根据不同区域生态环境基本情况，对海岸带不同区域进行有针对性管控，因地制宜提高土地资源调控能力，重点保护生态脆弱、有重要价值的区域；在项目开发方面，要加强海岸带用地用海审批，充分考虑自然海洋因素、周边用地现状等，确保项目符合规划要求和空间发展目标，进而提升项目开发的发展效益；在空间设计方面，要充分结合海岸带特色要素，对滨海街区、道路、建筑形态、公共空间进行设计和限制，构建出具有鲜明差异化特征的滨海空间。

第三，加强海岸带城镇化建设监测。通过遥感等技术手段对海岸带用地用海进行监测，对区域填海情况进行常态化监测，排查隐蔽的违规违法占海用海问题，提高海岸带的监管力度和技术赋能水平。建立空间规划实施监督体系，在国土空间规划约束性指标和预期性指标的基础上，设立具有海岸带特征的指标，范围涵盖海洋资源环境、海岸带经济建设、海洋社会文化等领域。通过可测度和可比较的指标对海岸带区域的开发利用实施监测，掌握海岸带区域的资源变化情况和人类活动带来的影响，利用监测数据定期开展专题评估，准确发现问题，为综合决策和精准管控提供科学依据。

第四，利用创新科技支撑海岸带建设和管理质量。随着我国科技水平提高，人工岛、海上桥梁、海底隧道等海洋工程快速发展，海洋空间的拓展过程中应随着开发技术的提升实现空间资源的高质量利用，通过制定质量标准对城镇建设进行严格监控，避免沿海城市工程运行效果不理想、污染物排放过量等问题。同时，高质量的城镇化需要科技创新和科技人才培养提供动力，因此建立空间资源共享平台、空间开发成果合作和转化平台、重视海洋空间人才培养，是提高海岸带空间管控效力，提高滨海城市吸引力、承载力和产业支撑能力的重要环节。

第五，建立海岸带空间管控组织，完善行政立法保障。由区域主管领导和相关部门负责人共同参与组建海岸带综合管理联席会议制度，通过协调平行部门间的工作，实现不同领域之间的任务传导，共同监督海岸带规划和开发利用、生态修复等重要工作，提高海岸带建设保护工作的科学性、规范性。编制海岸带保护和利用条例，完善海岸带管理的法律体系，确保海岸带区域内的自然资源、生态环境、经济发展及社会福祉等关键要素得到一体化管理，确保政策制定、规划实施、监督评估等各环节的无缝衔接与高效运行，促进各要素间的和谐共生与可持续发展。

在守住生态底线的前提下，海岸带空间管控的根本目的是让公众能够充分享受和利用海岸带的自然景观和开放空间。海岸带城镇化建设，一方面要考虑生态保护、防灾减灾等综合需求，强化海岸线利用的必要性审查，通过划定海岸建筑退缩线、控制退缩线内的新增永久性建筑，加强对海岸带生态系统的保护，减少对海岸线低效的重复性利用。另一方面，也要立足于滨海城市的品质提升和资源利用，在严格的管控下对海岸带设施建设、临港产业、滨海旅游进行合理布局，使海岸带城镇化在发展的过程中能够带来更大的经济效益，发挥更好的辐射作用，进而带动内陆区域协调发展。

关键术语

人口近海分布规律、海岸带人口承载力、城镇化近海优先、海岸带区域的城镇化空间管控

思考题

1．作为一种特定的地域类型，海岸带的可持续发展面临哪些特定的挑战？

2．请简述腹地对港口城市的支撑作用。

参考文献

[1] REIMANN L，VAFEIDIS A T，HONSEL L E. Population development as a driver of coastal risk：current trends and future pathways［J］. Cambridge Prisms：Coastal Futures，2023，1：1–23.

[2] 郭建科，韩增林．港口与城市空间联系研究回顾与展望［J］．地理科学进展，2010，29（12）：1490–1498.

[3] FREE ESPINOSA. Coastal habitat conservation：new perspectives and sustainable development of biodiversity in the anthropocene［M］. Elsevier，2023.

[4] 刘大海，刘彦平．国土空间规划陆海统筹理论与实践［M］．北京：科学出版社，2011.

[5] 邵峰．转型时期沿海农村城市化模式及整合机制研究：以山东为例［M］．北京：中国城市出版社，2020.

[6] 曹忠祥，高国力．我国陆海统筹发展研究［M］．北京：经济科学出版社，2015.

[7] 刘盛和，陈田，张文忠，等．沿海地区城市土地利用扩展的时空模式［M］．北京：商务印书馆，2008.

[8] 张志锋，索安宁，许妍．海岸带陆海统筹空间规划理论方法与实践［M］．北京：海洋出版社，2020.

[9] 相文玺，李晋．基于陆海统筹的海岸带空间用途管制［M］．北京：海洋出版社，2023.

[10] 李志峰，黄南津，高魏．北部湾中国沿海城市旅游化改造研究［M］．北京：经济管理出版社，2015.

第 12 章

海岸带陆海交通统筹

■ **教学要求**

通过本章内容的学习，学生应全面掌握海岸带陆海交通统筹的重要性、内涵、实践路径及其对现代物流体系、区域经济发展、城市空间结构优化、港城融合以及中国港口群发展的深远影响。学生需理解陆海交通统筹是适应国家海洋与交通强国战略的关键，能分析其在提升交通运输效益、促进生产要素流通方面的作用；同时，掌握陆海交通统筹作为多维度、跨领域的系统工程，对区域均衡发展、城市空间结构优化及港口规划一体化的重要意义。此外，学生还应能够分析沿海交通经济带对产业布局的影响，理解港城融合的概念及其对城市发展的积极影响，并认识中国港口群在促进经济发展、国际贸易合作及物流效率提升方面的重要作用。最终，通过本章学习，学生将具备运用所学知识分析并解决陆海交通统筹相关领域问题的能力。

12.1 陆海统筹与交通

12.1.1 陆海统筹与交通的关系

1. 陆海交通运输统筹是适应海洋强国和交通强国的必然要求

党的十九大报告中提出了建设海洋强国、交通强国的战略目标，陆海交通运输统筹是海洋强国、交通强国建设的主要组成部分。

海洋交通运输业是海洋经济的支柱产业之一。2023 年，海洋交通运输业占主要海洋产业增加值的比例达到约 18.72%。海洋交通运输的发展与海洋强国战略的实施密不可分、相辅相成，是衡量一个国家是否成为海洋强国的重要指标。海洋交通运输的发展要充分发挥交通先行的作用，以沿海港口为纽带，提高海上通道的交通运输效益，打通与陆路交通的联系，沟通国内和国际两大市场。为响应交通强国战略中“构建现代化综合交通体系”的要求，应统筹推进铁路、公路、水运、物流等基础设施网络建设，全面建成布局完善、互联互通、绿色智能、耐久可靠的综合交通基础设施网络体系。海陆交通运输统筹的关键在于基础设施和通道建设。目前，我国已经建成了一个“五纵五横”的陆上交通运输网络，并以“一带一路”共建国家为依托建立了一个庞大的海运网络。但是，两个网络之间的衔接效率与衔接质量还尚未达到交通强国的建设要求。伴随着我国供给侧结构性改革的持续进行，腹地货物向港口的运输对腹地运输网络提出了更高的要求。因此，需要对陆上交通运输网络和海上交通运输网络进行统筹，构建一个沟通陆海的运输大通道，促进生产要素的快速流通和交换。

2. 构建交通运输服务体系要以陆海交通运输统筹为基础

提供优质服务是交通强国建设题中应有之义，是适应综合交通运输发展的必然要求。要加快发展现代运输服务业，全面建成安全便捷、优质高效、绿色智能、一体畅联的运输服务体系。然而，目前各种运输方式仍处于各自为营的经营服务模式，通道内线位布局和建设时序缺乏有机统筹，陆上和海上交通运输自成体系，这导致土地、岸线等资源的综合利用水平不高。特别是，铁路运输、内河水运的比较优势尚未得到充分发挥，公路运输中还存在低附加值货物中长途运输的不合理现象。这既消耗了优质能源、增加了运输成本，又增加了交通拥堵、尾气排放的负外部性。2023 年，铁路货物周转量在综合交通运输体系中的比重约为 15.1%，而发达国家这一比例在 40% 左右。因此，要充分发挥各种运输方式的比较优势，着力解决运输方式衔接不畅、运行效率低下等问题，着力推进联程联运，加快货物多式联运系统建设，推动时间和空间两个“零距离”，促进货运“无缝化”衔接的发展，实现全程一站式、货运一单制，进而真正实现货畅其流。

3. 港航业面临的发展问题亟须从统筹规划的角度来解决

当前，港口航运业既迎来了“交通强国”“一带一路”等重大发展机遇，也遇到了前所未有的困难和挑战，转型升级的压力大。目前，我国港口结构性和区域性过剩倾向明显，港口建设超前于集疏运体系建设和物流管理能力的发展。各港口间在功能、货种结构上具有高度相似性，经济腹地相互重合，如我国环渤海、长江三角洲和珠江三角洲三个港口群及其内部各港口之间均出现了过度竞争现象，造成港口的同质化和能力冗余，集装箱、煤炭等大型专业码头利用不充分，加剧了港口间的恶性竞争。这些问题的解决不能仅从单一环节入手，而需从全局规划的层面，按照陆域社会经济活动产生海运需求、货源生产地与港口间的集疏系统、沿海港口设施以及海上航运四个环节，进行统筹分析。

12.1.2　陆海交通统筹的内涵

陆海交通统筹作为一项多维度、跨领域的综合性系统工程，不仅囊括了经济、社会、城市发展、基础设施建设、运营管理及生态保护等诸多关键方面，还紧密关联着国家安全、区域竞争力提升及全球供应链构建等战略议题。这一系统工程要求我们在全局视角下进行精细规划与协调，确保各项要素与环节之间的无缝对接与高效协同。

陆海交通统筹的核心要义与实践路径，需从五个核心层面展开。在区域层面，应通过陆海交通的统筹规划与建设，实现资源的优化配置与经济的均衡发展，促进区域间的互联互通与协同合作。在城市层面，应分析陆海交通如何融入并推动城市空间结构的优化与效能提升，通过构建便捷高效的陆海交通网络，增强城市的吸引力与竞争力。在关键节点层面，针对港口这一陆海交通的关键节点，应通过港口规划实现与国土空间规划的一体化统筹，确保港口功能的高效发挥与周边环境的和谐共生，推动港产城融合发展。在关键技术层面，力求陆海交通一体化衔接的关键技术突破，包括信息共享、联运模式创新、智能化技术应用等，以期打破传统壁垒，实现陆海交通的无缝对接与高效运转。在系统韧性层面，必须强调陆海交通设施的建设升级与系统韧性增强的重要性，通过加强设施维护、技术创新与应急管理体系建设，提升陆海交通网络应对自然灾害、突发事件等外部挑战的能力，确保陆海交通的稳定与安全。

本章内容也将从以上五个从层面全面而深入地揭示陆海交通统筹的复杂内涵与重要价值，为推动我国陆海交通的协同发展提供有力的理论与实践支撑，助力构建更加开放、协同、绿色、智能的陆海交通体系。

12.2　陆海交通衔接

陆海交通衔接涉及陆海交通统筹的关键技术层面，是陆海交通统筹的技术基础，主要是指海运与陆路运输的联动发展。近年来兴起和不断完善的多式联运技术，为陆海交通实现一体化衔接提供了良好的基础。

12.2.1　陆海联动发展

海运与陆运联动发展，主要指海上运输与陆上铁路、公路等运输方式的统筹协调发展。在规划建设上，陆海联运发展需要统筹考虑不同运输方式的特点、需求特征，从空间资源、要素支撑等方面进行统筹规划，做到标准统一、有机衔接、高效集约利用；在运营管理上，陆海联动发展注重设施共用、信息共享、资源共用，实现多种方式的高效衔接；在政策引导上，陆海联动发展需要国家给予相关政策扶持，鼓励多式联运经营企业做强做大，强化各环节的资源整合，提供畅通、高效、安全、便捷、经济的运输服务。

12.2.2　多式联运技术

1. 多式联运技术的基本概念

多式联运（Intermodal Transport）是指货物由一种且不变的运载单元装载，将公路、铁路、水路、航空等运输方式中的两种或两种以上有机地结合起来，通过不同运输方式之间的协调、转换和衔接而不对货物本身进行操作的运输形式。这种运输方式具有产业链条长、资源利用率高、综合效益好等特点。多式联运可以充分发挥公路、铁路、水路等货运方式的技术经济特性，提升综合运输效率、降低物流成本、促进节能减碳、推动区域经济社会高质量发展，是世界各国交通运输领域重点发展的方向之一。我国交通运输领域相关规划均强调，深入推进多式联运发展，加快多式联运在基础网络、数据共享、标准规范构建等方面的建设。2021 年，国务院办公厅发布的《推进多式联运发展优化调整运输结构工作方案（2021—2025 年）》明确提出要提升多式联运承载能力和衔接水平，创新多式联运组织模式，促进重点区域运输结构调整，加快技术装备升级。

2. 多式联运技术的发展现状

美国、欧洲等发达国家和地区的多式联运发展较早，相关基础设施设备条件良好，多种多式联运模式和技术也较为成熟，多式联运运量在全社会货运量中的占比也较高。美国多式联运的运量约占其全社会货运总量的 9% 以上，其中集装箱运输占据主导地位，公铁联运是主要的联运形式，已形成了箱驮运输、驮背运输、滚装运输、公铁两用挂车等联运模式。2021 年，欧洲多式联运的运量约为 2.954×10^7 标准箱（TEU）、总质量约为 3.237×10^8 吨，较 2011 年分别增长了 43% 和 57%。在欧洲各国的多式联运中，公铁联运、铁水联运等铁路参与的运量增长迅速，国际多式联运占比超过了国内多式联运。除了借鉴美国的集中多式联运模式外，还发明了交换箱体运输的新模式。在多式联运联接技术方面，欧洲注重从基础设施规划建设阶段考虑不同运输方式的衔接，加强各运输方式间的信息共享技术应用和平台构建，同时结合新型运载工具研发及新技术发展，积极探索新的运输组织方法。

我国多式联运虽起步相对较晚，但在国家相关政策的推动下，近年来发展迅速。在基础设施建设方面，我国多式联运已初具规模。截至 2022 年年底，全国铁路、公路、内河航道营业里程分别为 1.55×10^5 千米、5.35×10^6 千米、1.28×10^5 千米，港口万吨级以上的码头泊位有 2 751 个，已颁证的民用航运机场有 254 个。在移动设备方面，铁路货运机车车辆、公路货运车辆、水运载货船舶、货运飞机等都实现了数量和质量的提升。在政策方面，国家出台了多项推动多式联运发展的政策，一些地方主管部门还制定了多式联运示范工程、公转铁、公转水等具体政策，切实推动铁水联运、公铁联运的发展。在运量方面，多式联运运量，尤其是铁水联运运量持续快速增长。2022 年，全国港口完成的集装箱铁水联运量为 8.75×10^6 标准箱，同比增长了 16%。在联接技术方面，我国已经开展了大量铁路专用线进园区、进港口的基础设施建设和运输组织实践，在多个区域构建了多式联运信息平台，推动客户服务“一单制”组织模式发展壮大。

3. 多式联运技术的法律法规

在多式联运相关法律责任方面，多式联运涉及不同方式的运输、不同国家的国内法或国际公约。对多式联运进行管理的主要国际公约有：1975 年《国际商会联合运输单证统一规则》、1980 年《联合国国际货物多式联运公约》、1991 年《联合国贸易和发展会议 / 国际商会多式联运单证规则》以及 2008 年《联合国全程或部分海上国际货物运输合同公约》。此外，单式运输国际公约让多式联运承运人、区段运输人以及货主的利益，在适用不同规则时能得到不同程度的保障。在我国，《中华人民共和国民法典》对货物损失后的责任适用条例作出了明确的划分。

为进一步加快多式联运发展，构建高效顺畅的多式联运系统，2017 年，交通运输部等十八个部门联合印发的《关于进一步鼓励开展多式联运工作的通知》，就市场环境营造、支撑保障能力、运输服务模式创新、装备技术进步、拓展国际市场等方面提出了指导意见。2020 年，交通运输部发布的《关于完善综合交通法规体系的意见》中所述的“综合交通法规体系”，与 2016 年交通运输部《关于完善综合交通运输法规体系的实施意见》中所提出的“综合交通运输法规体系”相比，区别之一在于前者在“跨运输方式法规体系”中删去了“《多式联运法》”。这表明目前国家尚无专门制定该法的计划，且缺乏相应的立法资源，我国多式联运行业立法规制的任务将交由其他相关立法进行明确与承担。

4. 多式联运技术的发展展望

多式联运高质量发展的关键是各种运输方式的高效联接，这不仅需要不同运输方式之间实现良好的管理体制机制对接，更需要构建各种运输方式协同发展的技术体系，尤其是共性关键技术体系。一般认为，多式联运联接共性关键技术体系涵盖基础网络、载运工具、数据信息、运输组织、标准规范、枢纽布局六个方面的联接技术，这些技术的发展和应用关系到多式联运未来的发展前景。

近年来，多式联运需求不断增长且受到广泛关注，相关研究主要围绕多式联运的路径选择及优化、多式联运网络规划及其可靠性、多式联运的发展模式及对策建议、多式联运定价及利益分配、多式联运支撑体系及规则等方面展开。在多式联运联接技术方面，一些成果研究了区块链、大数据、物联网等信息技术在多式联运数据采集和交换共享中的应用，多式联运运输组织及设备调度技术等；人工智能、大数据、云计算、北斗卫星导航（北斗）等技术的快速发展和推广应用为多式联运的高效联接提供了良好的基础条件。未来，多式联运的发展需要做好顶层设计，为多式联运联接技术发展提供引领；加快数字化建设进程，为多式联运联接打牢技术底座；推进标准体系建设，为多式联运联接技术发展破除尺度壁垒；制定衔接联运设施的支持政策，为多式联运联接技术发展提供资金保障；加强协调机制建设，为多式联运联接打通管理屏障。

12.3 沿海交通经济带

交通在支撑沿海经济发展、国土开发、重大生产力布局、落实国家重大战略等方面具有重要作用。推动交通经济带建设有助于经济转型升级、优化资源配置、缩小地区发展差距、提高开放型经济水平，是优化国土空间开发保护格局、推动经济高质量发展的必然选择。

沿海交通经济带是我国经济带建设重要组成部分，对助力形成统一国内大市场、促进构建新发展格局、促进城市群和都市圈联动发展、节约基础设施投资和降低物流成本具有重要战略意义。

12.3.1 基本概念

1. 交通经济带

交通经济带（Trafic Economic Belt，TEB）是以交通干线或综合运输通道作为发展主轴，以轴上或其吸引范围内的大中城市为依托，以发达的产业特别是二三产业为主体的发达带状经济区域。这个发达带状经济区域是一个由产业、人口、资源、信息、城镇、客货流等集聚而形成的带状空间经济组织系统，在沿线各区段之间和各个经济部门之间，建立了紧密的技术经济联系和生产协作。

交通经济带是一个复杂而特殊的带状区域经济系统，其自身的构成要素对它的形成、发展和演化有着重要影响。交通运输基础设施、以工业商贸为主的三次产业、沿线分布的经济中心和大中城市以及区位是影响或决定交通经济带形成与发展的四大要素。其中，交通运输基础设施是交通经济带形成发育的前提条件；三次产业，特别是工业、金融商贸和信息业，是交通经济带的主要构成内容；沿线分布的经济中心和大中城市，是交通经济带发展的依托；区位则是交通经济带及其经济中心形成的关键因素。

2. 沿海交通经济带

沿海交通经济带，是由沿海若干港口城市辐射区域构成的经济带。它以沿岸航线及沿岸线路为生长轴线，以大中型沿海港口为经济带内主要经济中心的生长点，通过廉价的海上运输实现经济带内部和对外的客货、信息等社会、经济、政治行为交流，并通过港口后方集疏运线路与广大腹地取得双向联系。其典型实例是日本的东海岸经济带。它从明治维新时期开始起步，在日本经济高度成长期成为世界最为发达的沿海地带之一。日本东海岸经济带以东京为主中心，以大阪为副中心，以三大都市圈——首都圈、中京圈、阪神圈为主体，并包括静冈等次级地方经济圈，其经济社会总量占日本全国 GDP 的比重为 70%、大学生人数占全国大学生人数的 75%。

事实上，通过长期的发展，任何一种发达的交通经济所依托的交通轴线，均已经形成综合运输通道。也就是说，发达的经济带都是以两种或两种以上的运输方式形成的运输通道为依存的复合交通经济带。例如，沿海经济带不能都只依靠海上航运，为促进其发展，还必须建设沿海国道公路主干线和沿海大铁路。德国的莱茵河沿岸交通经济带是一条典型的复合交通经济带，其交通轴线包括：现代化的内河航道与港口体系，沿河两岸的铁路、高速公路。日本东海岸经济带所依托的运输体系包括：沿海港口体系——以东京港、横滨港、名古屋港、大阪港、神户港为枢纽港以及一大批中小港口；东海道新干线（高速铁路、准轨）和东海道本线（原有常速铁路、窄轨）；东（京）名（古屋）高速公路和名（古屋）神（户）高速公路及国道公路、空中航线等。

12.3.2　交通经济带与区域经济协同发展

1. 交通经济带与区域经济协同发展的内在机制

交通经济带理论产生的根源，是交通运输系统与区域经济系统一体化协同发展思想。交通运输系统是区域经济系统的一个子系统，它们之间存在密切的联系，任何一方的变化都会对另一方产生影响。两者之间的作用是相互的，构成反馈环。在适当的条件下，两者可以形成相互促进的正反馈环，使双方协同发展，共同向更高水平演化。

交通运输与区域经济协同发展的内在机制就是两者的相互作用机制。第一，作为区域经济子系统的区域交通运输系统，其功能的提高可以增强区域经济系统的发展水平和开放程度。交通运输系统结构的改善和功能的提高，可以加大区域经济系统的非平衡性。交通运输的功能提高后，可以带来运费降低、区域可达性提高等直接效果，并引起区域产品成本下降、产品市场扩大、区域经济比较优势增强等一系列良性的间接效果。这样，随着区域交通运输系统结构的改善和功能的增强，区域经济系统内的分工协作就愈加明显和集中，其主导产业得到加强，系统就更加远离平衡状态。第二，区域交通运输系统结构和功能的加强，有助于强化区域经济系统的非线性作用机制。区域交通条件的改善，可以加强区域经济的集聚作用，提高规模经济效益，并强化区域经济子系统间既有的联系，使区域主导产业的前向、后向扩散范围和程度扩大。第三，便利的交通条件可以有效提高区域经济系统的区位优势，增加对投资的吸引力，带动本地区对优势资源的开发，形成新的优势产业，促使区域经济系统向更高阶段演化。

区域经济水平的提高，对区域交通运输的发展有促进作用。一方面，区域经济水平的提高意味着经济活动的加强，必然以原材料、产品和人员的流动增多为前提，这些物质和人员位移的不断增加，将导致对交通运输需求的增长。在市场经济条件下，运输需求的增长是刺激运输供给、促进区域交通运输发展的重要市场信号。另一方面，区域经济水平的提高，说明区域实力提高，会有更多资金投入到区域经济的建设，区域交通运输系统作为区域经济系统的重要子系统，是区域投资的重要方向之一。增加对区域交通运输的投资，则该区域子系统的功能会得到进一步加强。

2. 交通经济带的一体化开发

交通经济带的一体化开发，就是把交通建设与沿线地区经济开发相结合。在建设一条新交通干线的同时，根据具体情况，以交通建设为契机扶持区域优势产业充分利用沿线地区交通条件好的有利因素重点开发交通线两侧地区；在沿线经济的区位优势因交通优势明显改善而提高的同时，通过适当途径，将区域经济增长中的一部分再投入到区域交通建设中，进一步提高该地区的可达性。以此在交通运输与区域经济间建立正反馈作用机制，使两者相互促进、共同发展。在交通经济带一体化开发时应把握五条原则，即：统筹全局、协调发展；长远规划，由近及远；利用交通，发挥优势；多方协作，联合开发；完善反馈机制，建立良性循环。

12.3.3　我国沿海交通经济带的现状与愿景

1. 我国沿海交通经济带的发展现状

2010 年国务院颁布的《全国主体功能区规划》提出，要形成“两横三纵”为主体的城市化战略格局。“两横三纵”是中国经济带的主体构成，“两横三纵”经济带上云集了大量的城市和产业，是我国承东启西、连南贯北的“经济主骨架”。“两横”是指东西走向横贯我国的长江经济带和陇海兰新经济带，“三纵”是指南北走向纵贯我国的沿海经济带、京广京哈经济带和包昆经济带。

我国沿海交通经济带依托沿海、京沪高速铁路和公路以及近海海、水运系统形成的综合交通系统，北起辽中南地区，连接京津冀、山东半岛、长三角、粤闽浙沿海等地区，南至珠三角经济区。该沿海交通经济带贯穿中国经济最发达的城市群，具有雄厚的经济基础，基础设施完备、产业分工合理、对外开放水平较高，是我国参与国际竞争的先导区域以及率先实现现代化目标的示范区域。表 12-1 以地级市为基本单元，以是否拥有海岸线为标准，划定了我国沿海交通经济带的空间范围。

表 12-1　我国沿海交通经济带空间范围

经济带	涉及省级行政区	涉及地级市
我国沿海交通经济带	辽宁省	丹东市、大连市、锦州市、营口市、盘锦市、葫芦岛市
	河北省	秦皇岛市、唐山市、沧州市
	天津市	—
	山东省	滨州市、东营市、潍坊市、烟台市、威海市、青岛市、日照市
	江苏省	连云港市、盐城市、南通市
	上海市	—
	浙江省	嘉兴市、宁波市、舟山市、台州市、温州市
	福建省	宁德市、福州市、莆田市、泉州市、厦门市、漳州市
	广东省	广州市、东莞市、潮州市、汕头市、汕尾市、深圳市、珠海市、阳江市、茂名市、湛江市、中山市、惠州市、揭阳市、江门市
	香港特别行政区	—
	澳门特别行政区	—
	海南省	海口市
	广西壮族自治区	北海市、钦州市、防城港市

资料来源：作者自绘

2. 新发展阶段我国沿海交通经济带的发展愿景

经济持续稳健增长、区域间深度协同发展、生态文明建设的大力推进以及对外开放水平的显著提升，这些多方面的共同繁荣与进步，构成了新发展阶段我国沿海交通经济带的发展蓝图与核心愿景。这一愿景不仅着眼于经济增长的速度与质量，更强调区域内外的和谐共生，旨在通过全面优化资源配置、促进产业升级、加强环境保护与国际交流合作，推动沿海交通经济带走向一条全面、协调、绿色、开放且可持续的发展道路，为国家的长远发展与全球经济的稳定增长贡献重要力量。实现愿景的主要手段有如下四点。

第一，加强中欧班列、沿海大通道等与港口集疏运的一体化建设，打造承东启西、连南贯北的沿海经济带发展轴，让经济要素继续在轴带上集聚，实现集中、集群、集约发展。加快培育提升京广京哈经济带，完善通道交通基础设施体系，促进通道与区域经济融合发展，提升沿海经济带中心城市经济能级。

第二，加强交通通道建设，提升通道运行和物流的效率，促进形成合理的地域分工格局，提高产业发展层次和要素配置效率。

第三，加强经济带上跨行政区域合作，畅通要素流动、加快产业转移，促进区域协调发展。

第四，深入推进港口、产业、城市融合发展，进一步发挥港口在支撑国家重大战略实施、促进区域经济结构调整和转型升级、推动区域新一轮对外开放等中的重要作用。

12.4 港城融合

港城关系是陆海统筹的关键议题。港是指港口，城是指后方腹地。港口与城市融合发展是指将港口体系与城市功能有机结合，实现港口运输能力服务城市经济发展，城市设施保障港口良性发展的正循环。在这种融合模式中，港口的经济功能、物流仓储功能以及旅游休闲功能等，被有机地融入城市的形态之中，而城市提供的基础设施、公共服务与政策扶持等可助力港口可持续发展，从而实现港口与城市的共生共荣。

港口与城市融合发展是一种新型的城市发展模式，旨在通过加强港口与城市之间的合作与联系，实现资源共享、优势互补和互利共赢，推动城市和港口的共同发展。在实践中，港口与城市融合发展的具体形式可能包括共同建设基础设施、推动产业协同发展、加强文化交流与旅游合作等等。例如，一些城市会利用港口优势发展临港产业，吸引相关企业入驻，形成产业链和产业集群；同时，城市也会为港口提供必要的配套服务，如金融、物流、信息等，以支持港口的持续发展。

具体来说，港口作为城市的重要经济命脉，承载着货物运输、人员流动和信息传递等重要功能，为城市的繁荣发展提供了强大支撑。随着城市规模的不断扩大和经济结构的不断调整，港口与城市之间的联系也变得更加密切。推动港口与城市建设融合，不仅可以实现资源的共享和优势互补，还可以推动产业转型升级，提升城市竞争力，实现可持续发展。

12.4.1 港口支撑经济发展

1. 物资集散与流通对经济的支撑

港口不仅是物资流通的关键枢纽，还扮演着促进城市经济繁荣的重要角色。它凭借完善的交通网络及包括码头、仓库、堆场等在内的先进硬件设施，确保了货物能够高效、精准地实现集散，无论是国内还是国际物资，均能通过港口迅速流通。通过持续优化港口物流体系，不仅降低了物流成本，还显著提升了物流效率，为城市产业的蓬勃发展提供了坚实的基础和有力的支持。

此外，港口作为国际贸易的桥梁，紧密连接着全球不同国家和地区的贸易网络。它使得商品能够无阻碍地从生产地抵达消费市场，极大地促进了国际贸易的便利化。港口的转运功能更是让各类物资得以在全球范围内自由流动，满足了不同地区多样化的需求，进一步推动了全球经济的融合与发展。

2. 产业带动

港口在支撑区域经济发展方面扮演着举足轻重的角色。它们不仅是物资集散与流通的重要枢纽，更是推动区域经济繁荣的关键因素。

第一，港口的发展带动了相关产业的集聚和升级。围绕港口，形成了包括物流、仓储、运输、加工等在内的产业链，这些产业的发展为区域经济提供了强大的动力。此外，港口还吸引了大量与航运、贸易、金融等相关的企业和机构入驻，进一步推动了区域经济的多元化发展。

第二，港口的建设和运营为区域创造了大量的就业机会。从港口管理、货运操作到物流服务等各个环节，都需要大量的人力资源。这不仅为当地居民提供了丰富的就业机会，还吸引了大量外来劳动力，进一步促进了区域的人口集聚和城市化进程。

第三，港口在推动区域经济发展过程中，还发挥了辐射带动作用。通过加强与周边地区的合作与联系，港口能够带动周边地区的经济发展，形成更为广阔的经济腹地。这不仅有助于实现区域经济的协调发展，还能够提升整个地区的综合竞争力。

综上所述，港口在支撑区域经济发展方面具有不可替代的作用。未来，随着全球贸易的进一步发展和区域经济一体化的深入推进，港口将继续发挥其独特的优势和作用，为区域经济的繁荣和发展作出更大的贡献。

12.4.2　港口与城市一体化国土开发

港口与城市在空间布局、交通网络、基础设施建设等方面存在密切联系，因此，将港口与城市纳入一体化国土开发规划中，有助于优化资源配置，合理安排港口与城市的空间布局，避免资源浪费和重复建设，实现资源共享和优势互补，从而能够提高土地和空间利用效率。统一规划有助于优化港口与城市的功能布局，提升城市基础设施和公共服务水平，提升城市综合功能，增强城市吸引力，从而能够吸引更多的人才、资本等要素流入城市，推动城市经济的持续发展。统一规划还有助于制定科学合理的环保措施，加强环境保护和生态建设，确保港口发展与城市环境保护相协调，实现可持续发展。

1. 港口与城市基础设施一体化规划

港口与城市基础设施一体化规划，需要综合考虑港口与城市的发展需求、资源条件、空间布局以及环境保护等因素。

第一，要对港口与城市的发展需求进行深入分析，包括港口吞吐量、货物种类、运输方式、船舶流量、航线布局等运营情况，以及城市的产业发展、人口规模、交通需求等状况，明确基础设施建设的规模、布局和功能要求，为规划提供科学依据。

第二，需要综合考虑资源条件和空间布局。要充分利用港口与城市的资源优势，如土地、水源、交通网络等，实现资源的共享和高效利用。同时，要合理布局港口与城市的空间关系，确保基础设施建设的协调性和互补性。例如，可以优化港口与城市的交通网络，实现快速、便捷的货物和人员流动。

第三，还需注重环境保护和可持续发展。要充分考虑环境保护要求，采用环保技术和措施，减少对环境的影响。同时，要注重基础设施的长期效益和可持续发展，避免短视行为和资源浪费。

2. 政策扶持与政府服务能力提升

政策扶持与提升政府服务能力具有多方面的必要性，它们不仅关系到经济增长和区域协调发展，还直接影响到公众出行需求、城市竞争力以及交通行业的创新发展。

政府应制定有利于港口发展的政策措施，如税收优惠、土地供应、金融支持等，政府可以提供资金扶持，通过设立专项资金、提供贷款担保、引导社会资本参与等方式，支持港口和城市的基础设施建设、产业升级和科技创新，合理安排港口和城市的用地指标，保障融合发展所需的建设用地，为港口发展创造良好的政策环境。

政府还应建立健全港口与城市融合发展的协调机制，加强部门之间的沟通与协作，形成政策合力。如通过设立专门的协调机构或领导小组，统筹推进融合发展工作，确保各项政策措施的有效实施，提升对港口的服务水平，包括口岸通关、检验检疫、船舶代理等方面的服务，为港口运营提供便利和高效的支持。

12.4.3　港口与城市协调发展

港口与城市一体化国土开发是一个复杂而系统的过程，涉及多个层面和因素，要实现港口与城市的协调发展，就需要做到以下两点。

1. 规划引领

以港口与城市一体化国土开发规划为纲领，明确港口与城市在国土开发上的共同目标和愿景，充分考虑港口的功能定位、城市的发展方向以及区域经济的发展需求，确保双方在国土利用上的协调性和互补性。

建立港口与城市在国土开发上的协调机制，加强双方之间的沟通与合作。通过定期召开联席会议、建立信息共享平台等方式，及时了解并解决双方在国土开发过程中遇到的问题和困难，共同推动港口与城市在国土开发上的深度融合。

在规划的基础上，港口与城市应共享土地资源，避免重复建设和资源浪费。通过完善交通网络，加强港口与城市之间的交通联系，合理安排港口作业区、物流区、仓储区等功能区与城市中心区、居住区、商业区等的空间关系，实现港口与城市在功能上的无缝对接和高效联动。

2. 产业协同

城市与港口应加强产业协同，形成优势互补、互利共赢的产业格局，通过发展临港产业、打造产业集群、促进产业创新等方式，推动城市与港口经济的深度融合；引导相关产业在港口周边集聚，形成规模效应和集群优势，提升整个区域的产业竞争力；加强港口与城市在产业创新、人才培养等方面的合作，共同推动区域经济的转型升级。

12.4.4　全球海洋中心城市

全球海洋中心城市（Leading Maritime Capitals of the World）这一概念源自 2012 年的《全球海洋中心城市》研究报告。目前，建设全球海洋中心城市成为引导我国重点城市参与国际海事竞争合作的新方向。2017 年，国家发展改革委、国家海洋局联合印发的《全国海洋经济发展“十三五”规划》首次提出，推进深圳、上海等城市建设成为全球海洋中心城市。此后，天津、广州、青岛、宁波、大连等城市也响应海洋强国战略并提出建设全球海洋中心城市的目标。推进全球海洋中心城市建设，是顺应全球海洋经济发展大势，积极服务和融入海洋强国建设大局的重要之举；是发挥城市的支撑和辐射作用，带动沿海区域经济增长的必经之路；也是实现海洋经济高质量发展目标，提升对外开放水平和国际竞争力的现实选择。

海洋中心城市的港城关系表现为：城市必须要对港口形成强支撑，实现高质量的港城一体化发展；城市必须依托港口形成强连通，实现区域性的先进城市群效应；城市必须依托海洋形成强辐射，提升战略性的海洋强国影响力。

全球海洋中心城市同时兼具全球城市、海洋城市、中心城市的多种主导功能，展示了现代化城市功能的综合性，其功能定位体现在以下五个方面。

第一，港口航运枢纽功能。港口航运枢纽功能是全球海洋中心城市最基本功能。良好的港口条件和发达的港口物流网络是保持全球海洋中心城市港口与物流优势的重要基础，是港口航运枢纽功能得以正常运转的硬环境条件。依托优越的海洋区位与完善的港口基础设施，集聚全球领先的航运代理、船舶服务、海事金融保险、海事仲裁法律服务，发展全球航运、贸易活动，构成了港口航运枢纽功能的软环境条件。港口营运能力主要表现在具有完善港口基础设施，在货物吞吐量和集装箱吞吐量规模上具有绝对优势，并且还需要有较高的装卸货效率和能力以提升港口周转效率。港口的航运能力主要表现在该城市拥有的船队规模、航运公司总部数量、航运服务效率和品质等方面。

第二，海洋科技创新功能。海洋创新和海事技术是全球海洋中心城市建设的核心要素，海洋科技的创新程度和海事教育水平的高低关系到海洋中心城市发展的上限和潜力。海洋科技创新能力主要体现在城市对于海洋科技创新投入较高，集聚较多的高新技术企业，具有丰富的海洋高新技术专利等方面；海事教育水平主要体现在海洋大学建设、海洋科研机构数量、海洋人才数量等方面。全球海洋中心城市拥有世界一流的海洋研发机构、高等院校和人才，能够打造航运服务教育研究中心与全球先进的海洋科技创新平台，具有引领全球海洋科技创新、制定海事研究与创新战略、发展海洋信息服务的能力，能够为航运和海洋产业的发展提供源源不断的创新动力。

第三，海洋产业集聚功能。海洋产业集聚功能是全球海洋中心城市建设的重要内容，也是发展“蓝色经济”的重要引擎。海洋产业集聚主要体现在传统海洋产业转型升级、海洋战略性新兴产业引导能力、产业集群和产业园区发展等方面。全球海洋中心城市可以依托国际领先的现代海洋产业链，大力发展现代渔业、海工装备制造、海洋化工、海洋旅游、海洋油气开发及海洋战略性新兴产业，培育具有国际海洋市场竞争力的跨国企业和世界知名涉海产品品牌，成为全球海洋产业重要的生产空间。

第四，海洋文化交流功能。促进国际海洋文化交流，有利于提高海洋城市在国际上的吸引力和竞争力，是软实力的重要组成部分，也是全球海洋中心城市建设的重要目标。海洋文化交流主要体现在全球海洋中心城市对海洋文化传播和交流的组织和推动能力、海洋文化的创作表现、海洋经济文化的协同发展等方面。依托举办海洋经贸论坛、海洋文化会展、海上体育赛事等交流宣传活动，全球海洋中心城市能够吸引大量国际经贸组织、政府及文化交流机构，树立海洋文化品牌，发挥挖掘、弘扬、传播海洋文化的重要作用。

第五，海洋治理供给功能。全球海洋治理是全球海洋中心城市可持续发展的重要保障，也是构建海洋命运共同体的必要条件。海洋治理主要体现在海洋生态文明、城市宜居环境、海洋法律与公共保障系统等方面。全球海洋中心城市通常具备足够强大的国际化宜居宜业城市环境，具有较为完善的海洋环境监测和预警机制、海洋信息服务平台，通过在海洋公共治理、海上搜救、海上执法等方面的国际合作，集聚涉海国际组织总部或分支机构，成为国际海洋事务协调的重要承载空间。

12.5 沿海港口群

沿海港口群作为一种独特的集群现象，是指在某一特定地理区域内，因地理位置相近、经济腹地相似或相同以及集疏运等外部条件相似而紧密联结的若干港口所组成的协作体系。这些港口不仅在地理上相互毗邻，更在经济发展、资源配置和服务功能上展现出紧密的竞合关系。它们不仅是区域港口功能提升和竞争力增强的集中体现，更是推动区域港口发展关系协调化、促进港口间和谐共生的高级形态。沿海港口群的构建与发展，对于优化区域港口资源配置、提升对腹地经济的服务效率具有至关重要的作用，是区域经济发展战略中不可或缺的一环。

12.5.1 中国沿海典型港口群、航运中心

航运中心，作为现代国际贸易的璀璨明珠，汇聚了众多卓越的硬件设施与软件功能。它们不仅拥有航线密布的集装箱枢纽港、深邃通达的深水航道以及高效便捷的集疏运网络，更在软件服务上独树一帜，为航运业提供全方位的金融、贸易、信息等服务支持。它们不仅是国际贸易的重要交汇点，更是全球物流网络中不可或缺的节点，承担着货物集散、转运与分配的关键角色，为全球经济繁荣注入源源不断的活力。

在航运中心方面，我国有大连东北亚国际航运中心、天津北方国际航运中心、上海国际航运中心、厦门东南国际航运中心、北部湾西南航运中心五大航运中心。这些航运中心不仅在国内物流中扮演着重要角色，还积极参与国际航运市场的竞争，推动了中国海洋运输业、高端航运服务业的发展。

中国沿海港口众多，形成了多个典型的港口群和航运中心，这些港口群和航运中心在中国乃至全球的物流、贸易和经济发展中发挥着举足轻重的作用。我国拥有五大港口群，自北向南沿海岸线顺序如下。

环渤海港口群：这个港口群由辽宁、津冀和山东沿海港口组成，服务于我国北方沿海和内陆地区的社会经济发展。其中，大连港、天津港和青岛港是这一地区的核心港口，它们不仅承担着大量的货物转运任务，还积极推动与内陆地区的经济合作，促进了区域经济的繁荣。

长江三角洲港口群：这个港口群依托上海国际航运中心，以上海、宁波、连云港为主，充分发挥了舟山、温州、南京、镇江、南通、苏州等沿海和长江下游港口的作用。长江三角洲港口群是中国五大港口群中发展最快、实力最强的一个，已成为推动全国“经济列车”前进的重要引擎。上海港作为国际航运中心，其货物吞吐量一直名列前茅，是全球重要的物流枢纽。

东南沿海港口群：这个港口群主要集中于福建省，拥有厦门港、福州港、泉州港、莆田港、漳州港等多个优良港口。其中，厦门港和福州港是该港口群的核心，它们在促进海西经济建设中发挥着关键作用。

珠江三角洲港口群：这个港口群由广东沿海港口（不含湛江港）组成，其中广州港和深圳港是核心港口。它们凭借先进的物流设施和高效的运营效率，成为了现代物流业发展的“带动器”。

西南沿海港口群：这个港口群由广西、海南沿海港口和广东湛江港组成，其中北部湾港、洋浦港是国际枢纽海港。

港口群，作为航运中心不可或缺的基石与运营网络的核心，通过其内部各港口间的紧密协作与良性竞争，不仅为航运中心汇聚了多元化的物流资源与错综复杂的航线网络，还为其形成与持续发展奠定了坚实的基础，集疏运体系科学完善的港口群是航运中心建设的重要保障。航运中心，凭借其构建的全方位、高效率的航运服务体系以及覆盖全球的航线网络，充分发挥引领作用，带动港口群的整体跃升，吸引了海量的货流与物流汇聚，同时，它还分享着先进的管理理念与技术革新，助力港口群不断提升运营效能与服务品质。这两者之间，存在着一种深刻的、相互促进且共同发展的内在联系：港口群的蓬勃发展，为航运中心提供了强有力的支撑与依托；航运中心的日益繁荣，又如同强劲的引擎，为港口群的发展提供强劲的驱动力，两者相辅相成。

总体而言，中国沿海的典型港口群和航运中心在促进区域经济发展、加强国际贸易合作和提高物流效率方面发挥着重要作用。它们凭借优越的地理位置、完善的设施和高效的运营，成为了中国乃至全球物流网络的重要节点。未来，随着全球贸易的进一步发展和区域经济一体化的深入推进，这些港口群和航运中心将继续发挥更大的作用，推动中国经济的持续繁荣和发展。

12.5.2　主要港口群建设情况与成效

1. 环渤海港口群

环渤海港口群建设成效显著，为推动区域经济发展和国际贸易合作作出了重要贡献。根据国家统计局及各省市统计局公布数据，2023 年环渤海经济区（包括北京、天津、山东、辽宁、河北五省市）约占全国 GDP 总量的 25%，全国总出口额的 20%。此外，环渤海港口群在集装箱吞吐量方面，天津港、大连港、青岛港位居前列，2023 年 1—11 月，全国港口集装箱吞吐量前 10 名中的青岛港、天津港、日照港就属于环渤海港口群。

1）协同发展，错位竞争

环渤海港口群通过优化港口布局和资源配置，实现了港口间的协同发展和错位竞争。各港口根据自身特点和优势，形成了不同的专业化发展方向，避免了同质化竞争，提高了整体运营效率，例如以下七个港口。

大连港：作为东北亚国际航运中心的核心，大连港是环渤海港口群中的重要枢纽。它不仅是东北三省及内蒙古东部地区经济社会发展的支撑，也是对外交流的重要口岸。大连港拥有完善的集装箱码头和物流设施，致力于发展成为现代化的综合性港口。

营口港：作为辽宁沿海港口群的重要成员，营口港与大连港共同支撑东北地区的经济发展。它以其优越的地理位置和便捷的交通网络，成为连接内陆与海洋的重要桥梁。

天津港：作为北方国际航运中心，天津港连接华北及西北部分省区，是京津冀都市圈和滨海新区的重要依托。它不仅是京、津和华北地区及京包、京秦、神黄铁路沿线地区外贸物资、能源物资、原材料运输的主要口岸，也是该地区经济社会发展的重要窗口。

秦皇岛港：秦皇岛港作为津冀沿海港口群的重要组成部分，以煤炭运输为主要特色，同时也积极发展集装箱、散杂货等多元化业务。

青岛港：青岛港是山东沿海港口群的核心，以集装箱运输和外贸物资业务为主。它与山东省和华北中南部及中原地区、陇海铁路沿线部分地区等广阔腹地相连，成为山东省建设外资企业密集、内外向经济结合、带动力强的新经济增长带。

烟台港和日照港：烟台港和日照港作为山东沿海港口群的重要成员，也各有特色。烟台港以集装箱、散杂货运输为主，而日照港则以其优越的地理位置和深水良港条件，大力发展能源和原材料运输。

这种协同发展模式不仅增强了环渤海港口群的整体竞争力，也促进了区域内产业的集聚和升级。

2）绿色发展，智能化升级

此外，环渤海港口群还积极推动绿色发展和智能化升级。各港口在节能减排、生态保护等方面采取了一系列有效措施，实现了港口发展与环境保护的良性循环。同时，港口群还加强了与信息技术、人工智能等领域的融合创新，提升了港口运营的智能化水平和服务质量。

天津港：天津港致力于提升港口的智慧化水平，着重于智慧创新和数字技术的融合，以实现生产经营、物流服务和运营管理的全面智能化与数字化；积极推进装备的智慧化升级，成功建立了国内首个港口自动驾驶区域，并且独立研发了新一代自动化集装箱码头的操作系统 JTOS，确保了核心技术的自主掌握。

黄骅港：黄骅港在提升港口智能化水平的过程中，融合了 5G、数字孪生等多种前沿技术。比如，为了优化港口作业，他们部署了 18 个监测感应设备，用于实时收集环境数据，并运用智能管理手段来精确控制抑尘和用水调度。另外，黄骅港还自主研发了一套翻车机长效抑尘系统，有效达到了煤港粉尘几乎零排放的标准。

3）**提升国际贸易合作水平与效率**

在国际贸易合作方面，环渤海港口群也发挥了重要作用，比如通过加强与周边国家和地区的港口合作，形成了多个国际航运合作机制和航线网络，为区域内企业提供了更加便捷高效的国际物流通道。这不仅促进了区域内贸易的繁荣和发展，也提升了环渤海港口群在国际航运市场的地位和影响力。

综上所述，环渤海港口群建设成效显著，不仅推动了区域经济发展和产业升级，也提升了国际贸易合作的水平和效率。未来，随着全球贸易格局的不断变化和区域经济一体化的深入推进，环渤海港口群将继续发挥重要作用，为中国经济的持续健康发展提供有力支撑。

2. 长江三角洲港口群

长江三角洲港口群建设成效显著，已经成为中国乃至全球范围内的重要港口集群，为区域经济发展和国际贸易提供了强有力的支撑。根据上港集团公布的数据，上海港截至 2022 年集装箱吞吐量连续十三年全球第一，2022 年突破 4730 万标准箱。浙江省港航管理中心统计数据显示，2023 年宁波舟山港完成货物吞吐量 13.24 亿吨，同比增长 4.94%；完成集装箱吞吐量 3 530.1 万标准箱，同比增长 5.85%。

长江三角洲港口群在硬件设施建设方面取得了巨大进展。通过大规模的投入和持续的技术创新，各港口已拥有先进的装卸设备、高效的物流系统和完善的集疏运网络。这些设施的提升，显著增强了港口群的货物吞吐能力和服务效率，使得长三角港口群能够更好地满足国内外市场的需求。

1）**吞吐量增长**

根据上海组合港管理委员会和上港集团提供的数据，2021 年，长江三角洲港口群港口集装箱吞吐量突破 1 亿标准箱，标志着世界级港口群建设取得重要阶段性成果；2022 年，上海港集装箱吞吐量突破 4730 万标准箱，且水水中转比例提升至 53.5%；至 2023 年上半年，长江三角洲港口群累计货物吞吐量已达 70.4 亿吨，占全国同期总量的 41.5%，进一步彰显了其在全球航运中的重要地位。

2）**港航一体化发展**

长江三角洲港口群港航部门致力于促进港航一体化，通过优化航线布局、强化港口资源整合，共同构建具有全球辐射力的航运中心。在此过程中，上海港遵循“南联北融西拓”战略，深化与区域内港口的资本及业务协同，有效增强了对腹地的服务能力。同时，长三角地区还加速信息资源共享，推动口岸监管、港口服务等信息的电子化进程，显著提升了数据的透明度与联通性。

3）科技创新应用

长江三角洲港口群在科技创新领域成果斐然，成功部署了自动化集装箱码头、5G与F5G技术、安全生产可视化管控及港航区块链综合服务平台等，这些创新不仅使港口迅速达到并超越设计吞吐能力，还实现了岸线资源的高效利用。此外，依托优越的地理位置、完善的设施及高效服务，长江三角洲港口群在国际贸易和航运中心建设中取得重大进展，吸引了众多国际航线和货源，成为全球关键的物流枢纽和贸易通道。通过深化与周边国家和地区的港口合作与交流，其国际航运合作网络不断拓展，显著增强了在国际航运市场的影响力和竞争力。

综上所述，长江三角洲港口群建设成效显著，不仅在硬件设施、区域协同、绿色发展、智慧化建设等方面取得了重要进展，还在国际贸易和航运中心建设方面取得了重要突破。未来，随着全球贸易格局的不断变化和区域经济一体化的深入推进，长江三角洲港口群将继续发挥重要作用，为中国乃至全球的经济发展和国际贸易合作作出更大贡献。

3. 东南沿海港口群

东南沿海港口群是我国五大港口群之一，全部集中于港口岸线资源丰富、优良深水港湾众多的福建省。东南沿海港口群主要由厦门港、福州港、泉州港、莆田港、漳州港等组成，以厦门港、福州港为主。

根据福建省交通运输厅数据显示，截至2023年底，福建省港口已拥有468个高效运作的生产性泊位，其中包括208个万吨级以上的大型泊位，彰显了其强大的货物吞吐能力。具体而言，2023年福建省港口群的货物总吞吐能力已高达7.49亿吨，其中集装箱吞吐能力更是达到了惊人的1 818万标准箱。

东南沿海港口群以其优越的地理位置和丰富的港口资源，在促进福建省及邻近省份的经济社会发展中发挥着重要作用。通过不断建设和发展，东南沿海港口群将继续提升港口服务能力和综合竞争力，为国内外贸易和物流提供更加便捷、高效的通道。

综上所述，东南沿海港口群建设成效显著，不仅提升了中国在全球航运市场中的竞争力，也为区域经济发展作出了重要贡献。未来，随着全球贸易格局的不断变化和技术的不断进步，东南沿海港口群将继续发挥重要作用，推动中国经济的持续健康发展。

4. 珠江三角洲港口群

珠江三角洲港口群建设成效显著，在中国乃至全球物流、贸易和经济发展中扮演着重要角色。珠江三角洲港口群以广州港、深圳港为核心，珠海港、东莞港等为重要组成部分。

珠江三角洲港口群位于中国南部沿海地区，由广州、深圳、珠海、东莞、中山、江门、肇庆等城市的港口组成。这一港口群地理位置优越，与港澳地区隔海相望，是中国内陆与海外市场连接的重要枢纽。

根据《中国海洋年鉴 1994—1996》的介绍，珠江三角洲港口群在 1993 年已展现出强大的港口设施规模，拥有泊位共计 2 186 个，其中深水泊位更是高达 115 个，这一数字约占当时全国深水泊位总数的五分之一。在这璀璨的港口群中，广州港、香港港和深圳港这三大核心港口独占鳌头，它们共同拥有深水泊位 100 个，占据了整个港口群深水泊位数量的 87%。

广州港自秦汉以来一直是我国对外贸易的主要港口。鸦片战争后，其全国主港的地位逐渐为上海港所取代。但改革开放后，广州港和香港港口获得了较快的发展。其中 2022 年，根据广东省统计局公布的数据，广东完成港口货物吞吐量 20.48 亿吨，集装箱吞吐量达到 7 064.83 万标准箱。

深圳港自 20 世纪 80 年代以来迅速崛起为新深水港，对深圳及珠江三角洲地区的经济腾飞起到了关键作用。它凭借众多深水集装箱专用泊位，稳固了全球集装箱运输中心的地位，高效处理货物，满足全球贸易对快速物流的需求。同时，深圳港积极参与地区合作，与周边港口共建粤港澳大湾区世界级港口群，推动区域经济繁荣，实现互利共赢。其交通网络四通八达，与国内外港口紧密相连，并通过多种交通方式深入内陆，形成完善物流体系，有力支撑内陆经济发展。此外，深圳港致力于技术创新和智慧港口建设，引入先进信息技术和管理模式，大幅提升运营效率和服务质量，为中国港口现代化树立典范，引领行业迈向更辉煌未来。

珠江三角洲港口群建设成效显著，不仅提升了中国在全球航运市场中的地位和影响力，也为区域经济的发展和国际贸易的繁荣作出了重要贡献。未来，随着全球贸易格局的不断变化和技术的不断进步，珠江三角洲港口群将继续发挥其重要作用，推动中国经济的持续健康发展。

12.5.3　问题及展望

1. 发展面临的问题

我国沿海港口历经多年建设与发展，不仅在货物处理能力上实现了大幅提升，而且在服务效率与服务质量上也达到了世界领先水平。特别是在智慧港口与绿色港口的建设进程中，我国港口凭借技术创新与环保理念的深度融合，已成为全球港口建设发展的引领者。智慧港口的建设，通过应用大数据、云计算、物联网等现代信息技术，实现了港口运营的智能化、自动化与高效化；绿色港口的建设则通过推广清洁能源、优化运输结构、实施节能减排等措施，有效降低了港口运营对环境的影响。

然而，在快速发展的过程中，我国沿海港口也面临着多方面的挑战与问题。首先，随着城市化进程的加快和土地资源的日益紧张，港口发展所需的用地、用海等外部要素约束愈发严格，导致港口进一步发展的空间受限。其次，虽然绿色智慧的生态文明建设已取得显著成效，但仍需持续加大投入力度，推动技术创新与产业升级，以应对日益增长的环保压力与市场竞争。此外，我国沿海港口群在全球港口体系中的竞争力和影响力尚有待进一步提升。与国际知名港口相比，我国港口在品牌影响力、服务网络布局、高端航运服务等方面仍存在差距。因此，加强国际合作与交流，提升港口国际化水平，成为提升我国港口全球竞争力的重要途径。最后，作为国际航运中心，我国沿海港口的服务能力和国际竞争力仍需加强。这包括提升港口物流效率、优化口岸通关环境、加强航运金融服务等方面，以吸引更多的国际航线和货源，巩固和提升我国在国际航运市场中的地位。

2. 未来展望

现代化港口体系对于推动港口及其所在地区的经济发展、提升国际竞争力、促进可持续发展等方面具有重要意义。它不仅是连接国内外市场的重要桥梁，也是促进区域经济一体化和全球化的关键节点。因此，各地应积极推进港口现代化建设，这不仅是提升港口自身服务水平和综合竞争力的需要，也是推动地区经济转型升级、实现高质量发展的重要支撑。

在推进港口现代化建设的过程中，应注重科学规划，合理布局，确保港口体系与地区经济发展、城市规划、交通网络等相协调。同时，要优化港口结构，明确各港口的定位和功能，形成层次分明、互为补充的港口群，提高港口体系的整体效能。

此外，现代化港口体系还应注重功能完善，不断提升港口的货物处理能力、物流效率和服务质量，通过引入先进的技术和管理模式，实现港口运营的智能化、自动化和高效化，为客户提供更加便捷、高效、安全的港口服务。

信息畅通也是现代化港口体系的重要特征之一。应加强港口信息化建设，构建完善的信息平台，实现港口与相关部门、企业之间的信息共享和协同作业，提高港口运营的透明度和效率。

在推进港口现代化建设的同时，还应注重优质安全和文明环保。要加强港口安全管理，确保港口运营的安全稳定；同时，要积极推广绿色港口理念，加强环保设施建设，降低港口运营对环境的影响，推动港口可持续发展。

各地应积极推进港口现代化建设，不断提升港口的服务水平和综合竞争力，形成布局科学、结构合理、层次分明、功能完善、信息畅通、优质安全、便捷高效、文明环保的现代化港口体系，为推动地区经济发展、提升国际竞争力、促进可持续发展作出积极贡献。

12.6 陆海交通韧性

交通韧性是指交通系统在自然灾害、技术故障、网络攻击及人为破坏等多重压力与危机面前，所展现出的卓越稳定性和适应性。这种韧性不仅涵盖了预防性、鲁棒性和冗余性，还具备了快速反应性、应变力和高度的适应性。它确保交通系统在遭遇各种扰动时能够迅速自我修复，最大限度地减少损失，并持续提供必要的服务，从而保障社会的正常运转与经济的持续发展。

陆海交通韧性是指全球及国家层面的海上与陆路运输网络，在面对自然灾害、技术故障、网络攻击、人为破坏（包括地缘政治冲突）等多重的、复合性的压力与危机时，所具备的应对突发事件、有效吸收冲击、维持核心功能稳定并快速适应恢复、持续保障服务的综合能力。

12.6.1 国际海陆运输贸易路线

1. 亚欧非陆海国际贸易路线

亚欧非大陆在历史上长期占据极为重要的地位，“丝绸之路”便是一条由亚欧非大陆的不同区域、不同文明、不同族群共建共享的贸易通道。

丝绸之路，作为古代连接中国与世界的重要纽带，囊括了陆海两条重要的贸易与文化交流路径。陆上丝绸之路，始于西汉时期，是张骞不畏艰险、出使西域的壮丽篇章，它宛如一条金色的纽带，将中国与中亚、西亚直至地中海的陆地紧密相连，谱写了东西方交流的壮丽史诗。海上丝绸之路，则是以南海、印度洋等广袤海域为舞台，构建起中国与东南亚、南亚、中东、东非等地之间波澜壮阔的海上贸易航线。

21 世纪初，随着世界的发展和国际局势的变化，“一带一路”倡议成为一项具有深远意义的战略构想，其旨在通过深化共建国家的经济合作与文化交流，强化互联互通，共同推动区域乃至全球的繁荣与发展。该倡议包含“丝绸之路经济带”与“21 世纪海上丝绸之路”两大核心板块，辐射亚洲、欧洲、非洲等众多国家和地区，搭建起了一个开放包容、互利共赢的国际合作新平台。

在陆地上，欧亚大陆桥是连接欧洲和亚洲的重要通道；在海洋方面，亚欧非地区的港口城市构成了海上贸易的主要节点。欧洲的荷兰鹿特丹港、德国汉堡港等港口，亚洲的中国上海港、中国香港港、新加坡的新加坡港等港口，以及非洲的埃及亚历山大港、南非开普敦港等港口，都是海上贸易的重要枢纽。这些港口之间通过航线相连，形成了密集的贸易网络。

在这些路线上，贸易的商品种类繁多，包括原材料、制成品、农产品、能源等等。例如，欧洲的机械、电子产品和化工产品经常通过这些路线运往亚洲和非洲；而亚洲的纺织品、玩具和电子产品则大量出口到欧洲和非洲。同时，非洲的矿产资源、农产品等也是国际贸易中的重要组成部分。

除了商品贸易外，这些路线还促进了文化、技术和知识的交流。来自不同地区的商人、学者、艺术家等通过这些路线相互往来，带来了各自的文化传统和科技创新。这种交流不仅丰富了各地的文化多样性，也推动了全球化的进程。

然而，亚欧非陆海国际贸易路线也面临着一些挑战和问题。例如，地缘政治风险、贸易保护主义、海盗活动等都可能对贸易路线造成威胁。因此，各国需要加强合作，共同维护贸易路线的安全和稳定。

总体而言，亚欧非陆海国际贸易路线是一个复杂而重要的网络，它连接了世界各地的主要经济体，推动了全球贸易和文化交流的发展。随着全球化的深入和科技的进步，这些路线将继续发挥重要作用，促进世界经济的繁荣和发展。

2. 太平洋国际贸易路线

太平洋国际贸易路线是全球贸易体系中至关重要的一环，它连接了北美洲、南美洲、亚洲和大洋洲等多个经济活跃的地区，成为推动全球经济增长的重要动力。

远东至北美西海岸的航线是太平洋贸易的重要组成部分。这条航线涵盖了从中国、朝鲜、日本以及俄罗斯远东港口出发，抵达加拿大、美国和墨西哥太平洋沿岸各港的贸易运输线。这条航线上的货物种类繁多，包括电子产品、机械设备、纺织品以及农产品等。

远东至加勒比和北美东海岸的航线也具有重要意义。这条航线经夏威夷群岛南北穿越巴拿马运河，连接了太平洋和大西洋两大水域。它使得亚洲的商品能够便捷地抵达北美东部市场，同时也促进了两大洲之间的文化交流与人员往来。

远东至南美西海岸的航线也是太平洋国际贸易的重要组成部分。这条航线不仅促进了南美洲与亚洲之间的贸易往来，还推动了南美国家经济的多元化发展。南美洲丰富的矿产资源和农产品通过这条航线运往亚洲市场，而亚洲的电子产品和制成品也得以进入南美市场。

除了以上几条主要航线外，太平洋国际贸易路线还涉及多条支线航线，如远东至东南亚航线、远东至澳大利亚和新西兰航线等。这些航线共同构成了太平洋地区复杂而庞大的贸易网络。

太平洋国际贸易路线的形成和发展，不仅推动了沿线国家的经济增长和繁荣，也促进了全球贸易体系的完善和发展。随着全球经济一体化的深入发展，太平洋国际贸易路线将继续发挥重要作用，为各国带来更多的贸易机会和经济利益。

3. 大西洋国际贸易路线

大西洋国际贸易路线是连接欧洲、北美洲、南美洲和非洲等地的重要贸易通道，具有悠久的历史和战略地位。

大西洋的两侧，尤其是西欧和北美，是全球经济最为发达的两个地区。这两个地区之间的贸易往来一直非常频繁，涉及的产品种类繁多，从原材料、能源到制成品等无所不包。这种贸易往来不仅推动了两地的经济增长，也促进了技术和文化的交流。

大西洋国际贸易路线中最为繁忙的航线之一是欧洲与北美东海岸之间的航线。这条航线是欧洲和北美工业最发达地区之间的原燃料和产品交换的主要通道。此外，西北欧、北美东海岸至加勒比海的航线也是一条重要的贸易通道，连接了欧洲、北美和加勒比地区的经济体。

大西洋航线还延伸至地中海和苏伊士运河，连接了亚太海湾地区。这条航线是北美、西北欧与亚太海湾地区间贸易往来的捷径，对于推动全球贸易的发展具有重要意义。除此之外，大西洋航线还涉及南美东海岸与其他地区的贸易往来。这些航线不仅促进了南美地区的经济发展，也加强了南美与其他地区的经济联系。

然而，大西洋国际贸易路线也面临着诸多挑战和风险。例如，全球两大重要贸易通道——巴拿马运河和苏伊士运河的中断，会对大西洋贸易路线产生重大影响，可能导致全球供应链的混乱。此外，地缘政治紧张局势、气候变化和大规模移民等问题也可能对大西洋国际贸易路线造成干扰。

总体来说，大西洋国际贸易路线在全球贸易体系中具有举足轻重的地位。它连接了世界各大经济体，推动了全球贸易的发展。然而，面对各种挑战和风险，各国需要加强合作，共同维护贸易路线的安全和稳定，推动大西洋贸易的持续发展。

12.6.2 中国海陆运输的地缘风险

1. 能源安全风险

中国能源供应的多元化程度相对较低，这构成了潜在的安全风险：过度依赖某些特定国家或地区的能源供应，使得中国在能源供应中断时面临较大的风险。从波斯湾经印度洋到马六甲海峡的海上能源运输通道，极易受到敌对或潜在敌对国家的军事的威胁。特别是马六甲海峡一旦被封锁，中国的海上能源通道与贸易通道将被截断，这会造成难以估量的损失。

2. 中东地缘战略风险

第一，中东地区拥有丰富的自然资源，特别是石油和天然气资源，这使得该地区成为全球能源供应的关键地区。因此，各国对中东地区能源资源的争夺和控制成为了一个重要的地缘战略风险。这种争夺可能导致地区内的紧张局势升级，甚至可能引发冲突和战争。

第二，中东地区的地缘政治格局复杂多变，涉及多国利益和地区力量平衡。各国之间的博弈可能导致地区内的紧张局势加剧。同时，地区内的政治动荡、民族和宗教冲突等也可能对地区稳定造成威胁。

第三，中东地区还面临着恐怖主义和极端主义的威胁。这些组织往往利用地区内的政治、经济和社会矛盾制造暴力事件，破坏地区稳定，不仅给当地人民带来了巨大的痛苦，也对地区内的国家和国际社会的安全构成了严重威胁。

同时，随着全球气候变化的加剧，中东地区也面临着环境恶化的风险。极端天气事件、水资源短缺、土地荒漠化等问题都可能对地区内的社会稳定和经济发展造成负面影响。中东地区一旦陷入混乱，将严重阻碍中国与欧洲的陆上贸易通道，同时也将对中国的能源安全构成重大威胁。

3. 北极航线带来的新挑战

北极航线的开通将对世界贸易航运产生深远的影响，以下是可能的五个影响方面。

第一，缩短航程，降低成本。北极航线的开通将大幅缩短从亚洲到欧洲以及北美洲的航线，这将显著减少船舶的航行时间和燃油消耗，从而降低运输成本。

第二，改变全球航运格局。北极航线的开通将改变现有的全球航运格局，使北极地区成为新的航运热点。这可能会导致航运资源和力量的重新分配，以及新航运中心的崛起。

第三，推动相关产业的发展。北极航线的开通将推动船舶制造、港口建设、物流服务等相关产业的发展。同时，为了满足北极航线特殊的航行需求，可能需要研发新的船舶技术和设备，从而带动相关技术的创新和进步。

第四，环境挑战。北极航线的开通也带来了一些环境挑战。北极地区的生态环境非常脆弱，大规模的航运活动可能会对该地区的生态系统造成破坏。同时，船舶在北极地区的航行也可能面临海冰、低温等自然条件的挑战，这增加了航行的风险。

第五，地缘政治影响。北极航线的开通还可能对地缘政治格局产生影响。北极地区拥有丰富的自然资源和战略价值，各国在北极地区的竞争可能加剧。此外，北极航线的安全保障也至关重要，否则可能会对国际贸易和航运安全造成威胁。

总体而言，北极航线的开通将为世界贸易航运带来新的机遇和挑战。然而，中国目前在北极航线方面话语权不足，应提前制定合适的战略和政策以应对未来的变化。同时，也需要加强国际合作，共同推动北极航线的安全和可持续发展。

12.6.3　陆海交通未来发展战略展望

1. 加强国际合作与交流

加强与“一带一路”共建国家的合作，共同推进交通基础设施建设和互联互通，建设跨国交通枢纽，以此加强中国与周边国家的经济联系，促进区域一体化发展。积极参与国际贸易与运输标准的规则制定，推动区域贸易与多式联运的规范化和标准化。

2. 推进智能化和数字化发展

推动传统交通基础设施的数字化升级改造，实现交通设施与信息技术的深度融合；推进交通系统数字化、信息化、智能化，以新质生产力推进交通资源高效利用，提高运营效率，投入产出比和服务质量；加强各管理部门之间的信息共享，打造综合交通运输“数字大脑”，支撑一体化的交通智能调度、安全应急指挥和规划决策。

3. 推动陆海交通高效融合

陆海交通融合是加强区域联系、促进区域发展新融合的有效手段，可为经济发展注入新的活力，实现陆海高效融合加强软硬件协同共建。

在硬件方面，加强基础设施建设是关键，包括加强港口、码头、航道、高速公路、高铁等交通基础设施的建设，以此来提升运输能力和效率。例如，广东省惠州市就在全力推进这些基础设施的建设，谋划“丰脊拥湾，山海联动”的陆海空间大格局，为陆海交通高效融合打下了坚实的基础。

在软件方面，应加强信息化、智能化管理系统与自动化控制系统建设，合理安排联运方案。要实现多式联运发展，就要打破传统的运输模式，实现公路、铁路、水路等多种运输方式的有机衔接和高效配合。

4. 培育具有国际竞争力的世界一流多式联运经营人

要培育具有国际竞争力的世界一流水平的多式联运经营人，首先要明确多式联运运营人的基本条件和特征。多式联运经营人必须具备使用两种或两种以上运输方式完成全程货物运输的能力；拥有与多式联运需求相适应的技术能力，确保其签发的多式联运单证具有流通性和经济价值；在港口等运输枢纽的规划上具有适应多式联运的设计能力，特别是在物理空间上，促进公路物流园、铁路物流基地、港口和机场货站等的紧密连接，以优化“最前一千米”和“最后一千米”的物流问题。多式联运经营人还应具有采用新的技术和业务模式（如数字化、智能化等）的能力，以提高运营效率和服务质量。

要培养国际一流多式联运经营人，应建设培养体系，加强国际合作与交流，支持多式联运经营人开展跨行业、跨地区的合作，共同打造国际一流的多式联运服务网络；应加强对多式联运经营人的培训和教育，提高其专业素养和综合能力。政府部门应制定相关政策和措施，鼓励和支持多式联运的发展，加大对多式联运运营人的扶持力度，如提供税收优惠、资金扶持。

通过以上措施的实施，我们可以逐步培育出具有国际一流水平的多式联运经营人，为我国乃至全球的多式联运事业发展贡献力量。

关键术语

陆海交通运输统筹、多式联运、沿海交通经济带、港城融合、港口群、陆海交通韧性

思考题

1. 什么是陆海交通统筹？为什么它在现代物流体系中至关重要？
2. 分析沿海交通经济带如何影响产业布局。
3. 什么是港城融合？请简要描述。
4. 港城融合对城市发展有哪些积极影响？
5. 请简述中国港口群的概念及其重要性。
6. 什么是陆海交通韧性？请给出简要定义。
7. 简述陆海交通韧性对国家安全的重要性。
8. 如何评估一个地区的陆海交通韧性？

参考文献

[1] 杨明华，洪卫，高燕梅．论交通经济带的一些基本问题［J］．重庆交通学院学报（社会科学版），2004（4）：15-18.

[2] 张玉召，李海军，张文豪，等．多式联运联接共性关键技术体系构建研究［J］．中国工程科学，2023，25（6）：212-224.

[3] 蔡翼飞，刘金凤，宋佳萍．经济带：新发展阶段的新愿景［J］．开放导报，2021（4）：32-39.

[4] 新时代 新起点 新作为［N］．中国水运报，2017-12-26（2）.

[5] 成为杰．青藏铁路经济带：现状、问题及建议［J］．中共济南市委党校学报，2012（1）：21-23.

[6] 齐慧，崔浩．多式联运驶入发展快车道［N］．经济日报，2023-03-22（6）.

[7] 王宝春．现代综合交通运输治理体系建设的思考［J］．综合运输，2018，40（8）：7-10.

[8] 李志文，熊奕成，李诗文．“交通运输法”制定背景下多式联运经营人资质的法律规制［J］．世界海运，2024，47（2）：40-47.

[9] 奋力开启建设交通强国的新征程［J］．中国物流与采购，2018（5）：53-55.

[10] 周雷．新常态下的港口经营管理［J］．中外企业家，2016（6）：7-8.

[11] 刘昉．建设交通强国且看“大交通”怎么干［N］．中国水运报，2018-01-14（1）.

[12] 李振福．交通强国战略背景下的海运新机遇［J］．中国船检，2017（11）：23-26.

[13] 贺万忠，赵萍．多式联运经营人货物损害赔偿责任限制规则的构建：兼评我国《合同法》与《海商法》的相应规定［J］．河北法学，2004（3）：48-52.

[14] 蔡翼飞．“两横三纵”经济主骨架［J］．中国投资（中英文），2021（ZA）：34-37.

[15] 谢旭申，冯轶斌，牛恺南，等．“双碳”目标下我国集装箱铁水联运发展现状及优化策略的思考［J］．铁路采购与物流，2023，18（12）：29-32.

[16] 前瞻产业研究院.2023 年全球海洋产业及海洋中心城市发展白皮书行业报告［R/OL］．(2023-11-14)[2024-08-10]．https: //bg.qianzhan.com/report/detail/2311141534468427.html.

[17] 刘大海．《全球海洋中心城市建设的地区实践与政策创新》书评［J］．海洋开发与管理，2023，40（4）：145-146.

[18] 蔡翼飞．经济带建设的战略意义与发展路径［J］．中国投资（中英文），2021（ZA）：38-40.

[19] 袁绍华．我国沿海港口布局已现雏形［J］．市场周刊（新物流），200，(11)：4-5.

[20] 王世福，王兴平，马向明，等．海洋城市战略与空间规划前瞻［J］．南方建筑，2024（5）：1-13.

[21] 郑思昀．福建建设海洋中心城市的对策建议［J］．中国港口，2022（11）：42-47.

[22] 孙丹妮．加快建设国家港口枢纽体系 全面攻坚国家高等级航道［N］．中国水运报，2024-06-19（1）.

[23] 王璐．交通运输部：加快打造世界级港口群［N］．经济参考报，2024-06-18（2）.

[24] 李媛媛．交通运输部：高质量构建现代化港口与航道体系［N］．中国证券报，2024-06-18（A02）.

[25] 贾远琨．长三角港口群集装箱年吞吐量破亿标准箱［N］．新华每日电讯，2021-12-15（7）.

[26] 唐诗凝，樊曦，夏晓.9 万列！中欧班列“跑”出开行新纪录［N］．新华每日电讯，2024-05-26（1）.

[27] 黄景源．长三角港口群集装箱年吞吐量突破 1 亿标箱：上海港集装箱吞吐量连续 11 年保持全球首位［J］．上海商业，2021（12）：2-3.

[28] 柳宁馨，徐翌轩.2024 年港口行业基本面稳定、不确定性增加［N］.21 世纪经济报道，2024-02-05（5）.

第 13 章

陆海统筹关键带人居系统

教学要求

作为地球的关键地带，陆海统筹关键带所承载的人居系统有着特定的规模、层次、分布和结构特征，陆海交互作用下的人居系统的立地条件和演化发展有别于内陆地带的人居系统。了解陆海统筹关键带人居系统的组织和发展特征，掌握陆海统筹关键带人居系统的功能结构规律和要素分布特征，对陆海统筹关键带的国土空间规划意义重大。

通过本章内容，应了解陆海统筹关键带人居系统的基本概念和特征，认识其在国土空间规划中的重要性；熟悉陆海交互作用如何影响人居环境、生态、经济活动和文化等方面；掌握人居系统的组织结构和发展特征，包括不同陆海空间关系下的人居系统特点、人居系统规模和密度的分布规律，以及沿海城市空间组织演化的主要模式；能够分析特定沿海城市的空间结构及其演化模式；深入掌握陆海统筹关键带人居子系统的内涵和功能，探讨生活、生态、生产、支撑和文化子系统在人居系统中的作用和相互关系；最终理解陆海统筹关键带人居系统对国土空间规划和治理的意义，学习如何通过合理的陆海资源开发利用、生态环境保护和区域经济社会可持续发展的策略，实现陆海统筹的国土空间规划目标。

13.1 人居系统和陆海统筹关键带

13.1.1 人居系统及其内涵

人居（Human Settlements）即人类的聚居（包括其现象、过程和结果）。人居环境是人类聚居及其场所的总概括，乡村、集镇、城市是其典型外延。人居科学将人类聚居作为一个对象整体进行全面、综合、系统的研究。人居系统是从系统论的角度剖析人居环境的核心概念。人居系统可视为特定时空范畴下一组相互关联的人居环境组成的有机整体（乡村、集镇、城市等），其所指的特定时空范畴一般包括内陆、沿海、山地、高原、盆地、流域等特定的空间地带。人居系统是一个复杂的开放巨系统，包括系统内外广泛的物质、能量和信息交互，乡村、集镇、城市及其组合是人居系统的关注重点。

13.1.2　陆海统筹关键带

1. 地球关键带与陆海统筹关键带

地球关键带（Earth Critical Zone）是指岩石圈、水圈、土壤圈、生物圈和大气圈五大圈层交汇的异质性区域。陆海统筹关键带则聚焦于陆地和海洋两大地表界面多层交互的关键地带，包括腹地带、关联带、核心带、支撑带等，有多样的结构表征，丰富的圈层过程（地质、地貌、气候、水文、生态和人类活动），以及复合的功能服务。陆海统筹关键带在地域空间范围上，是以海岸线为基准向陆向海各拓展一定宽度的陆海系统交互作用强烈的带状区域。其地表组成包括沿海岸带连绵交错分布的城镇村体系、海岛（群）上的居民点、港口（群）、路桥通道网、盐田（场）、海洋牧场等人工和半人工地域系统；其自然组成不仅包括海岸线、滩涂、河口、湿地、岬角、岛礁等典型地貌单元，向内陆一侧还包括一定范围内的完整地貌及其自然生境。在我国，为与陆海统筹的国土空间规划和治理体系有效衔接，以地市级行政单元的陆域和海域范围为空间单元基础，兼顾相对完整的自然地貌单元（如三角洲、海湾、半岛等），共同构成我国沿海的陆海统筹关键带（图 13-1）。

2. 陆海统筹关键带的总体特征

陆海统筹关键带拥有丰富和优越的资源条件、环境条件和区位条件，同时也是典型的生态脆弱带。总体而言，陆海统筹关键带具有以下三个特征。

1）资源类型丰富，生存条件适宜

陆海统筹关键带海陆条件兼备，蕴含了丰富的自然资源，包括海洋油气、可燃冰、海砂、海水，以及对应的陆地油气、河砂、淡水等，还包括陆海交错地带的黏土沉积物、贝类沉积物，以及森林、湿地、沙滩和动植物资源等。此外，沿海海域还

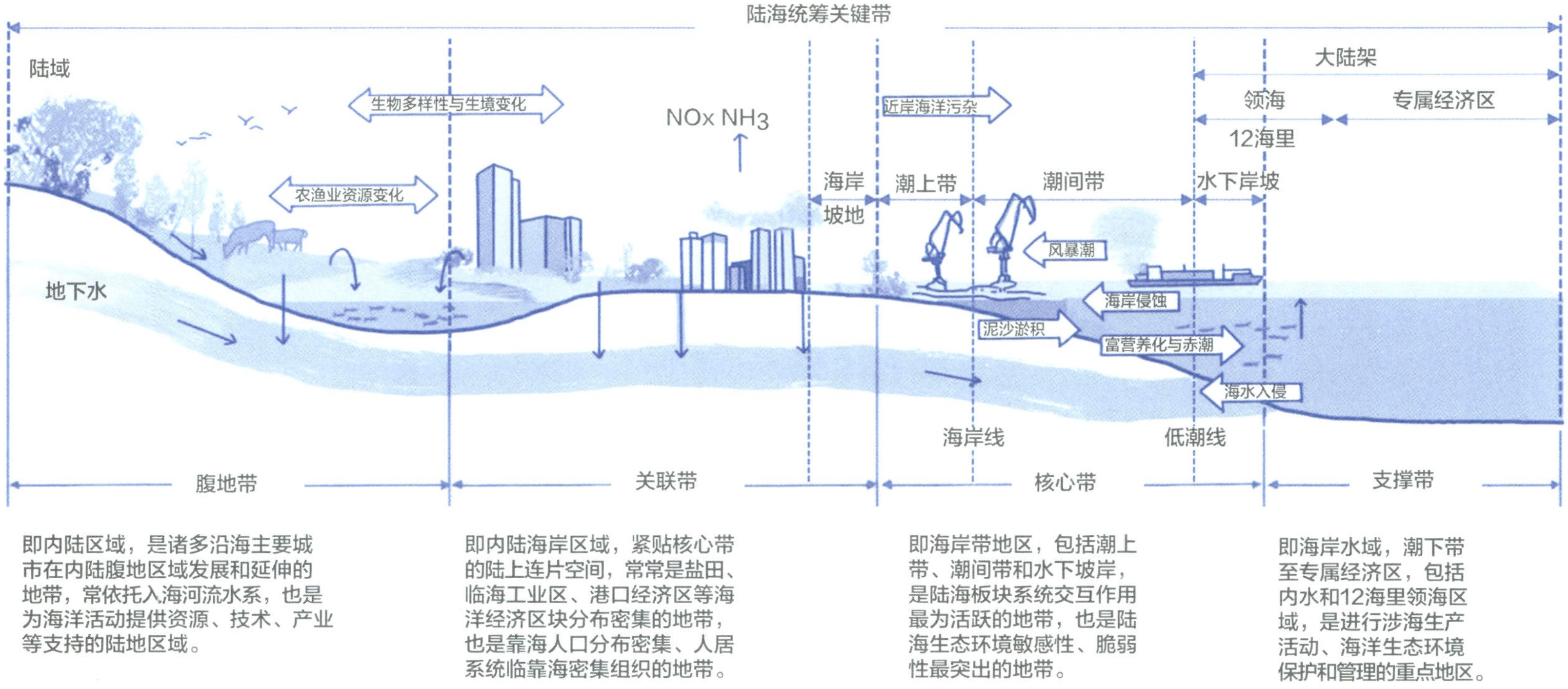

图 13-1　陆海统筹关键带的空间地带断面示意

资料来源：曾鹏．陆海统筹国土空间规划与治理若干科学问题 [R]. 陆海统筹空间规划与治理学术研讨会，天津：陆海统筹关键带国土空间规划与治理工程技术创新中心，2023.

蕴藏充沛的风能、太阳能、潮汐能、盐差能、温差能等动力资源。总之，陆海统筹关键带海陆资源条件互补互惠，能够为人类聚居及其生产生活提供充足的物质基础。

陆海统筹关键带还为人类聚居及其生产生活提供了适宜的生存条件和空间场所。其一是气候条件，陆海统筹关键带位于海陆水和大气循环交互的活跃界面，温度和雨热条件适宜，是人类和生物活动和繁衍的绝佳场所。从全球角度看，陆海统筹关键带普遍位于热带雨林气候、热带季风气候、亚热带季风气候、温带季风气候、温带海洋性气候和地中海气候等气候区，这些区域均有享誉全球的大城市或独特人居文化的遗产。其二是地理条件，例如我国入海河口和三角洲水源充沛，湿地密布，沃野千里，自古以来是农耕牧海、煮海为盐、漕运海航的重要地带，因而孕育了星罗棋布的早期城镇和村落。近现代开埠以来，沿海地区通商口岸成为我国交通商贸城市发展的优势和基础之一；当代沿海地区的大中小城镇的成形，也正是沿着早期的发展特点演化而来。

2）生态系统多样，生态环境脆弱

陆海统筹关键带既有别于一般陆地生态系统，也不同于典型海洋生态系统，而是生态系统多样性特别突出的地理地带。该地带至少包含有河口生态系统、沿岸生态系统、湿地生态系统和其他海岸带生态系统。这些生态系统是全球重要的生命支持系统，为大量的物种提供生境和栖息地，因此也是生态系统保护和修复的重点地带。

陆海统筹关键带是典型的人地生态交错带和生态脆弱带，面临复杂多样的生态威胁和风险。陆海统筹关键带高强度的人类活动常引发重大生态风险，包括种植、采伐、建坝灌溉、填海造地、海岸线开发、海上运输、采矿等活动，以及旅游业、渔业等产业发展所带来的环境压力。此外，工业化和城市化所产生的废弃物通过排污口和河口入海，再加上台风、海啸、风暴潮、赤潮、溢油、海岸侵蚀等自然和人为灾害的级联效应，严重威胁陆海统筹关键带的生态系统服务功能。

3）人类活动集中，人居系统多样

陆海统筹关键带优越的资源、环境及区位条件，使其成为城市化进程的重要区域，聚集了大量的人口。世界上大部分国家的陆海统筹关键带往往是经济最为发达的区域。人类活动在陆海统筹关键带的集中，体现了人与海洋相互间高强度的物质、能量、信息的交互。

陆海统筹关键带承载着丰富多样的人居系统。从尺度规模上看，既有小规模的村落、城镇，也有百万千万人口以上的沿海滨海大城市、超大城市；从陆海空间关系上看，有位于大陆上与海相邻或相近的人居点，也有被海洋环绕的海岛人居；从选址地形环境上看，有在滩涂旁因耕海牧渔而生的渔村，有凭借风浪小、岸线低缓成为先民登岸首选锚地的海岛岙，也有立于山海形胜处的海防卫城，等等。

13.1.3 陆海统筹关键带人居系统的重要意义

1. 人居与文明的孕育发祥

陆海统筹关键带是陆海两大地表界面交互作用的重要地理地带，适宜的资源地理和气候条件孕育了地球最为活跃的生物圈，在长期演化下成为人类文明圈最适宜的发源地。站在文明发展史角度，陆海统筹关键带是人类文明不断进步演化的重要空间载体。从早期“牧海耕渔”的自给自足到“鱼盐之利”的农业社会海洋文明，再到中古和近古时期依托“运河－海运”体系而兴的沿海城镇，再到近代工商业港口城镇，直到全球化后的世界门户城市及其港口体系，陆海统筹关键带所承载的人居系统已发展演化为重要而繁荣的人居地带。

2. 集聚和繁荣的人居地带

全球主要的大都市区（或高密度的人口和经济活动地区）多集中在海岸线及其向内陆延伸 100 千米以内的地带，典型分布包括：我国从环渤海到长三角以及从闽台沿海到大湾区的都市连绵区，日本太平洋沿岸的都市连绵区，印度洋孟加拉湾以西的主要城镇，安达曼海的曼谷以及马六甲海峡沿岸的马来西亚和新加坡主要城镇，印尼爪哇岛沿海地区的主要城镇，欧亚大陆的地中海、红海沿岸的诸多城镇，北美的东西海岸都市连绵带，南美以巴西为代表的大西洋海岸人口稠密地区（里约－圣保罗都市连绵带）等。这些区域中不乏重要的世界级城市群。

3.“人－陆－海”关系下的人居营建智慧

聚焦我国人居发展史，自古就有经略山海的知识、技术和人居智慧，是人地关系、人海关系、山海关系的集中体现，也可转译为特定陆海条件下人居系统有效组织和发展的知识和理论。元定大都，有“右拥太行，左挹沧海，枕居庸，奠朔方”（《元史》）的山海经略格局［图 13－2（a）］；天津卫依托“九河下梢”的“河海”本底地貌，基于人、河、城、海、关等要素组织形成了以漕运渡口、海防商埠、畿辅首邑等功能节点为特征的人居系统；清代福州城以“枕山、沿江、向海”的空间格局，借助闽江入海的地理优势，实现山城互济，东南向海而不临海，在保障了资源交通和空间利用的同时也规避了面海的风险，彰显了高超的人居智慧，其山、江、城、海有机一体的人居系统可视为中小尺度沿海人居典范［图 13-2（b）］。

因此，了解“人 - 陆 - 海”关系及其对应的人居组织和发展的影响，掌握陆海人居系统的功能结构规律和要素分布特征，对人居科学的发展和空间规划的陆海统筹意义重大。

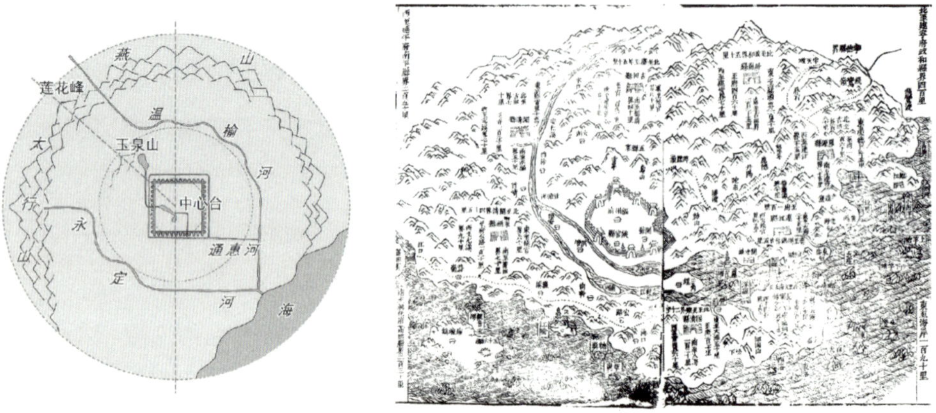

（a）元大都地区“人–陆–海”人居格局　　（b）清代福州城古地图所见“人–陆–海”人居格局

图 13-2　传统“人 - 陆 - 海”人居格局
资料来源：（a）武廷海 . 画圆以正方——中国古代都邑规画图式与规画术研究 [J]. 城市规划，2021，45（1）：80-93；（b）《福州府志》。

13.2 陆海交互作用下的人居特征

陆海交互作用是指陆海两大地理单元间的地质地貌、气候水文、海洋动力、生态演替等过程，对人类的生产、生活活动及其物质空间表现产生多方面的影响。例如，有的滨海地区具备港阔水深、三面环陆的优良条件，经营建和发展成为典型的优良港口城市。

13.2.1 不同海岸底质影响下的人居特征

海岸带受到地壳运动、波浪冲刷、气候变化等陆海交互作用的影响，形成了基岩海岸、砂质海岸、淤泥质海岸以及生物性海岸等多种底质形态。不同的海岸底质特征蕴含着不同的资源禀赋，构成了不同的人居立地条件，影响着在地人居的生活、生态、生产、支撑、文化等子系统的不同方面，演化形成了各具特征的人居表征。

1. 基岩海岸

1）陆海交互作用下的基岩海岸

基岩海岸由坚硬的岩石组成，地势陡峭、绵延曲折、岬湾相间、周围岛屿众多，靠海洋一侧坡陡水深、水下地形稳定，常常被作为避风良港。因岩石侵蚀崩塌形成的海蚀柱、海蚀穴、海蚀崖等独具特色的海蚀地貌，基岩海岸也通常是优质的旅游资源地。作为我国最广泛的岸线类型之一，基岩海岸在辽东半岛、山东半岛以及浙、闽、粤、桂、琼等省份广泛分布。此外，美国的旧金山湾、法国诺曼底的埃特雷塔海岸（Étretat）、英国的多佛白崖（The White Cliffs of Dover）、意大利地中海的阿马尔菲海岸（Costiera Amalfitana）等均属于基岩海岸。

2）基岩海岸条件下人居系统的典型特征及样例

基岩海岸往往地质条件稳定，拥有较好的水深条件，海岸线曲折，适于建设港口，许多拥有基岩海岸的城市借助港口的建设而发展，形成了通过港口带动物流、工业、商业的依港建城的模式。如我国拥有世界三大天然良港之一维多利亚港的香港，和依港而建、因港而兴的青岛，均拥有较长基岩海岸线。

同时，基岩海岸通常海水清澈，与绵延的沙滩、突出的岬角、葱绿的海岸植被共同构成具有吸引力的旅游目的地。如意大利的阿马尔菲海岸分布如马纳罗拉（Manarola）、韦尔纳扎（Vernazza）、里奥马焦雷（Riomaggiore）等传统村落。这些村落的典型建筑群在基岩海岸依山就势建造，有机嵌入岩石山体，房屋具有地中海风格，已被列为世界文化遗产，成为文旅胜地（图 13–3）。

2. 砂（砾）质海岸

1）陆海交互作用下的沙（砾）质海岸

砂（砾）质海岸是由粒径大小为 0.063～2 毫米的沙、砾等沉积物质在波浪的长期作用下形成的相对平直的海岸，由水下岸坡、海滩、沿岸沙坝、海岸沙丘及潟湖等组成完整地貌体系。其形成时代可追溯至晚更新世，其规模取决于海岸轮廓、物质来源和海岸动力等因素。砂（砾）质海岸在全球海岸线总长中仅占 13% 左右，多被开发为海滨浴场以发展旅游。如澳大利亚的黄金海岸（Gold Coast），巴厘岛的

（a）马纳罗拉

（b）里奥马焦雷

图 13-3　基岩海岸人居系统典型特征
资料来源：（a）潘月斌．地中海明珠：希腊圣托里尼岛［J］．地理教学，2024（17）：2+65；（b）张茵．一处具有非凡价值的文化遗产：走进地中海岸边的五渔村［J］．中华建设，2012（9）：58-59.

库塔海滩（Kuta Beach），以及我国的北戴河、南戴河、昌黎黄金海岸、青岛汇泉浴场、北海银滩、海南三亚大东海和亚龙湾等，凭借优质的沙滩吸引大量游客，并带动配套产业的发展。

2）砂（砾）质海岸条件下人居系统的典型特征及样例

砂（砾）质海岸地区的人居系统特征显著，其核心在于以旅游业为主导产业的战略布局，以及与滨海环境相适应的建筑和空间设计。通过合理的规划和管理，可以实现砂（砾）质海岸陆海资源的和谐共生与可持续发展，同时保护其独特的自然景观和生态价值。

砂（砾）质海岸所在度假地的人口和产业结构随着旅游淡旺季呈现周期性波动。旅游旺季期间，外来旅居人口规模和密度增大，经济活跃度提升；旅游淡季则迅速进入本地人口聚居的状态。此类人居系统的特色功能要素常包括不同规格档次的海边度假物业和酒店，海滨休闲游乐设施，服务于不同旅游人群的商业及相关配套的市政、交通和服务设施。建筑常常采用舒展式、散点式、退台式等布局，旨在充分利用但并不遮挡优良的滨海景观。同时，其亲海空间的营造注重文旅融合和地域特色的表达。

3. 淤泥质海岸

1）陆海交互作用下的淤泥质海岸

淤泥质海岸是由粒径为 0.05～0.01 毫米的泥沙沉积物长期在潮汐、径流等动力作用下淤积形成的底质为淤泥的相对平直海岸，多分布在有大量细颗粒泥沙输入的河流入海口沿岸，地势平坦开阔，海滩宽达几千米甚至十几千米，是滨海滩涂湿地的主要集中分布区。

淤泥质海岸虽不利于港口建设，却是滩涂养殖、海岸湿地保护和盐田开发的理想区域。因此，耕海牧渔、盐田盐场的人居生产子系统的选址和发展的基础条件离不开淤泥质海岸的本底特征。

2）淤泥质海岸条件下人居系统的典型特征及样例

淤泥质海岸的人居系统特征体现在其以滩涂养殖和盐业为主导的产业布局，以及与海岸环境相适应的生产活动。典型的淤泥质海岸包括荷兰、苏里南以及我国渤海湾沿岸、江苏中南部海岸等地区。在生态修复方面，荷兰的马肯湖－瓦登海项目对因填海造地而遭到生态和水质损害的马肯湖进行淤泥清理，并利用淤泥建造沼泽和浅滩，使之形成独特的湿地和鸟类天堂。在水产养殖方面，我国渤海湾沿岸以盛产肉嫩味美的毛蚶、西施舌等贝类驰名中外，河北省乐亭县、曹妃甸区、海兴县等均依托滩涂发展水产养殖，收获了良好的经济效益。在盐业生产方面，淤泥质海岸海滨的大片低地泥滩，既便于引进海水，又不易使卤水下渗，我国很多淤泥质海岸被开辟成盐场，如渤海湾沿岸的长芦盐场、江苏的两淮盐场（苏北盐场）均位于淤泥质海岸地段。

4. 生物性海岸

1）陆海交互作用下的生物性海岸

生物性海岸是由某种生物特别发育而形成的一种特殊海岸空间，多分布于在低纬度的热带地区，主要有红树林海岸、珊瑚礁海岸、贝壳堤海岸等，资源丰富而环境脆弱。我国的生物性海岸主要分布在南海诸岛、海南、台湾、两广、福建等地，多被划设为海洋自然保护区等保护区域。其中，红树林根系发达、生命力顽强，具有良好的防风固浪的作用，也是鸟类等生物的栖息地；珊瑚礁由珊瑚虫的分泌物和遗骸堆积而成，具有丰富的生物多样性、极高的初级生产力和快速的物质循环。

2）生物性海岸条件下人居系统的典型特征及样例

各国生物性海岸地区的人居系统构建更注重生态保护和可持续发展的双重目标，旨在维护海洋生物多样性并防止海洋生态环境的退化。例如，我国海南省儋州市的海上国家森林公园红树林密集分布，形成独特的生态景观，这些红树林不仅具有防风固沙、保护海岸线的作用，还为各种生物提供了栖息地，并形成丰富的旅游资源；荷兰东部的东施特河口利用牡蛎进行海岸防护，通过牡蛎礁保护河口滩涂，为牡蛎创造新的栖息地的同时减缓潮滩的侵蚀；我国的广东、福建、广西沿海也尝试将牡蛎壳装入竹笼或钢丝笼，形成牡蛎礁，用于红树林和沿岸生物堤防。

13.2.2　不同气候影响下的人居特征

气候与人类社会密切相关，其形成受到纬度、海陆分布、大气环流、地形、洋流等因素的影响。由于海洋质量和比热很大，它对大气温度的变化起着缓冲和调节的作用，同时也是大气中水汽和热量的重要来源。季风、台风、副热带高压、寒潮等都是与海洋密切相关的气候或天气系统。陆海统筹关键带普遍位于热带雨林气候、热带季风气候、亚热带季风气候、温带季风气候、地中海气候、温带海洋性气候等气候区，其典型的人居系统在气候的影响下呈现出一定的特征（表 13-1）。

气候影响着人居系统的生产生活方式、建筑形态和城市布局。不同雨热条件使得不同气候区适宜不同作物的生长，进而催生了不同的产业类型与生活方式；季风影响着城市功能区的布局，并与雨热条件一起造就了独特的建筑风格。同时，人类活动的时间也受到气候的影响。

表 13-1　不同气候影响下的人居特征

<table>
<tr><th>类型</th><th>气候特征</th><th>人居特征</th></tr>
<tr><td>热带雨林气候（Tropical Rainforest Climate）</td><td>全年高温、多雨、气温差异小</td><td>新加坡是典型的热带雨林气候，充足的雨水与适宜的温度为植物生长提供了良好的环境，也使之成为了遍布屋顶花园与垂直绿化的“花园城市”。多雨的气候使新加坡在人居营建策略上注重防洪韧性设施建设，实施 ABC 水计划（Active，Beautiful，Clean Waters Program），在降雨过程中利用自然生态系统暂时滞留雨水，减少城市排水管渠网络的峰值径流，降低城市内的洪涝风险</td></tr>
<tr><td>热带季风气候（Tropical Monsoon Climate）</td><td>全年高温，有明显的雨旱季之分</td><td>曼谷属于热带季风气候，全年分为雨季、热季和凉季，在其气候的影响下，凉季（即 11 月至次年 1 月）因其相对较低的温度与较少的降雨而成为旅游的旺季</td></tr>
<tr><td>亚热带季风气候（Subtropical Monsoon Climate）</td><td>夏季高温多雨，冬季低温少雨</td><td rowspan="2">上海和天津分别是亚热带季风气候与温带季风气候的代表城市，都有着分明的四季，雨热同期，利于种植业的发展。季风也影响着城市工业区的布局，在季风区的城市多将工业布局在垂直于主导风向的郊外，以减少对城市的空气污染</td></tr>
<tr><td>温带季风气候（Temperate Monsoon Climate）</td><td>夏季高温多雨，冬季寒冷干燥</td></tr>
<tr><td>地中海气候（Mediterranean Climate）</td><td>冬季温和多雨，夏季炎热少雨，雨热不同期</td><td>罗马是典型的地中海气候，每年 4月至6 月气候最为宜人，7、8 月气候最热最干燥，曾有着 8 月份停止商业活动离开炎热的城市出去避暑度假的习俗。典型农业是水果园艺业，代表水果是柑橘、葡萄、橄榄，许多地中海沿岸国家也因此在葡萄酒酿造领域有着悠久的历史和丰富的经验</td></tr>
<tr><td>温带海洋性气候（Temperate Marine Climate）</td><td>全年温和潮湿，冬无严寒，夏无酷暑，全年降水分配较为均匀</td><td>该气候类型阴雨天气多，热量和光照条件较差，不利于粮食作物及油料作物的生长，但利于多汁牧草生长，适于畜牧业的发展。英国的莱斯特郡、荷兰的北布拉邦省等均因温带海洋性气候的影响而拥有发达的畜牧业</td></tr>
</table>

13.3 陆海统筹关键带人居系统功能结构

13.3.1 人居系统与“人 – 陆 – 海”关系

“人 – 陆 – 海”关系是指陆海系统与人类活动的相互作用及其一体化的时空反映，其集中体现是陆海统筹关键带人居系统的分布、规模、密度、功能、结构等特征。

1. 人居系统与“人 – 陆 – 海”空间关系

陆海统筹关键带上人居点和陆海空间关系的差异，代表了人类活动不同的空间应对方式，对于从宏观角度认识陆海统筹关键带的人居系统特点具有重要意义。这一空间关系通常以人居点与海岸线的关系来区分和考量，常见的表述包括“沿海”“近海”“滨海”“临海”等。有学者将沿海城市建立的初始区位分为近海、滨海、海岛，近海指的是沿海城市中与海岸线具有一定距离的地区，滨海指的是在沿海城市中拥有或占据海岸线的地区。也有学者通过语义区分临海、滨海与沿海，“临”具有“靠近、挨着”的含义，“滨”的含义是“近水”，“沿”的含义是“顺着、边”；从地域角度而言，临海强调与海洋紧挨着，滨海是指靠近海边，沿海指从宏观区域的层面沿着海岸线。国际研究中，常用的概念为“Coastal Zone”，即包含每天受潮汐涨落海水影响的潮间带及其两侧一定范围的陆地和浅海的海岸带。与之相关的概念还有表示海滩、海滨的“beach”，表示（尤指作为度假地的）海边、海滨的“seaside”，以及表示海滨、海岸、海滩的“seashore”等。

综上所述，人居系统与海岸线的空间关系能够体现出人居系统的特征、区别和联系，因此，可将不同陆海空间关系下的人居系统划分为离海岸线有一定距离（空间相离）的沿海地区人居系统，紧邻海岸线（空间相接）的滨海地区人居系统和海岛人居系统（空间包含）等（图 13–4）。

1）沿海地区人居系统

沿海地区人居系统是指初始区位与海岸线有一定距离的人居系统。该类人居点并不直接与海相接，一般依赖河流、矿产等内陆资源发展营建，随着航海技术的进步与全球化的进程逐步开始向海发展。国际上典型的沿海地区人居系统有在台伯河沿岸建立农业文明的罗马，依靠咖啡种植和出口而发展的巴西圣保罗，

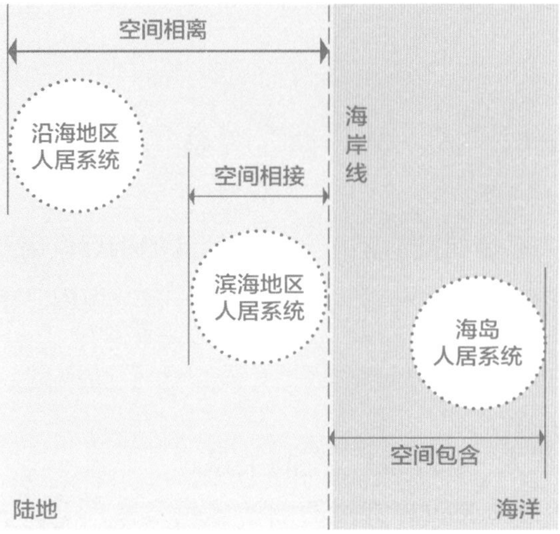

图 13-4　不同陆海关系下的人居系统
资料来源：作者自绘

因锡矿开采而发展的马来西亚吉隆坡等。我国陆海统筹关键带上沿海地区人居系统占比最高，典型的案例包括依赖河流而发展的天津、上海等，依赖资源而发展的盘锦、唐山、盐城等，因港口通商而繁荣的广州、福州、泉州等。

2）滨海地区人居系统

滨海地区人居系统是指与海岸线直接相接的人居系统。该类人居点在空间上与海洋紧密相接，通常因直接经略海洋的需要和过程而发展营建，其发展营建的过程和方式包括海洋资源、海上贸易、海防或侵略殖民等，许多滨海地区也因优美的环境成为旅游区。国际上典型的滨海地区人居系统有因海上贸易而繁荣发展的希腊雅典，因渔村建立又以贸易发展成为世界重要港口的荷兰阿姆斯特丹，由殖民地发展而来的美国纽约、洛杉矶和澳大利亚悉尼。我国典型的滨海地区人居系统案例包括因开埠而发展的海口、因滨海防御而建立的威海以及改革开放的窗口深圳。

3）海岛人居系统

海岛人居系统是指初始区位位于海岛上的人居系统。该类人居点被海水环绕，一般因海洋资源、军事或人口迁徙等原因而发展营建，并在不断发展的过程中逐步强化各海岛间以及海岛与陆域间的联系。国际上典型的海岛人居系统有由 400 余个岛屿共同组成的丹麦本土部分、由 7 个主要岛屿组成的希腊伊奥尼亚群岛大区等。我国典型的海岛人居系统包括本岛与陆域共同发展的厦门岛和由多岛群组成的舟山群岛等。

2. 人居系统规模密度

从规模和密度来看，陆海统筹关键带是人口最为密集、人类活动最频繁的区域。全球范围内普遍承认的六个世界级城市群中，除北美五大湖沿岸城市群外，其余五个城市群——美国东北部大西洋沿岸城市群、日本太平洋沿岸城市群、英伦城市群、欧洲西北部城市群、长江三角洲城市群——均位于陆海交错地区。密度是衡量人居系统在空间上的规模、疏密和强度的关键指标，涵盖了人口密度、就业密度、资本密度以及建筑密度等指标。例如，滨海城市根据其密度的大小一般可划分为高密度滨海城市、中密度滨海城市和低密度滨海城市。

3. 沿海城市空间组织演化模式

城市空间组织是城市发展阶段与过程的空间反映，是认识和掌握城市总体空间发展脉络的重要依据。目前对沿海城市空间组织演化模式的研究中，有学者以沿海城市建立区位的不同，将海洋发展下的空间组织演化模式划分为“近海—T 型结构”“滨海—带状组团”“海岛—陆域联动”三种模式；也有学者将滨海城市的空间组织演化分为“双核跳跃模式”“连片带状模式”和“多极延连模式”三种类型；还有学者对比渤海湾与长三角，提出渤海湾都市圈的“沿湾双圈层”和长三角核心区都市圈的“多中心一体化”结构。

沿海城市的空间组织演化模式和其初始区位与海岸线的空间关系有着密切的联系。在“人－陆－海”关系的综合演替下，沿海城市的空间组织演化模式可分为由沿海地区人居系统演化而成的“城－港”点轴发展模式、由滨海地区人居系统演化而成的滨海主城带动模式、由海岛人居系统演化而成的多极联动发展模式等。

1）“城－港”点轴发展模式

“城－港”点轴发展模式的城市多见于农耕文明悠久的中国，该模式早期的发展源于内陆的河流、矿产等资源，往往伴随着优越的平原环境、不适宜城市发展建设的海岸条件和来自海上的自然灾害及外部侵略等风险。随着逐步向海开放和经营海洋的需要，许多沿海城市开始在滨海地区建设港口，并围绕港口建设工业区与新城区，与老城区构成双核结构并逐步形成发展轴线（图 13-5）。如“九河下梢、三会海口”的天津建设滨海新区并形成由海河轴串联的津城滨城双城结构；因煤矿工业而兴的唐山建设曹妃甸新区形成一港双城的战略布局；“海上丝绸之路”起点之一的泉州也将城市中心由古城转移至泉州湾环湾，并放弃原有的内河港口，在湾区建设新港等。

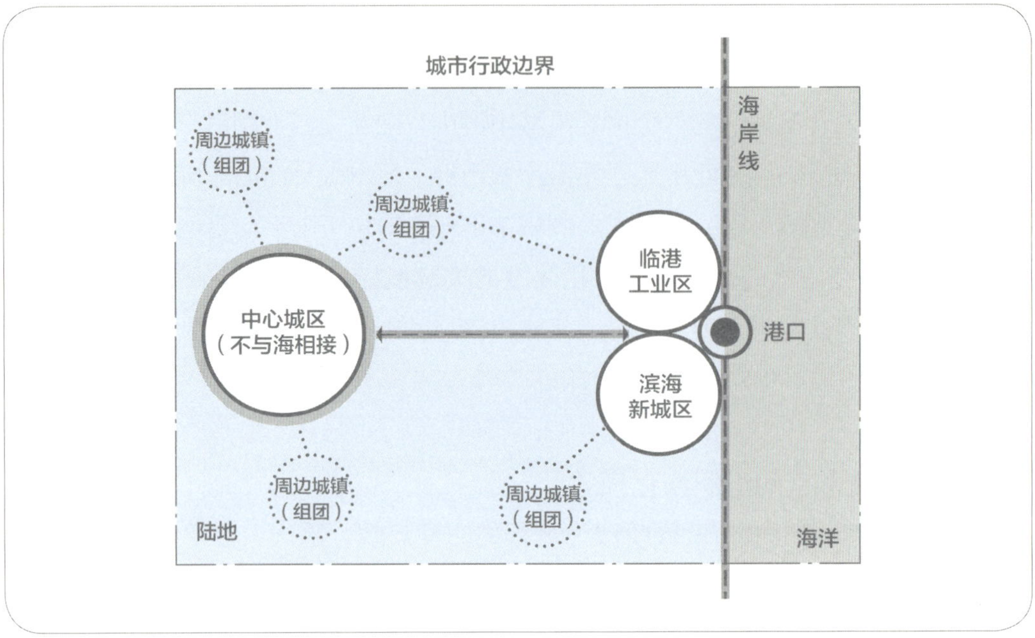

图 13-5 “城－港”点轴发展模式示意图
资料来源：作者自绘

2）滨海主城带动模式

滨海主城带动模式的城市通常拥有良好的海岸条件以便于港口发展，城市依托港口紧邻海洋营建，并在不断发展的过程中扩张或因地形等条件限制而围绕主城建设新的组团（图 13-6）。如美国纽约因欧洲殖民在曼哈顿岛开始建设而逐步发展扩大，最终成为美国第一大城市；我国的大连在 19 世纪于如今的中心城区建城，又因丘陵地形的限制在城市发展过程中形成多个由中心城区带动发展的城市组团；深圳经济特区建立后，逐步形成以滨海的都市核心区带动多中心网络化发展的城市开发格局等。

3）多极联动发展模式

多极联动发展模式多见于海岛。该模式初始时，通常由于海岛交通不便缺少与陆域或其他海岛间的联系，城市单极发展；随着城市的发展演化，海岛间以及海岛与陆域间的交通、产业等联系都不断加强，曾经单极发展的海岛开始与周边海岛和陆域产生联动和分工，最终实现多极联动发展（图 13-7）。如丹麦本土各海岛组成的大区在农业、工业、旅游等方面各有侧重；我国的厦门、舟山等都由最初因海防而设置的城市逐步拓展，厦门由本岛联动陆域上的两个湾区，舟山则以群岛地理空间格局为本底形成旅游、产业、航运、城镇服务等“海岛组群”。

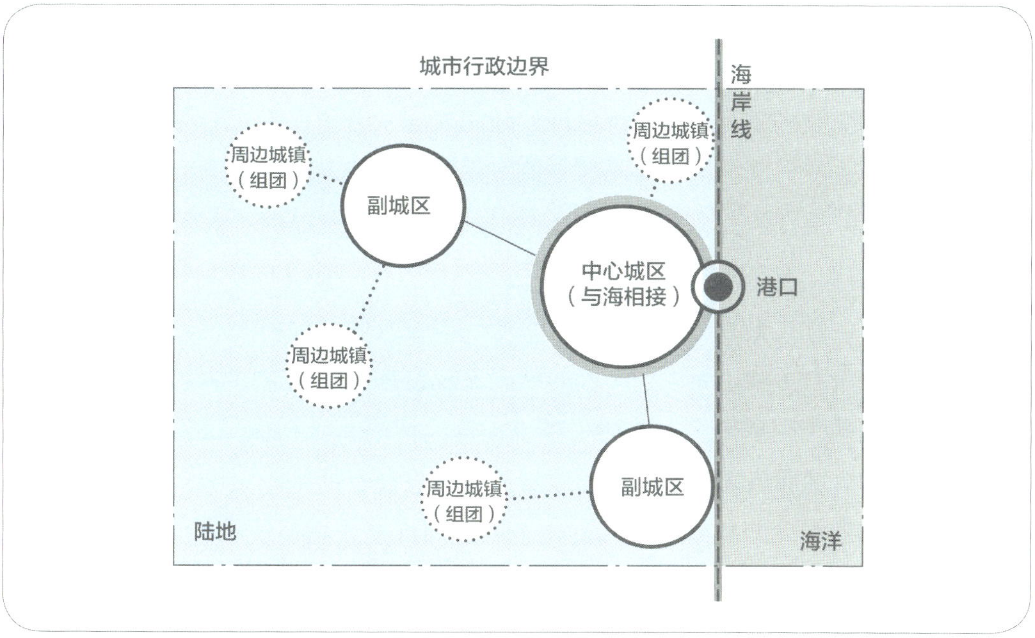

图 13-6　滨海主城带动模式示意图
资料来源：作者自绘

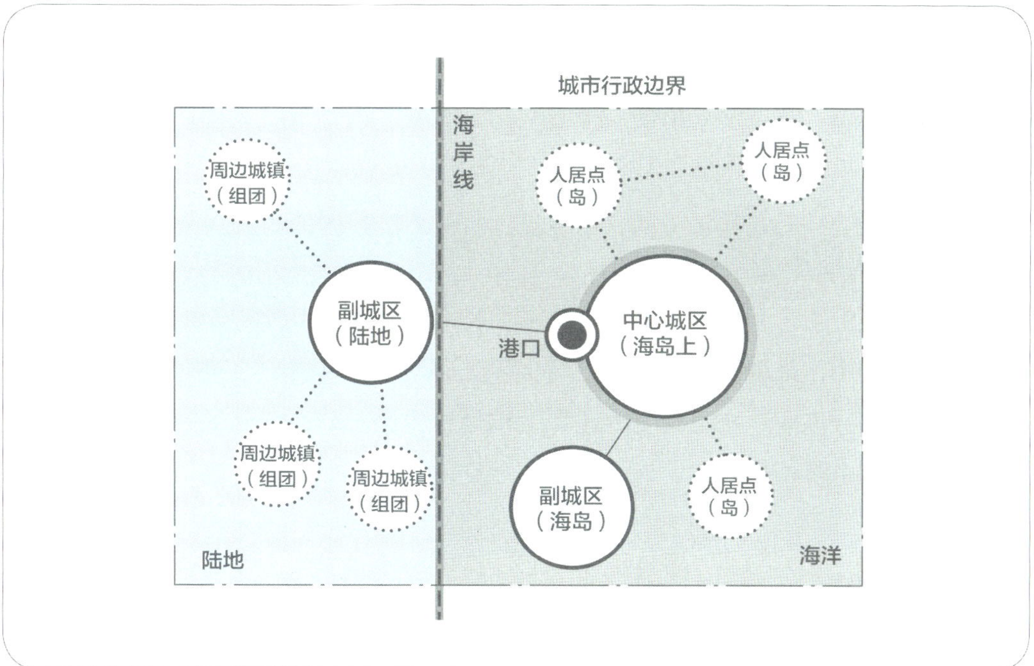

图 13-7　多极联动发展模式示意图
资料来源：作者自绘

13.3.2　陆海统筹关键带人居子系统与其关键组成

基于系统论视角，人居系统是由若干子系统组成的复杂巨系统。根据系统功能的表现，陆海统筹关键带人居系统可视为陆海人居生态子系统、陆海人居生活子系统、陆海人居生产子系统、陆海人居支撑子系统、陆海人居文化子系统等各子系统彼此相互关联、相互依存的整体（图 13-8）。生态子系统提供了人居系统赖以生存必需的生命支持、生态调节服务功能。生活和生产子系统是陆海人类主要活动的总合，包括居住、公共服务、工矿生产、交通运输等方面。陆海生产、生活活动往往会对生态环境产生影响，而生态环境的状况又反过来制约着生产活动的可持续性和效率。支撑子系统则是生产、生活子系统正常运行的基础和保障，包括提供交通、能源、资源和信息通信等必要的物质能量流和信息交互的基础设施，是保障人居系统的安全性和稳定性的物质基础。文化子系统同样是人居系统中的重要组成部分，涵盖了陆地文化与海洋文化的交融与传承，共同作用于沿海地区的社会结构、经济发展、生活方式以及环境认知，塑造出独特的人居表征。

1. 陆海人居生活子系统

陆海统筹关键带生活空间是为人类提供居住、休闲、娱乐、休憩及一些相关用途的功能空间，还包括服务人类生活的各类公共服务设施等。陆海人居生活子系统与海洋息息相关，两者相互依存，不可分割。陆地上的水系、生物、人类活动等都通过河流、土地、大气环流等途径与海洋发生密切的物质和能量交换。

2. 陆海人居生态子系统

陆海人居生态子系统是人类活动与陆地和海洋系统交互作用形成的复杂开放系统。在该系统中，陆地和海洋进行充分的物质循环（如水循环、碳循环等）、能量流动（如食物链传递、能量梯度传递等）和信息传递。陆海统筹关键带内，陆海人居生态子系统由多种类型的生态子系统相互交融而成，如近海生态系统、湿地生态系统等。

陆海人居生态子系统对生态文明建设和可持续发展具有至关重要的意义，在国土空间规划中，尤其强调统筹陆海的环境保护与生态修复治理。在环境保护方面，应实施陆海污染一体化综合治理，强化陆地污染源头治理，严格控制污染物排海，实施以海洋环境容量为基础的陆源污染物排海总量控制，完善入海排污许可制度，改善陆海水环境质量。在生态修复治理方面，应以沿海防护林带、滨海湿地和近海

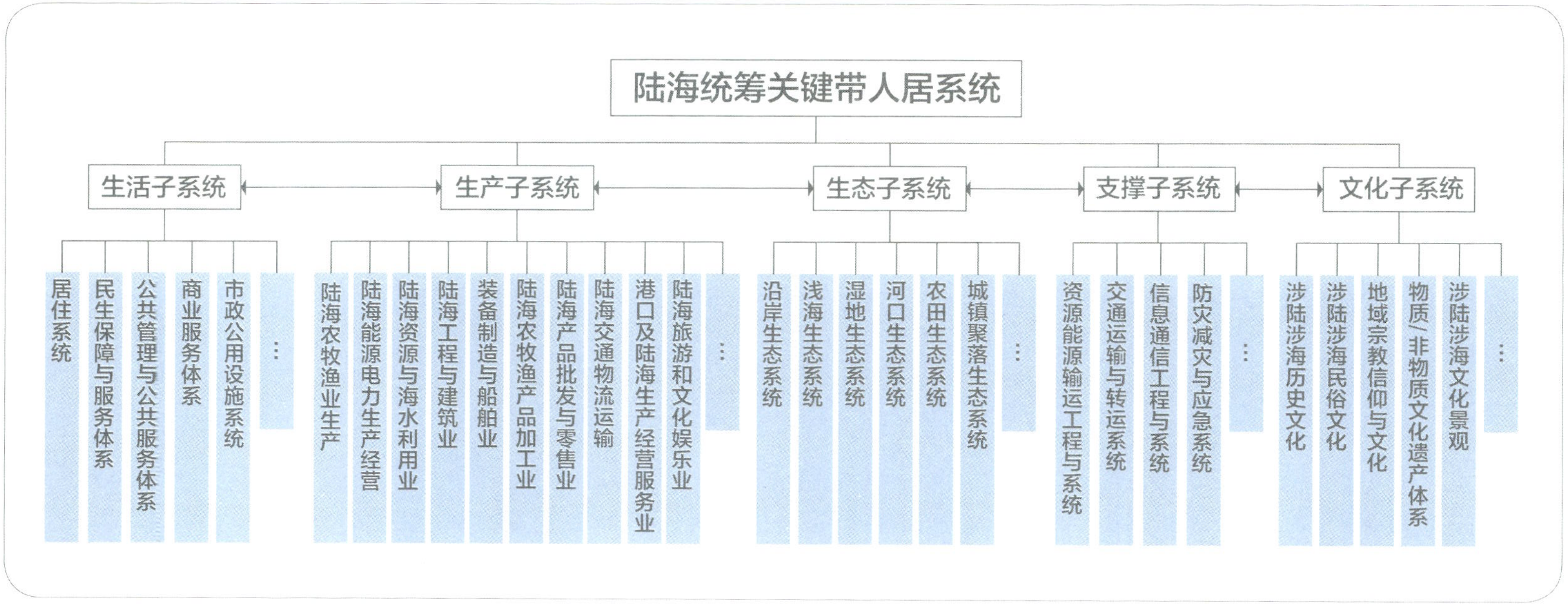

图 13-8　陆海统筹关键带人居子系统组成
资料来源：作者自绘

岛链为依托，构建沿海生态屏障；以入海河流为骨架，构建陆海生态廊道；以生态红线、自然保护地、河口、海湾和滩涂湿地等生态保护要素为重点，形成生态网络，实现陆海统筹的全域生态保护。

3. 陆海人居生产子系统

陆海人居生产子系统，包含了在陆海统筹关键带范围内陆地和海洋资源的开发利用以及相关的生产活动，如海洋渔业、海洋运输、海洋能源开发、农业、工业生产等。应优化生产子系统以实现陆海资源的有效利用，推动陆海产业融合互动，促进经济的持续发展。在国土空间规划中，生产要素在陆海产业间的自由流动主要通过国土空间功能布局实现，主要依照以下三个方面进行。

一是基于资源禀赋、区位优势、产业基础等，以园区为核心加快建设现代化海洋产业集群，吸引陆地高新技术、资本、人才等向园区集聚，鼓励发展高新技术衍生产业。二是构建深近岸、近海、海岛、远海、内陆多维空间开发布局，明确不同区位的功能定位和发展重点，近岸陆海空间以环境治理和生态保护为重点，近海空间以高品质、高效率开发为重点，深远海空间以高技术开发为重点，此外还要强化内陆对海洋产业链条的承接作用，提高海洋经济对陆域经济的辐射能力。三是应打通海陆空间，立足陆海资源的互补性和要素的流动性，统筹开发和保护导向，实现资源协同开发与高效利用。立足海陆产业的联动性，结合陆域和海域的发展潜力及资源环境的承载能力，统筹沿海产业规模与布局，实现陆海产业联动发展，优化沿海地区的生产空间。

4. 陆海人居支撑子系统

陆海人居支撑子系统，是指为了促进陆海统筹关键带的社会经济发展所必需的交通通信、资源能源、防灾减灾、水利工程等方面的基础设施和工程系统。陆海交通通信系统包括海港码头、陆海联运、海底隧道、陆海沟通桥梁、海底光缆等工程系统。推动陆海联运通道意味着打破陆地交通和海洋交通之间的界限，构建一个高效、便捷、协同的综合交通网络。陆海灾害联防联控系统旨在对海洋污染、风暴潮、灾害性海浪、赤潮、外来物种入侵和海水入侵等灾害进行监测与评估。建设陆海一体的灾害预警体系，提升风险防范和应急处置能力，强化应对突发事件的陆海联防联控。陆海资源能源系统包括海洋牧场、海水淡化设施、海上风能和光伏平台、潮汐波浪能发电平台、海洋温差能发电平台等资源开发和输运体系。陆海资源的一体化开发能够有效整合陆海资源，促进复合资源的高效利用，并形成良性循环的产业链。

5. 陆海人居文化子系统

陆海人居文化子系统是指由诸多文化事物、文化现象、文化载体构成的文化有机整体，也称文化综合体。人类在海洋区域范围内进行居住、生产、生活、旅游、冒险等活动的过程中，会形成社会文明、思想意识、行为方式、价值观念等物质遗存和精神产物，即海洋文化的表征。海洋文化作为一种综合性的文化体系，涵盖了海洋民俗文化、海洋历史文化、海洋宗教文化、海洋产业文化、海洋建筑文化等多个层面。这些文化资源不仅丰富了人类的文化宝库，更对沿海人居系统产生了深刻的影响。它们共同作用于沿海地区的社会结构、经济发展、生活方式以及环境认知，塑造出独特的人居表征。

随着时间的演进，海洋文化不断积淀与丰富，在拥有自然遗产、山海景观、滨海海岛景观、森林景观等自然风貌基础上，新的文化形式应运而生，如客家文化、闽南文化、妈祖文化、温泉文化、红色旅游文化、土楼文化、“海丝”文化等。

13.3.3 陆海人居系统的主要功能组成

在人居子系统的划分基础上，需要考虑陆海统筹的功能和用地用海要素的分类与配置，其由如下主体功能组成（表 13-2）。

城镇发展：一般包括城镇建设区和城镇用海区，是陆海人居生活子系统的空间反映，是要素最为集聚，密度最高的功能区块。在用地用海要素上有居住、商业、办公、公共服务和市政公用等。

工矿通信：一般包括工业用海区、盐田用海区、固体矿产用海区、油气用海区、可再生能源用海区和海底电缆管道用海区，是陆海人居生产子系统和支撑子系统的空间反映。在用地用海要素上有工业用地用海，独立工矿用地，盐田、油气、能源和电缆管道等要素用海。

交通运输：一般包括港口区、航运区和路桥隧道区，是陆海人居生产子系统和支撑子系统的空间反映。在用地用海要素上包括港口、航运、机场、路桥隧道和物流仓储等关键要素的用地用海。

农业农村：一般包括农渔业发展区、农渔业基础设施区、增养殖区、捕捞区和农村生活区，是陆海人居生产子系统、生活子系统、生态子系统的综合空间反映。在用地用海要素上包括耕地、园地、渔业用海、渔业基础设施用海、农业设施用地、其他农用地和农村居民点用地。

旅游文化：一般包括旅游休闲娱乐区和文化保护区，是陆海人居文化子系统和生活子系统的综合空间反映，是游憩和文化生活必不可少的功能空间，也是陆海地带历史文化遗存保护和彰显的必要功能空间。在用地用海要素上包括风景旅游用地用海、公园绿地、文体休闲娱乐用地用海和文物古迹用地。

生态保护：一般包括生态保护区和海洋保护区，是陆海人居生态子系统的集中反映。在用地用海要素上包括河流水域、林地、草地、湿地和城市绿地等需要集中进行生态保育或生态游憩的空间。

其他特殊功能：一般包括军事用海区、水下文物保护区、海洋倾倒区、其他特殊用海区和海洋预留区，在用地用海要素上包括军事用地用海、其他特殊用地用海、滩涂、盐碱地、发展备用区、海洋预留区和其他海域

事实上，各功能组成之间是相互关联和耦合的，陆海统筹关键带的国土空间规划需要在功能配置上考虑人民优质和适宜的居住、游憩需求，统筹陆海发展和生产功能安排，更加注重生态环境的保护与可持续发展，共同构筑一个高效、协调、共生的陆海兼备的人居系统。

表 13-2　陆海统筹关键带人居系统功能组成、用地用海要素及子系统关系

主体功能组成	陆海统筹的功能分区	用地用海要素	主导子系统
城镇发展	城镇建设区 城镇用海区	居住用地、商业用地、行政办公用地、医疗卫生用地、教育科研用地、文化设施用地、体育用地、社会福利用地、公用设施用地等	生活子系统
工矿通信	工业用海区 盐田用海区 固体矿产用海区 油气用海区 可再生能源用海区 海底电缆管道用海区	工业用地、独立工矿用地、工业用海、盐田用海、油气用海、固体矿产用海、可再生能源用海、海底电缆管道用海等	生产子系统 支撑子系统
交通运输	港口区 航运区 路桥隧道区	港口用地用海、航运用海、路桥隧道用地用海、机场用地、其他交通场站用地、物流仓储用地等	生产子系统 支撑子系统
农业农村	农渔业发展区 农渔业基础设施区 增养殖区 捕捞区 农村生活区	耕地、园地、渔业用海、渔业基础设施用海、农业设施用地、其他农用地、农村居民点用地	生产子系统 生活子系统 生态子系统

续表

主体功能组成	陆海统筹的功能分区	用地用海要素	主导子系统
旅游文化	旅游休闲娱乐区 文化保护区	风景旅游用地用海、公园绿地、文体休闲娱乐用地用海、文物古迹用地	文化子系统 生活子系统
生态保护	生态保护区 海洋保护区	河流水域、林地、草地、湿地、城市绿地	生态子系统
其他特殊功能	军事用海区 水下文物保护区 海洋倾倒区 其他特殊用海区 海洋预留区	军事用地用海、其他特殊用地用海、滩涂、盐碱地、发展备用区、海洋预留区、其他海域等	—

资料来源：作者自绘

关键术语

人居系统、陆海统筹关键带、陆海交互作用下的人居特征、陆海统筹关键带人居系统功能结构

思考题

1．陆海交互作用对人居系统的影响体现在哪几个方面？

2．选取家乡所在沿海城市或你所熟悉的一座沿海城市，简述其主要空间结构特点及其演化模式。

3．简述陆海统筹关键带各人居子系统的内涵和功能。

4．简述陆海统筹关键带对陆海统筹空间规划和治理的意义。

参考文献

[1] National Research Council (NRC). Basic research opportunities in earth science [M]. Washington DC: National Academy Press, 2001.

[2] 武廷海．吴良镛先生人居环境学术思想［J］．城市与区域规划研究，2008，1（2）．233-268.

[3] 杨顺华，宋效东，吴华勇，等．地球关键带研究评述：现状与展望［J］．土壤学报，2024，61（2）：308-318.

[4] 张杰，王进河，崔文连，等．我国海岸带面临的威胁、管理实践与“十三五”科技支撑工作重点：以青岛市、东营市和连云港市为例［J］．海洋科学，2015，39（2）：1-7.

[5] ADAMS S M. Assessing cause and effect of multiple stressors on marine systems [J]. Marine Pollution Bulletin. 2005, 51: 649-657.

［6］ 张云 . 我国沿海城市亲海人居环境研究［D］. 大连：辽宁师范大学，2015.
［7］ 郭睿，王竹，钱振澜，等 . 海岛“岙”的人地系统演进机制与营建策略：基于舟山群岛的人居环境研究［J］. 城市规划，2023，47(12)：97-105+116.
［8］ CORONA F，VILLASEÑOR E A，LÓPEZ-PÉREZ J, et al. Estimating Mexican municipal-level economic activity indicators using nighttime lights［J］.Empirical Economics，2023，65：1197-1214.
［9］ 武廷海 . 画圆以正方：中国古代都邑规画图式与规画术研究［J］. 城市规划，2021，45（1）：80-93.
［10］ 索安宁，曹可，马红伟，等 . 海岸线分类体系探讨［J］. 地理科学，2015，35（7）：933-937.
［11］ 地调局海口中心 . 迷人的海岸线，有你想要的诗和远方吗？［EB/OL］.［2023-06-15］.http：//www.zhzx.cgs.gov.cn/xxfw02/dxkp/202306/t20230615_735909.html.
［12］ 杨波 . 海岸空间：规划・修复・景观设计［M］. 北京：中国建筑出版社，2022.
［13］ 贾大山 . 变革开拓、强化管理，推进港口现代化：从山东港口青岛港发展看我国港口现代化［J］. 中国港口，2024(S1)：1-5.
［14］ 潘月斌 . 地中海明珠：希腊圣托里尼岛［J］. 地理教学，2024(17)：2+65.
［15］ 张茵 . 一处具有非凡价值的文化遗产：走进地中海岸边的五渔村［J］. 中华建设，2012（9）：58-59.
［16］ 杨晨晨，甘华阳，万荣胜，等 . 粤港澳大湾区 1975—2018 年海岸线时空演变与影响因素分析［J］. 中国地质，2021，48（3）：697-707.
［17］ 申立 . 海洋发展与沿海城市空间组织演化及区县管理研究［D］. 上海：华东师范大学，2013.
［18］ 陈飞 . 我国临海工业用地布局与规划策略研究［D］. 大连：大连理工大学，2019.
［19］ 谢守红 . 城市空间组织研究的回顾与展望［J］. 上海城市规划，2007（1）：1-4.
［20］ 高莺，曾坚，陈耀棋 . 快速城镇化时期滨海城市空间结构演化特征研究［J］. 高等建筑教育，2017，26（1）：1-6.
［21］ 曾鹏，魏琛朋，蔡良娃 . 海湾及沿海都市圈格局下的新城建设与发展模式：渤海湾与长三角核心区的对比分析［J］. 上海城市规划，2022（3）：75-80.
［22］ 胡恒，黄潘阳，张蒙蒙 . 基于陆海统筹的海岸带“三生空间”分区体系研究［J］. 海洋开发与管理，2020，37（5）14-18.
［23］ 宋永永，庞先峰，唐宇，等 . 能源富集区社会—生态系统韧性演化与机理：以榆林市为例［J］. 经济地理，2024，44（1）：32-44.
［24］ 徐永臣，牟秀娟，刘晓东，等 . 新时代国土空间规划中陆海统筹的重点内容和实现路径［J］. 海洋开发与管理，2021，38（4）：75-79.
［25］ 李孝娟，傅文辰，缪迪优，等 . 陆海统筹指导下的深圳海岸带规划探索［J］. 规划师，2019（7）：18-24.
［26］ 梁雄伟． 基于自然资源统一管理的广东省海岸带生态修复［J］． 海洋开发与管理，2019，36（6）：33-38.
［27］ 刘大海，管松，邢文秀． 基于陆海统筹的海岸带综合管理：从规划到立法［J］. 中国土地，2019（2）：8-11.
［28］ 候勃，岳文泽，马仁锋，等 . 国土空间规划视角下海陆统筹的挑战与路径［J］. 自然资源学报，2022，37（4）：880-894.
［29］ 李永洁 . 陆海统筹构建省级国土空间规划的若干思考［EB/OL］.(2020-02-02)［2024-07-10］. https：//www.planning.org.cn/news/view?id=10424，2020-02-02.5.
［30］ 徐文玉 . 海洋文化产业主体系统及其协同关系研究［J］. 中国海洋经济，2018（2）：187-200.
［31］ 王佳 . 我国沿海地区旅游环境承载力预警研究［D］. 青岛：中国海洋大学，2014.
［32］ 沈坤荣 . 将湾区城市群发展理念融入江苏功能区战略［N］. 新华日报，2017-12-27（17）.

第 14 章

海岸带人居环境提升

教学要求

本章要求学生了解海岸带人居环境的基本概念、组成要素和当前面临的挑战，认识到其在国土空间规划中的重要性；掌握海岸带人居环境提升的目标与理念、评价方法和规划策略，以及海岸带人居环境风貌特色的塑造要点。通过学习，学生应能够对海岸带人居环境进行综合评价，并提出合理的优化建议，以促进海岸带地区的高质量发展。

14.1 海岸带人居环境概述

14.1.1 海岸带人居环境及其挑战

1. 海岸带人居环境

以吴良镛所著的《人居环境导论》中对人居环境的定义“人类聚居生活的地方”为基础，海岸带人居环境指海岸带地区人类生活聚居的地方，包含其自然生态环境、“城市—集镇—乡村”不同层次的居住环境、海岸带公共亲海空间、保障海岸带人居生活的公共设施等硬性物质条件，广义上还包含海岸带地区传统风俗文化、人居环境风貌、滨海生活记忆等非物质要素。

海岸带人居自然生态环境包括沿海平原、海岛、半岛等地理空间，这些地理空间为滨海人居提供了独特的环境和资源；还包括红树林等潮间带生态系统、沙滩生态系统、河口生态系统等丰富多样的自然生态系统，这些生态系统不仅为大量的物种提供了栖息地，造就了丰富的生物多样性，还极具经济价值，为海岸带地区居民提供食物、原料与旅游资源。

海岸带“城市—集镇—乡村”人居环境体现为海岸带城市社区、海岸带风情集镇以及美丽渔村等海岸带特色乡村人居。同时，海岛作为海岸带人居环境的特殊形态，在我国习惯以“岙”的形态凝结海岛人类活动与地理环境，展现适应不同地貌条件的聚落空间形态。

海岸带公共亲海空间指具有观海、亲海功能且向公众无条件开放，不需依据特殊途径即可便利到达的海岸活动区域。主要包括优质开放式沙滩、滨海浴场、滨海公园、沿海观景绿道、慢行步栈道及其他具有亲海功能的海岸带空间区域，其所在岸线为亲海岸线。

海岸带公共设施既包含了为海岸公共生活提供服务的公共服务型设施，又涵盖了保障海岸带人居生活的支撑性基础设施，共同构成了为海岸带地区提供服务的硬件物质系统。

海岸带地区的文化风貌等非物质要素与海洋联系紧密。包含有特色滨海城镇村建筑风格、特色滨海景观、渔民捕鱼技术、居民海洋信仰、海洋文学等丰富多样的海岸带风貌特征。

2. 海岸带人居环境挑战

相较于内陆，海岸带地区人居环境更易遭到破坏，脆弱的海洋生态环境缺乏及时的保护与修复，会直接导致滨海景观与生态的恶化。过往海岸带地区规划多将陆海二元分割，陆域和海洋的功能缺乏统筹，常导致岸线两侧功能出现相互矛盾，进一步削弱了该区域高品质人居环境的塑造和协调，造成“人不亲海，居不近海”的困境。综合而言，当前海岸带人居环境主要面临海岸带部分公共设施条件不足、整体风貌缺乏设计导控、海岸空间亲海性不足等问题。

1）海岸带部分公共设施条件不足

部分海岸带地区村庄布局分散、缺乏整体规划，这导致了基础设施如交通道路、通信、供电、供水等还有待完善。此外，部分地区卫生状况较差，缺乏健全的生活垃圾收集及处理设施，污水收集管网与处理设施不完善，导致生活污水随意排放和低处理率的问题。

2）海岸带整体风貌缺乏设计导控

部分海岸带地区整体风貌缺乏城市设计的控制与引导，导致建筑（群）高度、体量、形式、色彩不协调，失去了滨海天际线和自然轮廓线的和谐关系。一些建筑体量过大、高度突兀，形成墙壁效应，影响了滨海界面景观的视线通透性，滨海特色景观难以彰显。

3）海岸空间亲海性不足

由于规划不当、监管不力、整治修复不足等诸多原因，我国海岸带部分地区滨水开敞空间狭小、近水通道缺乏、观赏视线阻断、景观环境品质不高且碎片化严重，严重损害公众亲海权利。沿海资源多沿海岸线散布，岸线利用多以港口、物流及临港工业等生产性功能为主，大量被港口开发、临海工业和城镇建设占据，导致海岸景观和生态功能受到破坏，休闲空间开发不足，且海岸带连通性较差。同时，还缺乏通往海岸的纵向公共廊道，导致亲海空间的可达性较差，部分海岸带地区存在“近水而不亲水”的问题。这是因为亲海空间缺乏系统有效整合，未形成系统化的游憩网络，导致滨海城市的居住条件和游憩体验不佳，缺乏公共交通、慢行系统和配套设施的支持，公共服务设施的利用效率较低。

14.1.2　海岸带人居环境优化的目标与理念

当前，海岸带地区作为沿海高质量经济发展的前沿阵地，不仅要实现空间优化、资源集约、生态保护、产业引导等硬指标任务，也要在区域高品质提升等方面改善海岸带人居环境品质，提升人民群众获得感和幸福感。

海岸带人居环境优化的目标是统筹考虑陆海空间格局、滨海风貌和文化景观等，着力构建海岸带城乡协调的发展格局，打造开放适宜的亲海空间，建设智慧精致海岸，保护与传承海洋文化。海岸带人居环境提升的目标理念包括以下三点。

1. 提升海岸带生态韧性，促进人居环境可持续发展

海岸带人居环境优化应首先注重生态保护，以绿色共生的理念实现海洋生态环境可持续发展，着重保护海岸带的自然生态系统和陆海生物多样性，依据不同生态特征采用不同的修复措施。

通过可再生能源、净化海洋水质、减少碳排放等环保措施，以及鼓励可持续交通方式和绿色建筑设计等方式，促进海岸带人居环境的可持续发展，确保海岸带人居环境提升的过程和结果符合可持续发展原则，平衡经济、社会和环境的利益，构建和谐可持续的蓝绿生命共同体。

2. 促进海岸带区域空间的和谐与有序发展

在空间统筹上，海岸带人居环境优化需遵循区域协调和整体规划，合理划定海岸带的不同功能区域，如生态保护区、滨海旅游区等，确保整体海岸带空间布局合理、协调和可持续。

规划中需严格控制海岸带地区城镇开发边界，防止城镇盲目向海边扩张和无序蔓延；充分结合公众滨海亲水性需求，保护亲海空间的公共性和可达性；实施海岸带生态保护、整治修复、污染防治和建筑退缩等综合措施，拓展公共亲海空间。

3. 打造海洋特色鲜明的高品质人文环境

海岸带人居环境优化应同步注重人文环境建设，宜根植于海岸带地区的传统文化和历史遗产，充分尊重海岸带地区海岛海湾的历史遗存与底蕴，传承海渔文化等非物质文化遗产，呈现海滨特色和文化魅力。

在此基础上，还应关注居民需求和福祉，提升服务海岸带周边城镇村居民的能力，提供良好的社会服务和配套交通、水电、通信等基础设施建设，提高滨海公共空间品质，逐步优化公共服务水平，提升居民幸福感。

14.1.3　我国海岸带人居环境优化策略

海岸带人居环境优化的关键，在于保育海岸带生态环境、塑造特色海岸带人居环境、打造高品质海岸带公共亲海空间与设施、加强海岸带人居环境风貌特色塑造，进而形成环境优美、宜居舒适的人居环境，实现海岸带地区高质量发展，满足海岸带地区居民对美好生活的向往与追求（图 14-1）。

1. 保育海岸带生态环境

应通过海岸植物群落生态复育、盐碱地改良利用、红树林湿地保护与恢复等方法，充分结合不同海岸自然现状与水文地质条件，营造复合型生态系统，保持生态绿色空间规模，持续提升湿地、绿地、河流等自然岸线生态资产总量，恢复自然生态环境。

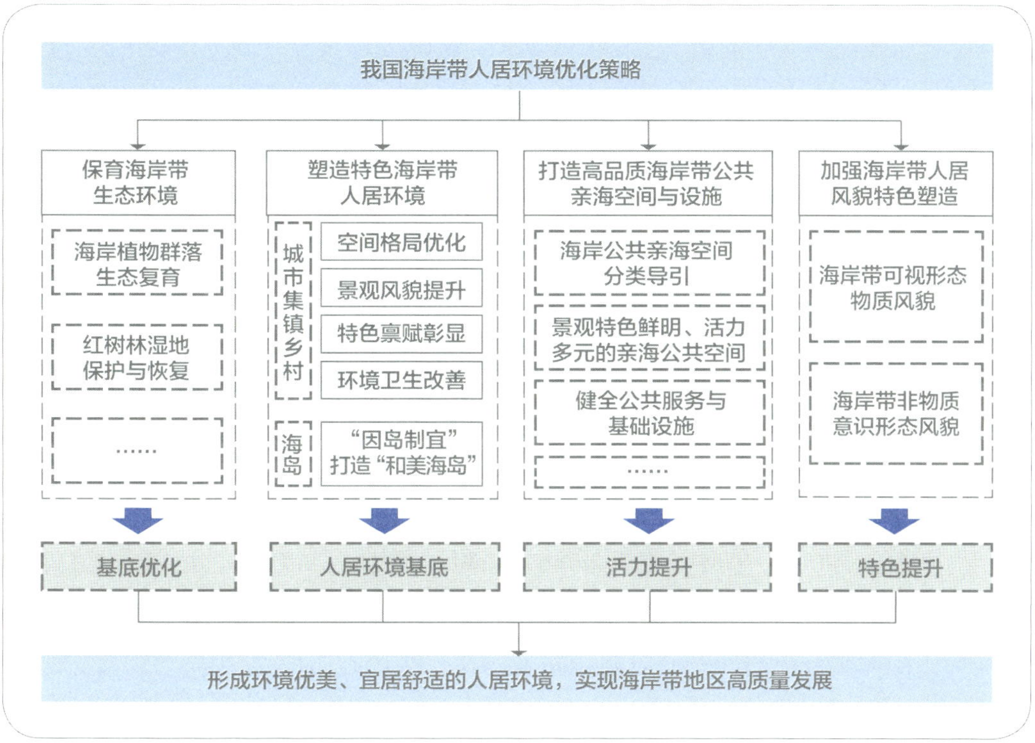

图 14-1　我国海岸带人居环境优化策略
资料来源：作者自绘

2. 塑造特色海岸带人居环境

特色海岸带人居环境的塑造包含“城市—集镇—乡村”不同层次居住环境以及海岛这一海岸带人居环境特殊形态的特色空间布局，共同引导海岸带地区整体人居环境提升。

1）海岸带“城市—集镇—乡村”人居环境提升

海岸带城市与集镇人居环境优化，应从空间格局与景观风貌提升以及海岸带环境卫生改善两大方面展开。依托不同的沿海自然景观、功能构成与独特地域文化等资源，打造高品质海岸带生活空间载体，形成业态鲜明的海岸带城市与滨海小镇。海岸带乡村人居环境塑造重点在把握渔村等特色乡村的资源禀赋、自然环境、文化风貌等条件，因地制宜建设海洋特色鲜明的美丽海岸乡村。同时，需同步改善海岸带城、镇、村的环境卫生状况，并根据具体的海岸带城镇发展实际，进行针对性的绿化设计，建设具有特色的人文景观，展现城镇的特色。

2）打造“和美海岛”

海岛作为海岸带城乡人居环境的特殊形态，应以“因岛制宜”的方式推进海岛人居环境建设。对于有居民海岛，应将人居需求与海岛地貌相结合，拓展其公共设施功能，激发海岛人居健康安全的内生动力，同时梳理聚落空间与建筑形态，指导海岛城镇人文空间设计。此外，还应以尊重和适应自然的理念利用和改造海岛，保护山地海岛地形地势及山脊轮廓线，保护砂质海岛自然岸线的安全。

3. 打造高品质海岸带公共亲海空间与设施

高品质海岸带公共亲海空间与设施的打造是当前我国海岸带人居环境提升的核心要义，需全面统筹海岸海岛海湾，营造活力多元的亲海空间，打造开放的、现代化的滨海特色公共空间。

1）海岸带公共亲海空间分类导引

海岸带公共亲海空间规划需结合不同海岸类型，因“岸”制宜地实现海岸带公共亲海空间分类导引。其中，淤泥质海岸以滩涂湿地为主，应通过建立分区引导体系，差异化组织人为活动，降低对自然滩涂的不良影响；基岩质海岸岸线曲折、岸坡陡峭，挖掘其特色的同时，应兼顾防波防风，减少因海岸侵蚀导致的岸线破坏；人工型海岸以城海交融为特征，可以通过增设休闲娱乐设施，丰富亲海活动组织形式，提升空间吸引力。

2）塑造景观特色鲜明、活力多元的亲海公共空间

充分利用沿海景区、人文景观、滩涂、海岛、渔港等海岸带特色要素，打造滨海广场、堤坝长廊、观景平台、艺术空间等，营造缤纷亲海空间。

3）健全公共服务与基础设施体系

结合滨海特色资源提升海岸带地区公共服务水平，根据海岸带功能，设置海岸带公共文化、休闲娱乐、生活服务等不同类型的公共服务设施，满足不同人群的亲海需求。同时，补齐沿海小城镇基础设施和公共服务短板，提高服务城镇居民和周边农村的能力。加强海岸带地区农村和海岛的交通、供电、供水、通信、生活垃圾和污水处理等基础配套设施建设，改善农村和海岛的居住、公共服务和环境卫生条件。

4. 加强海岸带人居环境风貌特色塑造

基于海岸带自身功能与特色，从可视形态物质风貌与非物质意识形态风貌两方面实现特色升级。充分考量海岸带人居环境的空间特色、现状风貌特征与文化特点，从生态、海岸、景观、文化等方面强化整体风貌塑造，同时明确重点塑造的风貌类型。

14.2 海岸带人居环境评价

14.2.1 海岸带人居环境综合评价及其范式

海岸带人居环境综合评价，是针对陆海交界的区域人居环境可持续发展或区域主体的人居环境需求等目标，部分综合或全面刻画区域人居环境的状态及其发展趋势。评价过程因评价目的、内容和手段等差异，存在如图 14–2 所示的两种范式。

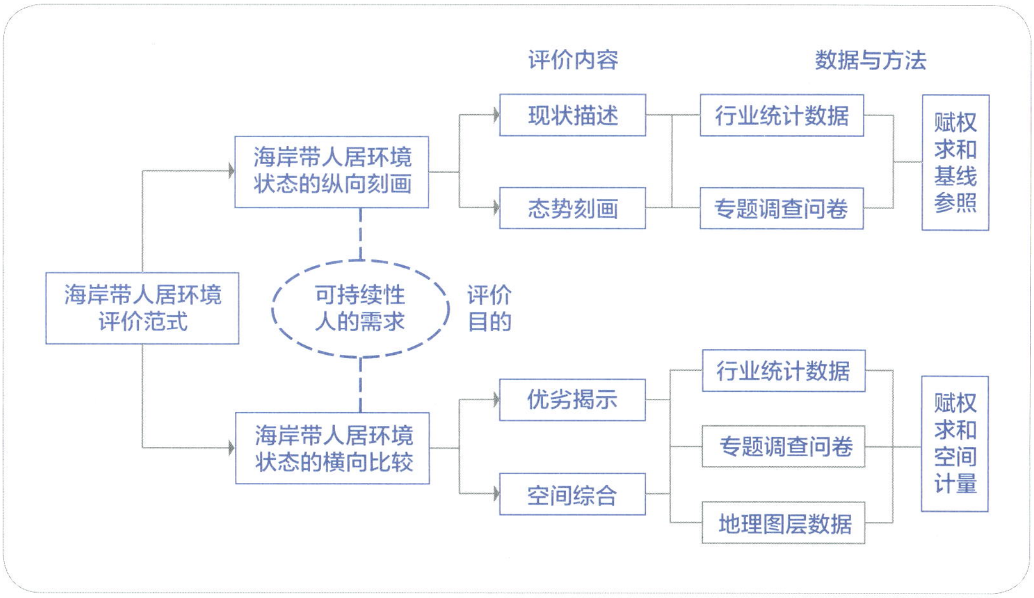

图 14–2　海岸带人居环境评价范式
资料来源：作者自绘

海岸带人居环境状态的纵向刻画：主要目的是评判区域人居环境的可持续态势或当地居民人居环境需求演进态势，采用经济、社会、环境等统计数据及大规模的问卷调查数据进行综合量化。

海岸带人居环境状态的横向比较：主要目的是在大区域尺度下寻找各地人居环境竞争优劣势，多采用经济社会与环境统计数据来评估某一年或等距间隔三年的空间分异情况。

两种范式的数据源自行业统计、专题调查及小规模抽样调查等数据；综合评价方法多采用满意度（幸福指数）、指标加权求和等方法。

14.2.2　海岸带人居环境宜居度评价

1. 宜居度与宜居环境

宜居度作为评价人居环境的一种新视野，最早见于大卫・史密斯（David L. Smith）的《宜居与城市规划》，并逐渐成为专家学者们的研究议题之一，比如建设环境宜居度控制研究、城市宜居度分析、居住区宜居度评价。与此同时，宜居度也成为社会关注的热点之一，比如广西壮族自治区桂林市象山区将“提升城区宜居度”作为一项重要民心工程；江西省宜春市引进服务业重点项目，提升城市宜居度；上海提出构建人居环境指标体系，帮助市民检验居住环境的宜居度。宜居环境则是“宜人的居住地”，“理想的人居环境”和“人与自然的和谐统一”的代名词。

要评价城市环境是否宜居，就是从居住者的主观感受来判断居住环境是否适宜，是否能充分满足自己的居住和生活需要。因此，宜居是一个相对的概念，与每个人的感受有直接关系。

2. 滨海宜居环境

滨海宜居环境大致包含良好的自然生态环境、完善的人工设施环境以及丰富的社会人文环境。滨海宜居环境要能够为城市居民提供整洁、优美、健康的自然生态环境，舒适、便捷、和谐、有序的人工设施生活环境等硬环境；同时，还应提供充足的就业机会、浓郁的文化艺术氛围、良好的邻里社区及公共安全等软环境。因此，结合宜居环境的概念，滨海宜居环境是指适宜于人类居住的滨海空间场所，是宜人的滨海居住地，狭义上是指理想的滨海城市环境。

滨海城市宜居性更应考虑“以人为本”的城市人工环境，即滨海城市的宜居环境应是一个城市环境建设生态化、拥有高品质的功能和空间景观的宜人居住地。其宜居的要点，不仅体现在要保护好自然资源与环境、提供完善丰富的设施环境，建设舒适的居住环境还要营造良好的社会人文环境，以从更高程度上满足居民在经济、社会和文化方面的需求。

滨海宜居环境评价的评价系统与人居环境宜居性评价、城市宜居性评价的评价系统具有共性，且评价要素之间的关联性较强、评价过程较为复杂。因此，滨海宜居环境的评价程序可参照人居环境宜居性评价的基本程序，主要包括五个环节：背景资料获取、整理及分析，评价体系构建、指标及权重确定，指标解析与评价，综合评价及结果判定，研究结论与对策建议。

3. 海岸带人居环境宜居度评价体系

海岸带人居环境宜居度评价体系是为了保护海岸带资源、提升海岸带人居品质而建立的重要指标体系。海岸带人居环境通常可被视为非常广泛的空间，涵盖海岛、周边海面、海空、海底和海滨等区域，其维度包括了自然、文化、精神等方面。

结合住房和城乡建设部、生态环境部发布的城市宜居度和美丽海湾建设相关文件，国家发展改革委发布的《美丽中国建设评估指标体系及实施方案》中的具体指标，宜居的滨海人居环境应将优美生态、宜居生活、健康安全作为海岸带人居环境评价的主要指标（表 14-1）。科学评估和有效管理能够提高海岸带地区的宜居度，保护和利用好海岸带资源，实现人与自然的和谐共生。

表 14-1 海岸带人居环境评价的主要指标

领域	具体指标
优美生态	滨海湿地和自然岸线保有率、海湾水质符合分级控制要求比例、海湾洁净状况、海洋生物物种保护情况
健康安全	污染地块安全利用率、受污染耕地安全利用率、人居环境气候适宜度
宜居生活	海水浴场、滨海旅游度假区、滨海公园以及沿海观景绿道等的滨海公共空间旅游环境容量和游憩满意度

资料来源：作者自绘

1）优美生态

宜居的人居环境应当具有开阔空间、新鲜空气、洁净水源以及宜人的绿色环境等自然本底。优美生态是人居环境宜居的基础，具体指标主要包括滨海湿地和自然岸线保有率、海湾水质符合分级控制要求比例、海湾洁净状况、海洋生物物种保护情况等。

滨海湿地和自然岸线是一种独特、有价值、不能替代的资源，它为维持生态安全、关键带稳定性提供基础。例如，江河湖泊有丰水期和枯水期，以及洪水期、汛期等，湿地与自然岸线也同样成为极端天气的重要缓冲地带。

海湾水质符合分级控制要求比例，是指海湾水质达到或超过国家制定的分级控制标准的比例。据生态环境部统计，截至 2018 年，渤海近岸海域水质一般，主要污染指标为无机氮；黄海近岸海域水质良好，主要污染指标为无机氮；东海近岸海域水质差，主要污染指标为无机氮和活性磷酸盐；南海近岸海域水质良好，主要污染指标为无机氮和活性磷酸盐。

海湾作为海岸带的重要组成部分，承担着许多生态功能和人类活动。随着人类经济发展和城市化进程的加快，海湾水体面临着来自农业、工业、城市污水等多种污染源的威胁，因此海湾洁净状况也非常重要。海湾也是重要的经济资源，支撑着渔业、旅游业等产业的发展。通过提高海湾水质符合分级控制要求比例，有助于改善海湾洁净状况，保护和利用好海湾资源，推动绿色生态发展。

海湾作为生物栖息和繁衍的重要环境，可以采取评估海洋生物物种保护情况、识别对海洋生物的生存和繁衍产生负面影响的因素等方式，保护海湾生态系统的稳定和多样性，从而维持整个海岸带地区生态平衡。

2）健康安全

人居环境的核心是人，健康安全是沿海居民生活幸福的保障，宜居的人居环境必须满足人类居住的综合需求，具体包括污染地块安全利用率、受污染耕地安全利用率、人居环境气候适宜度等指标。

污染地块安全利用率和受污染耕地安全利用率，是确保污染地块管理和利用的安全与合理的重要指标。污染地块中的污染物可能渗入土壤、地下水和水体等环境介质，对周围环境产生负面影响，破坏生态平衡。一些涉重金属行业企业废气、废水镉排放量较大，历史遗留涉重金属废渣量大面广，部分地区因大气重金属沉降、污水灌溉等导致土壤重金属持续累积。部分企业有毒有害物质跑冒滴漏、事故泄漏会存在污染土壤和地下水的隐患。污染地块的管理和利用，采取适当的修复措施，可以降低污染物的扩散和迁移，保护沿海区域生态系统及人居环境的健康安全。

人居环境气候适宜度是指气候要素的适宜程度。人类居住或迁徙往往与气候条件密切相关，气候适宜度直接影响人们的生活品质和身心健康。所有气候要素中，气温、湿度、风力和日照对人体影响最为密切，并直接关系到人体与外界环境的热量与水分交换，这四个要素的不同组合构成了气候适宜度的基本特征。

3）宜居生活

宜居生活作为海岸带人居环境宜居评价的核心，其评价指标主要包括海水浴场和滨海旅游度假区、滨海公园、沿海观景绿道等的滨海公共空间环境容量和游憩满意度。

《风景名胜区总体规划标准》（GB/T 50298—2018）确定的测算指标和方法可以作为关于滨海公共空间环境容量的评价依据，但这里也不局限于单一的滨海地区，视具体情况也可包括海岛环境容量的评价。游憩满意度则是对游憩功能的评价，评价内容包括生态环境体验、景观要素体验、设施体验、舒适度体验等。对海水浴场、滨海旅游度假区、海滨公园等公共空间的环境容量指数进行量化及合理预测，有助于在合理开发利用资源的同时，提升当地居民及外来游客的游憩满意度。

上述列举了较为重要的评价指标，但值得强调的是海岸带城市人居环境宜居度评价的核心不仅在于各具体指标值及综合评价值的高低，还在于各子系统之间相互协调程度。

14.2.3 海岸带人居环境自然适宜性评价

海岸带人居环境自然适宜性是指气候、地形、水土资源、大气与地表覆被、自然灾害等海陆交界处自然环境组合特征及其适宜人类集中居住的程度。影响人居环境的自然因素众多，主导人居环境自然适宜性主要包括地形条件、水热气候条件和水文状况、区域土地利用/覆盖特征和自然灾害。因此，人居环境自然适宜性的评判常由地形起伏度、土地利用/覆盖状况、水文条件、气候条件与自然灾害危险度等决定。目前，我国关于海岸带人居环境自然适宜性评价的技术路线及思路可借鉴常规人居环境自然适宜性评价方法并加以改进。

人居环境自然适宜性研究，是利用 GIS 分析区域自然地理单要素对人居环境自然适宜性的影响度，探求主导因素的过程，大多采用栅格数据的综合加权来分析地形条件、气候条件、水文条件、地表覆被、自然灾害等。人居环境自然适宜性研究技术路线，包括确定主要影响因素并构建栅格数据库、选择单要素的集成测度方法与数据源、构建人居环境自然适宜性指数模型、确定类型分区阈值及各类型区提升模式等（图 14–3）。

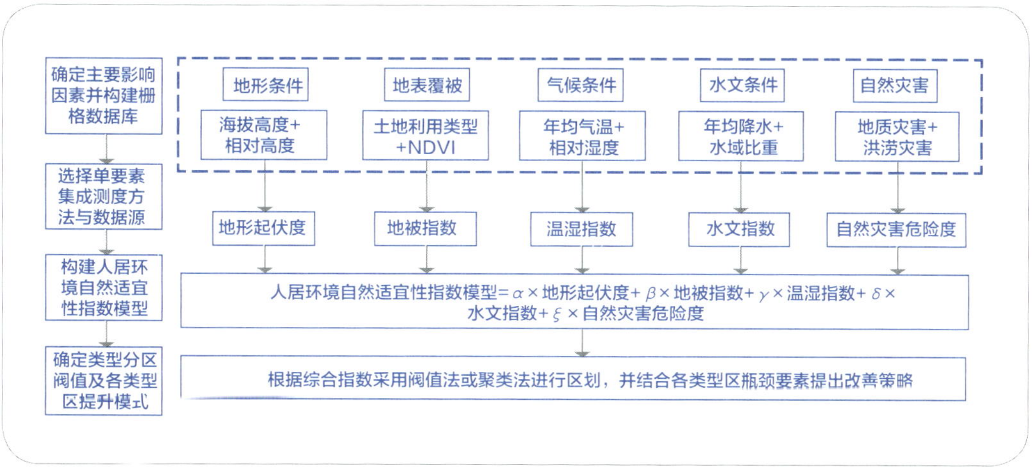

图 14–3　海岸带人居环境自然适宜性评价技术路线
资料来源：封志明，唐焰，杨艳昭．基于 GIS 的中国人居环境指数模型的建立与应用 [J]. 地理学报，2008，63（12）：1327–1336.（根据文献内容改绘）

14.3 海岸带公共空间优化

14.3.1 典型海岸带公共亲海空间

1. 开放式沙滩

开放式沙滩是海岸带公共空间中最具有代表性的类型之一，也是滨海城市重要的开放空间。沙滩具有开阔的海滨景观，通常能够吸引大量游客和居民，为戏水、晒太阳、沙滩排球等活动提供场所。一些沙滩经过规划和开发，配备了洗手间、淋浴设施、休息区等基础设施。

2. 滨海公园

滨海公园指海岸带为人们提供休闲、娱乐和社交的场所，如绿地、花坛、休闲设施等。公园在地理方面通过绿化和景观设计，为人们创造了与自然亲近的环境，例如深圳宝安滨海文化公园、天津中新生态城东堤公园等。

3. 沿海观景绿道

沿海观景绿道通过景观设计、绿化和人行道等，为人们提供了漫步、欣赏海景和休闲的空间。绿道能够提升当地旅游和景点的吸引力，通过美化和改造活动如增加花草树木、景观雕塑等，可以为人们提供散步、骑车、观赏风景的场所。

4. 慢行步栈道

慢行步栈道空间更加强调滨海步行体验，如果充分考虑服务及休憩设施，整体交通流线会较为顺畅，同时也应配有一些配套服务设施，如停车场、游客中心等。

14.3.2 海岸带公共亲海空间的价值和作用

1. 生态价值

海岸带公共空间是海洋和陆地之间的过渡地带，具有丰富的生态系统和物种多样性。这些公共空间为海洋生物和候鸟等提供了重要的栖息地和迁徙站，维护了生物多样性和生态平衡。此外，海岸带公共空间还具备“平急两用”属性，能够减缓海岸侵蚀、防洪和净化海水。

2. 经济价值

海岸带公共亲海空间是旅游观光业的重要资源，能充分吸引大量游客和旅游投资。海滩、滨海公园等提供了休闲、娱乐和运动的场所；旅游业带动了当地经济的发展并增加就业机会。此外，海岸带公共空间还为渔业、海洋资源开发和海上运输等提供了支持和便利。

3. 文化价值

海岸带公共空间是城市文化的重要组成部分，具有深厚的历史文化底蕴和独特的自然景观。海岸带公共空间承载着丰富的海洋文化和人类历史。海滩、海岸公园等常常成为举办海洋文化节日、传统活动和艺术展览的场所，增强了当地文化的认同和凝聚力。在这里，人们可以感受到海洋文化的独特魅力和氛围，领略到不同地域的文化特色和历史传承。

4. 社会价值

海岸带公共空间对社会交流和社区互动起到了重要促进作用。这些公共空间成为人们聚集和互动的场所，促进了社区参与和社交活动。海滩、滨海步道等为人们提供了锻炼和休闲的空间，增进了社会健康和福祉。此外，海岸带公共空间也是教育、科研和环保意识培养的重要场所，有助于提升公众对海洋环境的认知和理解。

14.3.3 海岸带公共亲海空间结构

1. 海岸带公共亲海空间结构特征

海岸带公共亲海空间以向海廊道为空间结构骨架、以沿海观景绿道为空间主脉、以开敞亲海空间为空间承载核心、以滨海公共设施为空间核心节点，共同构筑宜人、舒适、便捷的海岸带公共空间。

1）向海廊道

向海廊道以垂直于海岸的方向连通城市与海岸，作为向海、观海、亲海的主要公共通道。结合滨海湿地公园、绿地公园的设置，重点修复河海水生态系统，将滨海和山林的气流环境引入城市中。

2）沿海观景绿道

沿海观景绿道贯穿海岸带空间，包含滨海漫步道、慢行步栈道、景观道、骑行道，在保证海岸生态景观系统完整性的基础上与海岸类型相结合，作为线性空间串联海岸带带状空间。

3）开敞亲海空间

开敞亲海空间指在向海廊道划分下形成的重要滨海公共空间，包含开放沙滩、滨海公园、生态湿地、海上水岛等面状景观区域。

4）滨海公共设施

滨海公共设施呈现为不同亲海空间或廊道、绿道上的重要节点，体现为滨海观景台、海洋文化博物馆等建筑或景观小品，旨在为公众提供更多的滨海公共活动可能，以空间节点的形式丰富海岸带带状空间构成。

2. 海岸带公共亲海空间整体结构

在结构特征的基础上，海岸带公共亲海空间的整体结构呈现为带状、内湾式、半岛式三类模式（表 14-2）。

1）带状海岸带公共亲海空间

带状海岸带公共亲海空间以线性模式串联线性公园、滨水木栈道等沿海公共空间资源，以沿海以及河流纵深空间一体化发展，形成拥湾发展的纵向骨架，是最为常见的公共亲海空间类型。我国深圳宝安西海岸、法国昂格莱南海岸等海岸带公共亲海空间就是以带状模式呈现。

表 14-2 海岸带公共亲海空间结构

分类	结构图示	典型实例
带状海岸带公共亲海空间	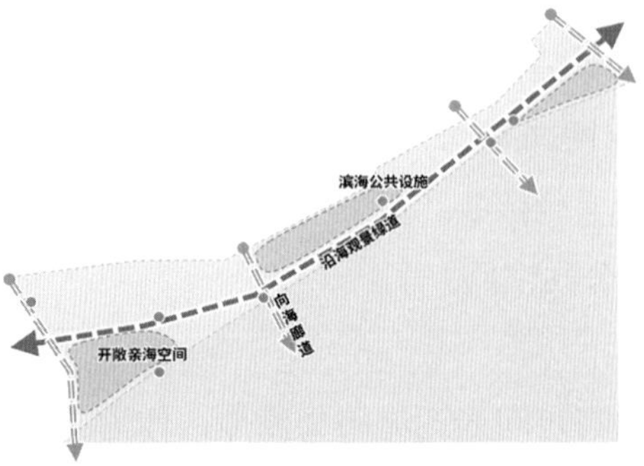	中国深圳宝安西海岸 法国昂格莱南海岸

续表

分类	结构图示	典型实例
内湾式海岸带公共亲海空间	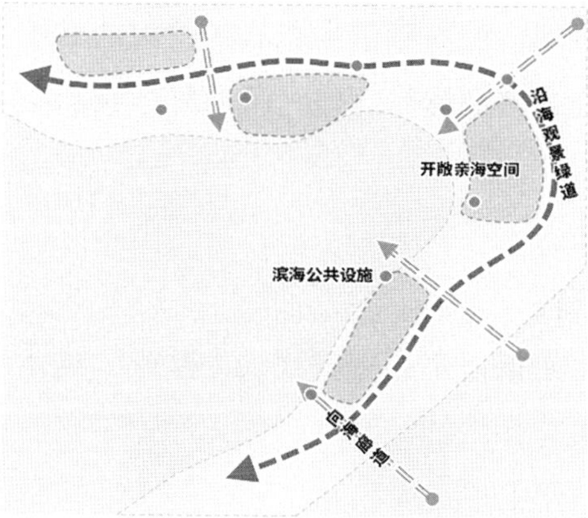	日本大阪湾 中国青岛海湾
半岛式海岸带公共亲海空间	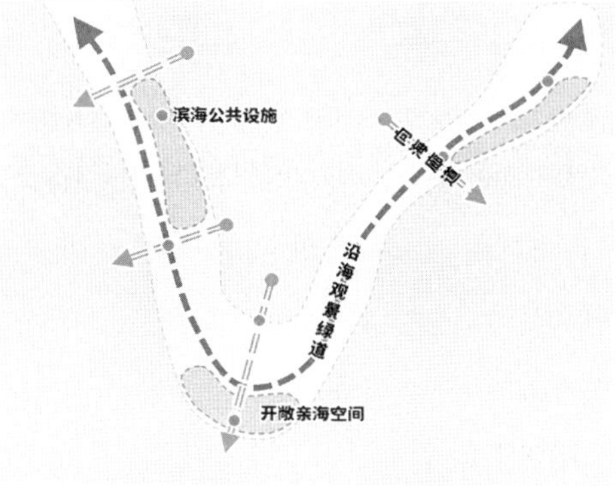	美国纽约半岛 中国威海荣成湾 中国旅顺老虎湾半岛

资料来源：作者自绘

2）**内湾式海岸带公共亲海空间**

内湾式海岸带公共亲海空间天然内聚形成城市内港，通常可自然形成海岸带关键功能节点，通过引擎项目打造，为内港湾区提升人气并实现商业盈利，形成多彩风情城市内港，塑造景色优美的海岸带公共亲海空间。我国青岛海湾、日本大阪湾等海岸带公共亲海空间即以这种形式呈现。

3）**半岛式海岸带公共亲海空间**

半岛式海岸带公共亲海空间与内湾式相比，以向外凸显的形式自然形成海岸带核心空间，开敞亲海空间由海岸线向内陆逐级过渡。美国纽约半岛、我国的威海荣成湾和旅顺老虎湾半岛，就以半岛形式形成重要的海岸带公共空间。

14.3.4 海岸带公共亲海空间规划

海岸带公共亲海空间规划，是指为合理保护与利用海岸带空间资源、满足公众亲海需求、提升滨海景观风貌，在海岸带生态底线管控的基础上划分海岸带公共空间结构、打通景观向海廊道与滨海慢行绿道、塑造开敞亲海空间、布局海岸带特色公共设施的专项规划与设计。

1. 海岸带生态底线管控

海岸带生态底线管控，是指以生态保护红线为基础，划定海岸带生态保护极重要区和重要区、强化陆海生态系统的完整性、优化海岸带自然保护地，进而强化海岸带生态安全保障能力，守住生态底线。

以海洋生态环境可持续利用为出发点，规划可重新整合海岸带生态空间，通过岸线工程修复、生物净化、岸滨植物种植、底泥疏浚等多种手段，共同提升海岸带生态功能。

在生态修复的同时，同步开展砂质岸滩和亲水岸线整治与修复，如拆除废旧码头和沿岸非法、不合理的人工构筑物，增加海岸带地区绿地、水系等生态空间占比，通过合理的植被配置、湿地保护、水系规划等措施，创造出生态友好的公共空间，提供美丽的景观和休闲环境。

2. 海岸带公共亲海空间塑造

海岸带公共亲海空间塑造应结合各滨海城市海岸带人居环境特质，打通向海廊道、构建滨海慢行绿道、塑造开敞亲海空间、布局海岸带特色公服与基础设施，全方面提升空间品质与活力。规划需结合城市规划方法，综合考虑交通、人流、景观等因素，确保公共空间的功能布局合理。

1）构建滨海慢行绿道

规划应充分结合基岩海岸与淤泥质海岸的不同特质，因地制宜地创造丰富多样的滨海体验路径，形成市民亲海的主要空间，让市民体验不同的滨水生活（图 14-4）。

基岩海岸绿道应在自然岸线的保护与修复的基础上，打造多样化生态系统与景观风貌，与岸滨植物群落与动植物栖息地环境相结合，形成具有自然吸引力的绿道体系。

淤泥质海岸绿道在保护海岸生态与景观系统完整性的基础上，更加强调人群的使用需求。不同地区的人工海岸绿道规划应与当地国土空间规划或海岸带专项规划设计相结合，展现不同沿海区域的风貌特色。

作为慢行绿道核心的滨海慢行公共小径，其设计应尽量在不破坏现有海岸线自然景观的基础上，通过湿地小径、海滨广场、滨水绿道、可漫步的沙滩、登山眺望道及丛林穿越道等多种方式串联，形成市民亲海的主要空间。滨海慢行公共小径可以与城市绿道系统形成良好对接，共同组成城市慢行网络。

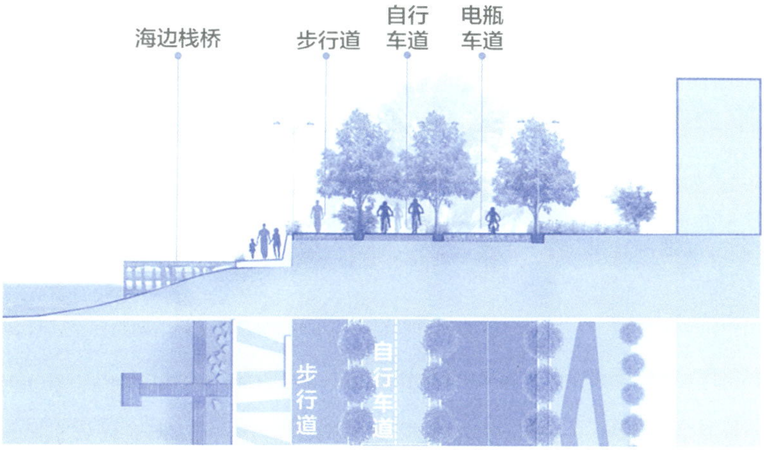

图 14-4　滨海慢行绿道示意图
资料来源：烟台市自然资源与规划局，《烟台市特色公共空间规划设计导则》草案公示，2023.

2）**打通景观向海廊道**

向海廊道旨在以通海街巷、蓝绿走廊、山海廊道等不同空间形式连通海岸与城乡，提升滨海公共空间的可达性与连通性。

作为向海、观海、亲海的主要公共通道，向海廊道应充分结合陆域城市森林公园等绿色节点以及城市山群，将景观通过蓝绿走廊与线性通海街巷引向海岸带区域，形成“由海观城”、将城市山景呈现于海上的沟通廊道。廊道与滨海慢行绿道相结合，共同构建整体连续、多元丰富的海岸带景观系统。

3）**公共亲海空间场景设计**

公共亲海空间布局应充分考量“人”的参与感和体验感，在廊道划分下形成不同主题的海岸带公共亲海空间，展现多元文化艺术、休闲娱乐、生活服务与自然生态场景。该类空间以滨海公园等面状空间与观海平台等点状空间相结合的方式，与不同海岸带地区特质相匹配，彰显滨海地区的独特魅力和吸引力，为公众提供丰富多样的体验和服务。

（1）文化艺术场景

滨海地区通常具有独特的地域文化和海洋文化。其文化艺术场景的塑造，可以通过在公共空间中设置海洋主题的艺术装置、雕塑等，展示当地的海洋文化和传统工艺；以滨海公园、沿海码头等形式，承载海洋文化节、海洋艺术展等活动，让人们更深入地了解和体验滨海地区特有的文化魅力。

比如天津滨海新区国家海洋博物馆立足中新生态城渤海南湾，以“亲海近海”的空间形式展示“海洋与人类”的多个主题，成为集收藏保护、展示教育、科学研究、交流传播、旅游观光等功能于一体的海洋科技交流平台和标志性文化设施。

（2）休闲娱乐场景

滨海地区的休闲娱乐场景可以更加突出水上活动和海滩文化。比如，设置水上运动设施、沙滩排球场、海滩音乐会场所等，为人们提供丰富多样的水上娱乐和沙滩活动。空间规划上以海洋主题的游乐园、水上乐园等形式，吸引游客和居民前来休闲娱乐。

在适宜的海岛可进一步开发海岛旅游，研究选定适宜海岛适度开展旅游项目。比如，通过划定海上运动区，推动并规范潜水、冲浪、帆船及帆板等海上运动的发展，建设公共游艇码头等一批海上运动基础设施，举办国际赛事和活动，打造知名、时尚、动感及健康的海上运动高地。

（3）生活服务与自然生态场景

香港维多利亚港夏日凉亭将海滨空间转变为公共场所，为人们钓鱼、休息、聚会、读书、拍照等活动提供惬意的休憩与服务空间，以简单的设计开启公共码头的多项全新公共功能，更将都市生活的想象带入了海岸社区。

海岸带的自然生态场景可以更加突出海洋生态和滨海生物多样性的保护，如设置海洋保护区、海洋生物研究中心等，开展海洋生态保护和科研工作。此外，开辟海洋生物观测区、海底探险体验区可以让人们近距离观察海洋生物和探索海底奇观。以海南省文昌市铜鼓岭国际生态旅游区为例，其生态整治与管控在保留原生环境的基础上，通过生态整治完成地表雨洪管理，减少对海岸线的冲刷；通过生态修复适当恢复沿海生态防护林建设，恢复近海海域珊瑚礁生态系统，促进海岸带的生态系统循环；通过生态营造形成陆海生物通道，恢复动植物生境，激发海岸带的生态活力。

3. 海岸带改善性滨海特色设施建设

海岸带改善性滨海特色设施建设可分为生活休闲服务类公共服务设施提升与

基础配套设施补足，将海岸带地区打造成为功能高度混合的区域，提升空间整体活力度。

1）生活休闲服务类公共服务设施优化

海岸带生活休闲服务类公共服务设施应更加注重对海洋资源的活化利用，可以设立海鲜市场、海产品餐厅、渔民市集等，提供新鲜海产品和特色美食。此外，可以打造海洋健康养生中心、海洋疗养院等，结合海洋资源，提供健康养生和休闲康复服务。

在海岸带生活休闲服务类公共服务设施的设计与建造中，还应将建筑与周围自然景观融合，以构建符合当地海岸带人居环境特质的海岸带公共空间。建筑物的外观、材料选择和结构需适应当地海岸带的气候和景观特点，并与周围环境和谐统一。

2）基础配套设施补足

较为落后的海岸带镇村公共空间，应首先完善交通、供电、供水、通信、生活垃圾和污水处理等基础配套设施建设。规划可与海岸带特色镇村创建、旅游区打造以及沿海旅游公路建设等同步推进，实现设施的合理优化配置。

海岸带交通基础设施建设需考量海域、山体等地理因素影响，构建可持续、高融合、一体化的海岸带地区交通基础设施。比如路面交通可建立与土地利用相协调、规模充足、布局合理的轨道交通系统；水上客运交通作为城市旅游功能的重要支撑，应以旅游休闲为主、商务通勤为辅，水上客运交通的规划可以将对外交通衔接进行适当预留。

海岸带环卫基础设施建设是保护海洋生态环境和维护海岸带卫生的重要举措。城市、集镇与乡村应考虑海岸带环卫设施的布局和容量，以满足当地居民和游客的需求，合理规划垃圾收集点的位置和数量，确保方便使用并符合环境卫生标准。此外，可以采用先进的垃圾收集和处理技术，提高处理效率并降低对环境的影响，充分考虑其对海洋生态系统的潜在影响，并采取相应的措施减少对海洋生态的干扰。

海岸带通信基础设施建设是促进海洋经济发展和提升海岸带城市智能化水平的重要举措。滨海地区通信设施规划应合理布局，避免对景观和城市规划造成不利影响。比如可以将通信设施与其他基础设施如港口、交通枢纽等进行整合，以确保设施的高效利用和最大限度的空间节约，同时应充分考虑海洋生态和海底地质条件，最大程度保障海洋安全。

14.4 海岸带人居环境风貌特色塑造

特色鲜明是世界上绝大多数优秀沿海城市所共有的一种品质。近年来，沿海城市滨海新区开发、环湾发展、连岛工程、海洋生态城建设等日益频繁，海岸带城镇人居环境面临新形势和新挑战。

14.4.1 海岸带人居环境风貌特色

海岸带人居环境风貌特色，是指海岸带人类聚居地在其发展过程中由陆海交互的自然条件、海洋文明的历史积淀、耕海牧渔的生产生活、逐水而居的空间形态等共同构成的，在人的感知层面上区别于内陆其他人类聚居地的综合表征。

海岸带位于海陆交界处，具有特殊的地貌特征及气候特点。从第一批先民在海岸带上定居开始，人们靠海住海，耕海牧渔，因地制宜地设计并建造出形形色色的海岸带人居形式（图 14-5）。

图 14-5　福建龙海埭美古村的红砖厝风貌
资料来源：安海涛 . 闽韵水乡：埭美古村掠影［J］. 人民司法，2019（18）：82-85.

14.4.2 海岸带人居环境风貌的认知要素

海岸带人居环境风貌中，尺度差异带来的影响较大，不同尺度的人居环境风貌构成要素略有不同（图 14-6）。城市风貌的组成要素不仅包含看得见的构筑物和自然环境等可视物质形态空间，还内含着具有精神与文化内涵的隐形非物质意识。乡村风貌的构成要素与城市风貌类似，由两大基础要素构成，即物质风貌和非物质风貌。乡村和城市的人居环境风貌既有共性又有差异。共性主要体现在其宏观构成都包括了物质风貌和非物质风貌；差异主要体现在乡村风貌具有显著的宏观环境特征，且乡村物质环境受到人文传统等非物质要素的影响更强。

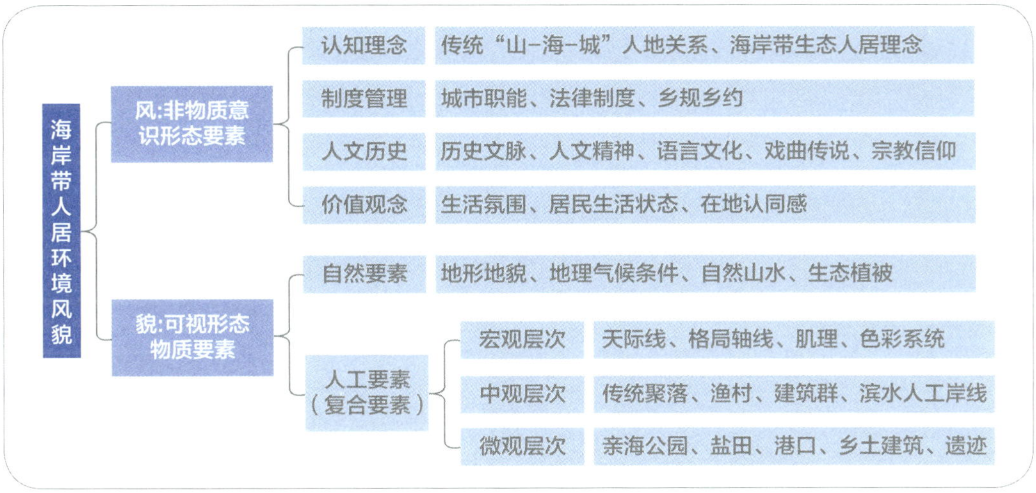

图 14–6　海岸带人居环境风貌的认知要素
资料来源：唐源琦，赵红红．中西方城市风貌研究的演进综述 [J]. 规划师，2018，34（10）：77–85+105.（根据文献内容改绘）

综合考量，海岸带人居环境风貌的构成要素可分为可视形态物质要素和非物质意识形态要素。海岸带人居环境风貌不只是视觉审美的展现，还是生态理念和社会制度的载体，更是居民认同的根本和历史文化的传承。

海岸带人居环境风貌可从非物质意识形态要素（认知理念、制度管理、人文历史、价值观念）和可视物质形态要素（自然要素和人工要素）两方面进行梳理。其中，物质要素仍占目前研究的绝大部分，自然要素是海岸带人居风貌格局的重要决定性因素，陆海交互的自然条件使得海岸带人居环境具有区别于内陆其他人居环境的风貌特点，人们逐水而居，靠海适海，逐步产生了各色各样的海岸带人居形式；人工要素从宏观到微观分为三个层级，分别对应总体尺度、街区（聚落）尺度、场所尺度。

14.4.3　海岸带人居环境风貌的典型表征

1. 非物质风貌

1）传统“山 – 海 – 城”营城思想

“山 – 海 – 城”营城思想反映中国古代陆海统筹的智慧与观念。山海城市是我国海岸带一种特殊的人居类型，典型城市如三亚、青岛、日照、威海、大连、厦门、烟台等，它们体现了我国海岸带人居环境中“山－海－城”的和谐关系。自然与人类活动的长期互动，加之陆海交互的自然之斧工，积淀成了独特的“山－海－城”多尺度多维度互动的海岸带人居典范。“山－海－城”人居环境风貌以宏观尺度上的山海要素为基准，统筹考虑相土、礼制、风水等因素，反映“天人合一”的朴素自然观念（图 14-7）。

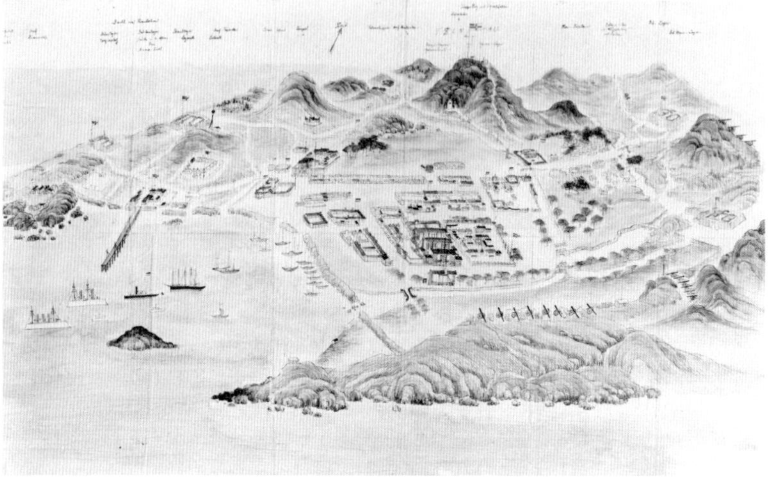

图 14-7　1898 年青岛鸟瞰图
资料来源：青岛市档案馆（http://www.qdda.gov.cn/qddaxxw/qddaxxw/gwxx/gzdt/2016/10/21/40281186752bb93201752bbb683403fd.html）

2）**海洋信仰**

海洋信仰体现在人类开发利用海洋所产生的精神成果中，反映在沿海人民的认识、观念、思想、意识、心态，以及由此而生成的生活方式之中，地方性信仰以海洋为中介在不同地域之间广泛传播。

例如，妈祖文化作为流传于中国沿海地区的传统民间信仰，体现了中国海洋文化的特质，是海洋开拓性的集中体现。妈祖文化肇于宋、成于元、兴于明、盛于清、繁荣于近现代，中国民间的海上航行在船舶启航前要先祭妈祖，祈求保佑顺风和安全，在船舶上立妈祖神位供奉。而影响所及，妈祖的形象逐渐演变为“海神”“护航女神”，成为了海洋文化史中最重要的中国民间信仰崇拜神之一。

3）**海洋民俗**

海洋民俗是渔民通过集体记忆塑造的海洋习俗文化，共同的地域、共同的信仰、共同的生活习惯构成了渔民对涉海生活的普遍认同。渔民出海有着约定俗成的“规矩”，如登船不饮酒、出海不光头、父子不同船等等。涉海生活禁忌，是渔民祖祖辈辈的生活经验总结和安全意识积累，既有对神明的敬畏，也反映了人类认识海洋、探索海洋的历程，久而久之，成为一种独具特色的海洋民俗。中国海洋民俗文化包括海洋物质生活民俗、海洋人生仪礼民俗、海洋生产竞技民俗、海洋信仰禁忌民俗、海洋节庆民俗等等，既体现了涉海生活的特色，也彰显了一种对中华文化的普遍认同，是中国海洋文明的重要组成部分。

2. 物质风貌

1）城市天际线

城市天际线又称城市轮廓或城市全景，是从远处或高处观察一个城市时，由城市中的建（构）筑物、塔楼、桥梁等组成的整体轮廓，或由许多摩天大厦构成的局部景观。海岸带城市天际线具有直觉直观的人文特点、审美特点、标识特点和造型特点，是城市发展进程中一个非常时代化的理念。

2）传统乡村聚落

海岸带传统乡村聚落是指位于沿海地区的传统村落，它们以其独特的文化、建筑风格和人居环境而独具魅力。这些村落通常位于沿海地带，与海洋或海湾相邻，受到海洋环境的充分影响。其风貌形成受到多个因素的影响，包括地理环境、气候条件、历史文化传承等。这些村落通常以渔业为主要经济活动，拥有丰富的渔业资源和相关的文化传统。在这些村落中，人们以渔民为主要职业，依靠海洋资源过着与海洋息息相关的生活。

我国海岸带上的传统乡村聚落风貌呈现出复杂而多样的特性。这些地方的人居环境也表现出了非常独特的海洋性，海南黎族船型屋为适应热带海岸带环境的建筑典范。船型屋是黎族最古老的民居建筑，利于抵抗台风的侵袭，架空的结构还具有防湿、防瘴、防雨的作用，茅草屋面也有较好的防潮、隔热功能，而且能就地取材，拆建也很方便（图 14–8）。

图 14–8　洪水村船型屋现状
资料来源：高铮 . 海南黎族船型屋的传承保护和创新设计研究 [D]. 海口：海南大学，2022.

3）渔村

渔村是指位于沿海或内陆水域的村落，以渔业为主要经济活动，并以其独特的文化、建筑风格和人居环境而闻名。这些村落通常依托水域资源，以捕鱼、养殖和海产品加工为主要生计。由于依赖水域资源，渔村往往位于水边，与海洋或河流紧密相连。渔村的发展和建设与渔业相关的历史和文化传统密不可分。如我国胶东半岛的威海、烟台、青岛等沿海地带，分布着最具代表性的海岸带人居建筑——海草房。以威海市东南部的荣成市为例，荣成地处沿海，夏季多雨潮湿，冬季多雪寒冷，在这种特殊的地理位置和气候条件之下，民居主要考虑冬天保暖避寒，夏天避雨防晒。当地居民根据生活中积累起来的独特的建筑经验，以厚石砌墙，用海草晒干后作为材料苫盖屋顶，建造出海草房（图 14-9 和图 14-10）。

图 14-9　胶东特色民居海草房
资料来源：http：//www.dili360.com/cng/article/p5350c3da22b2d48.htm

图 14-10　海草房植被剖立面
资料来源：杨春辉 . 胶东海阳桃源村海草房民宿改造设计研究［D］. 曲阜：曲阜师范大学，2021.

4）盐田

盐田是海岸带居民耕海牧渔的典型风貌之一，是指用于制盐的特定地区，通常位于海滨或内陆盐湖附近。盐田风貌的形成与盐田的地理环境、气候条件以及盐业生产的历史和文化传承密切相关。盐田风貌的特点主要体现在地貌景观和建筑风格上，地貌景观包括盐田池塘、晒盐场和盐堆等等。盐田池塘是用于蓄水和浸泡盐的人工水池，其形状多为长条状或方形；晒盐场是指用于晾晒盐的场地，通常是广阔平坦的地面，以便太阳将盐水蒸发，留下盐结晶；盐堆则是晒干的盐的堆积，形成了一座座白色的小山丘。

5）港口

港口是位于海、江、河、湖、水库沿岸，具有水陆联运设备及条件以供船舶安全进出和停泊的运输枢纽，是工农业产品和外贸进出口物资的集散地，也是船舶停泊、装卸货物、上下旅客、补充给养的场所。港口按用途可分为商港、军港、渔港、工业港、避风港等等。

14.4.4 海岸带人居环境风貌特色的塑造要点

1. 历史积淀的持续性

历史积淀的持续性是指一个城市的风貌特色来自该城市发展的历史缘起、建设活动和社会政治事件的持续影响。动态的海岸带人居环境建设，要充分尊重城市当初的建设选址所依托的自然地形地貌、生物气候条件、城市的文化、宗教和政治背景，以及历史上城市建设的目标等历史要素。

2. 空间形态的延续性

空间形态的延续性是城市演进历时性秩序在城市物质空间环境上的表征。绝大多数沿海城市都是在一个相当长的时间维度上累积渐进的产物。沿海城市虽然一直面临着新生与衰亡、发展与停滞、保存与淘汰，但它应该以一个相对平缓的过程适应外界的变化。

3. 时代演进的规律性

人居环境风貌特色会随时代发展演进，历史积淀和形态延续两大特点决定了风貌特色与传统、历史密切相关，即如何处理过去、现在和未来的关系。“有序演进”来自对城市发展本质上是“动态、生长和变化”特性的认识。在此过程中，涉及“积极”和“消极”的关系问题。“消极”的做法常常表现为对已有风貌特色构成要素的固化，如山川形势、文物建筑的性质认定，相应的紫线划定以及排他性的保护措施。然而一个历史环境中的新事物或“改变之物”，在原有相对稳定的社会和空间场所结构（不变之物）中，仍可在尊重历史的基础上改变甚至激活老事物，并使其焕发新的意义。

4. 以人为本的价值升维

在海岸带人居环境风貌的构成要素中，空间场所、使用者的感知和公众的社会行为十分重要。回归“人的视角”，应关注海岸带风貌与居民群众的心理感知，关注各阶层居民的生存状态；转向“生活型空间”的风貌营造，应从“精英式”的风貌管控，转向关注沿海居民生活空间和“大众式”风貌的营造。

关键术语

海岸带人居环境提升、海岸带人居环境评价、海岸带公共亲海空间、海岸带人居环境风貌特色塑造

思考题

1. 请结合具体案例对当前海岸带人居环境面临的挑战进行阐释。

2. 结合你曾经去过或感兴趣的海岸带地区，对其空间结构进行分析。

3. 结合国外实践案例，谈谈我国在海岸带人居环境方面的不足以及未来的改进方向。

参考文献

［1］ 吴良镛．人居环境科学导论［M］．北京：中国建筑工业出版社，2001.
［2］ 郭睿，王竹，钱振澜，等．海岛“岙”的人地系统演进机制与营建策略：基于舟山群岛的人居环境研究［J］. 城市规划，2023，47（12）：97-105+116.
［3］ 自然资源部．省级海岸带综合保护与利用规划编制指南［EB/OL］．（2021-07-27）［2024-09-14］．https：//www.mnr.gov.cn/dt/ywbb/202109/t20210915_2680701.html.
［4］ 桑新春，梁湘波，王秀娜．高品质人居环境在海岸带规划中的实现路径研究［J］．绿色科技，2021，23（14）：240-242+246.
［5］ 刘大海，邢文秀，李彦平，等．海岸带规划的管制框架、核心管控边界及权责关系：以山东省为例［J］. 城市规划学刊，2022（2）：20-26.
［6］ 沈春竹，胡海波，孙柏宁．海岸带地区空间品质提升的江苏探索［J］．中国土地，2023（2）：42-44.
［7］ 马仁锋，张文忠，余建辉，等．中国地理学界人居环境研究回顾与展望［J］．地理科学，2014，34（12）：1470-1479.

[8] 谌丽 . 城市内部居住环境的空间差异及形成机制研究 [D] . 北京：中国科学院地理科学与资源研究所，2013.
[9] 叶长盛，董玉祥 . 广州市人居环境可持续发展水平综合评价 [J] . 热带地理，2003，23 (1)：59-61.
[10] 张文忠，尹卫红，张锦秋，等 . 中国宜居城市研究报告 [M] . 北京：社会科学文献出版社，2006.
[11] 刘钦普，林振山，冯年华 . 江苏城市人居环境空间差异定量评价研究 [J] . 地域研究与开发，2005，24 (5)：30-33.
[12] 李雪铭，晋培育 . 中国城市人居环境质量特征与时空差异分析 [J] . 地理科学，2012，32 (5)：521-529.
[13] 封志明，唐焰，杨艳昭 . 基于 GIS 的中国人居环境指数模型的建立与应用 [J] . 地理学报，2008，63 (12)：1327-1336.
[14] 张文忠，谌丽，杨翌朝 . 人居环境演变研究进展 [J] . 地理科学进展，2013，32 (5)：710-721.
[15] NATURAL ENGLAND. An approach to seascape character assessment [R] . Natural England，2012：47.
[16] 霍曼菲，朱建宁 . 英国海景特征评估方法研究 [J] . 住区，2019 (2)：139-144.
[17] 钱芳，张蕊，陈思琪 . 英国海景特征评估：演变、实践与启示 [J] . 海洋开发与管理，2022，39 (10)：80-85.
[18] 安海涛 . 闽韵水乡：埭美古村掠影 [J] . 人民司法，2019 (18)：82-85.
[19] 唐源琦，赵红红 . 中西方城市风貌研究的演进综述 [J] . 规划师，2018，34 (10)：77-85+105.
[20] 高铮 . 海南黎族船型屋的传承保护和创新设计研究 [D] . 海口：海南大学，2022.
[21] 杨春辉 . 胶东海阳桃源村海草房民宿改造设计研究 [D] . 曲阜：曲阜师范大学，2021.
[22] 徐惠民，丁德文，杨俊，等 . 滨海宜居城市评价指标体系研究 [J] . 海洋开发与管理，2008，25 (5)：47-50
[23] 杨波 . 海岸空间：规划・修复・景观设计 [M] . 北京：中国建筑工业出版社，2022.
[24] 李孝娟，傅文辰，缪迪优，等 . 陆海统筹指导下的深圳海岸带规划探索 [J] . 规划师，2 019，35 (7)：18-24.
[25] 王怀进，周寒梅，日野，等 . 海南铜鼓岭国际生态旅游区海岸带生态修复 [J] . 风景园林，2022，29 (7)：51-55.
[26] 段德罡，刘瑾 . 城市风貌规划的内涵和框架探讨 [J] . 城乡建设，2011 (5)：30-32.
[27] 刘滨谊，陈威 . 关于中国目前乡村景观规划与建设的思考 [J] . 小城镇建设，2005 (9)：45-47.
[28] 张立，王丽娟，李仁熙 . 中国乡村风貌的困境、成因和保护策略探讨：基于若干田野调查的思考 [J] . 国际城市规划，2019，34 (5)：59-68.
[29] 刘沛林 . 中国传统聚落景观基因图谱的构建与应用研究 [D] . 北京：北京大学，2011.
[30] 兰文龙，戎卿文，齐卓旭，等 . 厦门“山—海—城”景观视觉网络的解析与重构 [J] . 规划师，2023，39 (2)：153-158.

第 15 章

海岸带历史文化遗产保护

■ **教学要求**

本章要求学生掌握海岸带历史文化遗产的基本概念和主要类型，理解海岸带历史文化遗产保护的要点，熟悉典型案例，同时对遗产保护的相关政策与法规有所了解。本章内容具有交叉学科属性，可以拓展学生对于陆海统筹的文化维度的认知。

15.1 海岸带历史文化遗产的基本概念

15.1.1 海岸带历史文化遗产的概念

1. 历史文化遗产

国务院在 2005 年 12 月 22 日下发的《国务院关于加强文化遗产保护的通知》中，将我国历史文化遗产概念定义为："文化遗产包括物质文化遗产和非物质文化遗产。物质文化遗产是具有历史、艺术和科学价值的文物""非物质文化遗产是指各种以非物质形态存在的与群众生活密切相关、世代相承的传统文化表现形式"。欧洲委员会将文化遗产定义为一组从历史继承下来的资源，它包括了人与地之间通过时间的相互作用而产生的环境的所有方面，包括：古遗址、古墓葬、古建筑、石窟寺、石刻、壁画、近代现代重要史迹及代表性建筑等不可移动文物，历史上各时代的重要实物、艺术品、文献、手稿、图书资料等可移动文物，以及在建筑式样、分布或与环境景色结合方面具有突出普遍价值的历史文化名城（街区、村镇）；非物质文化遗产包括：口头传统、传统表演艺术、民俗活动和礼仪与节庆、有关自然界和宇宙的民间传统知识和实践、传统手工艺技能，以及与上述传统文化表现形式相关的文化空间。

2. 海岸带历史文化遗产

海岸带作为海洋与陆地过渡地带，是人类居住最密集、海洋产业最集中、经济最发达的地区，其开发强度也是海洋开发强度中最大的部分，因此历史文化遗产也最为丰富。所谓海岸带文化遗产，包括海陆两个空间，是指人类统筹开发陆地和海洋空间与资源所创造的文化遗产，包括海洋与大陆交接的近海陆地和近岸海域的各类物质文化遗产和非物质文化遗产，如海底遗产、海岸遗产、滨海岛屿、人类海洋活动聚落、历史水域、海洋精神文化遗产，涉及海上航线、货物运输、人类迁徙、古代科技、造船和贸易史等方方面面的历史文化。

15.1.2 中国海岸带历史文化遗产的发展与空间格局

1. 中国海岸带历史文化发展的脉络

中国作为世界上拥有悠久历史的沿海文明古国，其沿海地区与黄河流域、长江流域共同孕育了灿烂的中华文明。中华民族的勤劳与智慧在海洋的探索、利用以及与海洋的和谐共生中得到了充分展现，创造了独具特色且自成体系的海洋物质文化、精神文化和制度文化。中国海洋历史文化内涵丰富，涉及捕捞、造船、航海、海军、海洋考古、海洋贸易、海岛开发、海港兴衰、海洋移民、涉海群体、海洋探险、海洋科学、海洋思想、海洋观念、海洋法、海洋文学、海洋艺术、海洋管理等许多方面。中国人自古就掌握了优秀的海洋活动能力，创造了丰富灿烂的海洋文明。广泛分布的贝丘遗迹、丰富的渔盐舟楫资源，以及对沿海疆域的统一管理，都为后续中国统一的陆海疆域、文化模式以及海内外交流体系奠定了坚实的基础。

1）东夷百越时代的中国海洋文明布局

在远古时期，以北方东夷族和南方百越族为核心的数个“海洋王国”，构建了中国海洋文明典型的双核式空间结构。在远古海洋文明的影响下，亚太地区的“东亚文化圈”与“南岛语族文化圈”的基本空间格局得以确立，为后来华夏文明的兴起及“汉文化圈”的形成奠定了基础。

距今 8 000~5 000 年前，北方沿海地区的东夷族群和南方沿海地区的百越族群善于用舟，形成了依赖海洋生物资源的滨海聚落，成为海洋文明的萌芽。他们的迁徙与航海活动将海洋文明传播至环渤海、东海、南海以及更远的朝鲜、日本、东南亚、太平洋岛屿甚至美洲等地。如齐国、燕国、莒国、莱国、吴国、越国等皆属于此时期的海洋王国，在先秦时期便展现出鲜明的海洋特色，形成了以“舟楫、珠贝、文身、商贸、海战”为标志的海洋文明雏形。

2）传统海洋时代的中国海洋文明演变

自汉武帝平定南越国起，至明郑和下西洋结束，这 1 500 余年见证了中国海洋文明的上升与繁荣。在这一时期，伴随指南针在航海中的应用，中国沿海地区逐渐构建起连接东亚、东南亚、南亚、西亚等地的海洋贸易及文明交流网络。特别是五代十国时期，闽国、南汉国等沿海政权以海洋贸易为主要经济支柱，不断开辟新航线，促使宋朝时期的泉州、温州、杭州、广州等城市成为海洋文明的核心，中国海洋文明的重心逐渐南移东倾。唐宋时期的海上贸易实践与“海上丝绸之路”的繁荣，丰富了中国海洋文明的内涵，明朝的“郑和下西洋”更是将中国的海洋贸易与文明交流网络扩展至非洲东海岸。

在这长达 1 500 多年的历史中，中国海洋文明的空间结构经历了双核式格局的拓展，形成了南北两大海洋文明区，并构建出纵横交错、联结大半个地球的多核式网络空间结构。环中国海域的渔场得以开发，海岛经济蓬勃发展，海洋捕捞业、海水养殖业、手工业等均有显著进步。与西方海洋文明不同，中国海洋文明在拓展过程中展现了多元、开放、包容、互惠、平等的价值观念，开创了和平共处、互利共赢的文明交流模式。

3）海国竞逐时代的中国海洋文明曲折

在从封建时期向近现代转型的关键时期，中国海洋文明遭受了内外双重打击。自 1433 年明宣宗罢下西洋至 1949 年新中国成立，由于内部闭关自守与外部列强入侵，中国海洋文明的发展陷入低潮。尽管如此，地方层面的海商们依然顽强地与海外移民一同重新构建了以南方港口为核心的海洋贸易和文明交流网络。泉州、漳州、潮州、厦门、广州、澳门等城市成为中西海洋文明的交汇点，甚至催生出了中西方交融的海洋文明新形态。然而，接连的战争冲击扭曲了中国海洋文明的演进，使其发展陷入停滞。中国的海洋利用逐渐转变为以内向海防为主导，错失了通过海洋推动社会转型的重要机遇。中国海洋文明从原本维系的小范围空间网络结构，退回到了简单的散点式格局。面对西方列强的海上入侵，近代中国也逐渐萌发了现代海洋意识，开始努力吸收西方现代海洋文明成果，尝试探索新的海洋经济与科学技术，重建海军，兴办海洋科研机构和海洋教育，探索海洋发展的现代化道路。

2. 中国海岸带历史文化遗产的空间格局

从不同的研究视角出发，我国海岸带历史文化遗产的空间格局可以有不同的划分方式。例如，有学者从地理环境和文化习俗两个维度，将海岸带文化遗产划分为四个特色鲜明的片区，即南海片区、东海与台湾海峡片区、长江流域片区和黄渤海片区。在这一划分的基础上，从文化遗产的聚集程度来看，珠江三角洲和长江三角洲地区的海洋文化遗产尤为丰富，这既得益于内陆水运的便捷，也与区域城市经济的蓬勃发展紧密相关。也有学者通过地理相关分析和综合指数聚类，结合海上丝绸之路文化遗产、水下海洋文化遗产、航海海事文化遗产、海疆海防文化遗产、涉海宗教及信俗文化遗产、海洋聚落遗址文化遗产、海洋非物质文化遗产七类遗产，着重从时间维度对海洋文化遗产进行分类，将海洋文化遗产空间可总结为“一带四区八核心”。其中，“四区”指环渤海海洋文化遗产区、长江三角洲海洋文化遗产区、海峡西岸海洋文化遗产区、岭南海洋文化遗产区 4 个一级区。以秦岭—淮河线为界，南部沿海地区遗产分布受自然环境影响最大，北部沿海地区遗产分布受经济因素影响最大。

15.1.3　中国海岸带历史文化遗产面临的问题

1. 自然威胁：全球性的气候变化与海岸带侵蚀

20 世纪以来，世界沿海国家经济重心逐渐向滨海地区转移，海岸线两侧区域成为经济活动最活跃、人口最集中的地区。日益饱和与拥挤的生活、生产空间，给各国沿海地区带来经济社会与生态环境等方面的矛盾与难题。特别是在全球海平面上升背景下，海岸侵蚀正以远大于自然状态下的速度与强度加剧。

全球性气候变化引发的海平面上升和海洋灾害，导致海洋文化遗产面临持续性侵蚀以及突发灾难性破坏。这对海岸带历史文化遗产构成严重的威胁。目前，我国海洋管理部门和海洋科学界在海洋环境的研究监测与技术治理方面，尚未对海洋文化遗产的保护进行充分的考虑。

1）海平面上升的影响

海平面上升带来的直接影响是沿海低洼地区被淹没，同时海平面上升还导致风暴潮、洪水发生概率增大，全球、区域（如地中海沿海低洼地区、北极地区）沿海文化遗产正面临严重威胁。有学者预测，全球温度升高 3 摄氏度所引发的海平面上升将会导致 19% 的世界遗产被淹没。

海平面上升及不断增强的风暴潮破坏了海洋生态系统，进而对海洋文化遗产造成威胁。这种威胁主要体现在两个方面：一方面，海平面上升造成的基质侵蚀、淹没压力和盐度增加导致沿海红树林生态系统退化，与此生态系统密切关联的沿海社区信仰体系将受到巨大冲击；另一方面，海草在防止文物暴露、促进保护性和厌氧性沉积物覆盖方面发挥着重要作用，而海平面上升及不断增强的风暴潮将引发海草与沉积物的损失，进而可能导致水下遗产外露并加剧侵蚀。

2）海洋属性变化的影响

海洋温度升高将加快 100 米深度内潮间带和水下金属类文化遗产的侵蚀速度。同时，海洋温度上升也会造成生物活动范围的转移，对文化遗产造成严重破坏。以船虫为例，船虫不仅威胁水下木质类遗产也会破坏潮间带结构，英国汉普郡和康沃尔郡南部海岸沉船上发现的黑鳍船虫，就是由于海水温度上升而迁移至此的。除温度外，海水盐度也被认为是影响船虫迁移的原因之一。此外，海洋温度升高将会导致珊瑚白化，这不仅会危及与珊瑚礁等生态系统交织在一起的信仰体系，还会因珊瑚礁系统减缓波浪冲击能力的减弱而加剧海岸侵蚀，最终威胁沿海文化遗产。

珊瑚虫等生命体分泌的碳酸钙为水下文化遗产提供了持续的保护屏障，大气中二氧化碳含量增多所引发的海洋酸化无疑会削弱这一保护屏障。海洋的酸化还加速了水下石质类文物的溶解与金属类文物的腐蚀。虽然海洋酸化对水下文化遗产的威胁已达成共识，但对金属腐蚀率、有机材料以及文物稳定性方面的影响仍不甚明了，未来需要结合具体的海洋环境信息增加对这一影响的实证分析。

2. 人为破坏：沿海地区的快速城镇化

沿海地区为区域发展而大量兴建的基本建设工程和现代工业化工程，导致沿海地区地上和地下文化遗产大面积减损。大规模的高速交通网络、滨海景观大道等不断扩建，在占用大量可耕地、海岸、滩涂、湿地的同时，也破坏了不少海岸带历史文化遗产。据统计，美国沿海的房地产开发已经破坏了众多史前考古遗址与沉船遗迹；澳大利亚的西澳大利亚州因近海石油、天然气、风能的开发而建设的基础设施给未知的水下文化遗产构成潜在威胁；加纳海上石油开采导致的污染加剧也对水下文化遗产带来了越来越大的威胁。

沿海防护堤建设、清淤、采砂、船舶交通等活动加速了海岸侵蚀，进而会影响大量已知和未知的沿海文化遗产。休闲旅游活动的蓬勃发展势必会对水下文化遗产构成破坏与扰动，遗产旅游所产生的垃圾、为迎合沿海旅游所建造的旅游建筑项目等，对沿海的文化遗产造成了严重的威胁。此外，非法打捞活动的增加显著增加了水下文化遗产的直接破坏风险，例如受到商业利益驱使，日德兰海战中的沉船至少有 64% 遭到了商业打捞与破坏。

15.2 海岸带历史文化遗产的类型及其保护

15.2.1 海岸带历史文化遗产的分类

国内学者对与海洋相关的文化遗产的分类方式各有差异。

曲金良将海洋文化遗产分为六大类，即海底遗产、海岸遗产、海滨岛屿人类海洋活动聚落、历史水域、海洋精神遗产、海洋民俗遗产。

赵平等学者将视野扩展至海洋文化遗产外围，将海洋文化遗产分为三个层级体系：第一层级为不可移动海洋文化遗产、可移动海洋文化遗产、非物质海洋文化遗产、海洋线路遗产、海洋记忆遗产、海洋文化景观、已消失海洋文化遗产七类，且基于不可移动文物的分类方式，又对不可移动海洋文化遗产进行了第二、第三层级的划分；第二层级将不可移动文物分为古代海洋文化遗址、古代海洋文化墓葬、古代海洋文化建筑、古代海洋文化石刻、近现代重要海洋文化史迹及代表性建筑。李加林等学者借鉴文化景观的分类方法，基于海洋历史文化的空间和地域特征，将海洋文化遗产分为海洋遗址遗迹景观、海洋历史场所景观、海洋乡土景观、海洋聚落景观、海洋关联性文化景观、海洋文化线路景观六类。

麻三山和余玲认为海洋文化遗产内部构成大致为四类，第一类为历史街区、村镇聚落、相关文化空间及生态环境；第二类为涉海文物；第三类为海洋类非物质文化遗产；第四类为其他类遗产。之后，又在《环北部湾海洋文化遗产资源及构成体系综述》一文中将海洋文化遗产分重新分为十四类，包含涉海记忆遗产、海洋水下遗产、海洋水面遗产、海洋岸线遗产、滨海生态遗产、涉海遗址遗产、涉海建筑遗产、海洋生产性遗产、海洋生活性遗产、海洋表达类遗产、海洋民俗类遗产、对外交往贸易、传统知识与智慧、信仰崇拜类遗产。

牛小溪等将海洋文化遗产分为海上丝绸之路文化遗产、水下海洋文化遗产、航海海事文化遗产、海疆海防文化遗产、涉海宗教及信俗文化遗产、海洋聚落遗址文化遗产、海洋非物质文化遗产七类。

总体而言，海岸带历史文化遗产主要包括沿海历史聚落、海防文化遗产、海洋工程文化遗产、海洋文化线路等若干类型。

15.2.2　沿海历史聚落及其保护

中国沿海地区因其悠久的历史与独特的地理环境，孕育了丰富多彩的历史聚落和人类文化遗址。沿海历史聚落包含古聚落、古街区（街巷村镇）、贝丘遗址、古建筑群等类型。古聚落与古街区在中国沿海地区分布广泛，如浙江省的河姆渡遗址、塔山史前文化遗址等。古建筑群是指具有历史文化特色、风貌独特的建筑群，是特定历史时期的城市发展和人文景观的代表，如闽南传统建筑群蔡氏古民居建筑群、宁波元代和义门瓮城遗址等。贝丘遗址是古代人类居住遗址的一种，以包含大量人为造成的规模化贝类堆积为特征，大都属于新石器时代，其在我国的分布主要集中在东部沿海地区，如山东邱家庄遗址、江苏鲍鱼洞遗址、浙江周山遗址等。

1. 河姆渡遗址

河姆渡遗址位于中国东南沿海地区，是一处重要的新石器时代聚落遗址，展示了历史上发达的耜耕稻作农业、高超的榫卯木构干栏式建筑以及独特的制陶技术。河姆渡遗址彰显了中国古代文明的多样性和复杂性，为后人深入了解中国古代社会的发展提供了重要的实物依据。

1982 年，河姆渡遗址被国务院公布为第二批全国重点文物保护单位。1987 年，余姚市人民政府委托浙江省城乡规划设计研究院在《河姆渡遗址博物馆规划大纲》基础上进行河姆渡遗址博物馆的总体规划设计，为遗址的保护和利用奠定了基础。1989 年，在遗址西南侧的原浙江省文物考古研究所河姆渡工作站和罗江乡机电站旧址上，成立了专门的遗址保护机构——河姆渡遗址文物保护所。2008 年，《全国重点文物保护单位河姆渡遗址保护规划》经国家文物局审批通过，成为今后河姆渡遗址保护和管理工作的依据。

2. 蔡氏古民居建筑群

蔡氏古民居建筑群位于福建省南安市官桥镇漳里寮村，是中国保存最为完整的闽南传统建筑群之一。蔡氏古民居建筑群建于清代末年，建筑群规整通透，布局精妙，通过红砖雕刻等艺术手段，营造了千变万化的艺术效果，形成了多彩的红色基调，使其被称为“闽南小故宫”。

2001 年，该建筑群被公布为第五批全国重点文物保护单位，并于 2012 年被列入《中国世界文化遗产预备名单》。2013 年，蔡氏古民居建筑群所在地南安市官桥镇漳州寮村被列入《第二批中国传统村落名录》。近年来，针对蔡氏古民居建筑群的保护和开发，相关部门采取了一系列综合性的研究方案和具体措施。相关部门和人员积极保护修缮蔡氏古民居建筑群，力求保护其历史遗产，传承其文化精髓。

3. 邱家庄遗址

邱家庄遗址位于山东省烟台市福山区门楼镇邱家庄村，是胶东地区典型的贝丘遗址之一。邱家庄遗址距今约 6 000 年，对建立胶东新石器文化的发展序列和探索其文化源头具有重要意义，是探索中国史前海洋生态环境的重要遗存，也对环太平洋地区贝丘聚落形态的比较研究提供了较高的参考价值。

2006 年，邱家庄遗址被山东省人民政府公布为第三批省级文物保护单位。2019 年 10 月 7 日，邱家庄遗址被公布为第八批全国重点文物保护单位。

15.2.3 海防文化遗产及其保护

海防文化是中华优秀传统文化和当代文化的重要组成部分；海防文化遗产既是古代海防体系的物质载体，也是我国实施海洋管辖、维护海洋主权的历史见证。海防文化遗产是指沿海地区保存的与海洋防御相关的历史遗迹和文化遗存，包括海边古战场、海防军事设施遗址等类型。海边古战场是指历史上发生过海上战役或海陆交战的地点，具有重要的军事和历史价值，如浙江临海桃渚城、广东珠海横琴岛南宋古战场遗迹。海防军事设施遗址包括海防城墙、城堡、烽火台、炮台、防御工事等，是古代海防体系的重要组成部分，如天津大沽口炮台遗址、山东威海炮台遗址、浙江温州苍南县蒲壮所城等。

1. 桃渚城

桃渚城位于浙江省临海市桃渚镇城里村。它地处三门湾与台州湾之间，是古代从海上进入台州府的要冲，具有十分重要的军事地位。为了抵御倭寇，明洪武二十年（1387 年），信国公汤和在旧城山筑桃渚城。目前，桃渚城是明代浙江沿海用于抗倭的四十一个卫所中唯一保存完好的，是研究明代卫所制度、沿海防御体系和抗倭史的重要实物资料。

2001 年 6 月 25 日，桃渚城被国务院公布为第五批全国重点文物保护单位。桃渚作为临海市旅游重镇，临海市政府为其拟定了详细的旅游业发展规划，这些规划的实施有助于保护和传承桃渚城遗址的历史文化，也推动了当地旅游业的繁荣发展。

2. 大沽口炮台遗址

大沽口炮台遗址坐落于天津市滨海新区，是明清时期用于海防的军事设施。明代嘉靖年间设防，清政府修建了一座圆形炮台于大沽口南北两岸。在第一次鸦片战争后，炮台被加固增修，至道光年间已建成五座大炮台，形成了相对完备的军事防御系统。

由于庚子事变后签订的《辛丑条约》，大沽口炮台遭到强行拆除。为完整呈现大沽口炮台遗址的历史，天津塘沽区政府对该遗址进行了重新整修。1988 年 1 月 13 日，大沽口炮台遗址被国务院确定为第三批全国重点文物保护单位。1997 年，天津市人民政府在原“海”字炮台遗址处重新修建了大沽口炮台遗址纪念馆。2013 年 2 月 16 日，大沽口炮台遗址正式通过全国旅游景区质量评定委员会的评定，被授予国家 AAAA 级景区称号。

3. 蒲壮所城

蒲壮所城位于浙江省苍南县马站镇蒲城社区附近的山麓，是明代用于抗倭海防的一座重要城堡。为了应对倭寇频繁犯境的情况，信国公汤和受朱元璋之托，在沿海边境大修城垣，共筑卫城和所城 59 座，蒲壮所城为其中之一。

1983 年，蒲壮所城被公布为县级文物保护单位后，由一批热心于文物保护的退、离休老人与乡政府和县文物主管部门共同管理。1985 年，蒲城乡义务文物保护管理委员会成立，为当地文物保护做了大量工作。1996 年 11 月 20 日，蒲壮所城被公布为第四批全国重点文物保护单位。

15.2.4　海洋工程文化遗产及其保护

海洋工程文化是中华文明体系中不可或缺的内容，是历史上人类有意识地为了开发、利用、改造海洋环境而创造的。海洋工程文化遗产是指在海洋环境中留存下来的各类与海洋工程建设相关的历史遗迹和文物。现存的很多海洋工程文化遗产并非纯粹的工程产物，而是地域文化发展的综合产物，不仅有文化、科技、文学、民俗、生态等方面的内容，更有精神层面的意义。

这些遗迹和文物包括水利设施遗址、桥梁码头遗址、仓储设施遗址等类型，记录了中国古代海洋工程技术的发展和演变，具有重要的历史、文化和科学价值。水利设施遗址是指古代用于调节海洋水域水文的工程设施，如堤坝、海塘、引水渠等，广泛分布于中国沿海地区，特别是长江流域和珠江流域等水域交汇处，如钱塘江古海塘。桥梁码头遗址包括古代用于连接陆地和海洋、促进交通运输的桥梁和码头建筑，分布于中国各个沿海城市和港口地区，如福建泉州安平桥、浙江宁波海运码头遗址。仓储设施遗址是古代用于存放货物和物资的建筑，包括仓库、货栈等，分布于中国各个沿海城市和贸易重镇，如浙江宁波永丰库遗址、江苏太仓海运仓遗址等。

1. 钱塘江古海塘

钱塘江古海塘的主要分布区域集中在浙江省杭州市和海宁市，是中国东南沿海地区著名的海洋工程文化遗产，于明、清时期修筑而成，总长达 317 千米。

2017 年 1 月，浙江省人民政府公布了杭州海塘和萧绍海塘（杭州段）为第七批省级文物保护单位。2019 年 10 月，钱塘江海塘海盐敕海庙段和海宁段被公布为第八批全国重点文物保护单位。海盐敕海庙段和海宁段是钱塘江海塘重要组成部分，用以抵御海水入侵，是钱塘江沿岸大规模持续开发利用的海塘系统工程的典型代表，也是中国古代捍海筑塘的最高技术成就。2020 年 1 月 7 日，国内首个以海塘遗址为主题的博物馆——杭州海塘遗址博物馆正式开馆。为了有效保护古海塘，浙江省人民政府批准公布了古海塘的保护范围和建设控制地带，并制定了《省级文物保护单位杭州海塘和萧绍海塘（杭州段）保护规划》，明确了基本的保护管理要求。

2. 安平桥

安平桥位于福建省泉州市境内，连接晋江市和南安市，是世界上中古时代最长的梁式石桥，也是中国现存最长的海港大石桥。安平桥始建于南宋绍兴八年（1138 年），于绍兴二十二年（1152 年）竣工投入使用。

2021 年，泉州作为“宋元中国的世界海洋商贸中心”成功列入《世界文化遗产名录》，安平桥作为二十二处代表性古迹遗址之一，标志着对安平桥及其周边遗址的保护工作取得了显著成果，也表明了国际社会对中国古代桥梁建筑的重视。

3. 永丰库遗址

永丰库遗址位于浙江省宁波市的唐宋子城遗址内，是一座以元代永丰库为核心的宋、元、明时期大型衙署仓储遗址。永丰库遗址的发现标志着国内首次发现的古代大型仓库，对中国宋元考古具有重要意义。

15.2.5　海洋文化线路及其保护

海洋文化线路是指海上丝绸之路上遗存的、能够见证东方及东西方各国间经济、文化、科技交流的重要文化遗产。这些文化遗产类型多样，包括但不限于古代港口城市、海洋贸易中心、海上交通要道、海洋文化遗址。海上丝绸之路作为海洋文化线路的一部分，是古代海上交通和贸易的重要组成部分，见证了不同民族、不同文明间的交流与互动。这些文化遗产不仅反映了古代航海技术和海上贸易活动的发展，也承载着丰富的历史、文化和人文内涵，对于研究古代海洋文明、推动跨文化交流具有重要价值。

1. 泉州：宋元中国的世界海洋商贸中心

“泉州：宋元中国的世界海洋商贸中心”位于国家历史文化名城泉州，由 22 个遗产点构成。这一系列遗址清晰地见证了泉州作为 10—14 世纪时“东方第一大港”的繁荣景象，完整地体现了宋元中国泉州港海外贸易体系和多元社会结构，证明了泉州在海上丝绸之路中的重要地位，也揭示了宋元时期泉州港海外贸易的规模和多样性。

泉州作为海上丝绸之路的重要节点城市，历经 20 年的申遗过程，于 2021 年成功列入《世界遗产名录》，成为我国第 56 个世界遗产项目。泉州市积极开展了大量卓有成效的遗产保护和申遗基础工作，泉州市政府制定了一系列保护管理办法，并开展了遗产本体修缮、环境整治、遗产监测和档案建设等系列工作，以确保遗址的完整保存和可持续利用。

2. 蓬莱水城及蓬莱阁

蓬莱水城及蓬莱阁是明代海防水城古建筑，均位于现山东省烟台市蓬莱区丹崖山，曾是海上丝绸之路的重要节点，也是海上丝绸之路最为耀眼的起始港口之一。蓬莱水城原为北宋所建防御契丹入侵的刀鱼寨旧址，后为防倭寇改建水城，用于停泊船舰、操练水师。

蓬莱水城经历了漫长的历史发展和长期废弃，又遭受严重破坏，自 20 世纪 50 年代开始，相关部门对其陆续开展了修复和保护工作。蓬莱水城与蓬莱阁于 1982 年被共同列为全国重点文物保护单位。2000 年，蓬莱市着手对蓬莱水城遗址进行有规划的总体保护设计。

3. 湄洲妈祖祖庙

湄洲妈祖祖庙位于福建省莆田市湄洲岛，始建于北宋雍熙四年（987 年），是世界上第一座妈祖庙。福建港口地理位置优越，是海上丝绸之路的重要枢纽，妈祖文化作为中华民族的重要组成部分，通过闽人的航海、海洋贸易和迁徙，传播到世界各地。

2006 年 5 月 25 日，湄洲妈祖祖庙被列为第六批全国重点文物保护单位。2009 年，“妈祖信俗”被联合国教科文组织列入《人类非物质文化遗产代表作名录》，成为中国首个信俗类世界遗产。2010 年，福建省政府在湄洲岛设立了湄洲妈祖文化生态保护实验区，为福建省批准的首个省级文化生态保护区，标志着妈祖文化在故乡得到进一步的保护和弘扬。

15.3 海岸带历史文化遗产保护的政策与法规

15.3.1 中国海岸带历史文化遗产保护的政策与法规

1. 相关政策

2012 年《全国海洋经济发展“十二五”规划》指出，要弘扬海洋文化，充分挖掘以涉海文物、遗址、古建筑等为代表的历史文化。2013 年《国家海洋事业发展“十二五”规划》明确了针对海洋意识和文化提升的具体措施：制定海洋文化遗产保护规划，加强海洋文化遗产研究和调查，加强海洋水下文化遗产保护，发掘、传承和弘扬妈祖文化、以海洋丝绸之路为代表的海洋商业文化、以郑和下西洋为代表的航海文化。2017 年《国家文物事业发展“十三五”规划》提出海上丝绸之路文物保护工程，具体内容包括：开展海上丝绸之路史迹调查，基本掌握西沙海域文物遗存状况，加强明清海防设施、窑址、海岛文物调查研究，推进东海、黄海、渤海及内水重点区域水下文化遗产调查。新时代国家海洋事业对海洋文化遗产的关注日益凸显。

2. 相关法规

1982 年联合国通过的《联合国海洋法公约》对保护水下文化遗产作出新规定，要求各国保护海洋发现的考古和历史文物。1996 年我国加入该公约，确立了我国享有主权和管辖权海域的法律地位。1989 年国务院颁布《水下文物保护管理条例》，使我国水下文物事业步入有法可依的关键阶段，首次为水下文物保护提供法律依据，并于 2011 年和 2022 年两次修订后重新公布。这是我国第一部也是目前唯一一部针对水下文物的法规，对划定公布文物保护区作了具体规定：一是明确水下文物分布较为集中，需要整体保护的水域可以划定水下文物保护区；二是明确划定调整水下文物保护区应当征求有关方面意见；三是明确水下文物保护区的单位应当制定保护规划，明确标示范围和界线，制定并公布具体保护措施。我国海洋文物已由单纯的水下发掘到全方位的保护利用发展，相关的法律体系逐步建立。

1)**《中华人民共和国文物保护法》**

该法共八章，一百零一条，涉及对不可移动文物、考古发掘、馆藏文物、民间收藏文物等内容的规定。如针对馆藏文物，第五十一条规定，博物馆、图书馆和其他文物收藏单位对其收藏的文物，必须按照国家有关文物定级标准区分文物等级，设置档案，建立严格的管理制度，并报主管的文物行政部门备案。

2)**《中华人民共和国水下文物保护管理条例》**

1989 年 10 月 20 日国务院发布并施行《中华人民共和国水下文物保护管理条例》(以下简称《条例》)。分别于 2011 年和 2022 年修订。《条例》共二十三条，对水下文物的定义、所有权、管辖权、管理机构、考古、发掘、上报奖励等事项作出了明确规定。《条例》细化了水下文物保护区制度，明确水下文物分布较为集中、需要整体保护的水域可以划定水下文物保护区；明确水下文物有关管理执法机制，明确国务院文物主管部门、地方人民政府文物主管部门、县级以上人民政府其他有关部门在水下文物保护工作中的职责权限；加强水下文物考古调查、勘探、发掘等水下文物保护管理工作。

15.3.2　国外海岸带历史文化遗产保护的政策与法规

1.《联合国海洋法公约》

1982 年联合国通过的《联合国海洋法公约》对保护水下文化遗产作出新规定，要求各国保护海洋发现的考古和历史文物。该公约于第三届联合国海洋法会议 1982

年4月30日通过，1994年11月6日生效。中国于1996年5月15日批准了这一公约。《联合国海洋法公约》除序言外，有正文十七个部分，共包含三百二十条、九个附件和一个最后文件，涉及12海里领海宽度、200海里专属经济区、海峡通行权利、大陆架的界限、国际海底的勘探和开发制度以及海洋环境保护、海洋科学研究等问题。

2.《保护水下文化遗产公约》

联合国教科文组织于2001年11月2日在巴黎第31届联合国教科文组织（UNESCO）大会上通过《保护水下文化遗产公约》（以下简称《水下公约》），并按约定于2009年1月2日在第一批共20个缔约国签署后生效。《水下公约》指出："水下文化遗产"系指至少100年来，周期性地或连续地，部分或全部位于水下的具有文化、历史或考古价值的所有人类生存的遗迹。

《水下公约》明确规定不得对水下文化遗产进行商业开发，水下文化遗产作为人类文化遗产的重要组成部分，所有缔约国都应该按具体情况单独或联合采取一切必要的措施对其进行保护。《水下公约》指出就地保护是首选的保护方式，且打捞出水的水下文物必须妥善保管，以便长期保存。鼓励在不妨碍对水下文化遗产的保护和管理的前提下，以负责的和非闯入方式向公众开放仍位于水下的文化遗产，以对其进行考察或建立档案资料。《水下公约》还强调应确保对海域中发现的所有人的遗骸给予恰当的尊重。《水下公约》为国际社会保护水下文化遗产指明了未来的发展方向，推动了许多国家水下文化遗产保护立法改革和专门机构的成立。公约中就地保护和禁止商业开发的基本原则为国际社会认可并推崇。虽然公约比较详尽而科学地规定了对于水下文化遗产的管辖权，但回避了对归属权作出明确规定，为复杂的水下文化遗产的归属权问题埋下了隐患。

15.3.3 海岸带历史文化遗产保护的策略

海岸带历史文化遗产保护是一个多维度、跨学科的复杂任务，立法保护是基础，需要制定和完善相关法律法规，确保文化遗产得到法律层面的保护。这包括明确文化遗产的所有权、管理责任、保护标准和利用方式，以及对破坏行为的惩罚措施等等。

同时，相关规划应充分考虑文化遗产保护的需求，合理规划海岸带的使用，避免对文化遗产的破坏。而科学评估是保护工作的前提，通过定期对文化遗产进行科学评估，了解其保存状况和面临的威胁，特别是气候变化和人类活动对文化遗产的影响。公众教育和社区参与是提高保护意识和参与度的关键，通过教育和宣传活动，让公众了解文化遗产的重要性，并鼓励当地社区参与文化遗产的保护和管理。此外，持续监测与评估、灾害预防和风险管理、资金支持、旅游管理、适应气候变化、教育和培训等方面都是保护工作中不可或缺的部分。

总之，海岸带历史文化遗产保护需要综合考虑各种因素，采取多种策略，形成一个全面的保护体系，以确保这些宝贵的文化遗产得到有效的保护和传承。

关键术语

海岸带历史文化遗产、沿海历史聚落、海防文化遗产

思考题

1．简述中国海岸带历史文化发展的脉络，并概括不同历史时期海岸带历史文化的主要特征。

2．简述中国海岸带历史文化遗产面临的现实问题。

3．简述海岸带历史文化遗产的主要类型。

4．对比国内外海岸带历史文化遗产保护的政策和法规，分析两者的关联和区别。

参考文献

[1] 曲金良．中国海洋文化遗产保护研究［M］．福州：福建教育出版社，2019.

[2] 张兵，祝颖盈，蓝春，等．自然解：气候变化影响下的历史城市环境认知与保护规划方法［J］．城市规划学刊，2024（1）：18-28.

[3] 梁智尧，赵云，冯辽．我国海洋文化遗产空间区划及其规划策略［J］．中国文化遗产，2022（5）：62-70.

[4] 牛小溪，谭立峰，刘芳，等．基于空间统计分析和地理探测器的中国海洋文化遗产空间区划［J］．热带地理，2024，44（3）：532-546.

[5] 王晶．澳大利亚海洋管理中的水下文化遗产保护及启示［J］．自然与文化遗产研究，2022，7（5）：18-25.

[6] 赵平，项敏．海洋文化遗产的分类策略与资源体系建构［J］．浙江大学学报（人文科学版），2019，36（4）：32-37

[7] 麻三山，余玲．环北部湾海洋文化遗产资源及构成体系综述［J］．玉林师范学院学报（哲学社会科学），2017，38（1）：35-42.

[8] 李加林，杨晓平．中国海洋文化景观分类及其系统构成分析［J］．浙江社会科学，2011（4）：89-94+158.

第 16 章

海岸带空间管理的景观方法

教学要求

目前，我国海岸带保护与管理实践中综合整体的海景保护理念仍在发展，海景类型识别与区域划分方法尚不完善。英国拥有相对完善与系统的景观规划管理体系，其于 20 世纪 90 年代形成的景观特征评估（Landscape Character Assessment，LCA）被认为是从综合整体视角系统识别景观结构、划定景观规划管理单元的前沿工具，已形成了一套较为成熟的体系。在聚焦陆域的景观特征评估工具的基础上，英国进一步发展了聚焦陆海过渡区域的海景特征评估（Seascape Character Assessment，SCA）工具，与 LCA 相结合，提供了一个综合、整体的多层级海景特征类型 / 区域界定方法与工具，其划分结果有助于规划政策中陆海统筹及综合保护与利用目标的实现，英国的经验可为我国国土空间规划背景下多级海岸带界定体系的构建提供可参考的经验。

通过本章的学习，应系统理解综合景观管理的内涵与重点及其在海岸带综合管理中应用的特点与优势；掌握海岸带空间管理中海景特征评估的方法与工具；了解海景特征评估在自然保护、生态修复、海岸带开发管理中的应用路径。

16.1 从自然保护区到全要素景观管理

16.1.1 从静态自然保护到动态景观管理

当今的海岸带保护与利用问题日益严峻，海岸景观不断受到自然环境、经济和社会构成等驱动力的复杂相互作用而持续变化。海岸带生态系统的自然机制在一定程度内能维持人类活动与自然环境的平衡，但这种恢复力显然是有限的，在高强度的人类活动下，海岸带生态系统正持续衰退。即使沿海地区的保护区数量及空间范畴不断地扩张，但基于场地的保护方法在当今全球气候变化与持续的城市化进程下难以继续发挥其显著的作用，该方法的局限性主要在于静态保护无法调和“保护”与“发展”的关系。海洋保护区只是保护和恢复海洋健康解决方案的一部分，随着沿海地区保护和利用目标的增加，保护区无法解决沿海生态系统面临的现有威胁或新出现的挑战，譬如陆源污染、沿海开发的威胁等，也难以实现综合管理的目标。

动态的、不断发展的海洋环境面临不断的变化，相关措施的制定需要根据具体情况判断变化的影响，并引导变化导向可持续的结果。为了实现变革并使变革得到广泛的支持，决策者需要充分地了解海洋环境的特征，才能判断自然、文化等驱动力产生变化的影响，进而结合发展与保护目标制定相适应的海洋管理策略。在此背景下，英国探索了海景特征评估（SCA）方法作为陆海统筹背景下海景保护与管理的新工具，通过整体的海景特征管理区域内动态变化。

16.1.2　从“景观”到“海景”

《欧洲景观公约》(*European Landscape Convention*，ELC）的第一条将景观定义为“人们感知到的区域，其特征是自然和（或）人类行为的作用和相互作用的结果”。当代的“景观”既是一种物质存在，也是一个综合概念，是人与环境关系的整体呈现与客观表征。景观的概念融合了初始的自然（如地形地貌、土壤、气候、植物、生物等）与人类改造自然的文化（如过去与现在的土地利用、聚居点及其他人类的干预等），且其概念的扩展已经突破传统景观美学的范畴，总括了人类视域的所有存在，是人类生存发展的实体基础，既包括人居环境的各项要素，还包括野生生物的栖息地。ELC 中并未定义海景，而是将海景包含在景观的概念中，将前者视为后者的子集，例如 ELC 第二条指出景观涵盖自然、农村、城市和城郊地区，包括内陆土地、内陆水域和海洋区域。

海景的概念在世界各地以不同的方式发展，“海景”这一术语已被认可并用于多种目的。英国在过去几十年一直在规划和政策中考虑海景，并推进海景特征的概念，开创了海景特征评估（SCA）方法及历史海景特征（Historic Seascape Characlerisation，HSC）评估方法。英国没有关于海景的法律定义，英国政府的自然环境顾问自然英格兰

（Nature England）在《所有景观都很重要》（*All Landscapes Matter*）中将海景定义为：人们所感知到的海洋、海岸线和陆地的区域，其特征是由自然和（或）人为因素造成的陆与海的作用和相互作用的结果（图 16–1）。

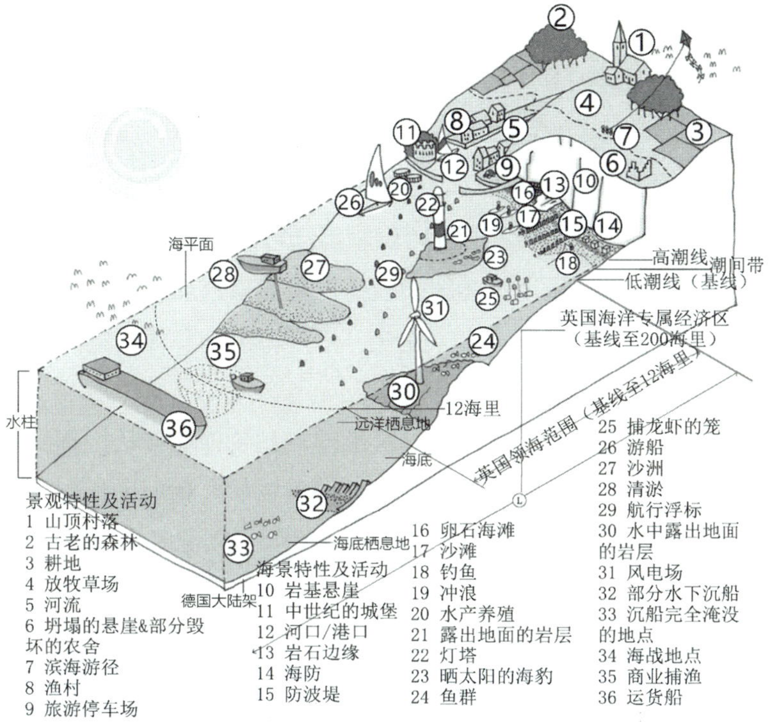

扫码看高清大图

图 16–1　海景假想图
资料来源：NATURAL ENGLAND. An approach to seaspace character assessment[R]. Natural England，2012.

《南部海洋规划技术手册》（*South Inshore and Offshore Marine Plan Technical Annex*）将海景拆分为视觉资源和海洋特征两部分：视觉资源指陆域上看到的海域及海域上看到的陆域；海洋特征是对一个区域的整体感知。《海洋政策声明》（*Marine Policy Statement*）将海景定义为，可以看到的海岸或海洋的景观，以及具有文化色彩的海岸和彼此之间有文化、历史和考古联系的邻近海洋环境。此外，随着海洋和海景生态学近年来的迅速发展，推动了海景研究在全球范围的快速发展，这些研究不仅涵盖景观、沿海、岛屿和海洋等要素，通常也涉及环境、社会经济和文化背景。海景生态学、海洋文化研究、海景分析和规划都对海洋资源和遗产的知识发展和保护作出了重要贡献。

“海景”与“景观”概念相互关联，但其内涵因沿海日益增长的环境压力及人们对其在自然、经济、社会及康乐等多元价值的关注而得以强调并不断拓展。海景的概念已经从最初的图片或海洋的含义，扩大到沿海景观和开阔水域的毗邻区域，包括从陆地到海洋、从海洋到陆地以及沿海岸线的视域范围，是沿海岸、海洋、邻近水域和陆地发展的生物、非生物和人类相互作用过程的结果，是自然与人、保护与规划、陆地与海洋之间相互交织的纽带。

16.1.3　海景保护管理的诉求

自 2011 年由英国环境、食品和农村事务部（DEFRA）颁布《保卫我们的海洋》（*Safeguarding Our Seas*）以来，相关的系列报告均表明海洋环境管理需要一种新的方法来应对矛盾、冲突、社会与经济压力。英国一直在积极探索合理有效的沿海地区自然保护和管理方法，旨在实现清洁、健康、安全、多产和生物多样性的海洋环境愿景。

Rees 等人认为，面对无法避免的变化，沿海地区的保护和管理必须认识到区域的复杂性与特殊性。对于沿海的各类保护区而言，因区域内强烈的陆海相互作用和海水流动性等因素影响，如果不考虑将海洋保护区网络的建设纳入更广泛的海景背景之中，很难取得最优的保护结果。此外，为应对沿海地区有关的开发压力，应确保决策过程中拥有能应对即将到来的变化的工具（表 16–1）。

表 16-1　基于场地划定保护区的方法和 SCA 方法

	基于场地划定保护区的方法	SCA 方法
保护对象	特定的物种、栖息地等高生态价值区域	整体的海景特征
划定方式	有选择的圈定	基于特征进行分区
保护范畴	保护区内	覆盖全域
管控程度	相对严格，通过限制人的行为等使保护区保持在良好状态	对动态的变化进行管理；引导积极的变化
关系	SCA 方法可为区域内各类保护区提供综合的背景框架，两者协同作用，提高保护成效	

资料来源：作者自绘

面对无法遏制的环境变化及综合协调保护与利用的诉求，海岸带的保护与管理面临着巨大挑战。在此背景下，为了充分应对海岸带景观变化以及获得广泛的支持，需要充分了解海洋环境的特征及其自然、文化的变化对海洋环境所产生的影响。

SCA 是对海景特征进行表征、描述和评估的方法，该方法的核心在于通过综合叠加与保护及利用密切相关的景观要素，将连续的地表划分为相对同质的单元，其特征分类的结果能呈现并让人了解区域内在的整体特征和品质（图 16-2）。基于场地划定保护区的方法通过特征分类将景观内部几乎无限的变化简化为适合研究、交流和管理的空间单元；SCA 方法通过管理空间单元内的动态变化，保护海景的整体特征（图 16-3）。

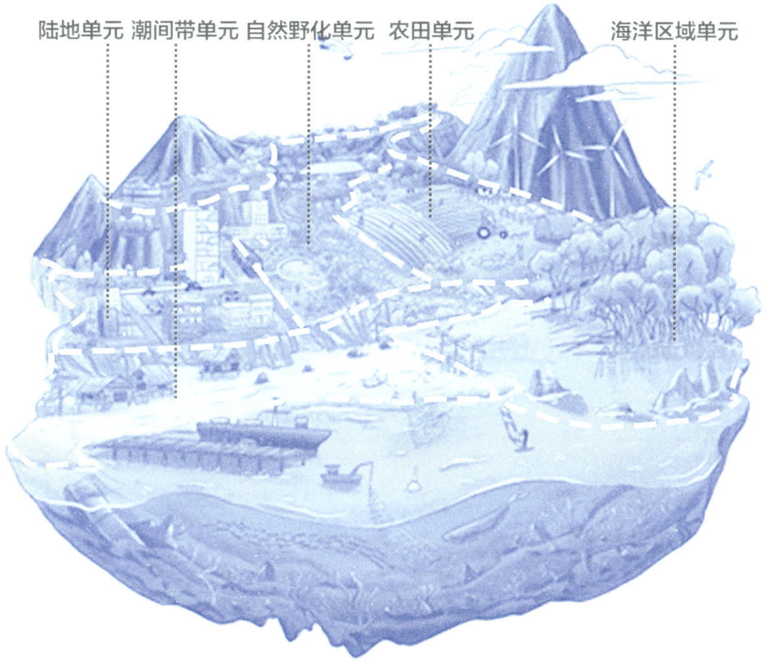

图 16-2　基于 SCA 划分的空间单元示意
资料来源：HAZEU G W，METZGER M J，MÜCHER C A，et al. European environmental stratifications and typologies：an overview[J]. Agriculture，Ecosystems & Environment，2011，142（1）：29–39.

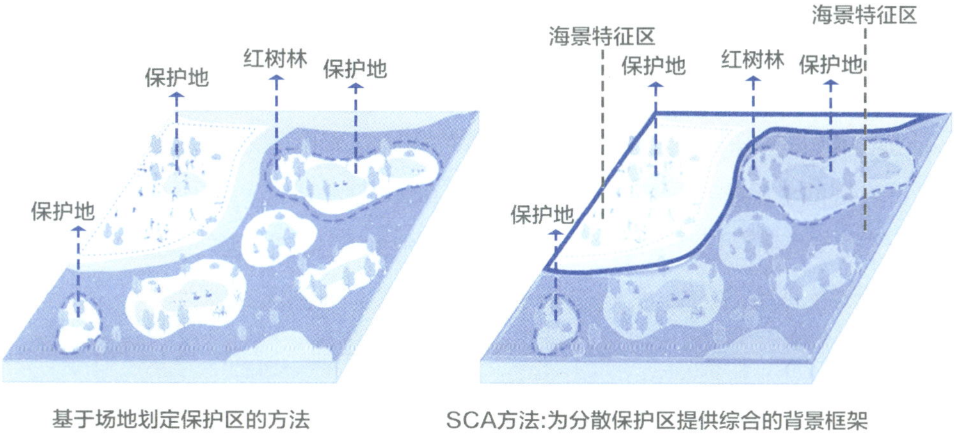

图 16-3　保护区方法和 SCA 方法对比示意
资料来源：作者自绘

16.2 海景特征评估的目标与原则

16.2.1　海景特征评估的目标与原则

SCA 作为英国海景保护与管理的新工具，其核心目标是通过整体的海景特征管理区域内的动态变化。同时为回应《海洋政策声明》的要求，英国在国家层面出台了 SCA 导则，为各海洋规划区展开 SCA 提供系统的框架，以确保评估过程、原则及考虑因素的一致性，从区域尺度保障政策的落实，辅助规划的实施。SCA 导则可以概括为以下五项原则。

1. 景观无处不在，所有的景观和海景都具有一定的特征

海景特征评估过程中强调相对客观的识别和描述，而不着重强调不同海景的价值或品质等级等因素，不关注影响海景评估等级的因素。因此，对海景特征概念的理解至关重要。

2. 海景存在于所有尺度，海景特征评估过程适应所有尺度

SCA 是系统进行海景特征分类和单元划分的工具，在嵌套的尺度框架下运行，为多尺度海景保护管理单元的划分提供了透明、程序化的工具与方法，并可与相应行政管理级别连接。

3. 海景特征评估应包括理解人们是如何感知和体验海景的

正如《欧洲景观公约》所强调的那样，人们的感知维度将陆地变成了景观，进而将海洋变成海景。因此，海景不仅仅是专业人士和海洋专家关心的问题，它与每个人的生活品质息息相关。了解人们如何看待和体验海景作为 SCA 过程的一部分非常重要，包括回顾影响海景特征的各类自然和文化力量。

4. 海景特征评估为一系列决策和应用提供了证据基础

SCA 的成果可以为更广泛的环境决策提供证据基础。例如，对海景特征的了解可以辅助定义海岸或海洋区域面向对特定开发项目的敏感程度，和可能需要哪些条件或缓解措施才能使其可适应既定的海景特征，以及为保护地内海景的分类保护与管理提供证据基础。

5. 海景特征评估可以提供一个综合整体的空间框架

SCA 的过程需综合考量物理、自然、文化和社会因素的交互作用，这些因素结合在一起创造了场所感和地域性。评估过程需要有效地整合有关自然演变、历史环境变迁和景观特征时序性发展信息，并理解人们对海景的感知和体验方式。

16.2.2 海景特征评估的尺度与维度

SCA 可应用于国家、区域、地方等不同的空间尺度。

1. 国家尺度和区域尺度

国家和区域尺度通常被视为“景观尺度”的评估，使用景观生态规划的术语，主要基于地理学和国家景观分类系统。该尺度的评估通过卫星遥感、航拍等获得基础数据，经 GIS 分析和人工辅助修正划分景观特征区域，而较少进行实地调查和研究。

国家或大区域尺度的评估主要关注大范围的生态作用，重点分析人类行为影响下自然环境形成的景观特征及其变化方式，常用比例尺范围为 1∶250 000 至 1∶150 000。区域尺度则聚焦更为细致的景观特征变化的识别，常用比例尺为 1∶50 000 或 1∶25 000。

2. 地方尺度

地方尺度通常被理解为具有更多细节的场地评估，可在国家或区域框架下自行定义、划分景观特征，在客观量化基础上更多地融合了人类的主观感受（如观感、色彩等），比例尺为 1∶10 000 或更大。

每个层级的景观根据自然特征及人文特征的差异程度以及成果深度的不同，可细分为不同的景观特色类型和景观特色区。SCA 成果在沿海地区海景保护管理中具有多维度多层级的应用潜力，既可提供整体背景框架，也会在有关特征区的描述文件中涉及自然、文化、社会、感知和审美维度。

16.2.3 海景特征评估的核心成果

SCA 的核心成果包括海景特征区分布图、视觉资源图示（Visual Resource Mapping，VRM）和海景特征区描述文件，三者共同呈现了综合整体的海景基线信息库，为分散的各类保护地提供了综合的背景框架，以确保决策过程拥有应对即将发生的变化的方法与工具。

1. 海景特征区分布图

海景特征区分布图呈现了各区域的核心特征。从国家尺度到地方尺度，参数化方法被弱化，人工解译方法不断增强。例如在国家或区域尺度的海景特征分类要素构成中，水体类型被最多用于进行海景特征表征，其次是海岸特征、地形地貌及海洋及土地利用；在地方尺度，水深和栖息地被最多用于进行海景特征表征，其次是海岸特征、地形地貌、基岩、波候、海洋及土地利用。

2. 视觉资源图示

视觉资源图示呈现了整体的陆海视觉资源。从国家尺度到地方尺度，陆海视域分析的数字高程模型（DEM）数据精度不断提高，分析的针对性不断增强。根据不同尺度进行差异化的视域分析，成果一般由陆域的海景能见度、海域被陆域观察到的程度构成。

3. 海景特征区描述文件

每个特征区都有单独配套的描述文件，其遵循结构化的框架，一般包括特征区位置和边界、整体特征、相邻的国家特征区、相邻的国家保护区、关键特征、自然影响、文化和社会影响、美学和感知品质等方面的文字描述。

16.2.4　陆海统筹视角下 SCA 与 LCA 的衔接

英国海洋规划高度重视与陆地规划的衔接，一致的陆海政策和指导文件是其衔接陆海规划的方法之一。SCA 遵循与 LCA 相似的工作逻辑，两者结合可提供覆盖陆海全域的综合、整体的特征评估方法与工具，为陆海基线信息衔接提供了一致的空间框架。此外，SCA 更多地考虑了广泛的陆海视觉关系，其核心成果之一的视觉资源图示通过在陆海界面之间进行视域分析，建立了跨陆海界面的空间与视觉连接。

各类保护地的边界范围无法阻挡边界外相邻区域的潜在影响。对于沿海地区的各类保护地因其强烈的陆海相互作用及海域流动性等方面，外部环境状况对保护地的影响相较于陆域更为显著。SCA 可与 LCA 相衔接呈现出包含自然、人文和视觉的完整的陆海景观基线，为区域内分散的保护地，尤其是跨陆海界面的保护地提供综合整体的背景框架，可通过提供保护地边界外广泛区域的海景特征及海景基线信息，帮助各类保护地判断外部相互关联环境所带来的潜在影响，从而辅助制定相应的行动与策略，提高保护地的保护成效。

作为英国应对沿海地区环境变化和开发压力的新工具，SCA 在陆域 LCA 的基础上进一步拓展了特征评估的空间范围，将英国的主要关注从陆域特征拓展至海洋。

英国陆地规划的向海侧边界一般延伸至平均低潮线，而海洋规划的向陆侧边界一般延伸至平均大潮线，两者空间范围的重叠部分要求相关机构间开展有效合作，以确保陆海规划的协调。因此，SCA 和 LCA 的实践过程中也十分注重两者的边界衔接（图 16-4），形成了一个较为完善的衔接体系（表 16-2）。

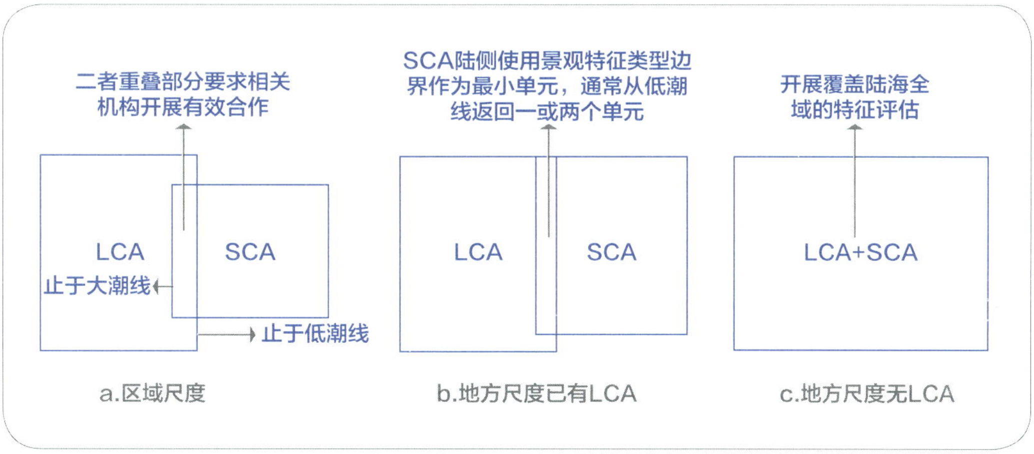

图 16-4　LCA 与 SCA 三种边界衔接方式示意
资料来源：作者自绘

表 16-2　LCA 与 SCA 的对比与衔接

		LCA	SCA
国家尺度	目的	颁布技术导则，提供开展景观特征评估的一般性方法	颁布技术导则，提供开展海景特征评估的一般性方法；提供陆海一致的评估、规划和管理方法与工具
	备注	LCA 在国家尺度存在自上而下的单元划分；而 SCA 在国家尺度是自下而上的拼合，即在区域尺度划分空间单元，各区域向上拼合，构成国家尺度的成果	

续表

		LCA	SCA
区域尺度	目的	可作为各国家特征区良好的决策框架：提供各特征区主要的自然及文化特征、景观随时间的演变的详细描述，以及对每个地区特征和生态系统服务的广泛分析	回应各海洋规划区海洋规划目标的要求；促进跨陆海界面的相互作用；提供陆海一致的评估管理工具，衔接陆海规划基线信息
	特征区边界识别主要要素	自然要素：地质、地形等 人文要素：聚落等	自然要素：地质、高程、生物多样性保护地、景观保护地等 人文要素：文化遗产、人类活动等
	边界衔接	LCA 向海侧边界止于平均低潮线，SCA 向陆侧边界止于平均大潮线，但研究范围向内陆延伸 20 千米	
地方尺度	目的	提供更细致的特征分类；构建并描述特征区；评估地方主要变化带来的潜在影响；并提供细致的景观策略与指引	确保海岸和潮间带特征得到充分的绘制与描述；分析不同区域所面临的特别敏感问题，并就今后如何增强单元特征提供指导；提供开发建设层面的管控与指引
	特征区边界识别主要要素	自然要素：地质、地形等 人文要素：土地利用、聚落等	自然要素：地形地貌、地质、高程水深等 人文要素：土地利用、海洋利用及活动等 感知与视觉：陆海互视关系等
	边界衔接	地方尺度已开展 LCA：SCA 向陆侧使用景观特征类型边界作为最小单元，通常从低潮线返回一或两个单元，包括所有在 LCA 中被归类为“海岸（Coast）”和“离岸岛屿（Offshore Coast）”的景观特征类型； 地方尺度尚未开展 LCA 或 LCA 需更新：进行 LCA 与 SCA 综合评估	

资料来源：作者自绘

在区域尺度，LCA 向海侧边界止于平均低潮线，SCA 向陆侧边界止于平均大潮线，但研究范围向内陆延伸 20 千米，在两者重叠部分要求相关机构开展有效合作。

在地方尺度，针对已开展 LCA 的地区，SCA 向陆侧使用景观特征类型边界作为最小单元，通常从低潮线返回一或两个单元，包括所有在 LCA 中被归类为“海岸（Coast）”和“离岸岛屿（Offshore Coast）”的景观特征类型，而地方尺度尚未开展 LCA 或 LCA 需更新的地方，则进行 LCA 与 SCA 综合评估。

16.3 海景特征评估应用管理的技术路线

16.3.1 海景特征评估的程序与步骤

海景特征评估（SCA）的过程包括理解如何将一系列广泛的物理、自然、文化和社会影响因素汇聚在一起塑造区域的特征。SCA 是对海景特征进行表征、描述和评估的方法，其过程一般包括界定评估目的及范围、桌面研究、实地调研和特征分类与描述四大步骤。

SCA 技术步骤核心在于进行特征分类与特征描述，聚焦于解析一个区域区别于另一区域的原因，包括识别具有不同特征的区域，并对这些区域进行分类和制图，对其特征进行描述和解释，实际操作步骤包括：①叠加多维度海景要素，进行特征分类或特征分区，识别具有共同特征的区域，形成海景特征区（或特征类型）分布图；②进行全域及各特征区的陆海视觉资源评估，形成视觉资源图示；③对特征区或特征类型进行系统描述，形成海景特征区描述文件。

因此，通过 SCA 的一般过程可以得到其核心成果，包括：海景特征区（或特征类型）分布图、视觉资源图示和海景特征区（或特征类型）描述文件。海景特征区分布图呈现了各区域的核心特征，视觉资源图示呈现了整体的陆海视觉资源，描述文件包括特征区区位图、总体描述和详细描述。三者有效地整合并呈现了全域内自然、人文及感知三个维度的信息，可以呈现并让人了解区域内在特征和品质，共同形成了综合整体的海景基线信息库，形成了判断区域内海景变化的基础，可辅助判断区域内某类型开发建设活动所带来的影响。

16.3.2 海景特征评估的核心技术

1. 海景特征分类与海景特征的关键要素

海景特征分类的第一步通常是将其划分为内部相对同质的单元，其中，海景特征的关键要素是特征识别的材料，是造成特征识别结果差异的主要原因。

《海景特征评估方法》（*An Approach to Seascape Character Assessment*）导则部分的海景轮（the seascape wheel）提供了海景特征分类数据集的基本清单，从自然（natural）、文化 / 社会（cultural/social）及感知与审美（perceptual & aesthetic）三个维度为海景特征的关键要素选择提供了框架，有效地组织不同影响之间的复杂关系（图 16-5）。

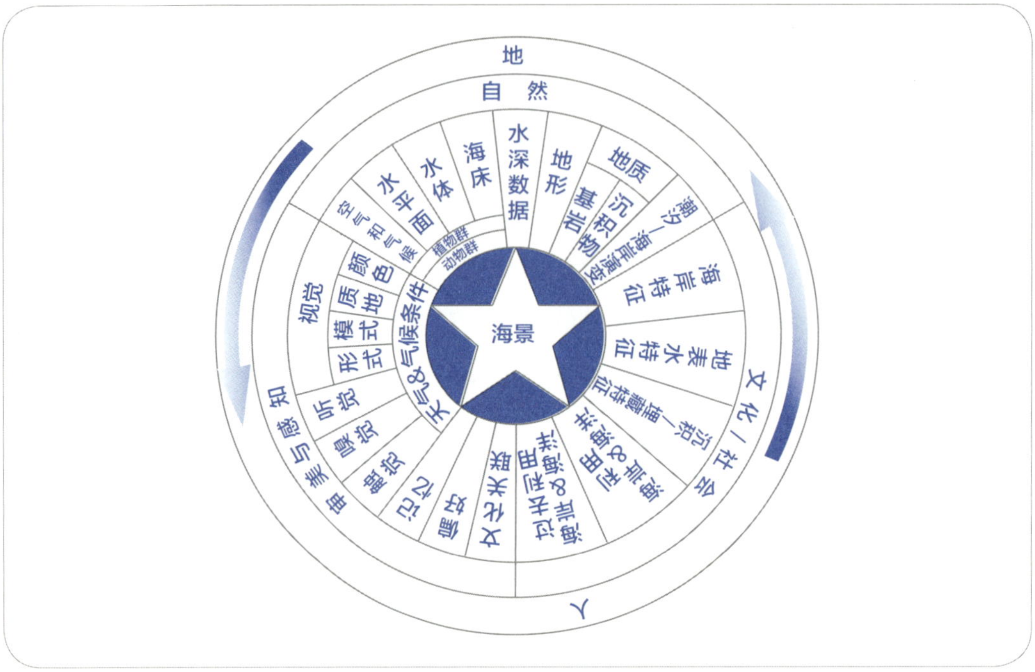

图 16-5　海景轮
资料来源:NATURAL ENGLAND. An approach to seascape character assessment [R/OL] .(2012-10-11) [2024-05-10] . https://assets.publishing.service.gov.uk/government/uploads/system/uploads/attachment_data/file/396177/seascape-character-assessment.pdf.

2. 海景特征分类方法

目前，海景特征分类方法包括整体方法（holistic method）和参数化方法（parametric method）两类。

1）海景特征分类方法——整体方法

整体方法的过程类似于模拟照片解释，借用个人或集体的格式塔洞察力，从对景观的全面观察开始，间接对航拍影像进行手动分类，识别景观的复杂形态。该方法优势在于，即使分类所使用的数据源存在不一致等缺陷，也能针对目标区域进行快速全面的识别。但由于识别基于专家主观判断，高度依赖人在解释复杂模式时感知格式塔的能力，所以难以由其他专家修改分类或合并研究后期获得的新数据。

2）海景特征分类方法——参数化方法

参数化方法是一种相对客观的方法。随着遥感技术、地理信息系统软件的发展和计算机性能的提升，该方法为减少景观分类的主观性提供了有效途径，被更广泛地应用于特征识别研究中。Simensen 等认为参数化方法更接近于“映射”（mapping）而不是“特征评估”（character assessment），其表征（characterisation）的过程包括对样本单元中景观要素的组成进行数据分析以确定主要组分，尽管该方法相对“独立于观察者”（observer-independent），但这种分类高度依赖于输入变量以及数据分析方法的选择，因此对于参数化方法，获取分类使用的数据源十分重要。常用的参数化方法包括以下三类（表 16-3）。

表 16-3　特征分类参数化方法解析

分类方法	数据类型	分类结果	优势	劣势
基于 GIS 平台进行要素叠加	数据类型需统一为矢量数据或栅格数据	多边形斑块	陆海均适用；边界为客观存在的分界线	叠加要素不宜过多，否则识别结果会产生众多类型 识别结果会产生大量碎斑，需进一步整合优化
基于多光谱影像进行分割	运用波段合成工具将栅格数据整合为多光谱数据	多边形斑块	边界为客观存在的分界线	适用于陆域，海域的应用具备技术瓶颈
基于网格和聚类分析	矢量数据 / 栅格数据	网格单元斑块	陆海均适用	边界为虚拟的网格边界组合而成；结果依赖于网格单元的精度

资料来源：作者自绘

基于 GIS 平台进行要素叠加指选取一组专题图层进行空间叠加并形成复合地图，其中叠加所形成的多边形斑块被定义为景观特征类型或区域，每个斑块内部具有共同的要素属性。该方法陆海均适用，其分类结果的边界为客观存在的边界。

基于专题图层组成的多光谱影像（multispectral image）进行分割指通过图像处理软件的参数调整实现对影像的自动划分或半自动化划分，对景观特征分类进行辅助。其中 eCognition 是最常用的软件，它基于波段信息采用模糊分类法，将像元聚类为多边形对象，并且遵循最小化异质性的原则进行分割。

基于网格和聚类分析的景观特征识别方法，通常以网格像元作为空间单元，数据集通过 GIS 叠加将变量集成于网格像元中，该方法通常用来分析并识别出多变量数据中具有强烈内部相似性的组（聚类）。

16.3.3　海景特征评估的应用范围

SCA 使得海景可在就未来变化制定规划决策、指导沿海地区开发项目的选址等诸多场景中得到适当考虑（表 16-4）。海景特征类型和海景特征区可在不同的尺度上使用，以适应不同的海洋规划目的，例如使用区域尺度的海景特征类型呈现宏观的海景基线信息，而地方尺度的海景特征类型可作为保护区内特定地点开展活动的一个有效规划和管理工具。

表 16-4　海景特征评估应用范围举例

应用领域	具体名称
地方当局的规划和战略	地方策略性发展规划
	可持续社区策略
	地方经济评估和经济战略
	可再生能源战略
	矿物和废物战略
	康乐及旅游战略
	开发简要说明
规划和管理	海洋规划
	保护区管理规划
	确定保护区的边界
	海岸和河口管理规划
	生物多样性管理、恢复和增强规划
	环境研究
	沿海通道路线规划
其他规划和进程	范围、筛选意见和申请前的讨论
	行业活动牌照规划（如石油、天然气或海上风能）
	新开发项目的选址和规划
	海岸带综合管理（ICZM）规划
	可持续性评价（SA）
	策略性环境评估（SEA）
	环境影响评估（EIA）
	景观及视觉影响评估（LVIA）
	缓解和适应气候变化的对策
	海岸防御和管理计划
	欧洲景观公约（ELC）行动计划
	海岸线管理规划

资料来源：NATURAL ENGLAND. An approach to seascape character assessment [R/OL]. (2012-10-11) [2024-05-10].https://assets.publishing.service.gov.uk/government/uploads/system/uploads/attachment_data/file/396177/seascape-character-assessment.pdf.

16.3.4　海景特征评估的总体特点

SCA 的总体特点包括其多尺度的层次体系在国家、区域及地方尺度上分别制定技术导则、绘制海景特征并叠加关键要素，形成多尺度嵌套的空间单元体系，并对各个海景特征类型或区域进行关键特性的描述与分析。同时，该体系强调陆海统筹，通过 SCA 与 LCA 的结合与陆地规划紧密衔接，构建覆盖陆海全域的综合评估框架，并特别关注跨陆海界面的视觉资源。此外，SCA 还辅助开发管理，平衡保护与发展，通过提供多尺度海景基线，为规划战略、生态保护及积极变化管理提供科学依据，实现保护地的“动态式”保护与管理。

首先，海景存在于所有尺度，SCA 可在多尺度嵌套的框架下进行海景特征分类和单元划分，为多尺度海景保护管理单元的划分提供了透明、程序化的工具与方法，并可与相应行政管理级别连接。英国 SCA 在国家尺度上出台 SCA 技术导则，确保各区域 SCA 编制的一致性；在区域尺度上，SCA 绘制和描述了区域内海景特征类型，呈现区域整体的海景基线信息；在地方尺度，SCA 通过进一步叠加关键海景要素，确保海岸和潮间带的海景特征得到充分的绘制与描述，并依据海景特征类型和海景特征区提供开发建设层面的管控与指引，形成了多尺度层次的空间单元划分和特征分类体系。

同时，陆海统筹是海景特征评估的第二个特点。比如，英国海洋规划高度重视与陆地规划的衔接，一致的陆海政策和指导文件是其衔接陆海规划的方法之一。SCA 遵循与 LCA 相似的工作逻辑，两者结合，可提供覆盖陆海全域的、综合的、整体的特征评估方法与工具，为陆海基线信息衔接提供了一致的空间框架。此外，SCA 更考虑了广泛的陆海视觉关系，其核心成果之一的视觉资源图示通过在陆海界面之间进行视域分析，建立了跨陆海界面的空间与视觉连接。各类保护地的边界范围无法阻挡边界外相邻区域的潜在影响，对于沿海地区的各类保护地，因其强烈的陆海相互作用及海域流动性等方面原因，外部环境状况对保护地的影响相较于陆域更为显著。SCA 可与 LCA 相连接呈现出包含自然、人文和视觉的完整的陆海景观基线，为区域内分散的保护地，尤其是跨陆海界面的保护地提供综合整体的背景框架，可通过提供保护地边界外广泛区域的海景特征及海景基线信息，帮助各类保护地判断外部相互关联环境所带来的潜在影响，从而辅助制定相应的行动与策略，提高保护地的保护成效。

另外，海景特征评估辅助开发管理强调保护与发展并存。保护地的保护与管理强调通过限制人的行为，使保护地维持良好的状态。但面对不断发展的环境，变化是不可避免的，SCA 在引导积极的变化中发挥着重要作用。SCA 在进行特征分类的过程中便将自然要素以及影响变化和发展的人文要素纳入考虑范畴之中，其核心成果可提供一个全域内的多尺度海景基线。在区域尺度，为国家尺度海景核心要素与海景特征类型的分析提供了总体框架，辅助规划战略与生态保护框架；在地方尺度，可以根据这个基线可以对变化趋势进行分析，有助于确定某种类型的变化或开发是否合适，指导积极的决策和行动，进行“动态式”的保护与管理。

16.4 海景特征评估的应用实践

16.4.1　多尺度海景特征评估的案例

SCA 在主要聚焦在陆域的 LCA 的基础上，进一步拓展了特征评估的空间范围，将英格兰从主要关注陆域特征的工具拓展至海洋。

1）英国国家尺度与区域尺度的 SCA

英国 SCA 在国家尺度通过自下而上拼合形成，即在区域尺度完成各区域 SCA 并向上拼合，构成国家尺度的成果。区域尺度的介绍以英格兰南部规划区 SCA 为例。英格兰于 2014 年编制完成《南部海洋规划区海景特征评估》(*Seascape Assessment for the South Marine Plan Areas*)，其过程包括两个相互补充和联系的部分：特征评估和视觉资源图示。其主要流程包括收集数据、生成草案和输出技术报告等成果。英格兰南部 SCA 数据库中整合了多维度信息，将自然环境保护、游览观赏和经济开发相关要素纳入 SCA 海景基线数据中。英格兰南部 SCA 通过叠加水体类型（湾、海峡、近岸水域）、海岸特征（崖、礁、角）等要素最终划定了十四个海景特征区。

每个特征区都有对应的描述文件，遵循结构化的框架（表 16-5），从特征区区位、特征区概况、关键特性、描述和视觉资源图示五个方面进行组织。其中，视觉资源图示提供覆盖陆海的视觉资源基线，体现广泛的陆海视觉关系。

表 16-5　描述文件框架示例（区域尺度为例）

一级标题	二级标题
海洋特征区区位图（形成每个特征区描述文件的封面）	—
海洋特征区概况	位置和边界
	整体特征
	毗邻的国家特征区（NCA）
	毗邻的国家保护区（国家公园、AONBs、遗产海岸和世界文化遗产）

续表

一级标题	二级标题
关键特性	—
描述	自然维度
	文化 / 社会维度
	感知和审美维度
视觉资源图示	—

资料来源：MARINE MANAGEMENT ORGANISATION. Seascape character assessment for the north east inshore and offshore marine plan areas [R/OL]. (2014-06-11)[2024-05-11]. https://maritime-spatial-planning.ec.europa.eu/practices/national-seascape-character-assessment-england.

2）英格兰地方尺度的 SCA

相较于区域尺度的 SCA，地方尺度 SCA 旨在提供更细致的海景基线信息，确保海岸和潮间带特征被充分绘制与描述，并通过分析不同特征区所面临的具体敏感问题，提供开发建设的管控与指引。

在地方尺度以泽西岛为例。泽西岛于 2020 年完成了《泽西岛综合景观和海景特征评估》（*Jersey Integrated Landscape and Seascape Character Assessment*，ILSCA），ILSCA 划分了特征类型单元、特征区单元和沿海单元三种单元。首先，通过叠加自然要素（地形地貌、水深、水体类型、海岸特征等）与人文要素（土地利用等）确定了十种独有的特征类型，涵盖陆地、潮间带和海洋区域。继而，这些十种特征类型被划分三十四个较小的特征区（表 16-6），特征类型是可以在不同区域重复出现的，而特征区是唯一的，每个特征区具备独特的场所感。此外，泽西岛综合考虑对地方尺度保护与利用影响较大的视觉要素，将同一视觉范围内不同的特征类型、特征区组合成十四个更大的海岸单元，旨在关注最复杂的海岸区域。而泽西岛 ILSCA 的描述文件包括特征类型描述文件（特征区包括在内）和海岸单元描述文件。特征类型的描述文件依据十种特征类型依次展开，对每种类型的概述、区位、关键特征、自然影响和区域内相关保护区、文化影响和区域内相关保护区、感知品质、自然资产和生态系统服务、各特征区、敏感性、变化的条件和力量进行了描述，并提供了概括性的策略和指引。

表 16-6　泽西岛特征类型与特征区对应关系

特征类型	特征区
A：峭壁和海岬	A1：北海岸和海角
	A2：西南海角
	A3：东北低的森林边缘

续表

特征类型	特征区
B：海岸平原	B1：格鲁维尔海岸平原
	B2：圣克莱门茨－圣萨维尔海岸平原
	B3：圣奥宾湾海岸平原
	B4：Ouaisné 海岸平原
	B5：Les Quennevais 沙丘海岸平原
	B6：圣图安湾海岸平原
C：悬崖	C1：格鲁维尔－圣萨维尔悬崖
	C2：圣奥宾湾悬崖
	C3：圣布雷拉德海湾悬崖
	C4：圣图安湾悬崖和山谷
D：封闭的山谷	D1：南部山谷
	D2：圣布拉德山谷
	D3：北海岸山谷
	D4：圣马丁山谷
E：内陆农业高原	E1：西海岸和海岬农田
	E2：北海岸的农田
	E3：东北农田
	E4：南部高原和山脊农田
F：岩石海岸和海湾	F1：北和西南海岸
G：带有潮间带和暗礁的海湾	G1：圣图安湾潮间带
	G2：圣布雷拉德湾潮间带
	G3：圣奥宾湾潮间带
	G4：东南海岸潮间带
	G5：圣凯瑟琳和安妮港潮间带
H：近海珊瑚礁和岛屿	H1：Les Écréhous 珊瑚礁（包括 Paternosters 珊瑚礁和 Les Dirouilles 珊瑚礁）
	H2：莱曼基耶岛
	H3：Les Anquettes 珊瑚礁
I：浅海	I1：东北浅海
	I2：东南浅海
J：深海	J1：西北深海
	J2：西南深海

资料来源：FIONA FYFE ASSOCIATES. Jersey integrated landscape and seascape character assessment [R]. Government of Jersey，2020.

16.4.2 基于 SCA 的生态系统功能评价

SCA 通过综合叠加与保护及利用密切相关的要素，将连续的地表划分为相对同质的单元，可作为良好的保护与管理单元。本节以中国广东省珠海市 SCA 成果为例，结合海景生态功能与退化风险评价，探索其在海景保护管理中的作用。

1）海景生态系统服务系统功能评价

海景生态系统服务系统功能评价首先进行评价指标体制构建。依据千年生态系统评估（Millennium Ecosystem Assessment，MA）对生态系统服务功能的分类，从物质供给、环境调节、文化休闲、生物支持这四大类功能中选出 5 个二级指标，构建生态系统服务功能评价指标体系，共 4 个一级指标，5 个二级指标。接着，再将珠海市海域划分为 500 米 ×500 米的网格作为评价网格，依据各指标的计算方法，分别对各项指标原始数据进行处理，并将处理后的数值经标准化后集成于评价网格之中。接着，进行指标权重的选择，对比不同客观赋权方法，确定合适的指标权重进行结果评价。最后，将基于网格的海景生态系统服务功能评价结果与珠海市域尺度海景特征区进行的叠加，以每个特征区内所有网格平均值作为该特征区的功能评价值，通过自然断点法将功能评价结果划分为低、中、高三级（表 16-7）。

表 16-7 海景生态系统服务功能评价

准则层	指标层	指标计算	数据来源
物质供给	湿地面积	湿地面积占比	广东省第二次湿地调查数据
环境调节	防灾减灾	红树林、珊瑚礁、草本（数据点）植被赋值为 7，海草床赋值为 3，其余赋值为 0	广东省生态保护红线矢量数据
	水质	按水质赋值 0～1（Ⅰ类：6，Ⅱ类：5，Ⅲ类：4，Ⅳ类：3，Ⅴ类：2，劣Ⅳ、劣Ⅴ类：1）	广东省生态环境厅公开数据（http：//gdee.gd.gov.cn/）
生物支持	叶绿素 a 浓度	一般大洋的叶绿素含量小于 2 毫克 / 升，如果叶绿素含量从正常值在短时间内上升到 10 毫克 / 升以上，即可预警赤潮即将发生。联合国经济合作发展署提出，平均叶绿素浓度大于 8 毫克 / 升为富营养化。海湾生态系统健康评价中，以叶绿素浓度大 15 毫克 / 升为不健康	NASA 海洋（https：//oceancolor.gsfc.nasa.gov/l3/）
文化休闲	旅游景点密度	根据百度地图搜索“浴场”“沙滩 / 海滩”“风景区”“度假区 / 度假村”“海洋公园 / 滨海公园”“湿地公园”“风景名胜”“动物园 / 植物园”等关键词提取沿海数据点，进行核密度计算	百度地图爬取 POI 点数据（http：//api.map.baidu.com/lbsapi/getpoint/index.html）

资料来源：作者自绘

2）海景生态系统退化风险评价

海景生态系统退化风险评价步骤与海景生态系统功能评价类似，第一步也是进行评价指标体系构建，从胁迫度、退化度和恢复力三个维度，构建海洋生态系统退化风险评价指标体系，共 4 个一级指标，6 个二级指标。将珠海市海域划分为 500 米 ×500 米的网格作为评价网格，依据表 16-8 中各指标的计算方法，分别对各项指标原始数据进行处理，并将处理后的数值经标准化后集成于评价网格之中。接着进行指标权重的选择，对比不同客观赋权方法，确定合适的指标权重进行评价结果。最后，将基于网格的海景退化风险评价结果与珠海市域尺度海景特征区进行的叠加，以每个特征区内所有网格平均值作为该特征区的风险评价值，通过自然断点法将功能评价结果划分为低、中、高三级（表 16-8）。

表 16-8　海景生态系统退化风险评价

准则层	指标层	指标计算	数据来源
自然胁迫	台风强度	提取 1949—2020 年所有过境台风点数据，根据台风强度插值得到覆盖全域的数据	中国气象网热带气旋资料中心（http：//g.hyyb.org/systems/TY/info/tcdataCMA/index.html）
	降水波动	逐年年降水空间插值数据集。通过评估 2000—2020 年年均降水量的波动情况表征气候对于植被恢复的响应。倘若年均降水波动情况较大，则不适合植被的恢复，若年际降水差异较小，则适合植被的生长与自然生态系统的恢复	中国科学院地理资源与科学研究所（https：//www.resdc.cn/data.aspx?DATAID=229）
人为胁迫	富营养化次数	根据公式计算 TLI 指数，提取至渔网数据库：TSI=10×{6-［2.04-0.68ln（Chl-a）］/ln2}	NASA 海洋数据的 hdf 文件（https：//oceancolor.gsfc.nasa.gov/l3/）
	沿海工程数量	百度地图爬取 POI 点数据	百度地图爬取 POI 点数据（https：//lbsyun.baidu.com/apiconsole/center#/home）
功能退化	水质（-）	按水质赋值 0～1（Ⅰ类：6，Ⅱ类：5，Ⅲ类：4，Ⅳ类：3，Ⅴ类：2，劣Ⅳ、劣Ⅴ类：1）	广东省生态环境厅公开数据（http：//gdee.gd.gov.cn/）
自然恢复力	沉积物质量（-）	将广东省近岸各站点海域沉积物质量评价等级中良好、一般、较差分别赋值为 5、3、1，在 GIS 平台进行空间插值	根据《2017 年广东省海洋环境公报》（可获得年份的最新版本）中广东省近岸海域沉积物质量评价

资料来源：作者自绘

3）综合评价结果与保护策略矩阵

通过将基于海景特征区的生态系统服务功能评价结果与基于海景特征区的退化风险评价结果进行矩阵叠加，得到“低风险低功能、低风险中功能、低风险高功能、中风险低功能、中风险中功能、中风险高功能、高风险低功能、高风险中功能、高风险高功能”九类综合评价结果，其结果清晰地呈现出不同海景特征类型、特征区域的功能价值和面临的风险程度。

基于评价结果，可以进一步根据生态系统服务功能评价与退化风险评价建立保护策略矩阵框架，风险越高，则人为施加的保护干预程度越大，功能越高，则人类活动限制程度越大（表 16–9），共包括保存、保护、缓解、修复、恢复、创造六类策略（图 16–6），对应到空间得到珠海市海景保护管理行动策略。

表 16–9　海景保护策略矩阵

	低风险	中风险	高风险
低功能	保护	缓解 / 修复	缓解 / 修复
中功能	保护	修复 / 恢复	恢复 / 创造
高功能	保存 / 保护	保护 / 修复 / 恢复	恢复 / 创造

资料来源：作者自绘

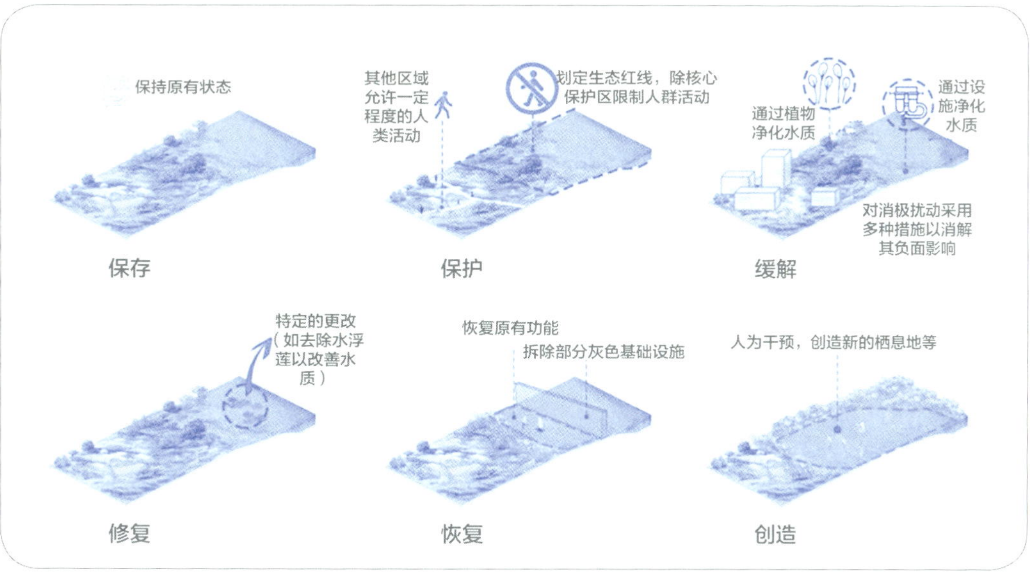

图 16–6　海景保护六大策略模式示意
资料来源：作者自绘

16.4.3　基于 SCA 的海岸带保护地优化

SCA 不局限于保护孤立地点的独特特征，而是针对全域整体，同时可以更好地优化各类保护地之间的连接。下面以中国广东省特征区为例进行说明。

以广东省省域尺度为例，面对国土空间规划全域全要素的保护诉求，SCA 通过连接 LCA，呈现了覆盖陆海全域的多尺度层级的景观基线信息，可为广东省海岸带区域的综合与利用规划提供基线信息，作为沿海地区景观分类保护与管理证据基础与支撑，辅助规划决策的制定。

SCA 也为分散的保护地提供整体的区域背景，便于海岸带综合管理。广东省省域尺度 SCA 整合全域范围内分散的 125 个保护地，为各类保护地提供保护地边界外的综合背景信息，各类保护地与海景特征区的关系包括三种：①保护地完全位于某一海景特征区内，则该海景特征区提供了保护地边界范围外广泛区域的基线信息，可辅助提高保护地的保护成效；②保护地跨越了多个海景特征区，则该保护地在进行保护与管理时应同时考虑多个海景特征区的基线信息，③保护地边界与特征区边界相对吻合，则其可为保护地边界优化提供参考（表 16-10）。

表 16-10　保护地与特征区空间位置关系

序号	保护地与特征区位置关系	SCA 作用
1	保护地完全位于某一特征区内	特征区提供了保护地边界范围外广泛区域的基线信息
2	保护地边界跨越多个特征区	在进行保护与管理时应同时考虑多个海景特征区的基线信息
3	保护地边界与特征区边界相对吻合	为保护地边界优化提供参考

资料来源：作者自绘

同时，SCA 还为保护地内海景的分类保护与管理提供了证据基础。比如基于 SCA 成果可以清晰了解到广东省海域范围内的森林公园中共涉及 8 种海景特征类型，其中面积占比最大的海景特征类型为“海岛”等信息。通过整合聚焦特定价值的保护区体系与聚焦全域综合管理的海景特征评估工具，可以为陆海过渡区域提供更为全面而整体的空间管理框架。

关键术语

全要素景观管理、海景保护管理、海景特征评估、海景生态系统服务

思考题

1. 基于场地的保护方法有何优缺点？如何思考各类海洋保护区与陆海整体区域的关系？

2. 如何阐述海景的相关定义？

3. 陆海统筹视角下，如何连接海景特征评估（SCA）和景观特征评估（LCA）？

4. 海景特征评估的程序与步骤是什么？请简要叙述一下其技术步骤核心以及核心技术。

5. 海景特征评估在海景保护管理中的作用有哪些？请结合具体案例简要叙述。

参考文献

[1] 刘大海，管松，邢文秀. 基于陆海统筹的海岸带综合管理：从规划到立法[J]. 中国土地，2019（2）：8–11.
[2] BEATLEY T，BROWER D，SCHWAB A K. An introduction to coastal zone management [M]. Washington：Island Press，2002.
[3] HALPERN B S，LESTER S E，MCLEOD K L. Placing marine protected areas onto the ecosystem—based managemeonal Academy of Sciences，2010，107（43）：18312–18317.
[4] 鲍梓婷，周剑云. 英国景观特征评估概述：管理景观变化的新工具[J]. 中国园林，2015，31（3）：46–50.
[5] DE L' EUROPE C. European landscape convention [M]. Conseil de l' Europe，2000.
[6] DEPARTMENT FOR ENVIRONMENT，FOOD AND RURAL AFFAIRS. South inshore and offshore marine plan technical annex [R]. Department for Environment，Food and Rural Affairs，2018.
[7] DEPARTMENT FOR ENVIRONMENT，FOOD & RURAL AFFAIRS. UK marine policy statement [R]. Department for Environment，Food & Rural Affairs，2011.
[8] HONG S K，PUNGETTI G. Marine and island cultures：a unique journey of discovery [J]. Journal of Marine and Island Cultures，2012，1（1）：1–2.
[9] PUNGETTI G. Routledge handbook of seascapes [M]. London：Routledge，2022.
[10] HILL M，BRIGGS J，MINTO P，et al. Guide to best practice in seascape assessment [J]. Marine Institute，2001：68.
[11] PUNGETTI G. Islands，culture，landscape and seascape [J]. Journal of Marine and Island Cultures，2012，1（2）：51–54.
[12] NATURAL ENGLAND. An approach to seascape character assessment [R]. Natural England，2012：47.
[13] BOYES S J，ELLIOTT M. The excessive complexity of national marine governance systems – has this decreased in england since the introduction of the marine and coastal access act 2009? [J]. Marine Policy，2015，51：57–65.
[14] DEPARTMENT FOR ENVIRONMENT，FOOD & RURAL AFFAIRS. Safeguarding our seas [EB/OL].（2011–09–30）[2023–04–09]. https：//www.gov.uk/government/publications/safeguarding-our-seas.
[15] REES S E，FOSTER N L，LANGMEAD O，et al. Defining the qualitative elements of aichi biodiversity target 11 with regard to the marine and coastal environment in order to strengthen global efforts for marine biodiversity conservation outlined in the united nations sustainable development goal 14 [J]. Marine Policy，2018，93：241–250.
[16] DEPARTMENT FOR ENVIRONMENT，FOOD AND RURAL AFFAIRS. South inshore and offshore marine plan technical annex [R]. Department for Environment，Food and Rural Affairs，2018.
[17] NATURAL ENGLAND. An approach to seascape character assessment [R]. Natural England，2012：47.
[18] 张振威，杨锐. 自然保护与景观保护：英国国家公园保护的“二元方法”及机制[J]. 风景园林，2019，26（4）：33–38.
[19] HAZEU G W，METZGER M J，MÜCHER C A，et al. European environmental stratifications and typologies：an overview [J]. Agriculture，Ecosystems & Environment，2011，142（1）：29–39.
[20] TUDOR，CHRISTINE. An approach to landscape character assessment [R]. Natural England，2014.
[21] MARINE MANAGEMENT ORGANISATION. Seascape assessment for the south marine plan areas：technical report [R].

Marine Management Organisation，2014：89.
[22] MMO. North devon and exmoor seascape character assessment [R] . National Trust，North Devon Coast AONB，Exmoor National Park，North Devon & Torridge Councils and Natural England，2015：40.
[23] FIONA FYFE ASSOCIATES. Jersey integrated landscape and seascape character assessment [R] . Government of Jersey，2020.
[24] DEPARTMENT FOR ENVIRONMENT，FOOD AND RURAL AFFAIRS. South inshore and offshore marine plan technical annex [R] . Department for Environment，Food and Rural Affairs，2018.
[25] DEPARTMENT FOR ENVIRONMENT，FOOD & RURAL AFFAIRS. UK marine policy statement [R] . Department for Environment，Food & Rural Affairs，2011.
[26] DEPARTMENT FOR ENVIRONMENT，FOOD AND RURAL AFFAIRS. South inshore and offshore marine plan [R] . Department for Environment，Food and Rural Affairs，2018.
[27] LEYSHON C. Finding the coast：environmental governance and the characterisation of land and sea [J] . Area，2018，50 (2)：150–158.
[28] EXMOOR NATIONAL PARK AUTHORITY. Exmoor national park landscape character assessment 2018 [R/OL] . (2018–04) [2024–08–10] . https：//www.exmoor–nationalpark.gov.uk/__data/assets/pdf_file/0011/6104/LCA–2018–Cover–contents–and–executive–summary.pdf.
[29] MARINE MANAGEMENT ORGANISATION. Seascape assessment for the south marine plan areas：technical report [R] . Marine Management Organisation，2014：89.
[30] ANTROP M，VAN EETVELDE V. Landscape perspectives [M] . Dordrecht：Springer Netherlands，2017.
[31] 杨叠川 . 多尺度风景特质类型与区域识别研究 [D] . 武汉：华中农业大学，2020.
[32] NATURAL ENGLAND. An approach to seascape character assessment [R] . Natural England，2012.
[33] SIMENSEN T，HALVORSEN R，ERIKSTAD L. Methods for landscape characterisation and mapping：a systematic review [J] . Land Use Policy，2018，75：557–569.
[34] VAN EETVELDE V，ANTROP M. A stepwise multi–scaled landscape typology and characterisation for trans–regional integration，applied on the federal state of belgium [J] . Landscape and Urban Planning，2009，91 (3)：160–170.
[35] ANTROP M，VAN EETVELDE V. Landscape perspectives [M] . Dordrecht：Springer Netherlands，2017.
[36] YANG D，GAO C，LI L，et al. Multi–scaled identification of landscape character types and areas in lushan national park and its fringes，china [J] . Landscape and Urban Planning，2020，201：103844.
[37] CHUMAN T，ROMPORTL D. Multivariate classification analysis of cultural landscapes：an example from the czech republic [J] . Landscape and Urban Planning，2010，98 (3–4)：200–209.
[38] SIMENSEN T，HALVORSEN R，ERIKSTAD L. Methods for landscape characterisation and mapping：a systematic review [J] . Land Use Policy，2018，75：557–569.
[39] CULLOTTA S，BARBERA G. Mapping traditional cultural landscapes in the mediterranean area using a combined multidisciplinary approach：method and application to mount etna (sicily；italy) [J] . Landscape and Urban Planning，2011，100 (1)：98–108.
[40] LIOUBIMTSEVA E，DEFOURNY P. GIS–based landscape classification and mapping of European Russia [J] . Landscape and Urban Planning，1999，44 (2–3)：63–75.
[41] 陈蕊，张继超 . 基于 eCognition 的遥感图像面向对象分类方法研究 [J] . 测绘与空间地理信息，2020，43 (2)：91–95.
[42] 盛硕，王云才 . 基于生态特征与问题聚类识别的平原农业区乡村生态修复策略：以辽宁省黑山县为例 [J] . 中国园林，2022，38 (12)：20–25.
[43] ATIK M，IŞIKLI R C，ORTAÇEŞME V，et al. Exploring a combination of objective and subjective assessment in landscape classification：side case from turkey [J] . Applied Geography，2017，83：130–140.
[44] VAN STRIEN M J，GRÊT–REGAMEY A. Unsupervised deep learning of landscape typologies from remote sensing images and other continuous spatial data [J] . Environmental Modelling & Software，2022，155：105462.
[45] LI G，ZHANG B. Identification of landscape character types for trans–regional integration in the wuling mountain multi–ethnic area of southwest China [J] . Landscape and Urban Planning，2017，162：25–35.
[46] VIZZARI M，SIGURA M. Landscape sequences along the urban–rural–natural gradient：a novel geospatial approach for identification and analysis [J] . Landscape and Urban Planning，2015，140：42–55.
[47] LU Y，XU S，LIU S，et al. An approach to urban landscape character assessment：linking urban big data and machine learning [J] . Sustainable Cities and Society，2022，83：103983.
[48] KENT COUNTY COUNCIL. Piloting an approach to seascape character assessment in the dover strait [R] . Kent County Council，2013.
[49] NATURAL ENGLAND. An approach to seascape character assessment [R] . Natural England，2012.
[50] MARINE MANAGEMENT ORGANISATION. Seascape assessment for the south marine plan areas：technical report [R] . Marine Management Organisation，2014.
[51] MARINE MANAGEMENT ORGANISATION. Seascape character assessment for the north east inshore and offshore marine plan areas [R] . Marine Management Organisation，2018.
[52] FIONA FYFE ASSOCIATES. Jersey integrated landscape and seascape character assessment [R] . Government of Jersey，2020.

后 记

21 世纪初，随着全球海洋经济的快速发展，海洋的重要性日益凸显，由此也带来了陆地和海洋管理不协调的一系列问题。鉴于此，中国学者提出了陆海统筹的概念。早期的陆海统筹更多受到海洋相关研究领域专家学者和管理部门的关注，直到 2018 年机构改革，原国土、海洋等部门合并成自然资源部门，陆海统筹开始被社会各界广泛关注，它不再是海洋领域的倡议，而是社会各界的广泛共识。具体而言，其包括经济、环境、规划、交通等领域，也包括战略、权益等领域，而其中最强调这一理念的当属国土空间规划改革。

然而，什么是陆海统筹？为什么要实施陆海统筹战略？陆海统筹的理论基础是什么？陆海统筹的作用机制和实现路径又是什么？陆海统筹在各个领域具有什么样的需求？这些问题都是在相关研究和实践中无法回避的。尽管在学术刊物中已有相关探讨，但目前尚缺乏系统、全面、深入的专业书籍。行业从业人员、学生、管理人员在不同方面可能都心存疑惑，急需一本具有综合性、系统性、整体性的学术书籍释疑解惑。基于此，我们面向国土空间规划陆海统筹的现实问题，组建了编写委员会，通过反复研讨，确定了编写框架，并经一年的攻坚克难，最终形成了国内第一本关于陆海统筹知识体系的专业书籍。

陆海统筹并不是一个新命题，但从学科建设的角度来说，却面临很大挑战。人们谈及陆海统筹，往往是从陆海相互作用出发，需要考虑陆地和海洋的各种联系和协同，因此其学科建设必然包含规划、海洋管理、地理等诸多学科。我们从这个角度出发，为读者介绍了涉及陆海统筹的诸多领域，包括陆海统筹的理论建构、陆海统筹知识体系框架、陆海统筹空间规划、海岸带空间格局、海洋生态预警监测、海岸带碳汇与核算、海洋与海岸带经济发展、海洋法与海洋事务、海岸带人口与城镇化、海岸带陆海交通统筹、陆海统筹关键带人居系统、海岸带人居环境提升、海岸带历史文化遗产保护、海岸带空间管理的景观方法等等。

考虑本书的实践性较强，建议读者在阅读时，基于本书进一步拓展。例如，在学习第 4 章陆海统筹国土空间规划中，可以基于教材内容进一步了解沿海地区国土空间规划或海岸带专项规划编制的主要内容，从而对陆海统筹的国土空间规划有更立体、更实际的了解；在学习第 10 章海洋法与海洋事务中，可以基于教材内容全面学习《中华人民共和国海洋环境保护法》《中华人民共和国海域使用管理法》《中华人民共和国海岛保护法》以及近年来自然资源部出台的各类涉海规章制度，从而对海洋管理体系有全面深入的理解。

本书能够付梓，要特别感谢吴志强院士、武廷海教授、孙施文教授的指导。武廷海教授、孙施文教授分别在清华大学教研室和同济大学教研室提出了要增加陆海统筹这本教材，随后委托我来挑大梁并在后续立项及写作阶段给予了大量实质性的指导和帮助。吴志强院士多次过问本书的写作进展和关键内容，既肯定了编写组的成果，也提出了诸多有益建议。同时，在写作过程中，我们参考了大量文献，吸收或引用了同行的部分研究成果，在此对这些文献的作者一并表示衷心感谢。限于时间和能力，本书的不足之处在所难免，诚恳希望读者给予批评指正。